經濟部所屬事業機構 新進職員甄試

一、報名方式：一律採「網路報名」。

二、學歷資格：教育部認可之國內外公私立專科以上學校畢業，並符合各甄試類別所訂之學歷科系者，學歷證書載有輔系者得依輔系報考。

三、應試資訊：

完整考試資訊

https://reurl.cc/bX0Qz6

(一)甄試類別：各類別考試科目：

類別	專業科目A(30%)	專業科目B(50%)
企管	企業概論 法學緒論	管理學 經濟學
人資	企業概論 法學緒論	人力資源管理 勞工法令
財會	政府採購法規 會計審計法規	中級會計學 財務管理
資訊	計算機原理 網路概論	資訊管理 程式設計
統計資訊	統計學 巨量資料概論	資料庫及資料探勘 程式設計
政風	政府採購法規 民法	刑法 刑事訴訟法
法務	商事法 行政法	民法 民事訴訟法
地政	政府採購法規 民法	土地法規與土地登記 土地利用
土地開發	政府採購法規 環境規劃與都市設計	土地使用計畫及管制 土地開發及利用

類別	專業科目A(30%)	專業科目B(50%)
土木	應用力學 材料力學	大地工程學 結構設計
建築	建築結構、構造與施工 建築環境控制	營建法規與實務 建築計畫與設計
機械	應用力學 材料力學	熱力學與熱機學 流體力學與流體機械
電機(一)	電路學 電子學	電力系統與電機機械 電磁學
電機(二)	電路學 電子學	電力系統 電機機械
儀電	電路學 電子學	計算機概論 自動控制
環工	環化及環微 廢棄物清理工程	環境管理與空污防制 水處理技術
職業安全衛生	職業安全衛生法規 職業安全衛生管理	風險評估與管理 人因工程
畜牧獸醫	家畜各論(豬學) 豬病學	家畜解剖生理學 免疫學
農業	民法概要 作物學	農場經營管理學 土壤學
化學	普通化學 無機化學	分析化學 儀器分析
化工製程	化工熱力學 化學反應工程學	單元操作 輸送現象
地質	普通地質學 地球物理概論	石油地質學 沉積學

(二)初(筆)試科目：

1.共同科目：分國文、英文2科(合併1節考試)，國文為論文寫作，英文採測驗式試題，各占初(筆)試成績10%，合計20%。

2.專業科目：占初(筆)試成績80%。除法務類之專業科目A及專業科目B均採非測驗式試題外，其餘各類別之專業科目A採測驗式試題，專業科目B採非測驗式試題。

3.測驗式試題均為選擇題（單選題，答錯不倒扣）；非測驗式試題可為問答、計算、申論或其他非屬選擇題或是非題之試題。

(三)複試(含查驗證件、複評測試、現場測試、口試)。

四、待遇：人員到職後起薪及晉薪依各所用人之機構規定辦理，目前各機構起薪約為新臺幣4萬2仟元至4萬5仟元間。本甄試進用人員如有兼任車輛駕駛及初級保養者，屬業務上、職務上之所需，不另支給兼任司機加給。

※詳細資訊請以正式簡章為準！

千華數位文化股份有限公司
■新北市中和區中山路三段136巷10弄17號
■TEL: 02-22289070　FAX: 02-22289076

台灣電力(股)公司新進僱用人員甄試

完整考試資訊

http://goo.gl/GFbwSu

壹、報名資訊

一、報名日期：2025年1月（正確日期以正式公告為準。）

二、報名學歷資格：公立或立案之私立高中（職）畢業

貳、考試資訊

一、筆試日期：2025年5月（正確日期以正式公告為準。）

二、考試科目：

(一) 共同科目：國文為測驗式試題及寫作一篇，英文採測驗式試題。

(二) 專業科目：專業科目A 採測驗式試題；專業科目B 採非測驗式試題。

<table>
<tr><th>類別</th><th colspan="2">專業科目</th></tr>
<tr><td>1.配電線路維護</td><td rowspan="17">國文(10%)
英文(10%)</td><td>A：物理(30%)、B：基本電學(50%)</td></tr>
<tr><td>2.輸電線路維護</td><td rowspan="4">A：輸配電學(30%)
B：基本電學(50%)</td></tr>
<tr><td>3.輸電線路工程</td></tr>
<tr><td>4.變電設備維護</td></tr>
<tr><td>5.變電工程</td></tr>
<tr><td>6.電機運轉維護</td><td rowspan="2">A：電工機械(40%)
B：基本電學(40%)</td></tr>
<tr><td>7.電機修護</td></tr>
<tr><td>8.儀電運轉維護</td><td>A：電子學(40%)、B：基本電學(40%)</td></tr>
<tr><td>9.機械運轉維護</td><td rowspan="2">A：物理(30%)、
B：機械原理(50%)</td></tr>
<tr><td>10.機械修護</td></tr>
<tr><td>11.土木工程</td><td rowspan="3">A：工程力學概要(30%)
B：測量、土木、建築工程概要(50%)</td></tr>
<tr><td>12.輸電土建工程</td></tr>
<tr><td>13.輸電土建勘測</td></tr>
<tr><td>14.起重技術</td><td>A：物理(30%)、B：機械及起重常識(50%)</td></tr>
<tr><td>15.電銲技術</td><td>A：物理(30%)、B：機械及電銲常識(50%)</td></tr>
<tr><td>16.化學</td><td>A：環境科學概論(30%)
B：化學(50%)</td></tr>
<tr><td>17.保健物理</td><td>A：物理(30%)、B：化學(50%)</td></tr>
<tr><td>18.綜合行政類</td><td>國文(20%)
英文(20%)</td><td>A：行政學概要、法律常識(30%)、
B：企業管理概論(30%)</td></tr>
<tr><td>19.會計類</td><td>國文(10%)
英文(10%)</td><td>A：會計審計法規(含預算法、會計法、決算法與審計法)、採購法概要(30%)、
B：會計學概要(50%)</td></tr>
</table>

詳細資訊以正式簡章為準

歡迎至千華官網(http://www.chienhua.com.tw/)查詢最新考情資訊

目 次

第一部分 主題式實力加強題庫

第二部分 全範圍綜合模擬考

第三部分　近年試題及解析

本書緣起

本書費時一年的時間，網羅了各種不同的電機機械經典考題，包括：各類職等、升學考試的考古題、大專用書演練習題，讓各位由淺入深，對於題目的難易度充份掌握，以瞭解出題老師的觀點，讓你在文字遊戲中找到Keyword，進而提升解題效率！

本書特色在於：

1. 分三大部分編寫試題，第一部分為主題測驗，第二部分為綜合模擬測驗十回，第三部分為鐵路特考近五年考古題。

2. 由於近年選擇題的「判斷題型」的比重加重，故本書設計了大量的觀念題型，例如：判斷「下列敘述何者錯誤」、判斷「下列敘述何者正確」、判斷「下列四個選項何者不同於其它三個」，以及其它各種定義性的概念「混淆」題，幫助你釐清盲點。

3. 放入實作及生活問題，讓電工機械的學習融入生活，畢竟學以致用的東西比較不容易忘記，例如：洗衣機接線、電冰箱、冷氣機等生活問題。

4. 為了讓各位可以熟悉計算題和申論題的答題方式，故本書的解析以最詳盡且「絕對奪分」的SOP作答技巧，作條列式的分層說明，讓你徹底了解每一個步驟，強化邏輯推理，未來無論考到哪一種題型，皆能迎刃而解。

本書適於準備各類國民營的各位，如果你想要更透徹瞭解電機機械的完整概念，甚至提升答題的信心，建議可以搭配課文版《電工機械（電機機械）實戰秘笈》一書，如此，一定可以更穩紮穩打。

倘若用功的你，真的用心將本書演練完畢，並且將「錯題」確實的訂正，洞悉答案背後的原因，我相信正式考試的時候，一定可以達到90%以上的準確率；因為，此書的訓練已經提升了你答題的手感，所以，你會覺得，似乎你就是出題者，只是在驗算題目罷了！

在此預祝各位

吉祥　心安　順利

鄭祥瑞
基隆極樂寺

作者簡介

鄭祥瑞

最高學歷：國立台灣科技大學

現　　職：景碩科技股份有限公司主任工程師
新竹聯合補習班電機電子類講師

個人榮譽：國立臺灣科技大學第九屆校園傑出青年

經　　歷：聯合法律事務所資深專利顧問
宏達電(HTC)Studio Antenna Lab.研發工程師
雁博股份有限公司高級工程師
台灣先智專利商標事務所專利工程師
優競升學管理中心教務長
鼎文公職補習班國民營、高普考「電力工程」類講師
育達事業集團(補習班)電機電子類講師
桃園育達高中資訊科老師
基隆二信高中電機科老師

專利產品：多重感應控制式出水裝置，專利證號：M329712
感應式水龍頭結構改良，專利證號：M324733

資格證書：TEMI數位邏輯設計能力認證評審

著　　作：

書名	出版社
升科大四技 電工機械完全攻略	千華數位文化
升科大四技 電工機械【歷年試題+模擬考】	
鐵路特考 電機(電工)機械(含概要、大意)	
鐵路特考 電機(電工)機械(含概要、大意)滿分題庫	
國民營事業 電機(電工)機械(含概要、大意)	
國民營事業 電機(電工)機械(含概要、大意)滿分題庫	

菜根譚：對自己要不忘初心、對朋友應不念舊惡、對社會能不變隨緣、對國家作不請之友！

鐵路特考試題分析

高員三級、員級的題目屬於中等不難，都是常見公式及觀念。

高員三級的 V 曲線及倒 V 區線，這是同步電動機的重點，過去幾年也有考過請你繪出特性曲線；此外，對於變壓器來說，標么的計算是考試重點，幾乎是每年都會考，請記住基本公式 $Z_{base} = \frac{V_{base}^2}{VA_{base}}$ 及 $Z_{pu} = \frac{Z_e}{Z_{base}}$ 。

員級的試題考得更有指標性。變壓器、直流機、感應機、同步機都考到重點觀念，且題目也不會刁難，舉例而言，機械功率、氣隙功率都是沒有一年不考的觀念，建議要把相關公式記熟。在同步發電機的考試題型，最容易出現的就是同步電抗，因為與感應電勢的計算有關係，不得大意。

佐級的考題分析請看下表：

章	主題	說明
第一章	概論	讀懂即可
第二章	直流電機原理、構造、一般性質	1. 改善電樞反應的方法 2. 電刷的功用
第三章	直流發電機之分類、特性及運用	外部特性曲線
第四章	直流電動機之分類、特性及運用	1. 轉矩、電樞電流的關係 2. 電磁功率 Pm。
第五章	直流電機之耗損與效率	員級要注意
第六章	變壓器	1. $a = \frac{N_1}{N_2} = \frac{E_1}{E_2} = \frac{I_2}{I_1} = \sqrt{\frac{Z_1}{Z_2}}$ 2. 變壓器的效率 3. 短路試驗、開路試驗

章	主題	說明
第六章	變壓器	4. 標么計算 $Z_{base}=\dfrac{V_{base}^2}{VA_{base}}$ 5. Y－Δ 匝數比 $\sqrt{3}a=\dfrac{V_{L1}}{V_{L2}}$ 6. 電壓調整率 7. 自耦變壓器的構造及計算 8. 比壓器、比流器 9. 短路試驗、開路試驗
第七章	三相感應電動機	出題方向每年一樣，且重要性僅次於變壓器： 1. 氣隙功率（此觀念從來沒有漏考過） 2. 降低啟動電流的方法 3. 如何反轉 4. 每相等效電路的數值必須執行不同的測試才能得到 5. Y－△啟動 6. 感應電動機在不同轉差率下的功用
第八章	單相感應電動機	雙電容單相感應電動機的逆轉方式
第九章	同步發電機	1. 無載及滿載在額定轉速下的關係曲線 2. 並聯運用的條件 3. 發電機的端電壓計算 $E_p=\sqrt{(V_p+I_aR_a)^2+(I_aX_s)^2}$
第十章	同步電動機	1. 負載變動與電樞電流的關係及相位的變化 2. 基本公式 $n_s=\dfrac{120f}{P}$
第十一章	特殊電機	不常考出，讀懂即可

國營事業暨高普特考趨勢分析

電工（機）機械考科比較不好準備的原因，通常在於公式的複雜度偏高，靠死背的方式效果通常不彰；其實，此科的公式都是有跡可循的，例如可以搭配向量圖來協助記憶；因此，建議可以試著去理解向量圖，通常向量圖弄懂了，公式自然就記起來了。接下來我們來看看各家試題走向吧！

(1) 高考三級：變壓器一二次側轉換看似複雜，但是因為每年都考，各位應該可以掌握。

(2) 普考：下式在本書有搭配向量圖說明，而在前版的書中有提到，不要死背公式，一定要從向量圖去理解。

$$E_p = \sqrt{(V_p \cos\theta + I_a R_a)^2 + (V_p \sin\theta \pm I_a X_s)^2}$$

(3) 關務三等：下圖相信各位不陌生吧，這種題型已經考到可以背起來了，每年都考，解題技巧請詳閱本書相關章節。

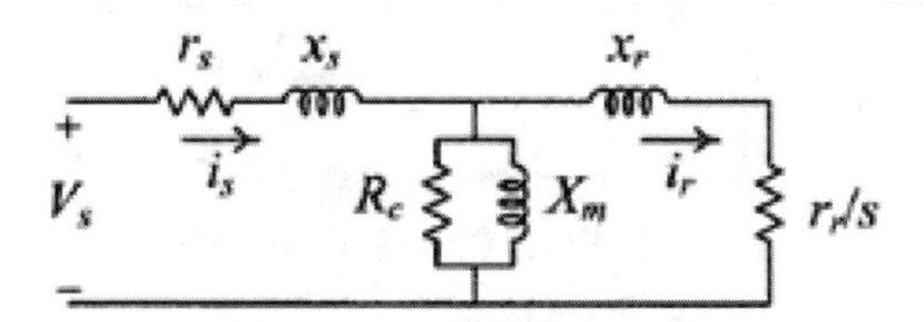

(4) 關務四等：重在標么值計算，標么值公式又長又易忘，一定要在考前再溫習公式。

(5) 港務：申論題的考試可能要跌破眼鏡了，平時大家太重計算，忽略了概念理解，如下圖所示。在本書第五章直流電機之耗損與效率的一開始就先做了觀念釐清。希望你能從觀念著手以站穩腳步。

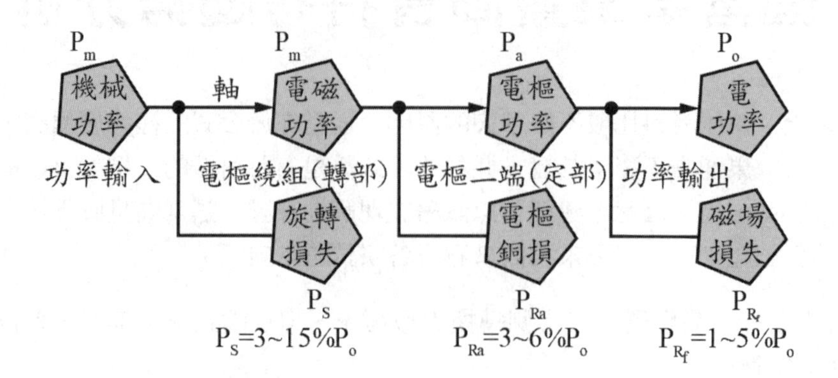

(6) 經濟部所屬事業：像這種綜合性考試，就專注在變壓器、感應機、同步機即可。考題不難，從一般參考書籍都找得到類似題型。

(7) 中鋼：首重標么值計算、電機並聯運用，建議報考此類的你把重點放在這裡。

(8) 台電新進雇用人員：重在理解，如下圖所示。

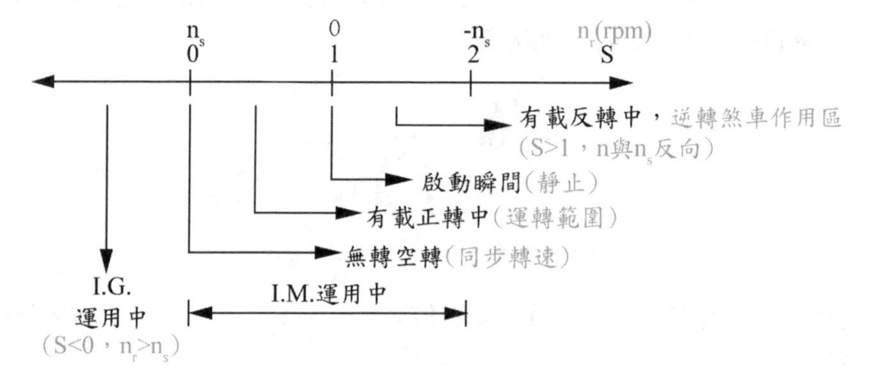

該圖已充分說明了轉差率的特性，此觀念可以幫助突破三相感應電動機的難題。

(9) 北水、台糖新進雇用人員：選擇題型的考試不見得會比測驗題型簡單，因為測驗題型只要掌握公式的運用即可，但是選擇題型卻要注意細節理論，不能只有鑽研計算題型；而且屬於計算的題目通常都會考得比較細，例如：$I_o \frac{E_A - E_B}{Z_{SA} \pm Z_{SB}}$，此公式在測驗題型的考試中幾乎沒考過，但是卻在選擇題型的考試考出來。所以，我建議考選擇題型的]˙在準備時務必大量地做歷屆試題，或是從市面上買一些模擬試題來做，而在做的時候，要再去翻閱課本找出是從哪裡出的，這樣的好處是，等到題目都寫完了，您自己也會知道那些地方還沒讀到，沒讀到的就是在課文中沒有註記到的部分。

(10) 關務四等：偏重公式推導與理解。在本書的歷屆試題解題中，我都已盡可能地在計算過程之前將公式的來源寫清楚，目的就是要告訴各位，這些觀念都是有跡可循的，只要用心讀，並沒有超出各位的能力。我還是得強調，每個複雜的公式，通常都會是推倒出來的，最好能先理解，不要直接背，否則考試時題目一變化就不會寫了。

選擇題型的讀法，就把我的課文版和題庫版每一題都算熟，根本不難。至於測驗題型要拿高分，可以拿出近五年的考題，觀察一下考什麼，然後翻到課文去找對應的主題，然後反覆推導，大概可以考上了。各位，加油囉！

第一部分　主題式實力加強題庫

主題一　概論

( ) 1. 電工機械中，將動能變成電能的機械，稱為？
(A)發電機　(B)電動機　(C)變壓器　(D)以上皆非。

( ) 2. 電工機械中電動機之用途，下列何者正確？
(A)機械能轉換成電能　(B)熱能轉換為機械能
(C)熱能轉換為電能　(D)電能轉換為機械能。

( ) 3. 核能發電廠應該會有的電工機械設備是？
(A)交流發電機和變壓器　(B)直流發電機和變壓器
(C)交流電動機和交流發電機　(D)直流電動機和直流發電機。

( ) 4. 目前台灣電力公司在台灣地區的電力系統，其電源電壓頻率為多少？
(A)50Hz　(B)60Hz　(C)100Hz　(D)400Hz。

( ) 5. 一直流電動機的銘牌上標示輸出功率為2240瓦特，該電動機相當於多少馬力？
(A)3　(B)2　(C)1　(D)$\frac{1}{2}$。

( ) 6. 直流發電機之額定容量，一般是指在無不良影響條件下之
(A)輸入功率　(B)輸出功率
(C)熱功率　(D)損耗功率。

( ) 7. 直流發電機的輸出是以　(A)馬力　(B)焦耳　(C)庫倫　(D)瓦特　為單位。

( ) 8. 下列何者不是變壓器銘牌記載的資料？
(A)型式、極性 (B)額定電壓 (C)功率因數 (D)製造日期。

( ) 9. 變壓器的額定輸出容量，通常以
(A)kVA (B)HP (C)V (D)kW 為單位。

( ) 10. 電磁感應所生電磁感應的方向，為反抗原磁交鏈的變化，稱之為？
(A)安培定律 (B)佛來銘（Fleming）右手定則
(C)楞次（Lenz）定律 (D)佛來銘左手定則。

( ) 11. 有關$E=-N\dfrac{\Delta\phi}{\Delta t}$敘述，何者為正確？
(A)負號表示應電勢為負值
(B)磁通隨時間增加而減少，則應電勢亦隨之減少
(C)磁通隨時間之增加而直線增加，則應電勢亦直線增加
(D)若ϕ為定值，則應電勢為零。

( ) 12. 有一導體長為25公分，有效長度為80%，磁通密度為0.1Wb/m^2，應電勢為1伏特，若導體之運動方向與磁場成30°角，則此導體移動速率為？ (A)10 (B)20 (C)40 (D)100 m/sec。

( ) 13. 有一線圈匝數為1000匝，此線圈感應10伏，則此線圈內磁通每秒變更 (A)1 (B)0.1 (C)0.01 (D)0.001 韋伯。

( ) 14. 一均勻磁場之磁通密度為10高斯，有一截面積為10cm^2，而匝數為2000匝之線圈，以$\dfrac{1}{4}$秒之時間快速切割此磁場，則此線圈端之感應電勢為？ (A)0.8 (B)0.008 (C)8 (D)0.4 V。

( ) 15. JEC係由 (A)德國電機協會 (B)美國電機製造協會 (C)英國電機製造協會 (D)日本電氣工程學會 所制定的標準。

(　) 16. 一根帶有30A的導線，其中有80cm置於磁通密度為$0.5wb/m^2$之磁場中，若導體放置的位置與磁場夾角為30^o，則導體所受電磁力為何？　(A)50NT　(B)20NT　(C)10NT　(D)6NT。

(　) 17. 載有1安培電流之1公尺導體，若置於與其相垂直之1高斯磁場內，則此導體所受之力為？
(A)1牛頓　(B)104牛頓　(C)104達因　(D)10達因。

(　) 18. 能將電能轉換為機械能之電工機械為？
(A)變壓器　(B)電動機　(C)發電機　(D)變頻器。

(　) 19. 交流電動機的輸出通常是以
(A)伏特V　(B)安培A　(C)伏安VA　(D)馬力HP　為單位。

(　) 20. 轉子放置磁場繞組，而定子放置電樞繞組的電機是為？
(A)旋轉磁場式　(B)旋轉電樞式
(C)感應式　(D)同步式。

(　) 21. 依磁通方向分類，直流複激式電動機可歸納為哪二種類型？
(A)他激式（外激式）電動機與自激式電動機
(B)積複激電動機與差複激電動機
(C)單相電動機與三相電動機
(D)分激式（並激式）電動機與串激式電動機。

(　) 22. 螺管定則中之大拇指係指
(A)線圈中之電流方向　(B)應電勢之正極
(C)磁力線S極出發之方向　(D)磁力線N極出發之方向。

(　) 23. 40公分長導體中，有50A電流流通，若磁通密度為$0.2wb/m^2$，則電磁力為？　(A)2　(B)4　(C)6　(D)8 牛頓。

( ) 24. 續上題，若導體以每秒10公尺的速率在磁場中移動，則反電勢為 (A)0.2 (B)0.4 (C)0.6 (D)0.8 伏特。

( ) 25. 續上題，導體所生的機械功率為

(A) $\frac{40}{746}$ (B) $\frac{30}{746}$ (C) $\frac{20}{746}$ (D) $\frac{10}{746}$ 馬力。

( ) 26. 有一條帶有直流電機的導線置於均勻磁場中，若以右手大拇指代表電流方向，右手四指代表磁場方向，則掌心所指方向代表下列何者？

(A)導線受力的正方向 (B)導線受力的反方向

(C)感應電勢的正方向 (D)感應電勢的反方向。

( ) 27. 導體在磁場中運動，其導體的感應電壓極性（或電流方向）、導體的運動方向及磁場方向，三者關係可依何原理決定？

(A)佛來銘定則 (B)克希荷夫電壓定理

(C)法拉第定理 (D)歐姆定理。

( ) 28. 固定長度的導體在磁場中運動，當導體運動的方向與磁場方向互為垂直時，導體感應電壓的大小可依下列何原理決定？

(A)法拉第定理 (B)克希荷夫電流定理

(C)佛來銘左手定則 (D)佛來銘右手定則。

解答與解析

1.(A)。發電機係將動能轉換為電能。

2.(D)。電動機係將電能轉換為機械能。

3.(A)。核能發電廠係利用交流發電機產生交流電力，並藉由變壓器作為電壓之升降。

4.(B)。臺灣的電力系統，目前採用60Hz頻率之電壓。

5.(A)。因1HP＝746W，故$\frac{2240}{746}=3HP$。

6.(B)。一般而言，於機械設備銘牌上顯示的額定容量皆為輸出功率。

7.(D)。發電機輸出的電力係為單位時間內所作的功，即$P=\frac{W}{t}$。

8.(C)。功率因數（$\cos\theta$）會隨負載種類而改變，故不是定值而無法記載。

9.(A)。變壓器容量以VA或kVA表示之。

10.(C)。楞次定律即為反抗原磁通之變化，$E=-N\frac{\Delta\phi}{\Delta t}$。

11.(D)。ϕ為定值，即ϕ無變化量，$\therefore \Delta\phi=0$，$E=0$。

12.(D)。由公式$E=B\ell v\sin\theta$求得導體移動速率，且要注意導體在磁場中之有效長度。
$1=0.1\times(0.25\times0.8)\times\nu\times\sin30^{\circ}$
故$\nu=100(m/sec)$。

13.(C)。$\because E=N\frac{\Delta\phi}{\Delta t}$，$10=1000\times\frac{\Delta\phi}{1}$ $\therefore \Delta\phi=0.01(Wb)$。

14.(B)。$\because E=N\times\frac{\Delta\phi}{\Delta t}$

$$=N\times\frac{\Delta BA}{\Delta t}=2000\times\frac{(10\times10^{-4})\times10\times10^{-4})}{\frac{1}{4}}=0.008(V)$$。

15.(D)。JEC：Japan Electric Corporation

16.(D)。$F=B\ell I\sin\theta=0.5\times0.8\times30\times\sin30^{\circ}=6(NT)$

17.(D)。$F=B\ell I=\frac{1}{10^{4}}\times1\times1=10^{-4}(Nt)=10^{-4}\times10^{5}=10(dyn)$

18.(B)。

分 類	名 稱	功 能 說 明
轉能方式	發電機(G)	Input機械能→Output電能
	電動機(M)	Input電能→Output機械能
	變壓器(Tr.)	Input電能↔Output電能 (電能與電能互換)

19.(D)。交流電動機通常以馬力為單位。

20.(A)。又稱「轉磁式」。轉子(轉部)：放置磁場繞組(磁極)。
定子(定部)：放置電樞繞組(電樞)被磁場切割後，產生交流應電勢之電樞繞組。

21.(B)。(A)為依激磁方式分類，(B)為直流複激式電動機依磁通方向分類。

22.(D)。螺旋定則：彎曲四指為電流I的方向；大拇指為磁通量f的N極方向。

23.(B)。$F=B\ell I=0.2\times40\times10^{-2}\times50=4(Nt)$

24.(D)。$E_b=B\ell I=0.2\times40\times10^{-2}\times10=0.8(V)$

25.(A)。$P_m=E_b\times I_a=0.8\times50=40W=\dfrac{40}{746}(HP)$

26.(A)。右手開掌定則：姆指為電流方向、四指為磁場方向、掌心是導體受力正方向。

27.(A)。佛來銘右手定則又稱為發電機定則。

28.(A)。穿過線圈的磁通發生變化為法拉第感應定律。

主題二 直流電機之原理、構造、一般性質

( ) 1. 直流電機換向片的功能與下列哪一種元件相類似？
(A)突波吸收器　(B)整流二極體　(C)消弧線圈　(D)正反器。

( ) 2. 下列何者為直流電機均壓線的功用？　(A)抵銷電樞反應　(B)提高絕緣水準　(C)提高溫升限度　(D)改善換向作用。

( ) 3. 直流發電機之額定容量，一般指在無不良影響條件下之？
(A)輸入功率　(B)輸出功率　(C)熱功率　(D)損耗功率。

( ) 4. 關於直流電機之補償繞組，下列敘述何者錯誤？　(A)可抵消電樞反應　(B)裝在主磁極之極面槽內　(C)必須與電樞繞組並聯　(D)與相鄰的電樞繞組內電流方向相反。

( ) 5. 直流發電機轉速增大為2.5倍，磁通密度減小為原來的0.8倍，則感應的電動勢為原來的幾倍？
(A)0.8倍　(B)1.7倍　(C)2倍　(D)2.5倍。

( ) 6. 下列何者不是減少電樞反應的方法？　(A)裝設換向磁極　(B)裝設補償繞組　(C)增加主磁極數目　(D)減少電樞磁路磁阻。

( ) 7. 直流電機繞組中使用虛設線圈，其主要目的為何？　(A)改善功率因數　(B)幫助電路平衡　(C)幫助機械平衡　(D)節省成本。

( ) 8. 有一直流分激電動機，產生50NT·m之轉矩，若將其磁通減少至原來的50%，且電樞電流由原來的50A提高至100A，則其產生的新轉矩為多少？
(A)25NT·m　(B)50NT·m　(C)75NT·m　(D)100NT·m。

( ) 9. 碳質電刷，最適合應用於下列何種特性之直流電動機？
(A)小容量、低轉速　(B)小容量、高轉速
(C)大容量、低轉速　(D)大容量、高轉速。

( ) 10. 有關電樞反應的影響，下列敘述何者錯誤？
(A)造成磁中性面偏移 (B)總磁通方向發生畸斜
(C)換向困難 (D)總磁通量增加。

( ) 11. 旋轉中之線圈平面若與磁場平行時，其感應電勢為？
(A)最小 (B)最大 (C)零 (D)不一定。

( ) 12. 一導體切割4極發電機的一個磁極磁通所需時間為0.01秒，則發電機之轉速為？
(A)1000 (B)1200 (C)1500 (D)2000 rpm。

( ) 13. 有一8極直流機，其轉速為1200rpm，則經過一對磁極所需之時間為多少秒？
(A)$\frac{1}{20}$ (B)$\frac{1}{40}$ (C)$\frac{1}{80}$ (D)$\frac{1}{160}$。

( ) 14. 如希望電刷接觸電阻大而整流能力高，同時磨擦係數小，而容許電流大，則宜採用？ (A)碳質 (B)石墨質 (C)電化石墨質 (D)金屬石墨質電刷。

( ) 15. 直流電機採用碳質電刷是因為其？ (A)接觸電阻小 (B)接觸電阻大 (C)機械強度大 (D)固有電阻小。

( ) 16. 有關直流機之敘述，下列何者不正確？
(A)電樞鐵心採用斜口槽是為避免運轉時，磁阻變化太大
(B)設置中間極是為改良換向問題
(C)裝設補償繞組是為抵消電樞反應磁動勢
(D)補償繞組與電樞繞組並接。

( ) 17. 於電樞上，利用斜槽結構，目的為減少？ (A)渦流損 (B)起動電流 (C)火花 (D)雜音。

( ) 18. 一個六極直流發電機，電樞繞組旋轉1圈，其應電勢變化？
(A)1個 (B)3個 (C)6個 (D)12個。

( ) 19. 如右圖所示，若N為線圈匝數，S為該線圈之每秒轉速，ϕ為每極之磁力線數，則該線圈旋轉$\frac{1}{4}$周時，共經過多少電機角？

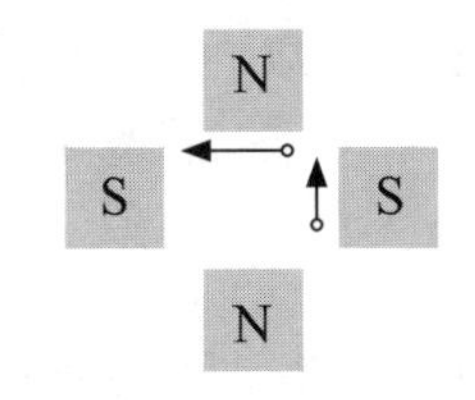

(A)45° (B)90° (C)135° (D)180°。

( ) 20. 一每邊長為25公分的正方形線圈共有40匝，以每分鐘旋轉300轉於兩極且磁通密度為240高斯之均勻磁場內，則此線圈之平均電勢為？ (A)3.2V (B)1.2V (C)3.6V (D)4.8V。

( ) 21. 同上題，有效值、最大值各為？ (A)2.66V、3.77V (B)1.33V、1.89V (C)3V、5V (D)7.98V、11.31V。

( ) 22. 欲改善直流發電機之脈動程度，使其更接近於直流電，則應？ (A)增加線圈匝數 (B)增加線圈組數及換向片數 (C)增加電刷數目 (D)增加磁場強度。

( ) 23. 一個四極直流發電機，轉速為3000rpm，每極之磁通為1.6×10^{-2}韋伯，則每一導體之感應電勢為？
(A)0.8V (B)1.6V (C)2.4V (D)3.2V。

( ) 24. 將直流發電機的轉速增加為原來的2.2倍，每極磁通量降為原來的0.5倍，則發電機的感應電勢變為原來的若干倍？
(A)0.5倍 (B)0.9倍 (C)1.1倍 (D)2.2倍。

( ) 25. 一86kW，六極直流發電機，電樞有66槽，每槽有12根導體，且電樞繞線連接成6個分路，每極有2.18×10^{-2}韋伯的磁通，且電樞轉速為870rpm，則應電勢為？ (A)250V (B)260V (C)280V (D)300V。

( ) 26. 發電機電樞所感應的電勢需以什麼裝置，才能將交流轉換成直流？ (A)換向器 (B)滑環 (C)變壓器 (D)整流器。

( ) 27. 如右圖所示之導體a，若向上運動時，則該導體感應電勢之方向如何？ (A)流入 (B)流出 (C)由運動速率決定 (D)由磁力線強弱決定。

N a S

( ) 28. 下列何者不是構成磁路的一部分？ (A)場軛 (B)電刷 (C)電樞心 (D)空氣隙。

( ) 29. 換向器雲母片的切除（Under Cut），其主要原因在？ (A)避免突出的雲母片使電刷跳動妨礙整流 (B)避免電刷磨損 (C)避免電樞震動 (D)減少阻力。

( ) 30. 極尖之鐵心較極身為小，其目的是？ (A)使極尖不易飽和 (B)減少摩擦損失 (C)減少鐵損 (D)減低電樞反應。

( ) 31. 六極雙重疊繞與雙重波繞線圈之並聯電路數分別為？
(A)6、2 (B)3、1 (C)18、6 (D)12、4。

( ) 32. 有一8極、40伏特、80安培的直流發電機為疊繞組，若其電樞可更換為波繞組，則改裝後的電壓及電流應分別為？
(A)160V、20A (B)20V、160A
(C)320V、10A (D)320V、20A。

( ) 33. 某直流發電機，電樞繞組為雙分疊繞，原依230V、750rpm設計，今欲改用為115V、1500rpm，則電樞繞組應採用？
(A)四分波繞 (B)四分疊繞 (C)八分疊繞 (D)八分波繞。

( ) 34. 直流發電機係採用？ (A)旋轉磁場，靜止電樞 (B)旋轉電樞，靜止磁場 (C)磁場電樞皆靜止 (D)磁場電樞皆轉。

( ) 35. 電樞繞組使用疊繞的直流機，通常須要加均壓連接，有均壓連接的直流機，其電樞槽數必須滿足下列那一項條件？ (A)每極槽數須為整數 (B)每一對磁極（即每兩極）之槽數須為整數 (C)每相槽數須為整數 (D)每極每相槽數須為整數。

解答與解析

1.(B)。

換向片功能	(1)直流**發電機**(DCG)：將電樞內**交流應電勢**轉換成**脈動直流電勢**取出。(AC→DC) (2)直流**電動機**(DCM)：將外電路**直流電壓**轉換成**交流電勢**輸入電樞繞組，而產生**同方向之轉矩**。(DC→AC) (3)由(1)、(2)可知，DCG和DCM的**電樞均為交流應電勢**。

2.(D)。(1)原因：每條電流路徑之應電勢不同，造成環流流過電刷，換向不良。

註：環流未經換向器為交流。

(2)結果：換向易產生火花，環流使繞組消耗功率，使溫度升高。

(3)克服：用低電阻之導線，連接相隔兩極距（360°電機角）的繞組，使各點電位相同，稱之「均壓線」，以N_{eq}表示。

3.(B)。發電機的輸入功率為機械功率，輸出功率為電功率（額定容量）。

4.(C)。補償繞組需與電樞繞組串聯，且電流大小相同，方向相反。

5.(C)。$E=K\phi N$，$\frac{E_2}{E_1}=\frac{K\times0.8\phi\times2.5N}{K\phi N}$=2倍

6.(D)。抵消電樞反應的方法：

(1)補償繞組法（湯姆生雷恩法）。

(2)中間極法（換向磁極法）。

(3)極尖高飽和法（增加極尖磁阻，使該處易飽和，減少電樞反應）。

(4)愣德爾磁極法。

(5)移刷法（移動電刷至新磁極中性面，目的僅在改善換向）。

7.(C)。多出的線圈不能接換向片，若略去多出的線圈不製成，卻造成機械不平衡。所以將多出之線圈放置槽內，而不與換向器連接，僅作填充但無作用，稱之「均壓線」或「強制繞組」。

8.(B)。$T=K\phi I_a$，$50=K\phi\times50$，$\therefore K\phi=1$，

$T_2=(KØ)_2\times I_{a2}=(1\times0.5)\times100=50$(NT．m)

9.(A)。碳質電刷適用於高電壓、小容量及低速電機。

10.(D)。(1)電樞磁通與主磁極磁通正交。

(2)電樞反應導致綜合有效主磁極磁通ϕ_f減少⇒總磁通量也隨之減少，而非增加。

(3)發電機應電勢下降($E_{av}=K\phi_f N$)。

(4)電動機轉矩減少($T_m=K\phi_f I_a$)。

(5)電動機轉速增加($N=\dfrac{E_{av}}{K\cdot\phi_f}$)

11.(B)。當線圈平面與磁場平行時其切割磁力線為最大，故感應電勢為最大。
要訣：其瞬間相對運動互差90^o。

12.(C)。$t=\dfrac{1}{n}\times\dfrac{1}{p}$秒　$n=\dfrac{1}{t}\times\dfrac{1}{p}rps=\dfrac{1}{0.01}\times\dfrac{1}{4}\times 60rpm=1500(rpm)$

13.(D)。$1200rpm=\dfrac{1200}{60}rps=20\ rps$ 每轉一圈為$\dfrac{1}{20}$秒；因為有8極，
故旋轉一極距之時間，$\therefore t=\dfrac{1}{8}\times\dfrac{1}{20}=\dfrac{1}{160}$(秒)。

14.(C)。電化石墨質的電刷接觸電阻大、整流能力高。

15.(B)。碳質電刷的接觸電阻大，抑制換向時短路電流產生的火花。

16.(D)。

補償繞組		
	功能	(1)產生與電樞反應磁通相反的磁通，以抵消電樞反應。 (2)補償繞組電流方向與電樞電流方向相反。
	配置方式	位於主磁極極面之槽內，與電樞繞組串聯。

17.(D)。斜口槽目的在減少雜音。

18.(B)。一對NS變化1個，六極為三對NS，所以變化3個。

19.(D)。電機為四極，旋轉$\dfrac{1}{4}$周，剛好經過一極距，極距＝180^o電機角。

20.(B)。$\because\phi=BA=240\times10^{-4}\times25\times25\times10^{-4}=1.5\times10^{-3}wb$
$\therefore E_{av}=\dfrac{PZ\phi n}{60a}=\dfrac{2\times(2\times40)\times1.5\times10^{-3}\times300}{60\times1}=1.2(V)$。

21.(B)。有效值$E_{rms}=1.11\times E_{av}=1.11\times1.2=1.33(V)$。
最大值$E_m=\sqrt{2}E_{rms}=\sqrt{2}\times1.33=1.89(V)$。

22.(B)。改善直流發電機的脈動程度，可以增加線圈組數及換向片數。

23.(D)。$E_{av}=\dfrac{4\times1\times1.6\times10^{-2}\times3000}{60\times1}=3.2(V)$。

24.(C)。$\because E=Kfn$，$E'=K\times0.5f\times2.2n=1.1E$。

25.(A)。電機有66槽，每槽有12根導體，電樞總導體數＝66×12＝792根

$\therefore E=\dfrac{PZ\phi n}{60a}=\dfrac{6\times792\times2.18\times10^{-2}\times870}{60\times1}\fallingdotseq250(V)$。

26.(A)。換向器係將交流轉換成直流。

27.(A)。佛來銘右手定則得知，電流為流入。

28.(B)。磁路由內到外依序是：主磁極→空氣隙→電樞鐵心→場軛(機殼)。

29.(A)。雲母片的切除，避免突出的雲母片使電刷跳動妨礙整流。

30.(D)。極尖鐵心較極身為小，使極尖處易飽和，以減少電樞反應。

31.(D)。$a_L=Pm=6\times2=12$；$a_W=2m=2\times2=4$。

32.(A)。由 $a=\dfrac{a_W}{a_L}=\dfrac{2m}{Pm}=\dfrac{2}{P}$倍；$V_G=\dfrac{1}{a}$倍$=\dfrac{P}{2}$倍$=\dfrac{8}{2}\times40=160(V)$，

$I_a=a$倍$=\dfrac{2}{P}$倍$=\dfrac{2}{8}\times80=20(A)$。

33.(C)。$E_G=\dfrac{PZ}{60a}\phi n\Rightarrow a=\dfrac{PZ}{60V_G}\phi n$

$$\frac{a_2}{a_1}=\frac{\dfrac{P_2Z_2}{60E_{G2}}\phi_2n_2}{\dfrac{P_1Z_1}{60E_{G1}}\phi_1n_1}\xRightarrow{\text{P、Z、}\phi\text{固定視為1，60常數約分掉}}\frac{a_2}{a_1}=\frac{\dfrac{n_2}{E_{G2}}}{\dfrac{n_1}{E_{G1}}}=\frac{n_2}{n_1}\times\frac{E_{G1}}{E_{G2}}$$

$=\dfrac{1500}{750}\times\dfrac{230}{115}=4$

$\therefore a_2=4a_1\Rightarrow$原來雙分疊繞的4 $\xRightarrow{a=mp\text{，P固定不變}} m_2=4m_1=4\times2=8$

∴故應採用八分疊繞

34.(B)。直流電機採用旋轉電樞。

35.(B)。疊繞直流機，每一對磁極(即每兩極)之槽數須為整數。

主題三 直流發電機之分類、特性及運用

( ) 1. 直流發電機的飽和曲線，是指下列何種關係？
(A)感應電勢與負載電流 (B)感應電勢與場電流
(C)感應電勢與負載電流 (D)輸出電流與負載電流。

( ) 2. 下列何者不是直流分（並）激發電機自激建立電壓必須具備的條件？
(A)剩磁要夠大 (B)場電阻要夠低
(C)剩磁方向要適當 (D)負載特性要適當。

( ) 3. 有一分激發電機之端電壓為220V，其電樞電阻為0.06Ω，當該機供給300A之電流時，其感應電動勢為？
(A)202V (B)220V (C)238V (D)210V。

( ) 4. 有一分激式直流發電機，感應電動勢為100V，電樞電阻為0.1Ω，電樞電流為40A，磁場電阻為48Ω，若忽略電刷壓降，則輸出功率為何？
(A)3648W (B)3800W (C)3964W (D)4000W。

( ) 5. 直流發電機激磁電流自0A增加至0.5A，測得感應電勢為110V，再增加激磁電流至1A，測得感應電勢為165V，此時再減少激磁電流至0.5A，則感應電勢可能為？
(A)0V (B)105V (C)115V (D)165V。

( ) 6. 自激式直流發電機電壓無法建立之原因，下列何者不正確？
(A)轉速低於臨界轉速
(B)鐵心剩磁太小
(C)場繞組之電阻小於臨界場電阻值
(D)場繞組接線方向錯誤。

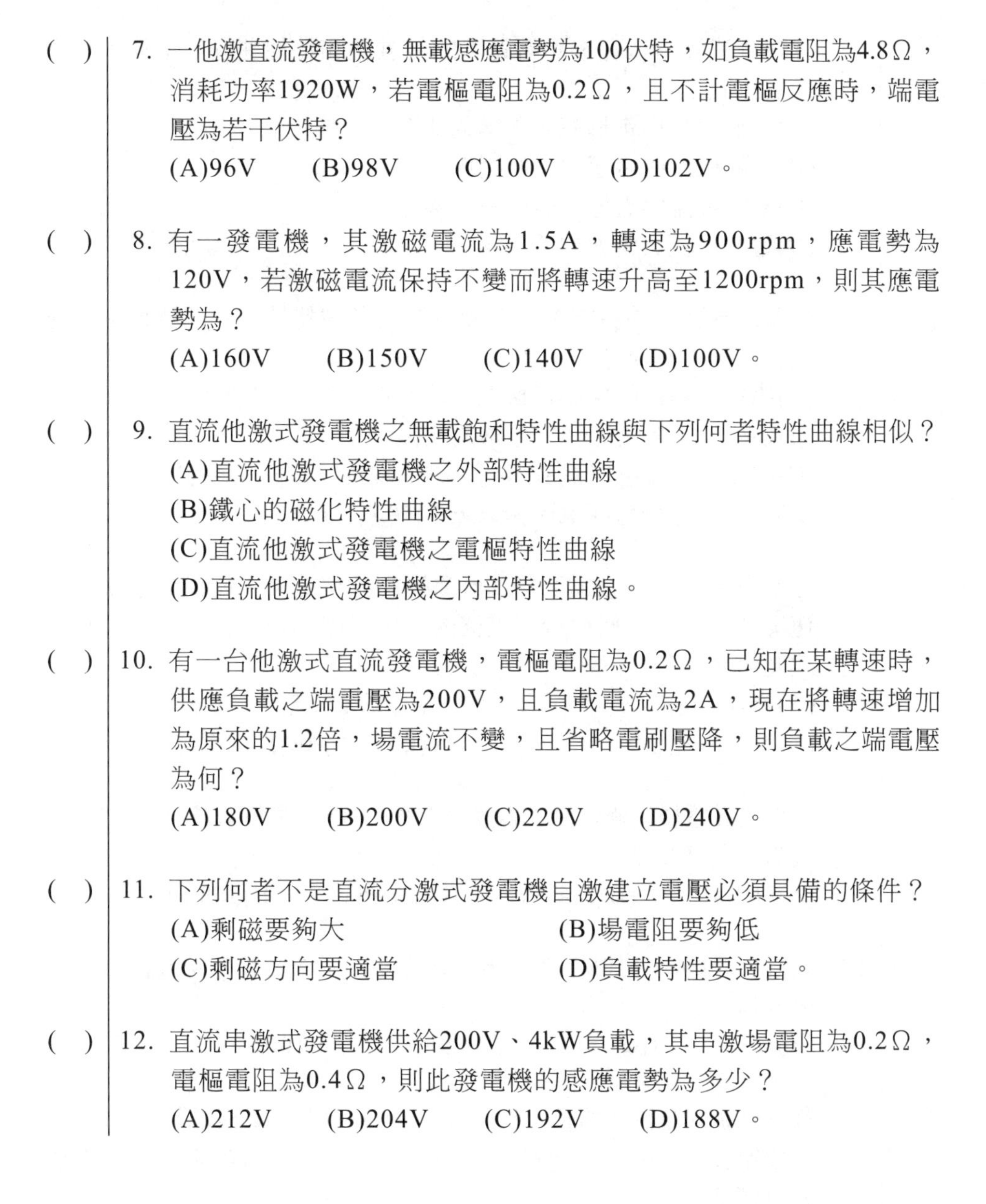

(　) 7. 一他激直流發電機，無載感應電勢為100伏特，如負載電阻為4.8Ω，消耗功率1920W，若電樞電阻為0.2Ω，且不計電樞反應時，端電壓為若干伏特？
(A)96V　(B)98V　(C)100V　(D)102V。

(　) 8. 有一發電機，其激磁電流為1.5A，轉速為900rpm，應電勢為120V，若激磁電流保持不變而將轉速升高至1200rpm，則其應電勢為？
(A)160V　(B)150V　(C)140V　(D)100V。

(　) 9. 直流他激式發電機之無載飽和特性曲線與下列何者特性曲線相似？
(A)直流他激式發電機之外部特性曲線
(B)鐵心的磁化特性曲線
(C)直流他激式發電機之電樞特性曲線
(D)直流他激式發電機之內部特性曲線。

(　) 10. 有一台他激式直流發電機，電樞電阻為0.2Ω，已知在某轉速時，供應負載之端電壓為200V，且負載電流為2A，現在將轉速增加為原來的1.2倍，場電流不變，且省略電刷壓降，則負載之端電壓為何？
(A)180V　(B)200V　(C)220V　(D)240V。

(　) 11. 下列何者不是直流分激式發電機自激建立電壓必須具備的條件？
(A)剩磁要夠大　(B)場電阻要夠低
(C)剩磁方向要適當　(D)負載特性要適當。

(　) 12. 直流串激式發電機供給200V、4kW負載，其串激場電阻為0.2Ω，電樞電阻為0.4Ω，則此發電機的感應電勢為多少？
(A)212V　(B)204V　(C)192V　(D)188V。

( ) 13. 有關直流發電機在額定轉速下的無載飽和特性曲線之敘述，下列何者正確？
(A)電樞電流與電樞感應電勢的關係
(B)激磁電流與電樞電流的關係
(C)激磁電流與電樞感應電勢的關係
(D)電樞電流與轉速的關係。

( ) 14. 有關他激式（外激式）直流發電機的負載特性（外部特性）曲線之敘述，下列何者正確？
(A)描述發電機轉速與電樞電流的關係
(B)描述發電機轉速與端電壓的關係
(C)描述發電機磁場電流與端電壓的關係
(D)描述發電機電樞電流與端電壓的關係。

( ) 15. 直流分激式（並激式）發電機運轉於額定電壓，如果發電機的轉速突然升高，若要維持發電機的輸出電壓為額定電壓，其調整方式為何？
(A)增加磁通 (B)減少負載
(C)減少磁通 (D)調整換向片的角度。

( ) 16. 一直流發電機，滿載時端電壓為250V，電壓調整率為5%。則無載端電壓為多少？
(A)262.5V (B)264.5V (C)266.5V (D)268.5V。

( ) 17. 額定為55kW、110V、3500rpm之複激式直流發電機，其滿載時電流為何？
(A)500A (B)300A (C)250A (D)100A。

( ) 18. 有一分激式直流發電機，感應電動勢為100V，電樞電阻為0.1Ω，電樞電流為40A，磁場電阻為48Ω，若忽略電刷壓降，則輸出功率為何？
(A)3648W (B)3800W (C)3964W (D)4000W。

( ) 19. 串激發電機之感應電勢與負載電流（E-I）近似曲線為？

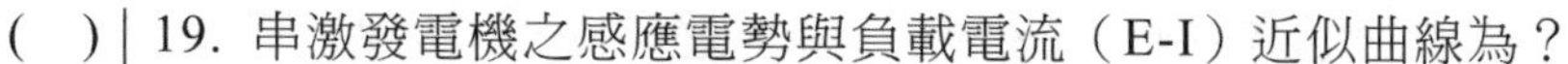

(A)

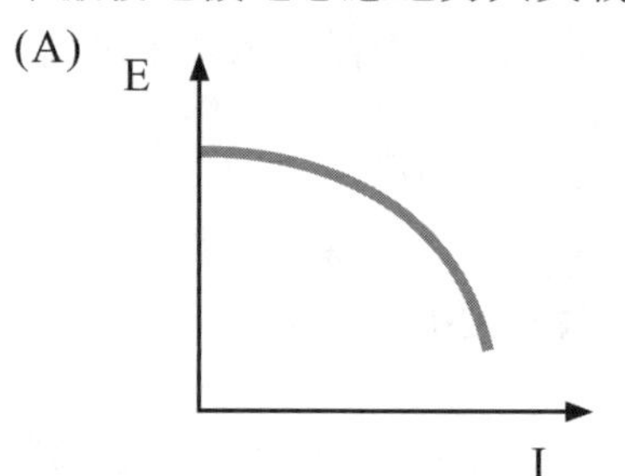

(B)

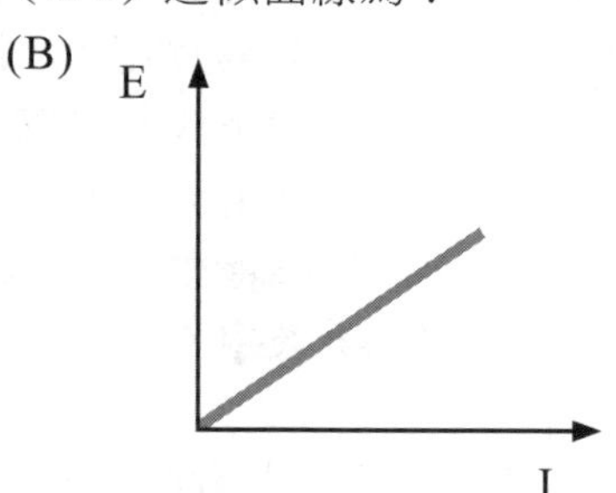

(C)

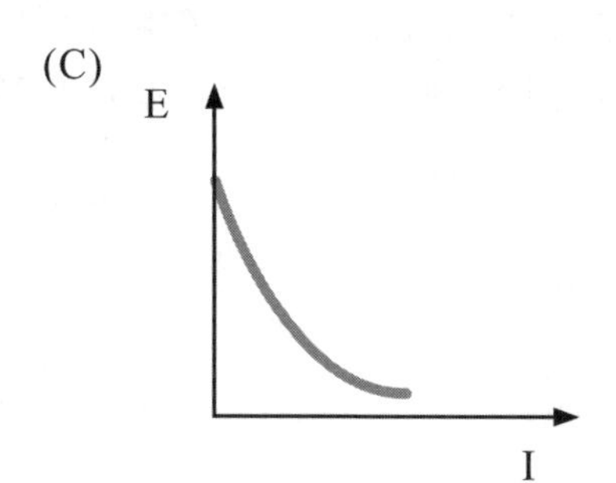

(D)

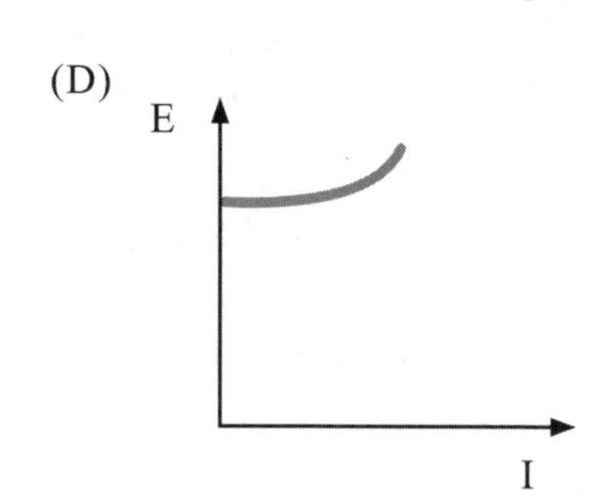

( ) 20. 複激式電機，若分激場繞組所產生之磁通與串激場繞組所產生之磁通方向相同，則此電機稱為？
(A)積複激式電機　(B)串激式電機　(C)差複激式電機　(D)分激式電機。

( ) 21. 一直流串激式發電機，無載感應電動勢為120V，電樞電阻為0.1Ω，串激場電阻為0.02Ω，當電樞電流為100A時，若忽略電刷壓降，則此發電機輸出功率為何？
(A)10800W　(B)9600W　(C)8000W　(D)6000W。

( ) 22. 有一5kW、100V直流分激式發電機，場電阻為100Ω，當供給額定負載時，應電勢為120V，若電刷壓降忽略不計，則電樞電阻約為多少？
(A)0.68Ω　(B)0.53Ω　(C)0.47Ω　(D)0.39Ω。

( ) 23. 一串激式發電機提供220V、2.2kW之負載，其電樞電阻為0.3Ω，串激場繞組電阻0.5Ω，則關於此發電機之敘述下列何者正確？
(A)此發電機電樞電流為100A
(B)此發電機產生之感應電勢為228V
(C)此發電機激磁電流為50A
(D)此發電機產生之感應電勢為220V。

( ) 24. 兩部分激發電機A、B作並聯運轉，A的無載感應電勢為220V，電樞電阻為0.1Ω，激磁場電阻50Ω；B的無載感應電勢為220V，電樞電阻為0.2Ω，激磁場電阻為40Ω，負載端電壓為200V，則下列何者正確？
(A)A發電機激磁電流為50A
(B)A發電機之電樞電流為100A
(C)B發電機之電樞電流為100A
(D)負載端總輸出功率為30kW。

( ) 25. 有200V、200kW之他激式直流發電機，電樞電阻為0.02Ω，若原動機轉速與激磁電流均為定值，則滿載時之電壓調整率為？
(A)5% (B)10% (C)15% (D)20%。

( ) 26. 直流發電機在無載時，不能建立電壓者是？
(A)分激式 (B)他激式 (C)積複激式 (D)串激式。

( ) 27. 若把直流分激發電機之兩線端短路，則將？
(A)產生甚大電流把發電機燒毀
(B)若長時間短路始會燒毀電機
(C)電流甚大，但不致燒毀電機
(D)電壓及電流立即減少。

( ) 28. 串激發電機，供給55只串接弧燈，電流為5A，每只為400W，其電樞電阻為10Ω，磁場電阻為8Ω，線路電阻為6Ω，則此發電機電樞之應電勢為？
(A)4400V (B)4430V (C)4470V (D)4520V。

( ) 29. 75kW、220V長複激發電機應電勢為228伏，分激場電阻為55Ω，串激場電阻為電樞電阻之兩倍，則電樞電阻為若干？
(A)0.0154 (B)0.0077 (C)0.0036 (D)0.0024Ω。

( ) 30. 欲將欠複激式直流發電機，調整為過複激式直流發電機，則下列敘述何者正確？
(A)提高發電機之轉速
(B)增大分激磁場繞組之場變阻器
(C)增大串激磁場繞組分流器之電阻值
(D)降低串激磁場繞組分流器之電阻值。

( ) 31. 兩台複激發電機並聯運用，A機容量為300kW，B機容量為200kW，則當A機之串激場電阻為0.1Ω，B機之串激場電阻為？
(A)0.05Ω (B)0.35Ω (C)0.25Ω (D)0.15Ω。

( ) 32. 有A、B兩部複激式直流發電機並聯運轉，若A發電機的容量為100kW，B發電機的容量為200kW，A發電機的串激場電阻為0.2Ω時，則B發電機的串激場電阻應為多少Ω？
(A)0.1 (B)0.2 (C)0.4 (D)0.6。

( ) 33. 兩台分激發電機作並聯運轉，供應100A之負載，若I_f不計則E_1＝110V、R_a＝0.04Ω及E_2＝112V，R_a＝0.06Ω時，兩機負擔之負載電流為？
(A)60A、40A (B)40A、60A
(C)70A、30A (D)30A、70A。

( ) 34. 有A、B兩台直流發電機並聯運轉而供給負載，今欲變更負載分配，由A機逐漸轉移B機，但須維持系統之電壓於定值，則？
(A)A、B兩機之場電阻須同時增大
(B)A、B兩機之場電阻須同時減少
(C)將A機之場電阻增大，而B機減少
(D)將A機之場電阻減少，而B機增大。

( ) 35. 適合用於電銲及充電者，為？
(A)分激式 (B)串激式 (C)積複激式 (D)差複激式。

( ) 36. 差複激式發電機負載增加時，其總有效磁通？
(A)減少 (B)增加 (C)不變 (D)不一定。

( ) 37. A、B兩台分激發電機並聯供給100A負載，A發電機：無載電壓為100V，電樞電阻為0.04Ω；B發電機：無載電壓為98V，電樞電阻為0.05Ω。若不計激磁電流及電樞反應，則負載端電壓為何？
(A)100V (B)98V (C)96.89V (D)94.2V。

( ) 38. 某台44kW、220V之分激式發電機，若不考慮激磁電流，則其滿載時之電壓調整率為6%，此電機之電樞電阻為？
(A)0.036Ω (B)0.046Ω (C)0.056Ω (D)0.066Ω。

解答與解析

1.(B)。飽和曲線係指感應電勢與場電流的關係。

2.(D)。自激式直流分（並）激發電機欲建立電壓，須在無負載時，故無需考慮負載特性。

3.(C)。$E_a = V_t + I_aR_a = 220 + (300)(0.06) = 238(V)$。

4.(A)。$V_t = E_a - I_aR_a = 100 - (40)(0.1) = 96V$，$I_f = \frac{V_t}{R_f} = \frac{96}{48} = 2(A)$，

$I_t = I_a - I_f = 40 - 2 = 38A$，$P_o = V_tI_t = 96 \times 38 = 3648(W)$。

5.(C)。因激磁電流上昇之磁化曲線低於下降磁化曲線，故減少激磁電流時感應電勢可能為115V。

6.(C)。自激式發電機建立電壓的條件：
(1)發電機的磁極中，須有足夠的剩磁。
(2)在一定的轉速下，場電阻＜臨界場電阻。
(3)在一定的場電阻下，速率＞臨界速率。
(4)發電機轉動時，由剩磁產生之應電勢，必須與繞組兩端應電勢同向。
(5)電刷位置須正確，且與換向片接觸良好。

7.(A)。$I_L=\dfrac{100}{0.2+4.8}=20A$，故$V=20\times4.8=96(V)$

8.(A)。$n'=\dfrac{1200}{900}n=\dfrac{4}{3}n \Rightarrow E'=\dfrac{4}{3}E=\dfrac{4}{3}\times120=160(V)$

9.(B)。無載特性曲線係為飽和特性、磁化特性。因有磁滯及剩磁，故磁化曲線的下降曲線在上升曲線之上，和鐵心的磁化特性曲線相似。

10.(D)。$E_{G1}=V_{L1}+I_aR_a=200+(2\times0.2)=200.4(V)$
$\because$E與轉速n成正比，$E_{G2}=200.4\times1.2=240.48(V)$
$\therefore V_{L2}=E_{G2}-I_aR_a=240.48-(2\times0.2)=240.08(V)$

11.(D)。(1)發電機的磁極中，須有足夠的剩磁。
(2)在一定的轉速下，場電阻＜臨界場電阻。
(3)在一定的場電阻下，速率＞臨界速率。
(4)發電機轉動時，由剩磁產生之應電勢，必須與繞組兩端應電勢同向。
(5)電刷位置須正確，且與換向片接觸良好。

12.(A)。$E_G=V_t+I_a(R_a+R_s)=200+\dfrac{4k}{200}\times(0.4+0.2)=212(V)$

13.(C)。Y軸：電樞感應電勢(E)；X軸：激磁電流(I_f)

14.(D)。Y軸：負載端電壓(V_t)；X軸：負載電流(I_L)。
外激式發電機(I_L)＝電樞電流(I_a)

15.(C)。$E_G=K\cdot\phi_m\cdot n \Rightarrow \because E_G$、K固定，$\therefore \phi_m$和n成反比

16.(A)。$\varepsilon=VR\%=\dfrac{V_{NL}-V_{FL}}{V_{FL}}\times100\% \Rightarrow 0.05=\dfrac{V_{NL}-250}{250} \Rightarrow V_{NL}=262.5(V)$

17.(A)。$P=VI\Rightarrow 55k=110\times 1\Rightarrow I=\dfrac{55k}{110}=500(A)$

18.(A)。(1) $E_G=V_t+I_aR_a\Rightarrow 100=V_t+40\times 0.1\Rightarrow V_t=100-4=96(V)$

(2) $I_a=I_L+I_f\Rightarrow 40=I_L+2\Rightarrow I_L=40-2=38(A)$，$I_f=\dfrac{V_t}{R_f}=\dfrac{96}{48}=2(A)$

(3) 內生機械功率 $P_m=E_G\cdot I_a=100\times 40=4kW$

(4) $I_L=\dfrac{P_o}{V_t}\Rightarrow 38=\dfrac{P_o}{96}\Rightarrow$ 輸出功率 $P_o=38\times 96=3648(W)$

19.(B)。綜合外部特性曲線圖

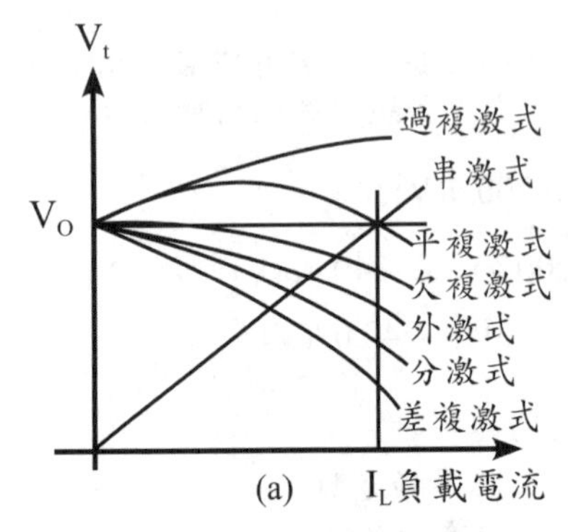

發電機無載電壓固定時之
外部特性曲線

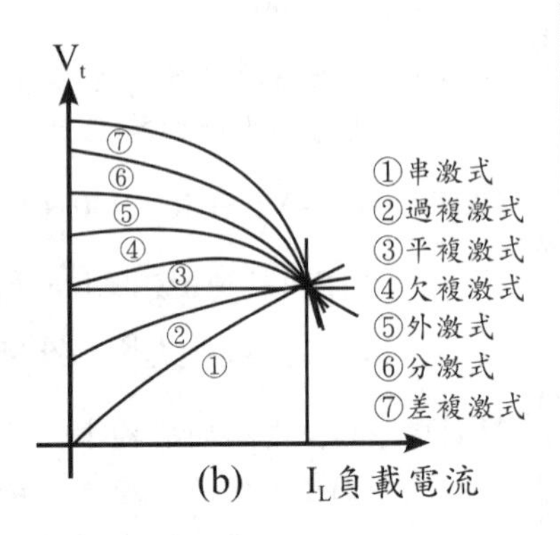

發電機滿載電壓固定時之
外部特性曲線

20.(A)。依分激場繞組與串激場繞組產生之磁通作用方向可分為：

(1)差複激式電機：分激場繞組與串激場繞組磁通方向相反，如圖1所示。

(2)積複激式電機：分激場繞組與串激場繞組磁通方向相同，如圖2所示。

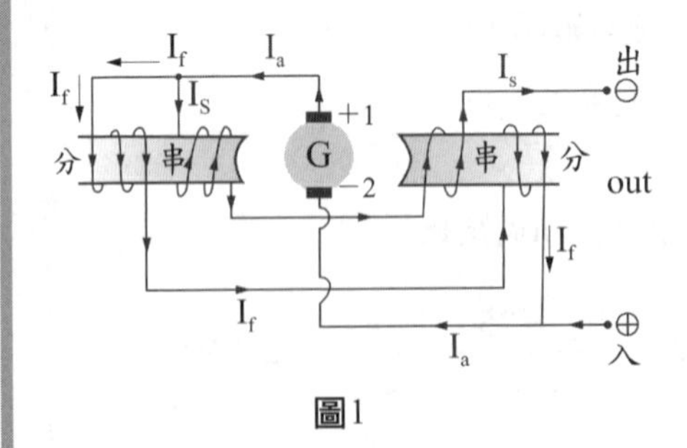

圖1

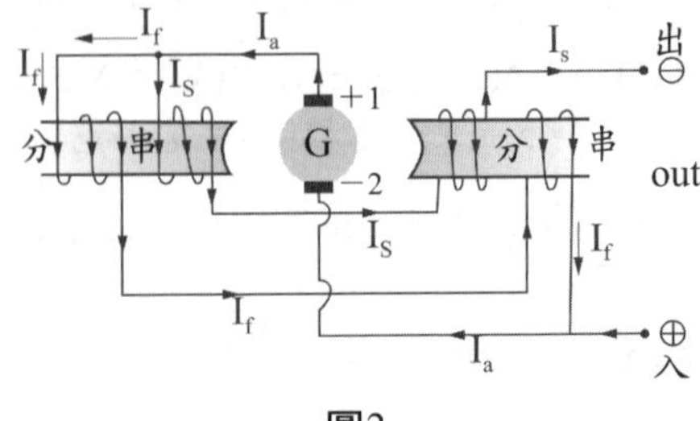

圖2

21.(A)。(1) $E_G=V_t+I_a(R_a+R_s)$

$\Rightarrow 120=V_t+100(0.1+0.02)$

$\Rightarrow V_t=120-12=108(V)$

(2) $I_a=I_S=I_L=\dfrac{P_o}{V_t}$

$\Rightarrow 100=\dfrac{P_o}{108}$

$\Rightarrow P_o=100\times108=10800(W)$

22.(D)。(1) $I_a=I_L+I_f=50+1=51(A)$

A. $I_L=\dfrac{P_o}{V_t}=\dfrac{5000}{100}=50(A)$　　B. $I_f=\dfrac{V_t}{R_f}=\dfrac{100}{100}=1(A)$

(2) $E_G=V_t+I_aR_a \Rightarrow 120=100+(51\times R_a) \Rightarrow R_a=\dfrac{120-100}{51}=0.39(\Omega)$

23.(B)。(1) $I_a=I_S=I_L=\dfrac{P_o}{V_t}=\dfrac{2200}{220}=10(A)$

(2) $E_G=V_t+I_a(R_a+R_s)=220+10(0.3+0.5)=228(V)$

24.(C)。(1)並聯電壓相等：$V_L=I_{fa}R_{fa}=I_{fb}R_{fb} \Rightarrow 200=I_{fa}\times50=I_{fb}\times40$

$\therefore I_{fa}=4(A)$；$I_{fb}=5(A)$

(2) $V_{La}=E_{aa}-I_{aa}R_{aa} \Rightarrow 200=220-I_{aa}\times0.1 \Rightarrow =I_{aa}=200(A)$

$V_{Lb}=E_{ab}-I_{ab}R_{ab} \Rightarrow 200=220-I_{ab}\times0.2 \Rightarrow =I_{ab}=100(A)$

(3)負載總輸出功率：(考慮分激場，如下圖所示，根據K.C.L.算出I_L)

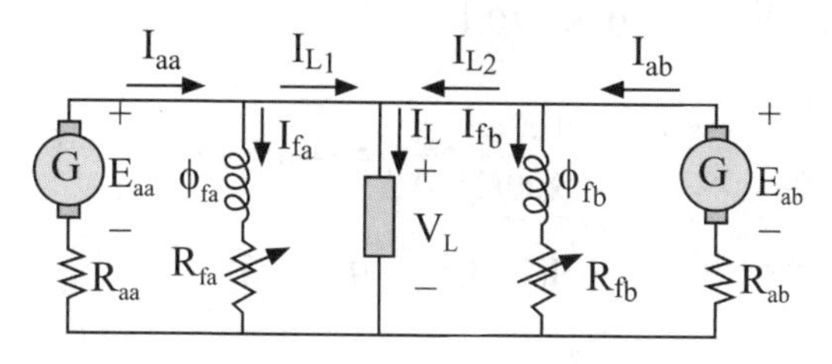

A. $I_{L1}=I_{aa}-I_{fa}=200-4=196(A)$；

$I_{L2}=I_{ab}-I_{fb}=100-5=95(A)$

$I_L=I_{L1}+I_{L2}=196-95=291(A)$

B. $I_L=\dfrac{P_O}{V_L} \Rightarrow 291=\dfrac{P_O}{200} \Rightarrow$ 輸出功率$P_o=200\times291=58.2k(W)$

25.(B)。$I=\frac{P}{V}=\frac{200000}{200}=1000(A)$，

$V_{NL}=E_a=V_a+I_aR_a=200+(1000)(0.02)=220(V)$，

$VR\%=\frac{V_{NL}-V_{FL}}{V_{FL}}\times 100\%=\frac{220-200}{200}\times 100\%=10\%$。

26.(D)。無載時電壓無法建立，因無激磁電流流過激磁繞組。

27.(D)。直流分激發電機之兩線端短路，電壓及電流立即減少。

28.(D)。$E=V_t+I_aR_a+I_aR_s+I_aR_u=[(55\times\frac{400}{5})+5\times(10+8+6)]=4520V$。

29.(B)。$I_L=\frac{P_o}{V_t}=\frac{75\times 10^3}{220}=341(A)$；$I_f=\frac{V_t}{R_f}=\frac{220}{55}=4(A)$；

$I_a=I_s=I_L+I_f=341+4=345(A)$

$\because E_G=V_t+I_a(R_a+R_S)\Rightarrow 228=220+345\times(3R_a)$

$\therefore R_a=0.0077(\Omega)$

30.(C)。增大串激磁場繞組分流器之電阻值時，串激場繞組電流亦增加，則串激場磁通增加。

31.(D)。$\frac{P_A}{P_B}=\frac{I_A}{I_B}=\frac{R_{SB}}{R_{SA}}$，$\frac{300K}{200K}=\frac{R_{SB}}{0.1}$，故$R_{SB}=0.15(\Omega)$。

32.(A)。$\because\frac{P_1}{P_2}=\frac{I_{L1}}{I_{L2}}=\frac{R_{S2}}{R_{S1}}$ $\therefore\frac{100K}{200K}=\frac{R_B}{0.2}\Rightarrow R_B=0.2\times\frac{1}{2}=0.1(\Omega)$

33.(B)。應電勢不相等：$I_{L1}+I_{L2}=I_L=100$……①

$\because E_1-I_{L1}R_{a1}=E_2-I_{L2}R_{a2}$

$\therefore 110-I_{L1}\times 0.04=112-I_{L2}\times 0.06$……②

將①和②解聯立方程式得：$I_{L1}=40(A)$，$I_{L2}=60(A)$

34.(C)。若$R_{fA}\uparrow$，則$\phi_{fA}\downarrow$，$E_A\downarrow$及$R_{fB}\downarrow$，則$\phi_{fB}\uparrow$，$E_B\uparrow$。

35.(D)。用途：
(1)過複激：遠距離供電（礦坑、電車）。
(2)平複激：短距離直流電源或直流激磁機。
(3)欠複激：可代替分激式發電機。
(4)差複激：直流電焊用發電機、蓄電池充電用發電機。

36.(A)。(1)負載（外部）特性曲線為一下降曲線。
(2)總磁通$\phi=\phi_f$(定值)$-\phi_S$(隨負載變動)，負載電流$I_L\uparrow$、$\phi_S\uparrow$、$\phi\downarrow$、$E\downarrow$，
故負載端電壓V_t急速下降。
(3)電壓調整率大，電壓調整範圍窄，VR%＞0。

37.(C)。$I_A+I_B=100$，$100-0.04\times I_A=98-0.05\times I_B$

根據以上兩式解得：$I_A=\frac{700}{9}(A)$，$I_B=\frac{200}{9}(A)$，

負載端電壓$V=E_A-0.04\times I_A=100-0.04\times\frac{700}{9}=96.89(V)$。

38.(D)。$VR\%=\frac{V_{NL}-V_{FL}}{V_{FL}}\times 100\%$，$6\%=\frac{V_{NL}-220}{220}\times 100\%$

求得$V_{NL}=E_a=233.2V$，$E_a=V_t+I_aR_a$，

$233.2=220+\frac{44k}{220}\times R_a$，$R_a=0.066(\Omega)$。

主題四　直流電動機之分類、特性及運用

(　) 1. 某八極，110V、25A直流電動機有4只電刷，其電樞電路電阻 R_a=0.4Ω（不包含電刷壓降），若電刷壓降以每只電刷1V計，則當電樞電流為25A時，其反電動勢為多少伏特？
(A)96V　(B)98V　(C)102V　(D)104V。

(　) 2. 有一1hp、110V直流分激電動機，其電樞內阻為0.08Ω，滿載時之電樞電流為7.5安培，則滿載時之反電勢為？
(A)104V　(B)109.4V　(C)50V　(D)94.4V。

(　) 3. 一部220V分激式電動機，電樞電阻為0.2Ω，若磁通 ϕ 為定值，當滿載時，電樞電流為100A，速率為1400rpm，將電樞端電壓減為140V時，滿載速率為多少rpm？
(A)840　(B)890　(C)980　(D)1400。

(　) 4. 有一串激式電動機，電樞內阻為0.3Ω，串激繞組的電阻為0.2Ω，若外加電壓為100V，電樞電流為10A，則電樞繞組之感應電勢為多少伏特？
(A)100　(B)98　(C)97　(D)95。

(　) 5. 一部直流分激式電動機，由相關實驗測得電樞電阻0.5Ω，磁場線圈電阻180Ω，轉軸的角速度為170rad/s（徑/秒）。當供給電動機的直流電源電壓、電流分別為180V與21A時，則此電動機產生的電磁轉矩為多少？
(A)8N-m　(B)12N-m　(C)16N-m　(D)20N-m。

( ) 6. 直流電動機之轉速控制方法，具有定馬力運轉特性者為？
(A)磁場電阻控制法　(B)電樞電阻控制法
(C)電樞電壓控制法　(D)改變起動電阻法。

( ) 7. 有一台串激式直流電動機，電樞電阻為0.2Ω，串激場電阻為0.3Ω，外接電源電壓為200V，且省略電刷壓降，已知電樞電流為80A時，轉速為640rpm。若轉矩不變，且希望電動機之穩態轉速改變為400rpm時，則串激場電阻應該變為若干？
(A)1.05Ω　(B)1.95Ω　(C)0.05Ω　(D)0.95Ω。

( ) 8. 直流電動機之轉速與磁通？
(A)成正比　(B)成反比　(C)平方成正比　(D)平方成反比。

( ) 9. 直流電動機反電勢是？
(A)電樞電流通過繞組，由自感互感所產生
(B)由外加電壓感應
(C)由導體切割磁力線而產生
(D)通電樞的交流電所感應。

( ) 10. 直流分激電動機，在運轉中若其磁場線圈突然斷路，則此電動機將？
(A)停下來　(B)產生半動現象　(C)速度竄升　(D)不影響。

( ) 11. 有一部10HP，200V的直流分激電動機，滿載時電樞電流為50安培，電樞電阻0.5Ω，若欲限制起動電流為2倍滿載電樞電流時，則起動電阻為多少？
(A)0.5Ω　(B)1Ω　(C)0.2Ω　(D)1.5Ω。

( ) 12. 有一直流分激電動機，在轉速為3000rpm時，感應電動勢為120V，若所有條件不變，其轉速降至2000rpm時，感應電勢？
(A)180V　(B)160V　(C)120V　(D)80V。

(　) 13. 如右圖所示為鼓型開關控制分激電動機之正反轉，則a、b兩線端接到？
(A)2、7　(B)2、6
(C)5、7　(D)5、8。

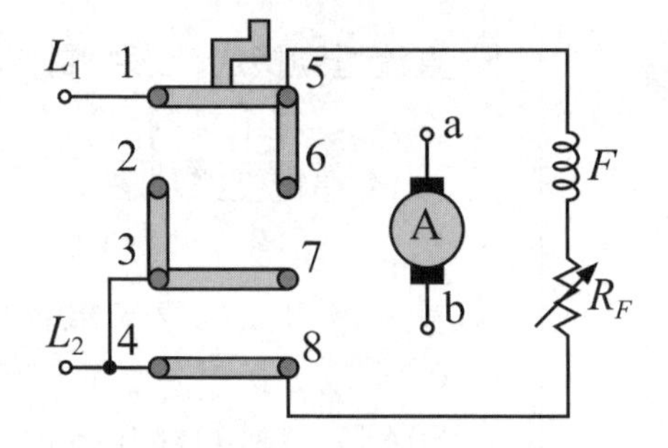

(　) 14. 有一台分激式直流電動機，電樞電阻為0.2Ω，分激場電阻200Ω，外接電源電壓為200V。已知電動機之反電勢（單位為伏特）大小是場電流（單位為安培）大小的179.2倍，假設電刷壓降為 1V，則電源電流應為何？
(A)70A　(B)85A　(C)100A　(D)115A。

(　) 15. 下列何者是直流分激式電動機之轉速（n）與電樞電流（I_a）的特性曲線？

(A)
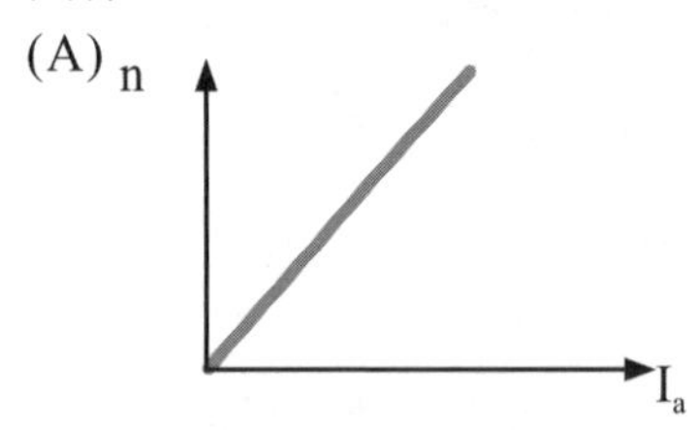

(B)
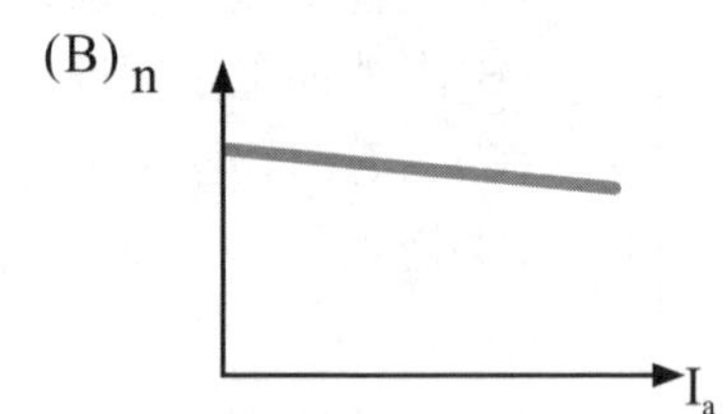

(C) 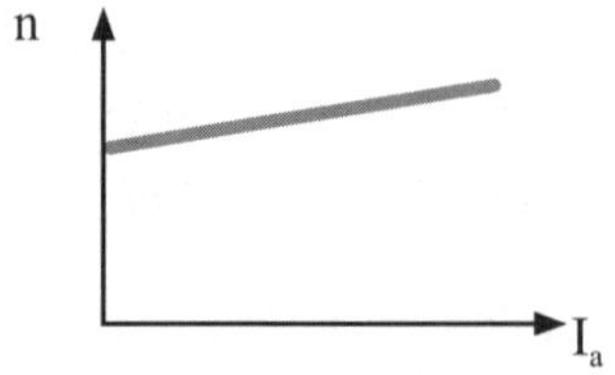
(D)
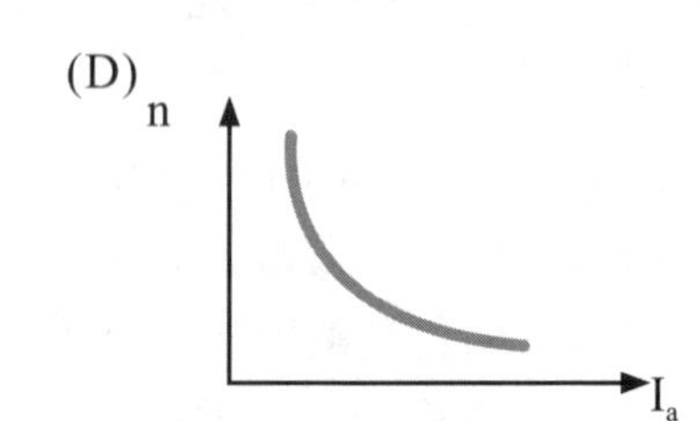

(　) 16. 當額定容量與電壓相同時，下列直流電動機中，何者起動轉矩最大？
(A)差複激式　(B)串激式
(C)分激式　(D)外（他）激式。

(　) 17. 有一1HP、100V之分激式電動機，R_a=1Ω，起動時欲限制起動電流為滿載之200%，若忽略磁場電流與損耗，則所需串聯之電阻約為多少？
(A)2.7Ω　(B)5.7Ω　(C)8.7Ω　(D)11.7Ω。

(　) 18. 直流串激式電動機在運轉時，若鐵心無磁飽和，且k_T為常數，則此電動機之電磁轉矩T_e與電樞電流I_a的關係，下列何者正確？
(A) $T_e = \frac{k_T}{I_a^2}$　(B) $T_e = \frac{k_T}{I_a}$　(C) $T_e = k_T I_a$　(D) $T_e = k_T I_a^2$ 。

(　) 19. 直流分激式電動機之端電壓V_t、電樞電流I_a、電樞電阻R_a及激磁場之磁通量ϕ_f，若鐵心無磁飽和，且其k_f為常數，則此電動機轉軸之轉速N_r與上述的關係，下列何者正確？
(A) $N_r = \frac{k_f\phi_f}{V_t - R_a I_a}$　(B) $N_r = \frac{V_t}{k_f\phi_f + R_a I_a}$
(C) $N_r = \frac{V_t - R_a I_a}{k_f\phi_f}$　(D) $N_r = \frac{k_f\phi_f}{V_t + R_a I_a}$ 。

(　) 20. 額定電壓200V，額定電流60A，額定速率700rpm，電樞電阻為0.5Ω，分激場電阻為100Ω的分激電動機，若保持負載轉矩於一定而速率減半時，應加入多大電阻於電樞電路中？
(A)1.74Ω　(B)1.47Ω　(C)1.3Ω　(D)3.1Ω。

(　) 21. 有台直流電動機，無載轉速為1800rpm，滿載轉速為1720rpm，其速率調整率（SR）為多少？
(A)4.6%　(B)5.6%　(C)6.6%　(D)7.6%。

( ) 22. 一串激式直流電動機，電樞電阻為0.2Ω，場電阻為0.3Ω，外接電源為100V，忽略電刷壓降，當電樞電流40A時，轉速為640rpm。若轉矩不變，轉速變成400rpm時，則場電阻值應為何？
(A)0.2Ω (B)0.5Ω (C)1Ω (D)1.05Ω。

( ) 23. 起動時，起動電阻移去太慢，將會造成？
(A)起動轉矩太大 (B)起動電流太大
(C)多消耗電能，效率降低 (D)電機轉速太快。

( ) 24. 華德－黎翁納德（Ward-Leonardsystem）速率控制是變更電樞的？ (A)磁通 (B)磁極 (C)電壓 (D)極數來控制轉速。

( ) 25. 下列何種直流電動機與負載間之連結，不可用皮帶轉動？
(A)分激式 (B)串激式 (C)積複激式 (D)差複激式。

( ) 26. 下列何種直流電動機具有在低速時高轉矩，及高速時低轉矩之特性？
(A)分激式 (B)外激式 (C)串激式 (D)複激式。

( ) 27. 某直流串激電動機，在磁路未達飽和範圍內，將電樞電流由40安培降低為20安培，則其產生的轉矩變為原來的？
(A)2倍 (B)4倍 (C)1/4倍 (D)1/2倍。

( ) 28. 在無載或輕載時，下列何者有轉速過高的危險？
(A)串激式直流電動機 (B)分激式直流電動機
(C)三相感應電動機 (D)三相同步電動機。

(　) 29. 直流串激式電動機的輸出轉矩T與電樞電流I_a的關係，何者正確？

(A)
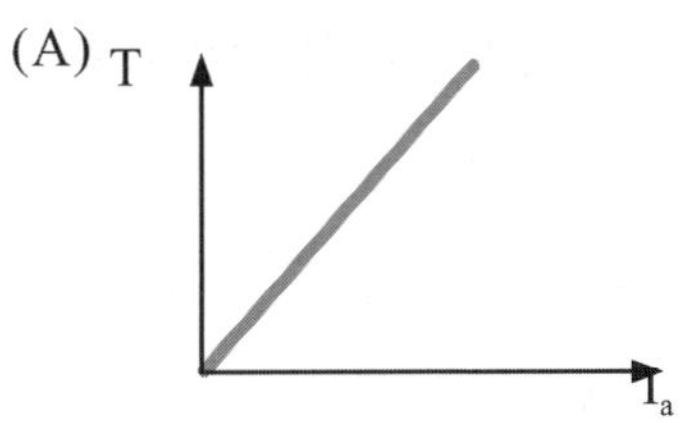

(B)
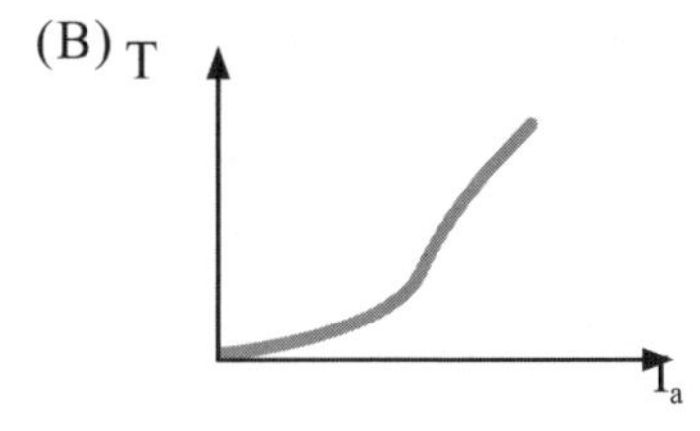

(C)
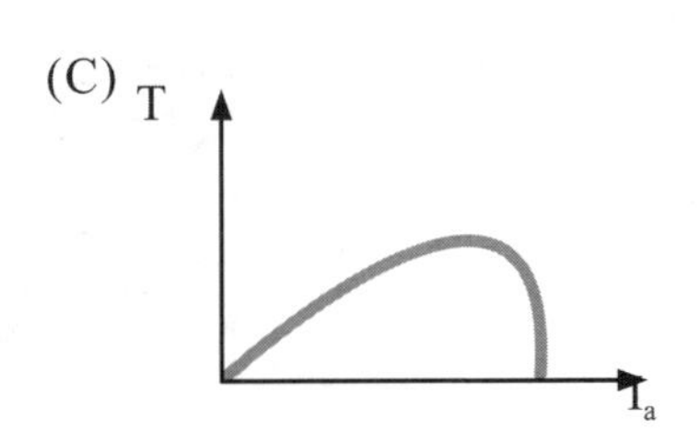

(D)
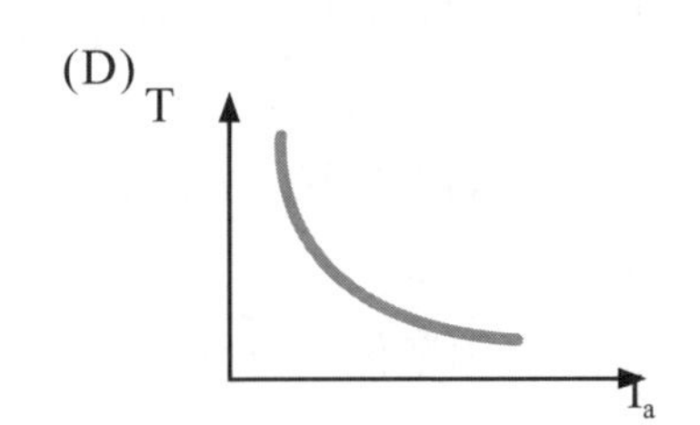

(　) 30. 一直流分激式電動機，額定電壓100V，額定容量5kW，電樞電阻為0.08Ω，若欲降低起動電流為滿載電流的2.5倍時，則電樞繞組應串聯多少歐姆的起動電阻器？
(A)0.09Ω　(B)0.18Ω　(C)0.36Ω　(D)0.72Ω。

(　) 31. 若欲起動直流分激電動機發電機組（M-G組），則下列敘述何者為正確？
(A)電動機與發電機之磁場變阻器均應調至最低值處
(B)電動機與發電機之磁場變阻器均應調至最大值處
(C)磁場變阻器之調節，電動機置於最大值處，發電機則置於最小值處
(D)磁場變阻器之調節，電動機置於最小值處，發電機則置於最大值處。

( ) 32. 若已知某直流分激電動機直跨電源起動時之電流為滿載電流之20倍，今欲使起動電流限制在2倍以下，則外加起動電阻大小為電樞電阻之多少倍？

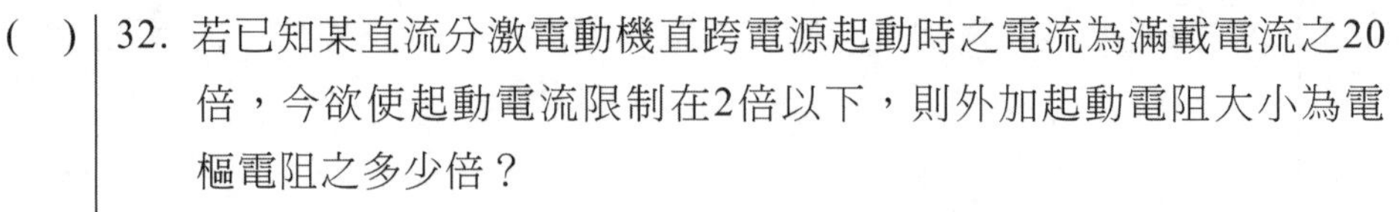

(A)9 (B)10 (C)11 (D)12。

( ) 33. 如右圖所示為各種直流電動機之轉速特性曲線，其中曲線甲、乙、丙、丁各表示？

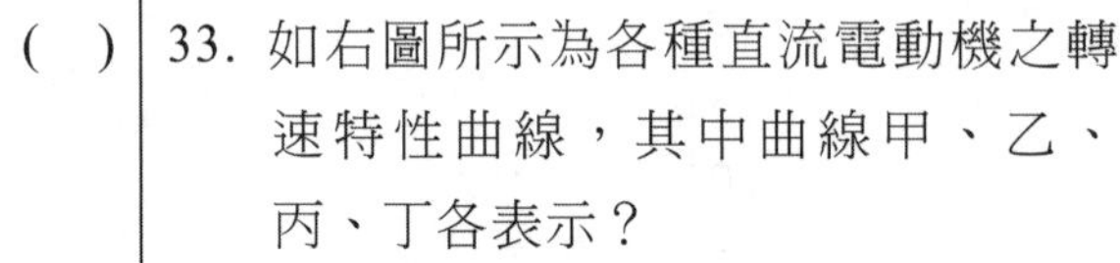

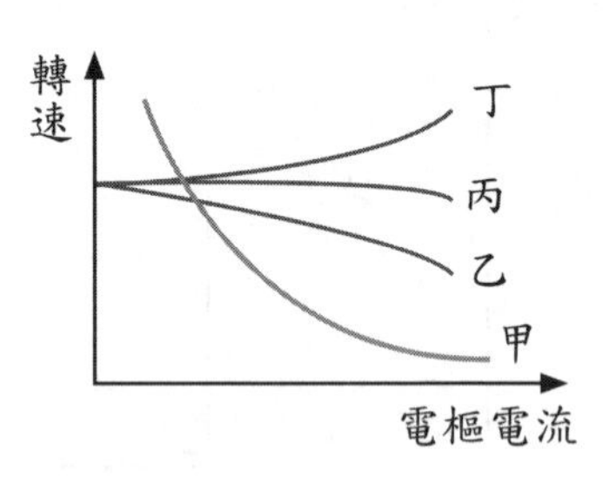

(A)串激式、差複激式、分激式、積複激式
(B)串激式、分激式、積複激式、差複激式
(C)串激式、積複激式、差複激式、分激式
(D)串激式、積複激式、分激式、差複激式。

( ) 34. 欲改變他激式直流電動機之轉速方向，下列敘述何者正確？
(A)改變電樞電流方向或改變激磁電流方向
(B)同時改變電樞電流方向及激磁電流方向
(C)改變電樞繞組之串聯繞組
(D)改變激磁繞組之串聯繞組。

( ) 35. 額定電壓為200V的分激式直流電動機，電樞電阻為0.3Ω，場電阻為100Ω，當該電動機以額定電壓供電，電動機之反電動勢大小是場電流的85倍。假設電刷壓降忽略不計，則電源電流為多少？
(A)102A (B)92A (C)82A (D)72A。

( ) 36. 一磁場的組成分類，直流複激式電動機可歸納為哪二種類型？
(A)他激式（外激式）電動機與自激式電動機
(B)積複激式電動機與差複激式電動機
(C)單相電動機與三相電動機
(D)分激式（並激式）電動機與串激式電動機。

( ) 37. 有關分激式（並激式）直流電動機之速率控制方法，下列何者正確？
(A)增大電樞串聯電阻，可使轉速升高
(B)減低磁場的磁通量，可使轉速升高
(C)減低磁場的磁通量，可降低轉速
(D)增大電樞電壓，可降低轉速。

( ) 38. 一110V、1馬力、900rpm的直流分激式電動機，電樞電阻0.08Ω，滿載時之電樞電流為7.5A，則此電動機滿載時之反電勢為多少？
(A)108.2V　(B)109.4V　(C)110.0V　(D)116.8V。

( ) 39. 直流串激式電動機，若外加電壓不變，當負載變小時，下列關於轉速與轉矩變化的敘述，何者正確？
(A)轉速變小，轉矩變大　(B)轉速與轉矩都變大
(C)轉速變大，轉矩變小　(D)轉速與轉矩都變小。

( ) 40. 直流分激式電動機起動時，增加起動電阻器的目的為何？
(A)增加電樞轉速　(B)降低磁場電流
(C)增加起動轉矩　(D)降低電樞電流。

解答與解析

1.(A)。$E_M=V_t-I_aR_a-V_b=110-25\times(0.4)-1\times4=96(V)$

2.(B)。$E_b=V_t-I_aR_a=110-(7.5\times0.08)=109.4(V)$。

3.(A)。$\because n\propto E_b \quad \therefore n'=\dfrac{140-(100\times0.2)}{220-(100\times0.2)}\times1400=840(rpm)$。

4.(D)。$E_b=V_t-I_a(R_a+R_s)=100-10\times(0.3+0.2)=95(V)$。

5.(D)。$I_f=\dfrac{V_t}{R_f}=\dfrac{180}{180}=1(A)$，$I_a=I_L-I_f=21-1=20(A)$

(1) $E_M=V_t-I_aR_a=180-(20\times0.5)=170(V)$

(2) $P_m=\omega T\Rightarrow E_MI_a=\omega T\Rightarrow T=\dfrac{E_MI_a}{\omega}=\dfrac{170\times20}{170}=20(N\text{-}m)$

6.(A)。(1)直流分激式、複激式電動機控速的方法：
A.電樞電壓控速法
B.電樞電阻控速法
C.場磁通控速法

(2)直流串激式電動機控速的方法：
A.場磁通控速法⇒定馬力控速法
B.電樞串聯電阻控速法⇒定轉矩控速法
C.串並聯控速法⇒電動車、電氣列車等控制

7.(A)。(1) $E_{M1}=V_t-I_a(R_a+R_{s1})=200-80\times(0.2+0.3)=160(V)$

(2) $\because E_M=K\cdot\phi_m\cdot n$

$\therefore n\propto E_M\Rightarrow\dfrac{n_2}{n_1}=\dfrac{E_{M2}}{E_{M1}}\Rightarrow\dfrac{400}{640}=\dfrac{E_{M2}}{160}\Rightarrow E_{M2}=\dfrac{400}{640}\times160=100(V)$

(3) $E_{M2}=V_t-I_a(R_a+R_{S2})$

$\Rightarrow R_{S2}=\dfrac{V_t-E_{M2}}{I_a}-R_a=\dfrac{200-100}{80}-0.2=1.05(\Omega)$

8.(B)。轉速 $n=\dfrac{E_m}{K\phi}=\dfrac{V_t-I_aR_a}{K\phi}$(rpm)

影響直流電動機轉速之因素如下所述：

(1)外加電壓（V_t）成正比：複壓法、華德黎翁那德法；

(2)電樞電流（I_a）成反比：通常不採用此法；

(3)電樞電阻（R_a）成反比：串並聯控速法（避免使用）；

(4)場磁通（ϕ）成反比：分激式串聯可調電阻；串激式並聯可調電阻。

9.(C)。電能 $\xrightarrow{\text{輸入電壓V、電樞電流}_a}$ 電動機 $\xrightarrow{\text{轉出轉矩}T=K\phi I_a}$ 機械能 $\xrightarrow{\text{轉速}n}$ 感應反電動勢($E_m=K\phi n$)

10.(C)。運轉中，若磁場電路突然斷路 $\Rightarrow \phi_f=0$，E＝0 ⇒ 重載時，I_a很大，電樞繞組有燒毀之虞 ⇒ 輕載時，I_a很小，n加速變很快，甚大的離心力導致有飛脫之虞 ⇒ 應裝設過載保護設備。

11.(D)。$2\times 50=\dfrac{200}{0.5+R_x}$　$\therefore R_x=1.5(\Omega)$

12.(D)。$E_b=K\phi n$，$E_b\propto n$，$\dfrac{E_{b1}}{E_{b2}}=\dfrac{n_1}{n_2}$，$\dfrac{120}{E_{b2}}=\dfrac{3000}{2000}$　$\therefore E_{b2}=80(V)$。

13.(B)。利用鼓型開關改變I_a的方向可控制電動機的正反轉，故a、b兩端接到鼓型開關左右不連通的2號、6號。

14.(C)。(1) $I_f=\dfrac{V_t}{R_f}=\dfrac{200}{200}=1(A)$，$E_M=179.2I_f=179.2\times 1=179.2(V)$

(2) $E_M=V_t-I_aR_a-V_b\Rightarrow I_a=\dfrac{V_t-V_b-E_M}{R_a}=\dfrac{200-1-179.2}{0.2}=99(A)$

(3) $I_L=I_a+I_f=99+1=100(A)$

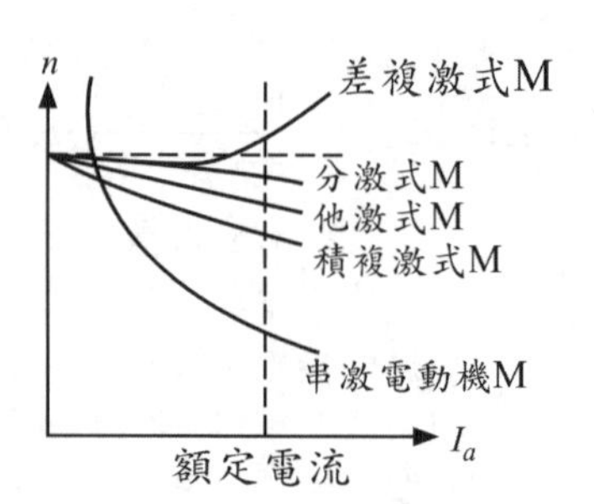

15.(B)。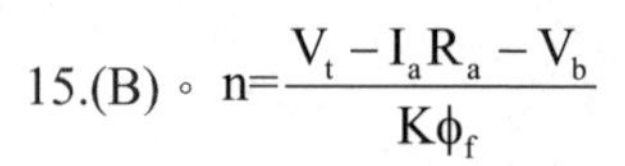

$n=\dfrac{V_t-I_aR_a-V_b}{K\phi_f}$

(1)無載時：$I_a=0\Rightarrow n=\dfrac{V_t-V_b}{K\phi_f}$ 。

(2)負載增加時：ϕ_f不隨負載變動，

$(V_t-I_aR_a-V_b)$微降

$\Rightarrow$轉速約不變$\Rightarrow$定速電動機，

故速率調整率SR%為正值且很小。

$\Rightarrow$軌跡：下降直線。

16.(B)。$T=K\phi I_a$：(1) $\phi=\phi_s$。(2)小負載(鐵心未飽和)：

$\because \phi_s\propto I_a\ \therefore T=K\cdot I_a^2\Rightarrow T\propto I_a^2$ ⇒軌跡：拋物線，

起動轉距大，可重載起動。

∴由上述得知，直流串激電動機於輕載時，

起動轉距和電樞電流呈平方正比，故最大。

17.(B)。(1)起動時，即起動瞬間：

$n=0$、$E_M=K\phi n=0\Rightarrow E_M=V_t-I_aR_a-V_b=0$

$\Rightarrow V_t=I_{as}(R_a+R_x)+V_b\quad \therefore R_x=\dfrac{V_t-V_b}{I_{as}}-R_a$

(2) $P=VI\Rightarrow 1\times746=100\times1\Rightarrow I=7.46(A)$

起動電流為滿載之200%$\Rightarrow I_{as}=200\%I=2\times7.46=14.92(A)$

(3) $R_x=\dfrac{100}{14.92}-1=6.7-1=5.7(\Omega)$

18.(D)。$T=K\phi I_a$

(1) $\phi=\phi_s$

(2)小負載(鐵心未飽和)：

$\because \phi_s\propto I_a\ \therefore T=K\cdot I_a^2\Rightarrow T\propto I_a^2$

⇒軌跡：拋物線，起動轉矩大，可重載起動。

(3)大負載(鐵心已飽和)：

$\because \phi_s$為飽和定值，ϕ_s與I_a無關$\therefore T=K\cdot I_a \Rightarrow T \propto I_a$

⇒軌跡：上升直線。

$$n=\frac{V_t - I_a R_a - V_b}{K\phi f}$$

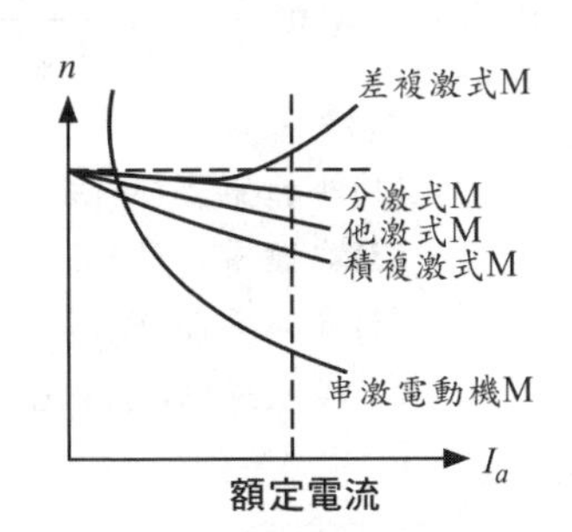

19.(C)。(1)無載時：$I_a = 0 \Rightarrow n = \dfrac{V_t - V_b}{K\phi_f}$。

(2)負載增加時：ϕ_f不隨負載變動，

$(V_t - I_a R_a - V_b)$微降

⇒轉速約不變⇒定速電動機，

故速率調整率SR%為正值且很小。

⇒軌跡：下降直線。

$$\therefore N_r = \frac{V_t - R_a I_a}{K_f \phi_f}$$

20.(B)。由$T_m = K_I \phi I_a$不變，知I_a不變，$I_a = I_L - I_f = 60 - \dfrac{200}{100} = 58(A)$，

又$n_m = \dfrac{200-58(0.5+R_x)}{200-58(0.5)} = \dfrac{1}{2}$，故$R_x$=1.47(Ω)。

21.(A)。$SR\% = \dfrac{1800-1720}{1720} = 4.6\%$。

22.(D)。(1) $E_M = V_t - I_a(R_a + R_s) = 100 - 40\times(0.2+0.3) = 80(V)$

$\because E_M = K\cdot\phi_m\cdot n \Rightarrow E_M \propto n$

$$\Rightarrow \frac{E'_M}{E_M} = \frac{n'}{n} \Rightarrow \frac{E'_M}{80} = \frac{400}{640}$$

$$\Rightarrow E'_M = \frac{400}{640}\times 80 = 50(V)$$

(2)$\because$轉矩不變$\therefore I_a$不變=40(A)

$E_M = V_t - I_a(R_a + R'_s) \Rightarrow 50 = 100 - 40\times(0.2+R'_s)$

$$\Rightarrow R'_s = \frac{100-50}{40} - 0.2 = 1.25 - 0.2 = 1.05(\Omega)$$

23.(C)。一般起動電阻約分5~7段降低，不一次降低之原因在於維持適當起動轉矩。否則n↑、E_M↑、I_a↓、T↓，將會多消耗電能、效率降低，所以若分段降低電阻，可以使I_a不至於過小而降低起動轉矩。

24.(C)。轉速 $n=\frac{E_m}{K\phi}=\frac{V_t-I_aR_a}{K\phi}(rpm)$；

影響直流電動機轉速之因素如下所述：

(1)外加電壓(V_t)成正比：複壓法、華德黎翁納德法；

(2)電樞電流(I_a)成反比：通常不採用此法；

(3)電樞電阻(R_a)成反比：串並聯控速法(避免使用)；

(4)場磁通(ϕ)成反比：分激式串聯可調電阻；串激式並聯可調電阻。

25.(B)。

D.C.M.	用途
串激式	需高起動轉矩、高速之負載： 電動車、起重機、吸塵器、果汁機。

26.(C)。

激磁方式	特性
串激式	(1)起動轉矩最大。 (2)速率隨負載增加而降低，變速。 (3)低速時有高轉矩，高速時有低轉矩。 (4)無載時易脫速，有危險。 (5)轉矩特性為一拋物線。

27.(C)。$T=K\phi I_a$

(1) $\phi=\phi_s$

(2)小負載(鐵心未飽和)：$\because \phi_s \propto I_a \therefore T=K\cdot I_a^2 \Rightarrow T\propto I_a^2$

$\Rightarrow$軌跡：拋物線，起動轉矩大，可重載起動。

(3)大負載(鐵心已飽和)：

$\because \phi_s$為飽和定值，ϕ_s與I_a無關$\therefore T=K\cdot I_a \Rightarrow T\propto I_a$

$\Rightarrow$軌跡：上升直線。

(4)因題意為磁路未飽和，故從(2)得知。

$\because T\propto I_a^2 \therefore T'=(\frac{1}{2})^2 \quad T'=\frac{1}{4}T$

28.(A)。

激磁方式	特 性
串激式	(1)起動轉矩最大。 (2)速率隨負載增加而降低，變速。 (3)低速時有高轉矩，高速時有低轉矩。 (4)無載時易脫速，有危險。 (5)轉矩特性為一拋物線。

29.(B)。

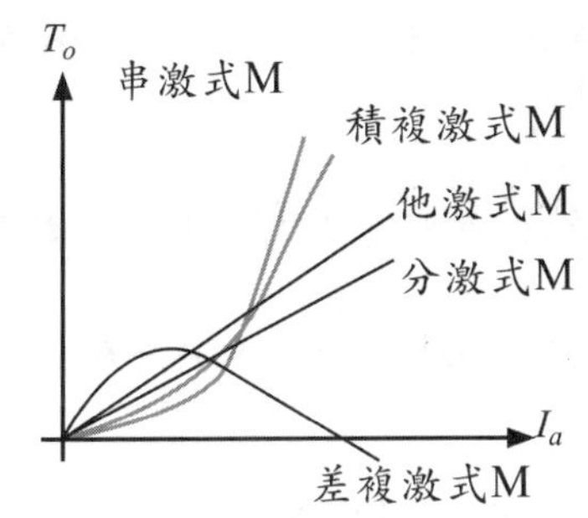

30.(D)。(1)起動時，即起動瞬間：n=0、E_M=Kϕn=0。

$$\Rightarrow E_M = V_t - I_a R_a - V_b = 0$$

$$\Rightarrow V_t = I_{as}(R_a + R_x) + V_b$$

$$\therefore R_x = \frac{V_t - V_b}{I_{as}} - R_a$$

(2) $P = VI \Rightarrow 5000 = 100 \times I \Rightarrow I = 50(A)$

起動電流為滿載之200%$\Rightarrow I_{as} = 2.5I = 2.5 \times 50 = 125(A)$

(3) $R_x = \frac{100}{125} - 0.08 = 0.8 - 0.08 = 0.72(\Omega)$

31.(D)。直流分激電動機發電機組(M－G組) 磁場變阻器之調節，電動機者置於最小值處，發電機則置於最大值處。

32.(A)。由$V_t - V_{Ms} - V_b = I_{as1}R_a = I_{as2}(R_a+R_x)$，得$20R_a = 2(R_a + R_x)$，故$R_x = 9R_a$。

33.(D)。速率調整率S.R，串激＞積複激＞分激＞差複激。

34.(A)。

項目	說明
原理	佛來銘左手定則得知電動機轉向，決定磁場(ϕ)方向以及電樞電流(I_a)方向。
改變轉向因素	(1)反接電樞繞組：改變磁場(ϕ)方向 ⇒分激、串激、複激。 (2)反接場繞組：改變電樞電流(I_a)方向⇒分激、串激。 (3)反接電樞繞組、場繞組：轉向不變，因磁場(ϕ)和電樞電流(I_a)均反向。 (4)改變電源電壓極性： A.自激式因磁場(ϕ)和電樞電流(I_a)均反向，故轉向不變。 B.他激式僅改變電樞電流(I_a)方向，故轉向改變。

35.(A)。(1) $I_f=\dfrac{V_t}{R_f}=\dfrac{200}{100}=2(A)$，$E_M=85I_f=85\times2=170(V)$

(2) $E_M=V_t-I_aR_a \Rightarrow I_a=\dfrac{V_t-E_M}{R_a}=\dfrac{200-170}{0.3}=100(A)$

(3) $I_L=I_a+I_f=100+2=102(A)$

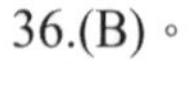

36.(B)。

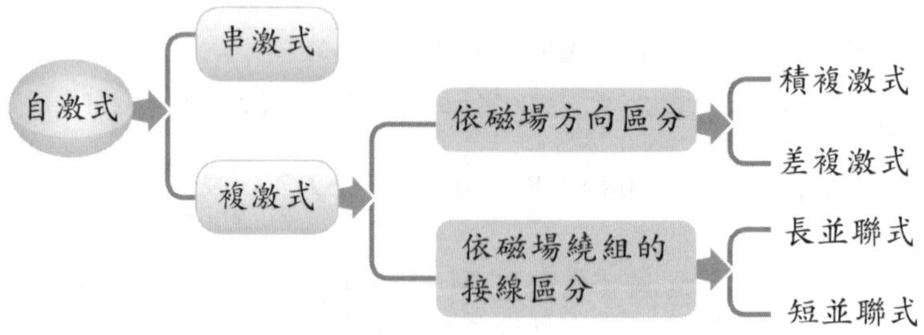

37.(B)。

	原理
分激場串聯可調電阻R_{fh}	$R_{fh}\uparrow$、$I_f\downarrow$、$\phi_f\downarrow$、$n\uparrow=\dfrac{E_M}{K\phi_f\downarrow}\Rightarrow n\propto R_{fh}$
串激場並聯可調電阻R_{sh}	$R_{sh}\uparrow$、$I_s\uparrow$、$\phi_s\uparrow$、$n\downarrow=\dfrac{E_M}{K\phi_s\uparrow}\Rightarrow n\propto\dfrac{1}{R_{sh}}$

38.(B)。$E_M=V_t-I_aR_a=110-(7.5\times0.08)=109.4(V)$

39.(C)。直流電動機的自律性

(負載變動時對轉矩及轉速的影響，V、∅保持不變)

(1)負載加重時：$n\downarrow$、$E_m\downarrow\Rightarrow I_a\uparrow\Rightarrow T\uparrow\Rightarrow$以應付負載的增加，直到轉矩足以負擔新的負擔為止，維持穩定運轉。

(2)負載減輕時：$n\uparrow$、$E_m\uparrow\Rightarrow I_a\downarrow\Rightarrow T\downarrow\Rightarrow$以應付負載的減輕，直到產生新的轉矩為止，n、T、$I_a$維持定值穩定運轉。

40.(D)。(1)起動瞬間，電動機轉速n=0，反電勢$E_M=K\phi n=0$。

(2)電樞電流$I_a=\dfrac{V_t-E_M}{R_a}\doteqdot\dfrac{V_t}{R_a}\Rightarrow$當$R_a$很小時，電樞電流$I_a$變很大。

$\Rightarrow$電動機有燒毀之虞。

主題五 直流電機之損耗與效率

( ) 1. 有關直流發電機的鐵損（鐵心損失）之敘述，下列何者正確？
(A)包含銅損 (B)包含雜散損失
(C)包含機械損失 (D)包含磁滯損失。

( ) 2. 電機中下列何種損失可以直接量度？
(A)鐵損 (B)機械損失
(C)銅損 (D)雜散負載損失。

( ) 3. 電機之旋轉速率愈高，其機械損失將
(A)愈大 (B)愈小 (C)無關 (D)不一定。

( ) 4. 某直流電機於500rpm時之渦流損失P_e為30W，磁滯損失P_h為100W，當磁通密度保持不變時，在1000rpm時，渦流損失P_e及磁滯損失P_h分別為何？
(A)P_e＝60W，P_h＝200W (B)P_e＝120W，P_h＝200W
(C)P_e＝120W，P_h＝400W (D)P_e＝60W，P_h＝400W。

( ) 5. 一電機之電樞鐵心用0.007吋厚的矽鋼片疊成，若改用0.014吋厚時，則每單位體積之渦流損變為原本的幾倍？
(A)2 (B)4 (C)$\frac{1}{2}$ (D)$\frac{1}{4}$。

( ) 6. 直流機運用於1000rpm，渦流損300瓦，磁滯損100瓦，現速率為2000rpm且磁通維持不變，則渦流損與磁滯損將變為？
(A)300W、100W (B)600W、200W
(C)1200W、50W (D)1200W、200W。

( ) 7. 某發電機輸出200kW，總損失10kW，則其效率為？
(A)50% (B)75% (C)85% (D)95%。

( ) 8. 鐵心之磁滯損失P_h等於？
(A)$Kn^2B_m{}^2$　(B)KnB_m　(C)$KnB_m{}^2$　(D)Kn^2B_m。

( ) 9. 電機之渦流損失與何者成正比？
(A)磁通密度　(B)磁通密度平方
(C)磁通密度之平方根　(D)磁通密度立方。

( ) 10. 某一磁路在50週／秒之磁滯損失為120瓦，則60週／秒之磁滯損失為？
(A)124　(B)144　(C)164　(D)172瓦。

( ) 11. 有一台2000W的直流發電機，滿載時，固定損失為200W。已知此發電機之半載效率為80%，則其滿載時之可變損失應為何？
(A)250W　(B)200W　(C)100W　(D)50W。

( ) 12. 有一台額定滿載輸出2kW之直流發電機，滿載時效率為80%，求該機於滿載時，總損失為多少瓦？
(A)300W　(B)500W　(C)700W　(D)100W 。

( ) 13. 某分激電動機自220伏電源取用60安培電流，若其總損失為2640W，則其效率為？
(A)80%　(B)85%　(C)75%　(D)70%。

( ) 14. 12kW、100V之直流分激式發電機，磁場電阻為20Ω，電樞電阻為0.08Ω，鐵損及機械損之和為1250W，試求滿載效率為多少？
(A)75%　(B)77.5%　(C)80%　(D)82.5%。

( ) 15. 有一20kW直流發電機，滿載時固定損失為1.2kW，可變損失為1.2kW，若此發電機於一天內滿載6小時、半載10小時、無載8小時，則全日效率是多少？
(A)75%　(B)80%　(C)82.5%　(D)85%。

( ) 16. 某分激電動機，自220V電源取用電流40A，其總損失為1800瓦，則其效率約為？
(A)0.5　(B)0.707　(C)1　(D)0.8。

( ) 17. 若直流電動機之輸出功率P_o、輸入功率P_i及總損失功率P_ℓ，則其效率η的計算，下列何者正確？

(A) $\eta = \dfrac{P_o}{P_o - P_i}$　(B) $\eta = \dfrac{P_o - P_i}{P_i}$

(C) $\eta = \dfrac{P_i - P_\ell}{P_o - P_\ell}$　(D) $\eta = \dfrac{P_i - P_\ell}{P_o + P_\ell}$ 。

( ) 18. 有關直流發電機的鐵損（鐵心損失）的敘述，下列何者正確？
(A)包含銅損　(B)包含雜散負載損失
(C)包含機械損失　(D)包含磁滯損失。

( ) 19. 直流電機鐵心通常採用薄矽鋼疊製而成，其主要目的為何？
(A)減低銅損　(B)減低磁滯損
(C)減低渦流損　(D)避免磁飽和。

( ) 20. 一直流電機在轉速500rpm時之鐵損為200W，在1000rpm時之鐵損為500W，在磁通密度保持不變時，則下列敘述何者正確？
(A)渦流損與轉速成正比
(B)磁滯損與轉速平方成正比
(C)在1000rpm時之磁滯損為100W
(D)在500rpm時之渦流損為50W。

( ) 21. 一3kW之直流發電機，於滿載運轉時，總損失為1000W，則此時運轉效率為？
(A)90%　(B)85%　(C)75%　(D)70%。

( ) 22. 某100kW直流發電機，定值損失和滿載時的可變損失均為6kW，若此發電機於一天內滿載4小時，半載12小時，無載8小時，則此電機全日電能損失為多少？
(A)144kWH　(B)186kWH　(C)240kWH　(D)280kWH。

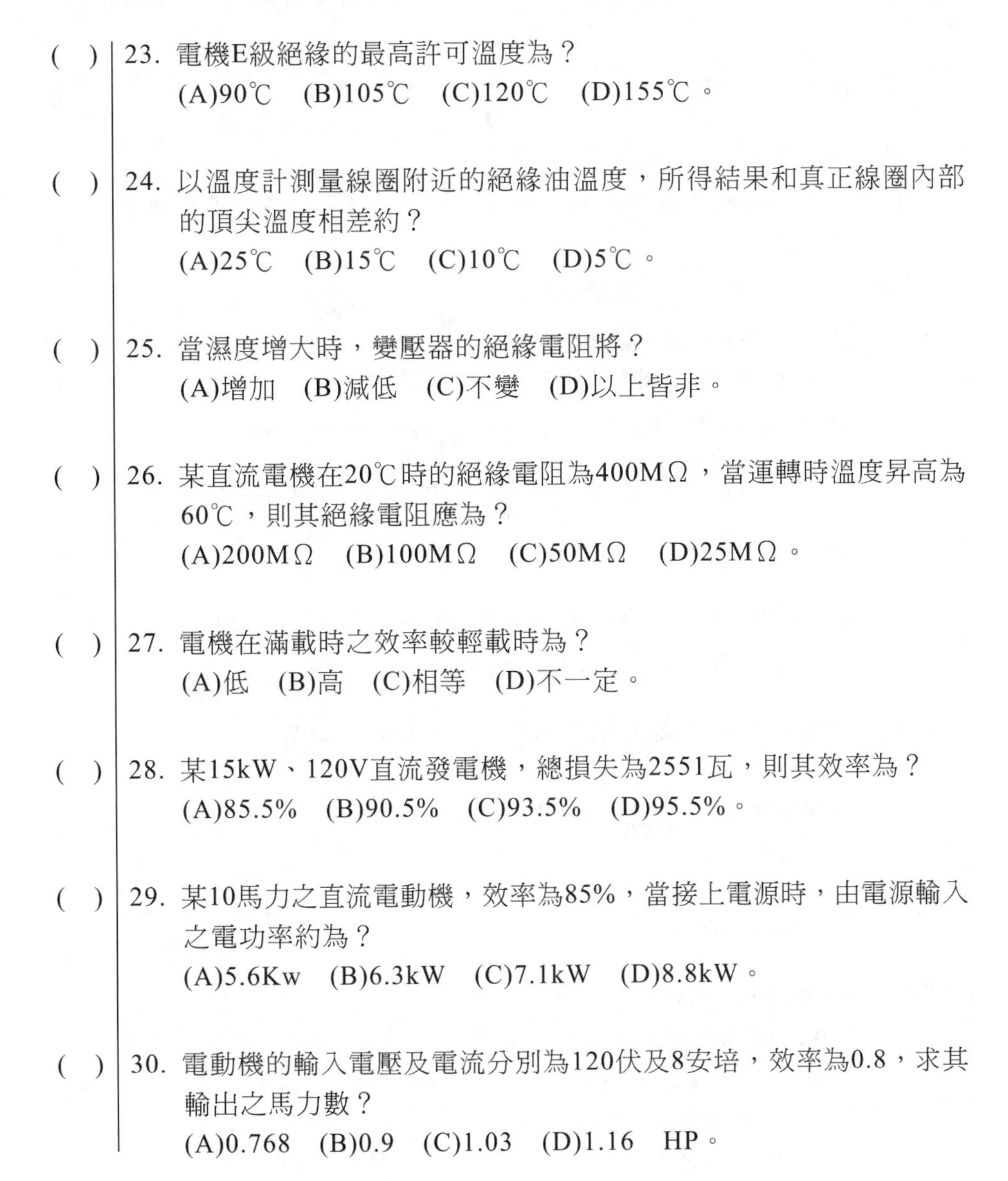

(　) 23. 電機E級絕緣的最高許可溫度為？
(A)90℃　(B)105℃　(C)120℃　(D)155℃。

(　) 24. 以溫度計測量線圈附近的絕緣油溫度，所得結果和真正線圈內部的頂尖溫度相差約？
(A)25℃　(B)15℃　(C)10℃　(D)5℃。

(　) 25. 當濕度增大時，變壓器的絕緣電阻將？
(A)增加　(B)減低　(C)不變　(D)以上皆非。

(　) 26. 某直流電機在20℃時的絕緣電阻為400MΩ，當運轉時溫度昇高為60℃，則其絕緣電阻應為？
(A)200MΩ　(B)100MΩ　(C)50MΩ　(D)25MΩ。

(　) 27. 電機在滿載時之效率較輕載時為？
(A)低　(B)高　(C)相等　(D)不一定。

(　) 28. 某15kW、120V直流發電機，總損失為2551瓦，則其效率為？
(A)85.5%　(B)90.5%　(C)93.5%　(D)95.5%。

(　) 29. 某10馬力之直流電動機，效率為85%，當接上電源時，由電源輸入之電功率約為？
(A)5.6Kw　(B)6.3kW　(C)7.1kW　(D)8.8kW。

(　) 30. 電動機的輸入電壓及電流分別為120伏及8安培，效率為0.8，求其輸出之馬力數？
(A)0.768　(B)0.9　(C)1.03　(D)1.16　HP。

解答與解析

1.(D)。鐵心損失P_i＝渦流損P_e+磁滯損P_h。

2.(C)。又稱電氣損失或電阻損，屬變值(變動)損失，隨負載電流平方成正比。

3.(A)。旋轉速率愈高，其機械損失愈大。

4.(B)。(1)設：500rpm時之磁滯損為P_h，
渦流損$P_e \Rightarrow$ 鐵損$P_i=P_e+P_h=30+100=130$……①

(2) $P_e=K_e n^2 t^2 B_m^2 G \Rightarrow P_e \propto n^2$，$P_h=K_h n B_m^x G \Rightarrow P_h \propto n \Rightarrow$

得500rpm時之鐵損$P_i=P_e(\frac{500}{1000})^2+P_h(\frac{500}{1000})=130$……②

(3)解①、②$\Rightarrow P_e=120(W)$、$P_h=200(W)$

5.(B)。由公式$P_e＝K_e n^2 t^2 B_m{}^2 G$可求得渦流損的變化值
$\because$厚度$t'＝2t$，$P_e \propto t^2$ $\therefore P_e'＝4P_e$。

6.(D)。$\because$轉速$n'＝2n$ $\therefore$渦流損$P_e'＝(\frac{2000}{1000})^2 \times 300＝1200W$，

磁滯損$P_h'＝(\frac{2000}{1000}) \times 100＝200W$。

7.(D)。$\eta=\frac{200k}{200k+10k}=95\%$

8.(C)。$P_h=K_h n B_m^x G$或$P_h=K_h f B_m^x G$
(1)K_h：磁滯常數，鐵心材料決定
(2)B_m：最大磁通密度(Wb/m^2)
①x：司坦麥茲指數(1.6~2)
② $B_m<1 \Rightarrow x=1.6$
③ $B_m>1 \Rightarrow x=2$
(3)n：電動機轉速(rpm)
(4)G：鐵心重量(Kg)

9.(B)。$P_e=K_e n^2 t^2 B_m^2 G \Rightarrow P_e \propto n^2 \propto B_m^2$

10.(B)。磁滯損失P_h和速率n成正比，此處頻率f是指樞鐵在小s的變化次數，相當於轉速，故P_h和f成正比，$\frac{P_{h1}}{P_{h2}}=\frac{f_1}{f_2}$，即$\frac{120}{P_{h2}}=\frac{50}{60}$，

故 $P_{h2}=\frac{60}{50}\times 120=144(W)$。

11.(B)。半載效率為$80\%=\frac{1000}{1000+200+\text{半載可變損失}}$，

半載可變損失=50(W)，

滿載可變損失=半載可變損失$\times 2^2=50\times 2^2=200(W)$。

12.(B)。$\eta=\frac{P_o}{P_{in}}\times 100\% \Rightarrow 0.8=\frac{2k}{P_{in}} \Rightarrow P_{in}=\frac{2k}{0.8}=2.5k(W)$

$\Rightarrow P_{loss}=P_{in}-P_o=2.5k-2k=500(W)$

13.(A)。效率 $\eta=\frac{220\times 60-2640}{220\times 60}=80\%$。

14.(C)。激磁電流$I_f=\frac{V}{R_f}=\frac{100}{20}=5A$

電樞電流$I_a=I_L+I_f=(\frac{12000}{100})+5=125(A)$

磁場銅損$P_{cf}=I_f^2R_f=5^2\times 20=500(W)$

電樞銅損$P_{ca}=I_a^2R_a=125^2\times 0.08=1250(W)$

效率 $\eta=\frac{12000}{12000+1250+(1250+500)}=80\%$。

15.(D)。全日輸出電能$=20kW\times 6+10kW\times 10=220k(WH)$

全日固定電能損失$=1.2kW\times 24=28.8k(WH)$

全日可變電能損失$=1.2kW\times 6+(\frac{1}{2})^2\times 1.2kW\times 10=10.2k(WH)$

全日效率$\eta_d=\frac{220k}{220k+28.8k+10.2k}=85\%$。

16.(D)。$\eta = \frac{P_{in} - P_{loss}}{P_{in}} = \frac{220 \times 40 - 1800}{220 \times 40} = 0.8$。

17.(D)。$\eta = \frac{P_o}{P_{in}} \Rightarrow P_o = P_{in} - P_{loss}$；$P_{in} = P_o + P_{loss}$　$\therefore \eta = \frac{P_{in} - P_{loss}}{P_o + P_{loss}}$

18.(D)。(1)定值損(與負載大小無關)：鐵損、機械損、分激場繞組或外激場繞組銅損(受V_t影響)；以鐵損為主。

註：串激電動機無定值損失。

(2)變動損(與負載大小有關，$I_a^2R_a$)：除分激場繞組損失外之所有電氣損失，以及雜散負載損失；以電氣銅損為主。

(3)鐵損：包含渦流損、磁滯損(鐵心損失P_i＝渦流損P_e+磁滯損P_h)。

(4)機械損失：包含軸成摩擦、電刷摩擦、風阻損。

19.(C)。(1)渦流損 $P_e = K_e n^2 t^2 B_m^2 G$ 或 $P_e = K_e f^2 t^2 B_m^2 G$

(2)磁滯損 $P_h = K_h n B_m^x G$ 或 $P_h = K_h f B_m^x G$

(3)由公式得知：矽鋼片 ⇒ 減少磁滯損；薄片疊製 ⇒ 減少渦流損

20.(D)。(1)設：500rpm時之磁滯損為P_h，

渦流損P_e ⇒ 鐵損$P_i = P_e + P_h = 200 \cdots\cdots$①

(2) $P_e = K_e n^2 t^2 B_m^2 G \Rightarrow P_e \propto n^2$ ⇒ 渦流損與轉速平方成正比

$P_h = K_h n B_m^x G \Rightarrow P_h \propto n$ ⇒ 磁滯損與轉速成正比

⇒ 得1000rpm時之鐵損$P_i = P_e(\frac{1000}{500})^2 + P_h(\frac{1000}{500}) = 500 \cdots\cdots$②

(3)解①、② ⇒ $P_e = 50(W)$、$P_h = 150(W)$

21.(C)。∵題意為發電機

∴以輸出功率P_o為基準，$\eta = \frac{P_o}{P_o + P_{loss}} \times 100\% = \frac{3k}{3k+1k} \times 100\% = 75\%$

22.(B)。$P_{loss}=(4\times6k)+[12\times(\frac{1}{2})^2\times6k]+(24\times6k)=24k+18k+144k=186k(WH)$

23.(C)。

Y	A	E	B	F	H	C
90℃↓	105℃↓	120℃↓	130℃↓	155℃↓	180℃↓	180℃↑

24.(B)。測量溫升的方法

(1)溫度計法：測定值加上15℃才可得到眞正溫度。

(2)電阻變化法：測定值加上10℃才可得到眞正溫度，

$\frac{R_2}{R_1}=\frac{234.5+t_2}{234.5+t_1}$。

(3)埋入熱電偶法：測定值加上5~10℃才可得到眞正溫度。

25.(B)。濕度增大時，變壓器的絕緣電阻將減低。

26.(D)。溫度每昇高10℃，絕緣電阻值會降低為原來的$\frac{1}{2}$。

20℃→400MΩ、30℃→200MΩ、

40℃→100MΩ、50℃→50MΩ、60℃→25MΩ。

27.(B)。滿載時之效率較輕載時高。

28.(A)。$\eta=\frac{輸出}{輸出+損失}\times100\%=\frac{15000}{15000+2551}\times100\%=85.5\%$。

29.(D)。$P_i=\frac{10\times746}{0.85}=8.8k(W)$。

30.(C)。輸出$=\eta\times$輸入$=0.8\times(120\times8)/746=1.03(HP)$。

主題六 / 變壓器

( ) 1. 一降壓自耦變壓器，其一次側與二次側之電壓比為100V/80V，則一次側與二次側共用繞組對未共用繞組之匝數比為？
(A)5：4 (B)2：1 (C)4：1 (D)1：2。

( ) 2. 額定60Hz、200V/100V之普通單相變壓器一台，已知連接成自耦變壓器300V/100V使用時的容量為30kVA，問此普通變壓器的容量為多少？
(A)10kVA (B)20kVA (C)30kVA (D)40kVA。

( ) 3. 有匝數比為1.25：1的自耦變壓器，若次級線圈輸出功率為10kVA，則直接傳導容量為？
(A)15kVA (B)12.5kVA (C)10kVA (D)8kVA。

( ) 4. 對於三相變壓器接線的方法及應用，下列敘述何者不正確？
(A)Δ－Δ接線，一相故障時可改V－V接線繼續供電
(B)Y－Δ接線於3φ3W系統時，一相故障時可改U－V接線繼續供電
(C)Δ－Y接線，二次側線電壓比一次側線電壓超前$\frac{\pi}{6}$
(D)V－V接線，輸出為原來Δ－Δ接線輸出的57.7%。

( ) 5. 若三具440/220V單相變壓器，當一次側電源為440V時，則下列何種接法可得380V的線電壓輸出？
(A)△－△ (B)Y－Y (C)Y－△ (D)△－Y。

( ) 6. 某一3300/220V之單相變壓器，若二次線圈之匝數為160匝，則一次線圈之匝數為？
(A)4200匝 (B)420匝 (C)240匝 (D)2400匝。

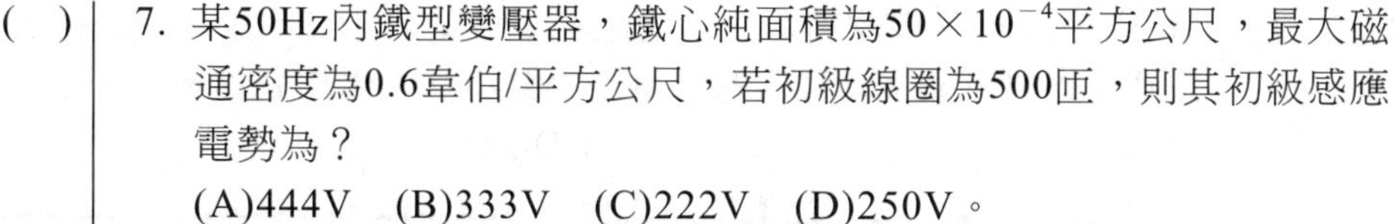

(　) 7. 某50Hz內鐵型變壓器，鐵心純面積為50×10^{-4}平方公尺，最大磁通密度為0.6韋伯/平方公尺，若初級線圈為500匝，則其初級感應電勢為？
(A)444V　(B)333V　(C)222V　(D)250V。

(　) 8. 有一理想鐵心變壓器，E_1=200伏特，E_2=2400伏特，N_1=50匝，f=60週／秒，則最大磁通ϕ_m為？
(A)1.5×10^{-3}韋伯　(B)1.5×10^{-2}韋伯
(C)0.15韋伯　(D)1.5韋伯。

(　) 9. 把變壓器的頻率從50Hz提高到60Hz，對感應電勢之影響為？
(A)增加20%　(B)減少20%　(C)增加10%　(D)無關。

(　) 10. 一具300V/10V、1kVA、400Hz、600匝/20匝之變壓器用於60Hz之電源且保持相同之容許磁通密度，則在60Hz時所允許加於高壓側之最高電壓為多少伏特？
(A)45V　(B)90V　(C)180V　(D)360V。

(　) 11. 額定5kVA、200/100V、60Hz之單相變壓器，經短路試驗得一次側（200V側）的總等效電阻為1.0Ω；若此變壓器供應功率因數為1.0之負載且在變壓器額定容量的80%時發生最高效率，則最高效率時的總損失為多少？
(A)400W　(B)600W　(C)800W　(D)1000W。

(　) 12. 有關變壓器銅損的敘述，下列何者正確？
(A)包含磁滯損　(B)包含渦流損
(C)與負載電流的平方成正比　(D)與負載電流成正比。

(　) 13. 額定10kVA、220/110V之單相變壓器，已知無載時一天的耗電量為12度（kWH），試問變壓器的鐵損為多少？
(A)300W　(B)500W　(C)700W　(D)900W。

( ) 14. 利用單相減極性變壓器二台，擬作成三相Δ-Δ接法，下列接法何者正確（大寫英文字母代表電源側，小寫英文字母代表負載側）？

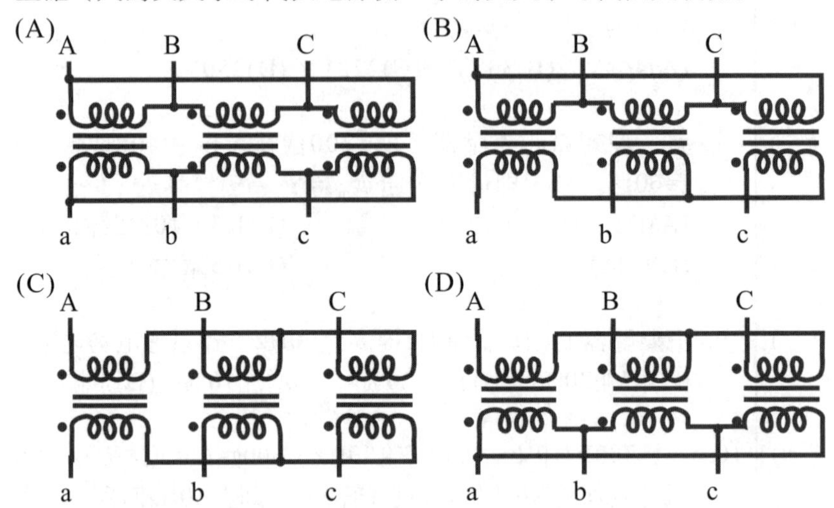

( ) 15. 單相變壓器的負載實驗，經由示波器所測得變壓器二次側的負載端電壓與電流波形分別為$V(t)=141.4\sin(377t)$V與$i(t)=7.07\sin(377t-30^{o})$，試問負載的需功率為多少？

(A)1000VAR (B)750VAR

(C)500VAR (D)250VAR。

( ) 16. 額定60Hz、200/100V之普通單相變壓器一台，已知連接成自耦變壓器300V/100V使用時的容量為30kVA，試問此普通變壓器的容量為多少？

(A)10kVA (B)20kVA

(C)30kVA (D)40kVA。

( ) 17. 在變壓器的等效電路中，下列何者代表電壓器的鐵損？

(A)一次線圈電阻 (B)二次線圈電阻

(C)激磁電導 (D)漏磁電抗。

( ) 18. 有一台20kVA、2400/240V、60Hz單相變壓器，鐵損為75W，滿載銅損為300W，且功率因數為1.0，則此變壓器的最大效率應該為多少？
(A)98.5% (B)93.5%
(C)88.5% (D)83.5%。

( ) 19. 有二台10kVA、2400/240V、60Hz單相變壓器，使用V-V接法供應三相平衡負載，功率因數為0.577滯後，則此二台變壓器的輸出實功率應為何？
(A)5.77kW (B)10kW
(C)17.31kW (D)20kW。

( ) 20. 下列何者不是變壓器的試驗項目之一？
(A)衝擊電壓試驗 (B)溫升試驗
(C)開路試驗 (D)衝擊電流試驗。

( ) 21. Y－Δ接線為加極性變壓器組，其一次側線電壓比二次側線電壓相位角差為？
(A)30° (B)－30° (C)－150° (D)150°。

( ) 22. 比壓器（PT）二次側的額定電壓，及比流器（CT）二次側的額定電流應分別為？
(A)110V、10A (B)100V、5A
(C)120V、5A (D)110V、5A。

( ) 23. 貫穿式比流器為200／5，基本貫穿匝數為1匝，若與電流表為50／5配合使用時，試問此貫穿式比流器應貫穿幾匝？
(A)1 (B)2 (C)3 (D)4。

( ) 24. 有關比流器（CT）之敘述，下列何者正確？
(A)比流器之二次側額定電壓為110V，且二次側須短路或接於電流表
(B)比流器之二次側額定電流為5A，且二次側須開路或接於電壓表
(C)比流器之二次側額定電流為5A，且二次側須短路或接於電流表
(D)比流器之二次側額定電壓為110V，且二次側須開路或接於電壓表。

( ) 25. 線電流為10安培之平衡三相三線負載系統，以夾式電流表任夾兩線測電流時，其值為？
(A)0 (B)10 (C)$10\sqrt{2}$ (D)$10\sqrt{3}$。

( ) 26. 有兩具額定電壓相等之單相變壓器，今擬並聯運用以供給一360kVA之負載，若甲變壓器之容量為100kVA，乙變壓器之容量為300kVA，兩變壓器之阻抗壓降百分率皆為5%，則兩變壓器分擔為？
(A)甲分擔120kVA (B)乙分擔270kVA
(C)乙分擔120kVA (D)甲、乙皆分擔180kVA。

( ) 27. 兩變壓器並聯運轉，欲獲得良好效果，下列敘述哪一項條件非必須？
(A)額定容量相等 (B)變壓比相同
(C)極性應該一致 (D)等效電阻及等效電抗之P.U值分別相等。

( ) 28. 有關變壓器並聯運轉時，下列有一項為不正確的敘述，請選出？
(A)變壓器必須在同一頻率下運轉
(B)變壓器必須要有相同的額定電壓
(C)變壓器必須要有相同的極性
(D)變壓器的容量必須相等。

( ) 29. 某工廠使用三相感應電動機4HP三台，功率因數0.87、效率0.82及三相3kW電爐二台，則供電變壓器之容量為？
(A)10kVA (B)19kVA (C)25kVA (D)37.5kVA。

( ) 30. 三只單相變壓器，接成Δ-Δ接線，其中一只變壓器因故障而拆除，改接成V-V接線，若仍然使用三相電源供電，下列敘述何者正確？
(A)每台變壓器可供電的輸出容量為其額定容量的57.7%
(B)每台變壓器可供電的輸出容量為其額定容量的$\frac{2}{3}$倍
(C)V-V接線時供電的總容量僅為Δ-Δ接線時總容量的86.6%
(D)V-V接線時供電的總容量僅為Δ-Δ接線時總容量的57.7%。

( ) 31. 有一台10kVA、2400/240V、60Hz單相變壓器，高壓側加電源進行短路試驗，所接電表讀數為：80V、20A、600W，則變壓器低壓側的等值電抗應為何？
(A)0.037Ω　(B)0.37Ω
(C)3.708Ω　(D)370.8Ω。

( ) 32. 50Hz變壓器接於25Hz電源則？
(A)電源電壓加倍就可以使用
(B)照原額定電壓就可以使用
(C)電源電壓減半就可以使用
(D)電源電壓加倍或減半，均可使用。

( ) 33. 變壓器鐵心中正弦磁通最大值為ϕ_m（韋伯），頻率為f（Hz），線圈匝數為N，則感應電勢為E等於？
(A)$\frac{2\pi}{\sqrt{2}}fN\phi_m$　(B)$\frac{\sqrt{2}}{2\pi}fN\phi_m$
(C)$\frac{1}{4.44}fN\phi_m$　(D)$1.11fN\phi_m$。

( ) 34. 變壓器一次側繞組加一正弦波電源，會產生正弦波的磁通，但主要因何種效應，使得激磁電流不為正弦波？
(A)導線集膚效應　(B)漏磁效應
(C)磁場干擾效應　(D)鐵心飽和與磁滯效應。

( ) 35. 一電壓比為5000V/500V之理想變壓器，高壓側激磁電流為0.5A，無載損失為1500W，則其磁化電流為多少？
(A)0.3A (B)0.4A
(C)0.5A (D)0.6A。

( ) 36. 一變壓器之初級線圈為3150匝，次級線圈為105匝，若初級線圈加入3300伏特時，則次級線圈之電壓為？（該機電樞電阻0.2Ω，電刷壓降及電樞反應之影響可以忽視。）
(A)110伏特 (B)112伏特
(C)115伏特 (D)108伏特。

( ) 37. 理想變壓器一次電壓與二次電壓，其相位差為？
(A)0° (B)90°
(C)180° (D)360°。

( ) 38. 變壓器矽鋼片鐵心含矽的主要目的為何？
(A)提高導磁係數 (B)提高鐵心延伸度
(C)提升絕緣 (D)減少銅損。

( ) 39. 有一台10kVA、2400/240V、60Hz單相變壓器，接為2640/240V之自耦變壓器，則自耦變壓器高壓側的額定電流應為何？
(A)3.79A (B)4.17A
(C)37.9A (D)41.7A。

( ) 40. 下列何者錯誤？
(A)直流發電機就是將機械能轉換成直流電能之電機裝置
(B)交流電動機就是將交流電能轉換成機械能之電機裝置
(C)直流電動機就是將直流電能轉換成機械能之電機裝置
(D)變壓器就是將直流電能轉換成直流電能之電機裝置。

( ) 41. 下列接法何者可能造成110/220V變壓器燒毀？

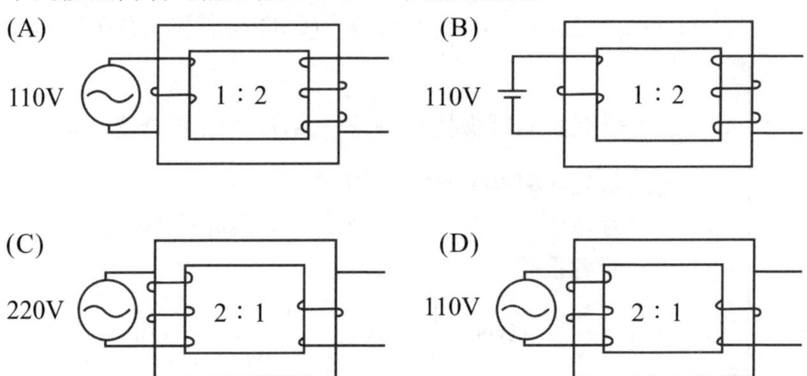

( ) 42. 變壓器一、二次側電壓有相角差，主要是由下列哪一個因素造成？
(A)線圈電阻 (B)漏磁 (C)鐵損 (D)絕緣。

( ) 43. 一10kVA變壓器，其滿載銅損為400W，鐵損為100W，若在一日運轉中，12小時為滿載，功率因數為1，12小時為無載，則全日效率約為多少？
(A)86.3% (B)90.3% (C)94.3% (D)98.3%。

( ) 44. 如右圖所示，電源電壓為100V，變壓器匝數比為1：2，則電壓表的讀值應為多少？
(A)100V
(B)200V
(C)300V
(D)400V。

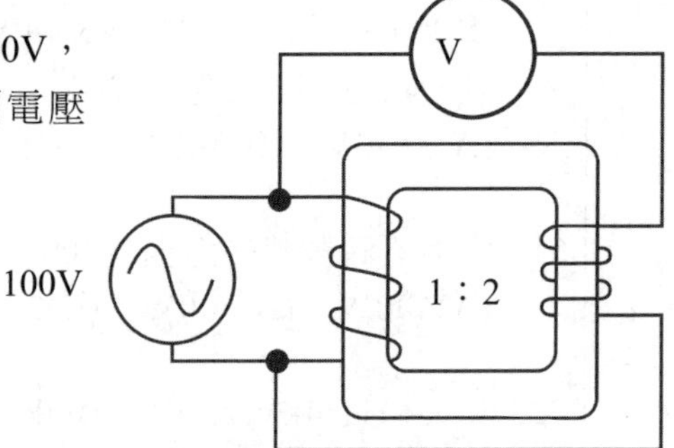

( ) 45. 如右圖所示，利用直流測量變壓器極性的試驗，當開關S接通瞬間，伏特計往負方向偏轉，則變壓器為？
(A)無極性 (B)加極性
(C)減極性 (D)無法判斷。

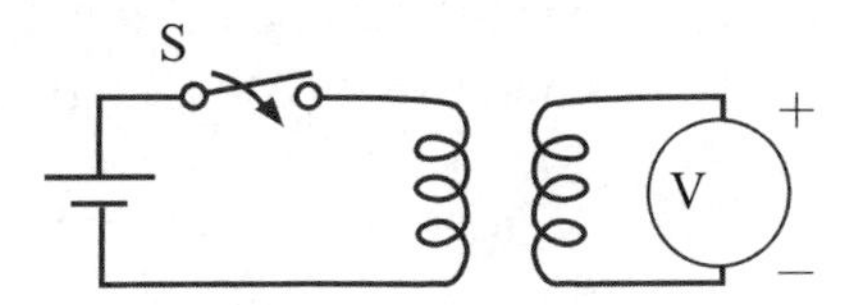

( ) 46. 測量變壓器鐵損之方法為？
(A)耐壓試驗 (B)絕緣試驗 (C)開路試驗 (D)短路試驗。

( ) 47. 單相變壓器的匝數比$a=\frac{N_1}{N_2}$，N_1為一次側繞組匝數，N_2為二次側繞組匝數，其中V_1表示一次側電壓，V_2表示二次側電壓，I_1表示一次側電流，I_2表示二次側電流：假設此為理想變壓器，則下列關係何者正確？
(A)$a=\frac{V_2}{V_1}$ (B)$a=\frac{I_2}{I_1}$ (C)$a=\frac{V_2+V_1}{V_1}$ (D)$a=\frac{I_1}{I_2}$。

( ) 48. 桿上變壓器之外殼標示7.2－50代表？ (A)電壓—電流 (B)電壓—容量 (C)二次電壓— 一次電壓 (D)容量—電壓。

( ) 49. 一單相變壓器，其無載端電壓為320伏特，而滿載端電壓為195伏特，則此變壓器的調整率為？
(A)39.1% (B)55.8% (C)64.1% (D)92.3%。

( ) 50. 額定為3000V/100V之單相變壓器，在一次側設分接頭以調整二次電壓，一次輸入電壓為3000V，若要使二次輸出電壓調為105V，則一次分接頭宜選用？
(A)3150V (B)3000V (C)2857V (D)2925V。

( ) 51. 變壓器滿載時的鐵損為500W，則半載時的鐵損為？
(A)600W (B)500W (C)250W (D)300W。

( ) 52. 某三相11.4kV/220V、100kVA之變壓器，銘牌上之變壓器電抗為6%；若在高壓側改用22.8kV為基準kV及200kVA為基準kVA，則變壓器電抗為多少p.u？
(A)0.015 (B)0.03 (C)0.06 (D)0.12。

( ) 53. 一500kVA單相變壓器，初級電壓20kV，副級電壓3.3kV，滿載銅損4.8kW，鐵損3.2kW，則效率最大時之負載為？
(A)450kVA　(B)400kVA　(C)358kVA　(D)408kVA。

( ) 54. 某一單相5kVA之變壓器，其鐵損為60W，滿載銅損為120W，在一天內於功因為1之情況下，4小時為滿載，4小時為$\frac{3}{4}$載，4小時為$\frac{1}{2}$載，其餘時間為無載狀態。試求此變壓器之全日效率為？
(A)95.1%　(B)96.1%　(C)97.1%　(D)98.1%。

( ) 55. 某5kVA、110V/220V之單相變壓器，接成110V/330V之升壓型自耦變壓器，則此自耦變壓器之額定容量變為？
(A)5kVA　(B)7.5kVA　(C)10kVA　(D)15kVA。

( ) 56. 單相變壓器的開路及短路實驗之目的，下列敘述何者正確？
(A)開路實驗用於量測銅損，短路實驗用於量測鐵損
(B)開路實驗用於量測電壓調整率，短路實驗用於量測鐵損
(C)開路實驗用於量測鐵損，短路實驗用於量測銅損
(D)開路實驗用於量測溫升效應，短路實驗用於量測鐵損。

( ) 57. 某變壓器，若設計時將磁通密度與矽鋼片厚度各變為原來的兩倍時，則渦流損失將變為原來的？
(A)2　(B)6　(C)8　(D)16倍。

( ) 58. 目前臺灣電力公司在台灣地區的電力系統，其電源電壓頻率為多少？
(A)50Hz　(B)60Hz　(C)100Hz　(D)400Hz。

( ) 59. 一般電力變壓器在最高效率運轉時，其條件為何？
(A)銅損等於鐵損　(B)銅損大於鐵損
(C)銅損小於鐵損　(D)效率與銅損及鐵損無關。

( ) 60. 三只11.4k/380V的單相變壓器，接成三相Y-Δ接線，高壓側為Y接，低壓側為Δ接，若使用於三相平衡電力系統，其高壓側線電壓11.4kV，則低壓側線電壓約為多少？
(A)440V (B)380V (C)220V (D)110V。

( ) 61. 有關單相變壓器之開路實驗，下列敘述何者正確？
(A)高壓側繞組短路，低壓側繞組之電流為額定電流，以測量其電壓及功率
(B)高壓側繞組短路，低壓側繞組之電壓為額定電壓，以測量其電流及功率
(C)高壓側繞組開路，低壓側繞組之電流為額定電流，以測量其電壓及功率
(D)高壓側繞組開路，低壓側繞組之電壓為額定電壓，以測量其電流及功率。

( ) 62. 適合於發電機昇壓用的變壓器結線方式是屬於？
(A)Y－Y (B)Y－Δ (C)Δ－Y (D)Δ－Δ。

( ) 63. 有一台2200/200V、50Hz之單向變壓器，高壓側繞組的匝數為1000匝，求鐵心最大磁通量約為多少？
(A)0.0001韋伯 (B)0.001韋伯 (C)0.01韋伯 (D)0.1韋伯。

( ) 64. 三台單相11000/440V變壓器作Δ－Y接線，若一次側電源為三相5500伏特，則二次側線電壓應為？
(A)220V (B)300V (C)330V (D)380V。

( ) 65. 變壓器鐵心材料使用矽鋼片，下列敘述何者錯誤？
(A)導磁係數愈高愈好 (B)飽和磁通密度愈高愈好
(C)厚度愈厚愈好 (D)機械強度愈強愈好。

(　) 66. 150kVA之變壓器在$\frac{2}{3}$負載時效率最大為98%，則鐵損應為？
(A)2.04kW　(B)3.06kW　(C)1.53kW　(D)1.02kW。

(　) 67. 有關於變壓器的短路試驗，以下哪一項是正確的？
(A)高壓線圈短路
(B)低壓線圈短路
(C)高壓、低壓線圈之任一均可短路
(D)以上皆非。

(　) 68. 有關變壓器測量損失之敘述，下列何者正確？
(A)變壓器滿載下的鐵損遠大於無載時之鐵損
(B)變壓器一次側等效阻抗可由開路試驗量測
(C)變壓器的銅損主要是在短路試驗中量測
(D)短路試驗是將變壓器的低壓側短路，在高壓側輸入額定的電壓。

(　) 69. 單相變壓器的開路試驗，主要目的為何？
(A)求取變壓器一次側與二次側的等效阻抗
(B)求取變壓器的銅損
(C)求取變壓器的激磁導納與鐵損
(D)測試變壓器的極性。

(　) 70. 某工廠擬新設單相100kVA變壓器三台，以三相3300V受電，而供給廠內三相380V電動機用電，但其變壓器電壓額定為（3450-3300-3150V/110-220V），該變壓器應如何結線？
(A)Y－△　(B)Y－Y　(C)△－Y　(D)△－△。

(　) 71. 變壓器一次繞組加一正弦波電源，會產生正弦波的磁通，但主要因何種效應，使得激磁電流不為正弦波？
(A)導線集膚效應　(B)漏磁效應
(C)磁場干擾效應　(D)鐵心飽和與磁滯效應。

(　) 72. 如右圖所示為變壓器之T-T接線圖，其中M為主變壓器，T為支變壓，M有中心抽頭，T有0.866分接頭，則下列敘述何者正確？

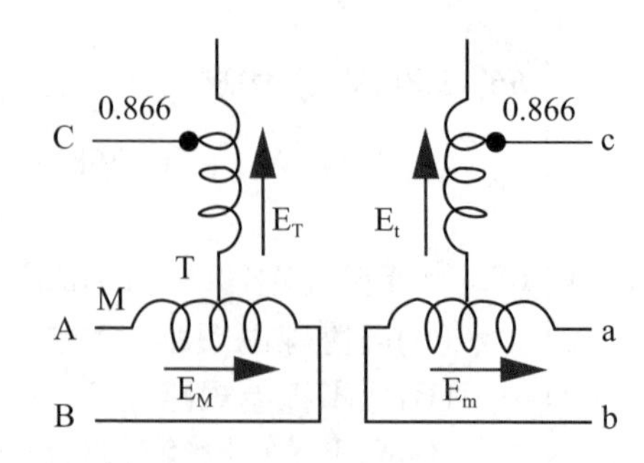

(A)一次側反電動勢E_T與E_M關係為$E_T = E_M \angle 90^o$
(B)T之額定電壓應為M的0.577倍才能作T-T接線
(C)若T之容量為M之0.866倍，則變壓器利用率為0.928
(D)T只能應用其額定伏安數的57.7%。

(　) 73. 利用三具單相變壓器連接成三相變壓器常用的接線方式中，哪種接線方式會產生三次諧波電流而干擾通訊線路？
(A)Y-Y接線　(B)Y-Δ接線　(C)Δ-Y接線　(D)Δ-Δ接線。

(　) 74. 如右圖所示，變壓器的極性已知，且匝數比N_1：N_2=1：2，當V_1=110V時，交流電壓表V_2與V_3的讀值分別為多少？

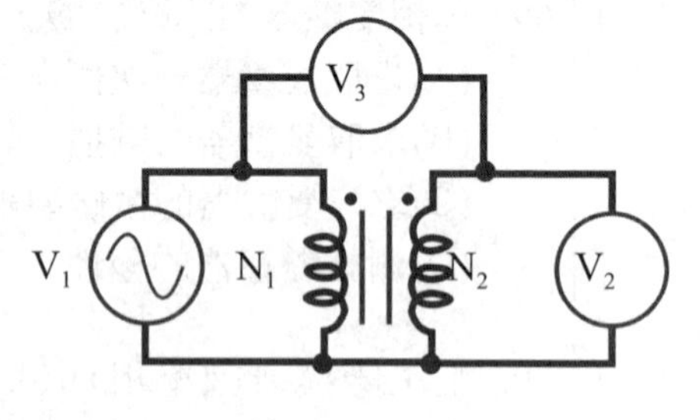

(A)220V、330V
(B)220V、－110V
(C)220V、－330V
(D)220V、110V。

(　) 75. 單相60kVA變壓器三台，△型連接供電，其中一台故障已改接為V－V型，則最高負載只能達？
(A)57.7kVA　　(B)86.6kVA
(C)104kVA　　(D)120kVA。

( ) 76. 某工廠之設備容量為170kW，功率因數為0.6，需量率60%，以兩具單相變壓器接成V型供電，則每具變壓器容量應為？
(A)100kVA (B)90kVA
(C)200kVA (D)180kVA。

( ) 77. 三具匝數比N_1/N_2=20之單相變壓器，接成Y-Y接線，供應220V、10kW、功率因數為0.8之負載，則下列敘述何者錯誤？
(A)一次側相電壓為2540V (B)二次側線電流為32.8A
(C)一次側線電流為1.64A (D)一次側相電流為2.84A。

( ) 78. 有甲和乙兩台容量皆為80kVA之單相變壓器作並聯運轉，供給100kVA負載。甲和乙之百分比阻抗壓降分別為4%與6%，則甲、乙分擔之負載分別為何？
(A)70kVA、30kVA (B)30kVA、70kVA
(C)60kVA、40kVA (D)50kVA、50kVA。

( ) 79. 下列有關單相感應電壓調整器結構的敘述，何者正確？
(A)一次繞組在定部，二次繞組在轉部
(B)一次繞組在轉部，二次繞組在定部
(C)補償繞組與二次繞組都在轉部
(D)補償繞組與二次繞組都在定部。

( ) 80. 變壓器開路測試無法測出？
(A)等效阻抗 (B)鐵損
(C)無載功率因數 (D)磁化電流。

( ) 81. 有一2000V/100V、500kVA之單相變壓器，滿載時銅損為5kW，鐵損為3.2kW，則效率最大時之負載為多少？
(A)300kVA (B)350kVA
(C)400kVA (D)450kVA。

( ) 82. 有關變壓器短路試驗之敘述，下列何者正確？
(A)可測出變壓器的繞組電阻
(B)可測出變壓器之鐵損
(C)高壓側短路，低壓側加額定電壓來作測試
(D)可測出激磁電流。

( ) 83. 變壓器依線圈與鐵心的配置有外鐵式、內鐵式及捲鐵式等三種配置方式，下列敘述何者正確？
(A)外鐵式適用於低電流及低電壓之變壓器
(B)內鐵式適用於低電流及低電壓之變壓器
(C)外鐵式適用於低電流及高電壓之變壓器
(D)內鐵式適用於低電流及高電壓之變壓器。

( ) 84. 有三台單相減極性變壓器接成Δ-Y接線，當一次側接平衡三相電源，其一、二次側之線電壓、相電壓、線電流及相電流之關係，下列敘述何者錯誤？
(A)一次側線電壓與一次側相電壓之電壓大小及相角均相等
(B)二次側線電壓之大小為二次側相電壓之$\sqrt{3}$倍，且二次側線電壓之相角超前二次側相電壓30°
(C)一次側線電壓之相角超前二次側線電壓之相角30°
(D)二次側線電流與二次側相電流之電流大小及相角均相等。

( ) 85. 一台25kVA、2200/220V之單相變壓器連接成2420/220V降壓自耦變壓器，當負載功率因數為0.95，滿載效率為0.98，試求此自耦變壓器之總損失為多少？
(A)475W (B)533W
(C)621W (D)764W。

解答與解析

1.(C)。$\frac{N_1}{N_2}=\frac{V_1}{V_2}$，電壓比=100：80，表示共用有80%，未共用為20%，

故共用：未共用=80：20=4：1。

2.(B)。$a=\frac{共用繞組電壓}{非共用繞組電壓}=\frac{100}{200}=0.5$ $S_A=S(1+a)$，

30kVA=S(1+0.5)S=20k(VA)。

3.(D)。(1)匝數比=1.25：1=5：4(降壓自耦變壓器)

即共用繞組電壓：非共用(串聯)繞組電壓=4：1=4，

(2)$S_A=S(1+a)$，10kVA=S(1+4)，S=2k(VA)

(3)$S_D=S_A-S=10-2=8k(VA)$。

4.(B)。Y－Δ接線僅用於3ϕ4W系統時，一相故障時可改U－V接線方能繼續供電。

5.(D)。一次側$V_{\mu1}=440=E_{P1}$故Δ接，二次側$V_{\mu2}=380=\sqrt{3}E_{P2}$故Y接。

6.(D)。$\because \frac{V_1}{V_2}=\frac{E_1}{E_2}=\frac{N_1}{N_2}=a$　$\therefore N_1=aN_2=\frac{3300}{220}\times160=2400$(匝)

7.(B)。由公式$E=4.44NfB_mA$，

$E_1=4.44\times500\times50\times0.6\times50\times10^{-4}=333(V)$。

8.(B)。$\phi_m=\frac{E_1}{4.44fN_1}=\frac{200}{4.44\times60\times50}=1.5\times10^{-2}(Wb)$。

9.(A)。E正比f，$\frac{E_1}{E_2}=\frac{f_1}{f_2}$，$\frac{E_1}{E_2}=\frac{50}{60}$，$E_2=E_1\times\frac{60}{50}=1.2E_1=(1+20\%)E_1$

$\therefore(1+20\%)\Rightarrow$增加20%

10.(A)。$E_1=4.44N_1f\phi_m$，$E_1\,\alpha\,f$，$\therefore E_1'=\frac{60}{400}\times300=45(V)$。

11.(C)。(1)一次側電流 $I_1=\frac{s}{V_1}=\frac{5\times10^3}{200}=25(A)$

(2)一次側短路測得銅損 $P_c=I_1^2R_{eq1}=25^2\times1=625(W)$

(3)發生最大效率時的定值損＝變動損 $\Rightarrow P_i=P_c(=I_a^2R)$

$\because$ 負載量 $m_L\propto I_a^2$ $\therefore P_i=m_L^2P_c=(0.8)^2\times625=400(W)$

$\Rightarrow P_{loss}=P_i+P_c=2P_i=2\times400=800(W)$

12.(C)。

有載損失	
定義	主要損失為銅損，為電流通過繞阻所造成的損失，又可稱為「變動損失」。
公式說明	(1) P_{c1}：一次側繞組的銅損，P_{c2}：二次側繞組的銅損。 (2) $P_c=P_{c1}+P_{c2}=I_1^2R_1+I_2^2R_2=I_1^2R_{e1}=I_2^2R_{e2}$ (3)銅損與電流(負載)大小成平方正比。

13.(B)。(1)鐵損 P_i＝定值損，故全日無論多少負載量都會消耗 $\Rightarrow\times24$。

(2) $P_i=\frac{kWH}{Hr}=\frac{12k}{24}=0.5kW=500(W)$

14.(A)

15.(D)。$Q=VI\sin\theta=\frac{141.4}{\sqrt{2}}\times\frac{7.07}{\sqrt{2}}\times\sin30^\circ=250(VAR)$

16.(B)。$S_A=S_{原}\times(1+\frac{共同}{非共同})$

$\Rightarrow 30k=S_{原}\times(1+\frac{100}{300-100})\Rightarrow S\ \ =30k\times\frac{2}{3}=20k(VA)$

17.(C)。變壓器的開路實驗

(1)目的：測量固定鐵損。

(2)方法：將高壓側開路，低壓側加額定電壓(儀表放置低壓側)。

(3)可得：低壓側 G_o(激磁電導)、B_o(激磁電納)。

18.(A)。(1)定值損＝變動損

$\Rightarrow P_i=P_c(=I_a^2R)\Rightarrow P_{loss}=P_i+P_c=2P_i$ ∵負載量$m_L\propto I_a^2$

$\therefore P_i=m_L^2P_c\Rightarrow$ 發生最大效率時的負載率$m_L=\sqrt{\dfrac{P_i}{P_c}}=\sqrt{\dfrac{75}{300}}=\dfrac{1}{2}$

(2) $\eta_{max}=\dfrac{m_L S\cos\theta}{m_L S\cos\theta+2P_i}\times 100\%$

$=\dfrac{\frac{1}{2}\times 20k\times 1}{(\frac{1}{2}\times 20k\times 1)+(2\times 0.075k)}\times 100\%=98.5\%$

註：在$\dfrac{1}{2}$載時的銅損＝鐵損＝$m_L^2P_c=(\dfrac{1}{2})^2\times 300=75(W)$

19.(B)。(1) $S_{V-V}=\sqrt{3}\times$一具單相變壓器之額定容量$=\sqrt{3}\times 10k(VA)=10\sqrt{3}k(VA)$

(2) $P=S\cos\theta=10\sqrt{3}\times 0.577=10k(W)$

20.(D)。變壓器的試驗為：衝擊電壓試驗、溫升試驗、開路試驗、短路試驗。

21.(C)。正常時：Y－Δ接線為減極性變壓器，一次線電壓$V_{\mu 1}$超前二次線電壓$V_{\mu 2}$相位角為＋30°，若為加極性變壓器，則相位角須反相為＋30°－180°＝－150°。

22.(D)。(1)比壓器P.T.（Potential Transformer）：將高壓變成低壓用以測量。

A. 減少誤差的方法：

a. 使用低電阻導線⇒減少電壓降。

b. 一次側匝數退繞約1%⇒略減變壓比。

B. 二次側額定電壓為110V。

(2)比流器C.T.(Current Transformer)：將大電流變小電流用以測量。

A. 減少誤差的方法：

a. 使用高級鐵心材料⇒減少激磁電流。

b. 二次側匝數退繞約1%⇒略增變流比。

B. 二次側額定電流為5A。

23.(D)。$\dfrac{200}{50}=4$匝。

24.(C)。比流器注意事項：

(1)二次測需接地，避免靜電作用。

(2)二次測不可開路，應短路。

(3)一次側需與量測電路串接。

25.(B)。∵三相平衡下$I_R+I_S+I_T=0$ ∴$I_R+I_T=-I_S=10(A)$。

26.(B)。$Z_{甲}=Z_{甲}\%\times S_{乙}=5\%\times 300=15$，$Z_{乙}=Z_{乙}\%\times S_{甲}=5\%\times 100=5$

$$S_{甲}=S_L\times\frac{Z_{乙}}{Z_{甲}+Z_{乙}}=360\times\frac{5}{15+5}=90kVAS_{乙}=360k-90k=270k(VA)。$$

27.(A)。(1)單相變壓器並聯運用之條件：

A.電壓與匝數比需相同(無負載時無循環電流流通)。

B.極性需相同。

C.各變壓器阻抗電壓相同(負載電流依變壓器容量比例分配，即內部阻抗與負載成反比)。

D.內部等效電阻與電抗比值需相同(各變壓器負載電流同相)。

(2)三相變壓器並聯運用之條件：

A.單相變壓器並聯的條件。

B.線電壓比需相同。

C.相序需相同。

D.位移角需相同(偶數個接法可並聯)。

28.(D)。變壓器並聯運轉時其容量不一定要相等。

29.(B)。三相感應機輸入視在功率$S_{in}=\frac{P_o}{\cos\theta\times\eta}=\frac{4\times 746\times 3}{0.87\times 0.82}=12548(VA)$

電爐$S=3kW\times 2=6kW=6k(VA)$(電熱$\cos\theta=1$)

∴變壓器容量$=S_{in}+S\fallingdotseq 19k(VA)$。

30.(D)。V－V連接時，其總輸出容量為Δ－Δ連接時之57.7%倍。

$$\because\frac{S_{V-V}}{S_{\Delta-\Delta}}=\frac{\sqrt{3}V_LI_L}{3V_LI_L}=0.577=57.7\%$$

31.(A)。(1)高壓側等值阻抗$Z_{eq1}=\frac{伏特表讀值}{安培表讀值}=\frac{V_{SC}}{I_{SC}}=\frac{80}{20}=4(\Omega)$

(2)高壓側等值電阻$R_{eq1}=\frac{瓦特表讀值}{安培表讀值的平方}=\frac{600}{20^2}=1.5(\Omega)$

(3)高壓側等值電抗$X_{eq1}=\sqrt{4^2-1.5^2}=3.7(\Omega)$

(4)因在高壓側加額定電流做短路試驗，故所得之數據皆為高壓側之值，若欲得低壓側之值，可按轉換公式換算得之

$\Rightarrow$ 低壓側等值電抗 $X_{eq2}=\dfrac{X_{eq1}}{a^2}=\dfrac{3.7}{(\frac{2400}{240})^2}=0.037(\Omega)$

32.(C)。$E_{eff}=4.44fN\phi_m$

$\because$ N、ϕ_m固定不變

$\therefore E_{eff}\propto f\Rightarrow f'=\dfrac{1}{2}f\Rightarrow E'_{eff}=\dfrac{1}{2}E_{eff}$

33.(A)。(1) $E_{(1)av}=E_{(2)av}\Rightarrow 4fN_1\phi_m=4fN_2\phi_m$

(2)有效值：感應電勢為正弦波時，

$E_{eff}=1.11E_{av}=4.44fN\phi_m=\dfrac{2\pi}{\sqrt{2}}fN\phi_m$

34.(D)。由於變壓器鐵心有磁飽和及磁滯現象，故當所加之電源V_1為正弦波時，產生交變互磁通ϕ亦為正弦波時，則激磁電流必無法為正弦波。

35.(B)。$P=VI\cos\theta$，$1500=5000\times0.5\times\cos\theta$，$\cos\theta=0.6$，則$\sin\theta=0.8$，磁化電流$I_m=I_o\times\sin\theta=0.5\times0.8=0.4(A)$。

36.(A)。$E_2=\dfrac{3300}{\frac{3150}{105}}=110(V)$。

37.(C)。

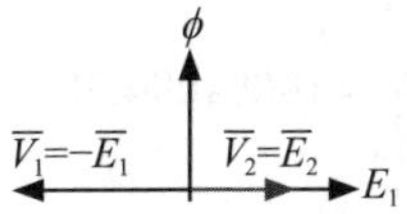

ϕ（向上）；$\overline{V_1}=-\overline{E_1}$（向左）；$\overline{V_2}=\overline{E_2}$（向右）；$E_1$

38.(A)。鐵心：

(1)用以支撐繞組及提供磁路。

(2)採用高導磁係數的矽鋼疊片$\Rightarrow$減少渦流損和磁滯損。

$\therefore$矽↑$\Rightarrow$導磁係數↑

39.(B)。(1) $S_A=S_{原}\times(1+\frac{共同}{非共同})=10k\times(1+\frac{240}{(2640-240)})=10k\times\frac{11}{10}=11k(VA)$

(2)高壓側電流 $I=\frac{S_A}{V_1}=\frac{11k}{2640}=4.17(A)$

(3)低壓側電流 $I=\frac{S_A}{V_2}=\frac{11k}{240}=45.83(A)$

40.(D)。(1)利用繞組通以交流電產生磁通來轉移能量。
(2)變壓器是將交流電能轉換成交流電能，若接上直流電源可能會燒毀。

41.(B)。變壓器是將交流電能轉換成交流電能，若接上直流電源可能會燒毀。

42.(B)。(1)無載時，流過N_1的電流I_1稱為無載電流I_o，其值約為N_1額定電流的3~5%。
(2)I_o產生ϕ通過N_1、N_2產生E_1、E_2，但有一小部分離開鐵心，只和N_1、空氣隙、油箱完成迴路，稱之為「一次漏磁通ϕ_1」。在電路上以一次漏磁電感抗jX_1表示。
(3)θ：無載功因角。

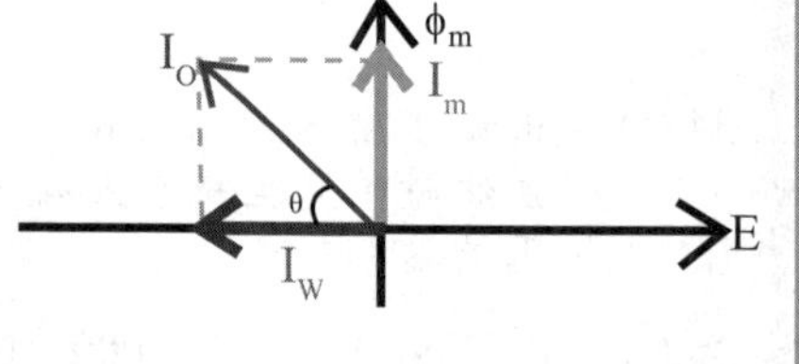

43.(C)。$\eta_d=\frac{m_L S_d\cos\theta\times t}{(m_L S_d\cos\theta\times t)+(p_i\times 24)+(m_L^2 P_c\times t)}\times 100\%$

$=\frac{1\times 10k\times 1\times 12}{(1\times 10k\times 1\times 12)+(0.1k\times 24)+[(1)^2\times 0.4k\times 12]}\times 100\%=94.3\%$

44.(A)。(1) $a=\frac{V_1}{V_2}\Rightarrow V_2=\frac{V_1}{a}=\frac{100}{\frac{1}{2}}=200(V)$

(2)$\because$為減極性變壓器$\therefore V=V_2-V_1=200-100=100(V)$

註：若為加極性$\because V>V_1\quad\therefore V=V_2+V_1=200+100=300(V)$

45.(B)。(1)K閉合瞬間⇒正轉：減極性、反轉：加極性。
(2)K閉合一段時間打開⇒正轉：加極性、反轉：減極性。

46.(C)。變壓器的短路試驗：

(1)目的：測量滿載銅損。

(2)方法：將低壓側短路，高壓側加額定電流(儀表放置高壓側)。

(3)可得：高壓側R_{eq}、X_{eq}。

47.(B)。電流轉換：

(1) $S_1=S_2 \Rightarrow E_1I_1=E_2I_2$。　　(2) $\frac{E_1}{E_2}=\frac{I_2}{I_1}=a$ (匝數比)。

48.(B)。外殼表示為「電壓－容量」。

49.(C)。$V.R\%=\frac{320-195}{195}\times 100\%=64.1\%$。

50.(C)。$\frac{V_1}{100}=\frac{3000}{105}$　$\therefore V_1=2857(V)$。

51.(B)。鐵損為定值損，不受負載影響。

52.(B)。由公式$Z_{pu1}Z_{b1}=Z_{pu2}Z_{b2}$，$X_{pu1}\times\frac{V_{b1}^2}{VA_{b1}}=X_{pu2}\times\frac{V_{b2}^2}{VA_{b2}}$，

$0.06\times\frac{11.4k^2}{100k}=X_{pu2}\times\frac{22.8k^2}{200k}$ $\therefore X_{pu2}=0.03(p.u)$。

53.(D)。$\because$最大效率條件$\frac{1}{m}=\sqrt{\frac{鐵損}{滿載銅損}}=\sqrt{\frac{3.2}{4.8}}=0.816$

$\therefore$輸出容量$=500k\times 0.816=408k(VA)$。

54.(A)。由公式$\eta_d=\frac{輸出\times小時}{(輸出\times小時)+(鐵損\times 24)+(銅損\times小時)}\times 100\%$，

$$\eta_d=\frac{5000(4\times 1+4\times\frac{3}{4}+4\times\frac{1}{2})}{5000(4\times 1+4\times\frac{3}{4}+4\times\frac{1}{2})+(60\times 24)+120(4\times 1+4\times\frac{9}{16}+4\times\frac{1}{4})}$$
$\times 100\%=95.1\%$

55.(B)。$a=\frac{\text{共用繞組電壓}}{\text{非共用繞組電壓}}=\frac{110}{220}=0.5 S_A=S(1+a)=5k\times(1+0.5)=7.5kVA$。

56.(C)。開路實驗用於量測鐵損，短路實驗用於量測銅損

57.(D)。∵渦流損失$P_e=k_e f^2 B_m{}^2 t^2$ ∴$P_e'=(2B_m)^2(2t)^2=16P_e$。

58.(B)。目前臺灣電力公司在台灣地區的電力系統，其電源電壓頻率為60Hz。

59.(A)。最大效率：

$$\eta_{max}=\frac{m_L S\cos\theta}{m_L S\cos\theta+2P_i}\times100\%$$

定值損=變動損$\Rightarrow P_i=P_c(=I_a^2R)\Rightarrow P_{loss}=P_i+P_c=2P_i\Rightarrow$銅損＝鐵損

(1)∵負載量$m_L I_a^2$ ∴$P_i=m_L^2 P_c$

$\Rightarrow$發生最大效率時的負載率$m_L=\sqrt{\frac{P_i}{P_c}}$

(2)一般電力變壓器：重載者，最大效率設計在滿載附近。

(3)一般配電變壓器：最大效率設計在$\frac{3}{4}$或$\frac{1}{2}$額定負載者。

60.(C)。$V_{L2}=\frac{1}{a\sqrt{3}}V_{L1}=\frac{1}{\frac{11.4k}{330}\times\sqrt{3}}\times11.4k=220(V)$

	V_{L2}	I_{L2}
Y－Δ	$\frac{1}{a\sqrt{3}}V_{L1}$	$a\sqrt{3}I_{L1}$

61.(D)。變壓器的開路實驗：

(1)目的：測量固定鐵損。

(2)方法：將高壓側開路，低壓側加額定電壓（儀表放置低壓側）。

(3)可得：低壓側G_o、B_o。

62.(C)。具升壓作用，可獲得較高電壓，適用於發電廠內之主變壓器。若用於配電系統，則可構成三相四線式(3ϕ4W)系統。

63.(C)。$E_{(1)av}=E_{(2)av} \Rightarrow 4fN_1\phi_m=4fN_2\phi_m$，$E_{eff}=1.11E_{av}=4.44fN\phi_m$

$$\phi_m=\frac{E_{(1)eff}}{4.44fN_1\phi_m}=\frac{2200}{4.44\times 50\times 1000}=9.9\times 10^{-3}\cong 0.01(\omega\beta)$$

64.(D)。$\because \frac{5500}{V_{\mu 2}}=\frac{11000}{\sqrt{3}\times 440}$　$\therefore V_{\mu 2}=220\sqrt{3}=380(V)$。

65.(C)。具備條件：

(1)高導磁係數：減少磁路中的磁阻$R=\frac{\ell}{\mu A}$。

(2)高飽和磁通密度：減少磁路中所需鐵心的截面積。

(3)低鐵損：提高效率、降低絕緣等級。

(4)高機械強度：耐用。

(5)加工容易：降低成本。

(6)電阻高：減少渦流損。

66.(D)。由公式$\eta_{max}=\frac{\frac{1}{m}\times K\times\cos\theta}{\frac{1}{m}\times K\times\cos\theta+2P_i}$，$0.98=\frac{\frac{2}{3}\times 150k}{\frac{2}{3}\times 150k+2P_i}$

$\therefore P_i=1.02k(W)$。

67.(B)。(1)目的：測量滿載銅損。

(2)方法：將低壓側短路，高壓側加額定電流(儀表放置高壓側)。

68.(C)。(A)鐵損為定值損，與負載無關。

(B)開路試驗測得的值為二次側，若欲求一次側則需換算。

(D)短路試驗是將低壓側短路，高壓側加額定電流(儀表放置高壓側)。

69.(C)。變壓器的開路實驗：

(1)目的：測量固定鐵損。

(2)方法：將高壓側開路，低壓側加額定電壓(儀表放置低壓側)。

(3)可得：低壓側G_o、B_o。

70.(C)。$\because$一次側$V_{\mu 1}=3330=E_{P1}=3300(V)$　$\therefore$△接，

$\because$二次側$E_{P2}=220(V)$，$V_{\mu 2}=380(V)$，故$V_{\mu 2}=\sqrt{3}E_{P2}$　$\therefore$Y接。

71.(D)。(1)因鐵心飽和及磁滯現象，由於變壓器鐵心有磁飽和及磁滯現象，故當所加之電源V_1為正弦波時，產生交變互磁通ϕ亦為正弦波時，則激磁電流必無法為正弦波。

(2)欲得正弦波之磁通，激磁電流必為非正弦波形；反之，激磁電流為正弦波，則磁通必為非正弦波。

72.(C)。若支變壓器為主變壓器的86.6%，則輸出容量與定額容量之比

$$=\frac{S_{T-T}\text{容量}}{\text{定額}}=\frac{S_{T-T}}{S_M+S_T}=\frac{\sqrt{3}V_LI_L}{V_LI_L+0.866V_LI_L}=\frac{\sqrt{3}}{1.866}=0.928=92.8\%$$

73.(A)。$3\phi4W$三次諧波可經由中性點形成迴路⇒激磁電流含三次諧波，應電勢為正弦波，但中性線的三次諧波電流會干擾電訊線路⇒解決方法為採用中性點接地之三繞組變壓器連接成Y－Y－Δ。

74.(D)。(1) $a=\frac{N_1}{N_2}=\frac{V_1}{V_2}\Rightarrow V_2=\frac{V_1}{a}=\frac{110}{\frac{1}{2}}=220(V)$

(2)$\because$為減極性變壓器$\therefore V_3=V_2-V_1=220-10=110(V)$

註：若為加極性$\because V_3>V_1\therefore V_3=V_2+V_1=220+110=330(V)$

75.(C)。由公式$S_{V-V}=\sqrt{3}VI$，$S_{V-V}=\sqrt{3}\times60k=104k(VA)$。

76.(A)。$\because$需量率$=\frac{\text{負載容量}}{\text{設備容量}}$ $\therefore$負載容量$=\frac{170kW}{0.6}\times60\%=170k(VA)$，

故每具變壓器容量$VI=\frac{170k}{\sqrt{3}}=100k(VA)$。

77.(D)。(1) $V_{L2}=220(V)\Rightarrow Y$接$\Rightarrow V_{P2}=\frac{V_{L2}}{\sqrt{3}}=\frac{220}{\sqrt{3}}=127(V)$

(2) $a=\frac{V_{P1}}{V_{P2}}\Rightarrow V_{P1}=aV_{P2}=20\times127=2540(V)$

(3) $V_{L2}=\frac{1}{a}V_{L1}\Rightarrow V_{L1}=aV_{L2}=20\times220=4400(V)$

	V_{L2}	I_{L2}
Y－Y	$\frac{1}{a}V_{L1}$	aI_{L1}

(4) $P=\sqrt{3}V_{L2}I_{L2}\cos\theta$

$$\Rightarrow I_{L2}=\frac{P}{\sqrt{3}V_{L2}}=\frac{10\times10^3}{\sqrt{3}\times220\times0.8}=32.8(A)\Rightarrow Y接\Rightarrow I_{P2}=I_{L2}=32.8(A)$$

(5) $I_{L2}=aI_{L1}\Rightarrow I_{L1}=\frac{I_{L2}}{a}=\frac{32.8}{20}=1.64(A)\Rightarrow Y接\Rightarrow I_{P1}=I_{L1}=1.64(A)$

78.(C)。$\frac{S_A(負載容量)}{S_B(負載容量)}=\frac{I_A}{I_B}=\frac{Z_B}{Z_A}=\frac{Z_B\%}{Z_A\%}\times\frac{S'_A(額定容量)}{S'_B(額定容量)}$；$S_A+S_B=S_L$

$\therefore\frac{S_甲}{S_乙}=\frac{Z_乙\%}{Z_甲\%}\times\frac{S'_甲}{S'_乙}=\frac{6\%}{4\%}\times\frac{80k}{80k}\cdots\cdots$①

$S_甲+S_乙=S_L\Rightarrow S_甲+S_乙=100k\cdots\cdots$②

從①和②得⇒$S_甲=60k(VA)$、$S_乙=40k(VA)$

79.(B)。(1)一次繞組：置於轉部，電壓線圈與負載並聯。

(2)二次繞組：置於定部，電流線圈與負載串聯。

(3)補償繞組：自行封閉，置於轉部，與一次繞組呈90^o，當轉子轉90^o時，補償繞組提供依安匝平衡路徑，避免二次繞組形成抗流圈。

80.(A)。變壓器的開路實驗：

(1)目的：測量固定鐵損。

(2)方法：將高壓側開路，低壓側加額定電壓(儀表放置低壓側)。

(3)可得：低壓側G_o、B_o。

81.(C)。(1) 定值損=變動損$\Rightarrow P_i=P_c(=I_a^2R)\Rightarrow P_{loss}=P_i+P_c=2P_i$

$\because$負載量$m_L\propto I_a^2\therefore P_i=m_L^2P_c$

$\Rightarrow$發生最大效率時的負載率$m_L=\sqrt{\frac{P_i}{P_c}}=\sqrt{\frac{3.2k}{5k}}=\frac{4}{5}$

(2) $S_{max}=m_LS=\frac{4}{5}\times500k=400k(VA)$

82.(A)。變壓器的短路試驗：

(1)目的：測量滿載銅損。

(2)方法：將低壓側短路，高壓側加額定電流(儀表放置高壓側)。

(3)可得：高壓側R_{eq}、X_{eq}。

83.(D)。

	內鐵式	外鐵式
用鐵量	少	多
用銅量	多	少
線　圈	多	小
鐵　心	小	大
感應電勢	一樣好	一樣好
磁路長度	長	短
壓制應力	差	好(應力和電流平方成正比)
絕緣散熱	好	差
繞組位置	鐵心外	鐵心包圍
繞組每匝平均長	短	長
適用範圍	高電壓、低電流	低電壓、高電流、

84.(C)。一次、二次側間線電壓相位差(位移角)：二次側Y型領前30^o。

85.(B)。(1) $S_A = S_{原} \times (1 + \frac{共同}{非共同})$

$$= 25k \times (1 + \frac{220}{(2420 - 220)})$$

$$= 25k \times \frac{11}{10} = 27.5k(VA)$$

(2) $P_o = S\cos\theta = 27.5k \times 0.95 = 26.125k(W)$

(3) $\eta = \frac{P_o}{P_o + P_{loss}} \Rightarrow 0.98 = \frac{26.125k}{26.125k + P_{loss}}$

$$\Rightarrow P_{loss} = (\frac{26.125k}{0.98}) - 26.125k = 533(W)$$

主題七／三相感應電動機

( ) 1. 感應電動機之轉子電流，係如何產生？
(A)直流激磁機供電產生　(B)交流激磁機供電產生
(C)切割旋轉磁場感應產生　(D)電壓調整器供電產生。

( ) 2. 某四極50Hz三相感應電動機，滿載之轉差率為0.03，則滿載時定部旋轉磁場對轉部之速率為？
(A)1500　(B)450　(C)150　(D)45　rpm。

( ) 3. 四極60Hz之三相感應電動機其轉差率為10%，則此電動機之速率應為？
(A)1800　(B)1620　(C)30　(D)27　rps。

( ) 4. 一部6極3相感應電動機，其定子為36槽，繞組採雙層繞，試問每相每極之串聯線圈數（即每相線圈數）為？
(A)12　(B)6　(C)4　(D)2　個線圈。

( ) 5. 有一台8極、60Hz之三相感應電動機，轉速為每分鐘600轉，現在將三條電源線之任意二條交換，則轉差率應為何？
(A)1.667　(B)0.333　(C)–0.333　(D)–1.667。

( ) 6. 若電源電壓降低10%，則三相感應電動機起動轉矩降低約？
(A)19%　(B)14%　(C)10%　(D)5%。

( ) 7. 某三相感應電動機，在某一負載時其轉差率為0.03，若將轉部電阻增加為2倍，而轉矩保持不變時，則轉差率應變為？
(A)0.06　(B)0.045　(C)0.03　(D)0.015。

( ) 8. 假設三相6極、220V、2hp、50Hz 之感應電動機，唯一損失為轉子銅損，則轉子轉速為960rpm時之效率為何？
(A)93% (B)94% (C)95% (D)96%。

( ) 9. 三相四極繞線式轉子電動機，其轉子應繞成？
(A)必須為三相四極 (B)相數不定，但需為四極
(C)極數不定，但需為三相 (D)相數與極數均不與定子同。

( ) 10. 感應電動機的氣隙通常設計的較小，下列原因何者錯誤？
(A)減少電樞反應 (B)減少激磁電流
(C)提高功率因數 (D)增加效率。

( ) 11. 多相感應電動機轉部之轉差率？
(A)隨負載之增加而增加 (B)隨負載之增加而減少
(C)隨負載減少而增加 (D)與負載無關。

( ) 12. 於感應電動機轉子電路中加入電阻，可使？
(A)起動電流減小 (B)起動電流減小，起動轉矩增大
(C)起動轉矩、起動電流均降低 (D)對起動電流無影響。

( ) 13. 關於感應電動機的最大轉矩，下列敘述何者正確？
(A)最大轉矩與電源電壓成正比
(B)最大轉矩與同步角速度成正比
(C)最大轉矩與轉子電阻值無關
(D)最大轉矩與定子電阻值成正比。

( ) 14. 有關鼠籠式轉子特性之敘述，下列何者不正確？
(A)深槽鼠籠轉子的起動轉矩與低電阻單鼠籠轉子相近，但可降低起動電流
(B)雙鼠籠轉子起動時，轉子電流大多流經外層導體，而得較大起動轉矩
(C)雙鼠籠轉子額定運轉時，轉子電流大多流經內層導體，而得較佳運轉效率
(D)高電阻鼠籠轉子有高起動轉矩，及良好運轉特性。

( ) 15. 某三相4極、60Hz之感應電動機，若靜止時之轉子應電勢E_{2s}=120V，求在轉子轉速為1710rpm時，其轉子應電勢E_{2r}轉子頻率各為多少？
(A)3V、6Hz　(B)4V、8Hz
(C)6V、3Hz　(D)8V、4Hz。

( ) 16. 四極60Hz三相感應電動機，滿載轉速為1680rpm，下列何者錯誤？
(A)轉子對定子之轉速為1680rpm
(B)定子轉磁對轉子轉速為120rpm
(C)轉子轉磁對轉子之轉速為1800rpm
(D)定子轉磁對定子之轉速為1800rpm。

( ) 17. 在三相感應電動機中，設每相定子繞組所產生之最大磁通勢為I_mN，則定部之旋轉磁場，其合成磁通勢應為？
(A)3N　(B)2N　(C)1.5N　(D)N。

( ) 18. 三相繞線式感應電動機轉子可經三個滑環引出三條導線接到？
(A)電源　(B)變壓器　(C)電磁開關　(D)起動電阻器。

( ) 19. 三相感應電動機之轉部構造，最常使用者乃？
(A)繞線型　(B)鼠籠型　(C)以上皆是　(D)以上皆非。

( ) 20. 感應電動機之轉差率？
(A)隨負載增加而增加　(B)與負載成反比
(C)隨負載增加而減少　(D)與負載無關。

( ) 21. 某三相6極、5hp、60Hz之感應電動機，已知其滿載轉子銅損為120W，無載旋轉損為150W，試問該電動機在滿載時，其轉子的速度為多少？
(A)1100rpm　(B)1164rpm
(C)1182rpm　(D)1200rpm。

( ) 22. 低壓、小型感應電動機，其定子線槽採半閉口槽，其目的為？
(A)減少鐵損 (B)增加絕緣
(C)減少噪音 (D)減少氣隙的磁阻，以降低激磁電流。

( ) 23. 三相感應電動機，當電源電壓略微升高時，其同步速率不變，而轉差率？
(A)增加 (B)減少 (C)不變 (D)不一定。

( ) 24. 四極60Hz、220伏特之三相感應電動機運轉時，測得其每分鐘轉數為1728rpm，則其轉差率為？
(A)8% (B)6% (C)5% (D)4%。

( ) 25. 一部3相4極60赫芝繞線式感應電動機，轉速為1710rpm。用示波器測量轉子端電壓波形，如果示波器設定為每格0.1秒，則一週期佔？
(A)2格 (B)2.6格 (C)3格 (D)3.3格。

( ) 26. 三相感應電動機在額定負載下，其瞬間起動電流約為滿載電流的？
(A)1～3 倍 (B)5～8 倍 (C)10～15 倍 (D)15～20 倍。

( ) 27. 三相感應電動機使用起動補償器，實際上係使用一部？
(A)三相電阻器 (B)三相自耦變壓器
(C)Y－△起動器 (D)起動電阻器。

( ) 28. 某三相感應電動機之定部作△連接而全壓直接起動，其線路起動電流為180A，而起動轉矩為滿載轉矩的2倍，若定部改以Y連接起動，則線路起動電流為？
(A)180 (B)90 (C)60 (D)30 A。

( ) 29. 續上題，其起動轉矩為滿載轉矩的？
(A)2 (B)1.33 (C)0.66 (D)0.33。

(　) 30. 一般三相感應電動機之定子繞組可供使用者自行以Y或Δ接線，以配合兩種不同的供電電壓。某三相感應電動機之銘牌上標示額定電壓220/380V，則下列何者可為其銘牌上額定電流標示？
(A)9/6.85A　(B)6/3.47A
(C)3/5.19A　(D)5/2.5A。

(　) 31. 某三相4極、220V、20hp、60Hz 之感應電動機，起動等級代碼為E（參數為5.00），試求起動電流約為若干？
(A)185A　(B)212A
(C)247A　(D)262A。

(　) 32. 不考慮暫態影響之情形，三相感應電動機的起動電壓下降35%時，下列敘述何者正確？
(A)起動電流下降35%，起動轉矩下降35%
(B)起動電流下降35%，起動轉矩下降58%
(C)起動電流下降58%，起動轉矩下降35%
(D)起動電流下降58%，起動轉矩下降58%。

(　) 33. 一部三相4極、60Hz之繞線式轉子感應電動機，轉子每相電阻為0.5Ω，運轉於1200rpm時產生最大轉矩，若此電動機要以最大轉矩起動，則轉子每相電路需外加多少電阻？
(A)1Ω　(B)2Ω　(C)3Ω　(D)4Ω。

(　) 34. 某三相6極、60Hz之感應電動機，若採變頻器控速，當轉速為950rpm、轉差率為5%時，問該變頻器之輸出頻率為多少？
(A)60Hz　(B)50Hz　(C)33Hz　(D)22Hz。

(　) 35. 三相4極、220V、60Hz、1hp、Y 接線之感應電動機，將轉子堵住，且輸入三相電壓調整為44V，量測其輸入線電流為4A；若正常使用在額定電壓起動，則起動時輸入線電流為多少？
(A)40A　(B)30A　(C)20A　(D)10A。

( ) 36. 某三相感應電動機用動力計作負載試驗，測得之數據，在動力計為彈簧秤 2kg、垂直力臂 0.5m、轉速 1200rpm，在電表為W_1＝900W、W_2＝600W，試求在該負載下，待測電動之輸出功率及效率各約為若干？
(A)1231W、74%　(B)1231W、82%
(C)1357W、82%　(D)1357W、74%。

( ) 37. 三相鼠籠式感應電動機，用相同的線電壓，分別以Y連接起動與Δ連接起動，請問Y、Δ連接起動電流之比與Y、Δ連接起動轉矩之比，分別為何？
(A)$\frac{1}{\sqrt{3}}$，$\frac{1}{\sqrt{3}}$　(B)$\frac{1}{3}$，$\frac{1}{3}$
(C)$\frac{1}{3}$，$\frac{1}{\sqrt{3}}$　(D)$\frac{1}{\sqrt{3}}$，$\frac{1}{3}$。

( ) 38. 繞線式感應電動機之轉子繞組，外加電阻以控制其轉速，若電阻愈大，則轉速？
(A)愈慢　(B)愈快　(C)不變　(D)先慢後快。

( ) 39. 繞線式轉部三相感應電動機起動時，若在轉部加電阻，則？
(A)可限制起動電流，但起動轉矩變小
(B)可限制起動電流，並可加大起動轉矩
(C)可限制起動電流，但與轉矩之大小無關
(D)起動電流與起動轉矩均加大。

( ) 40. 感應電動機起動時，起動補償器二次電壓為一次電壓的$\frac{1}{n}$倍，則其起動轉矩亦減為直接起動的？
(A)$\frac{1}{n}$　(B)$\frac{1}{n^2}$　(C)$\frac{1}{n^3}$　(D)$\frac{1}{n^4}$。

( ) 41. 下列關於三相鼠籠式感應電動機之起動法，何者錯誤？
(A)全電壓起動　(B)插入二次電阻起動
(C)Y-△降壓起動　(D)補償器起動。

( ) 42. 感應電動機之速率控制，下列敘述何者不正確？
(A)變頻器控速，調速範圍極廣，為工業界應用之主流
(B)變極控速僅適用於鼠籠式轉子
(C)繞線式電動機，於負載不變時，增加轉子電阻，則轉差率增加
(D)改變磁極數，是屬於改變轉矩-轉差率曲線的控速方法。

( ) 43. 下列感應電動機速度控制方法中，速度控制範圍最大者是？
(A)變換轉子電阻　(B)變換極數
(C)變換電源電壓　(D)變換電源頻率。

( ) 44. 三相感應電動機無載運轉時，如欲增加轉速，可選用下列何種方法？
(A)減少電源頻率　(B)增加電源頻率
(C)減少電源電壓　(D)增加電動機極數。

( ) 45. 三相繞線式感應電動機起動時，在轉子繞組中串加額外電阻，其目的為何？
(A)提高起動電流及降低起動轉矩
(B)提高起動電流及降低輸入功率
(C)提高起動轉矩及提高起動電流
(D)提高起動轉矩及降低起動電流。

( ) 46. 三相感應電動機接成△型時，可用於220V電源，若將其改接成Y型時，則可用於何種電源？
(A)175V　(B)250V　(C)380V　(D)440V。

( ) 47. 變極控速法中，可變轉矩電動機之低速－高速連接方式，分別為？
(A)串聯Y接－並聯△接　(B)串聯△接－並聯Y接
(C)並聯Y接－並聯△接　(D)串聯Y接－並聯Y接。

( ) 48. 感應電動機轉部控速之敘述，下列何者不正確？
(A)轉子加電阻，則轉速降低
(B)轉子外加之轉差頻率電壓若與轉子電壓同相，則轉子速度減慢
(C)轉子亦可加電抗器控速，但須大體積之電抗器
(D)轉子須加頻率如同轉子頻率之外加電壓。

( ) 49. 關於感應電動機之構造，下列敘述何者正確？
(A)定子與轉子鐵心採用矽鋼片疊積而成，主要是為減少磁滯損
(B)雙鼠籠式轉子設計主要目的為提高起動電流，降低起動轉矩
(C)為抵消電樞反應，故採用較小氣隙長度設計
(D)轉子鐵心採用斜形槽設計可減低旋轉時之噪音。

( ) 50. 關於三相感應電動機之堵住試驗，下列敘述何者正確？
(A)可測量銅損並計算相關阻抗
(B)可測量鐵損並計算激磁導納
(C)將轉子堵住，調整定子電壓為額定值，測量輸入功率及電流
(D)調整轉速及定子輸入電流為額定值，測量輸入功率及電壓。

( ) 51. 三相感應電動機之輸出功率為2馬力，換算約為多少kW？
(A)2kW (B)1.5kW (C)1.0kW (D)0.5kW。

( ) 52. 三相感應電動機在運轉時其輸入總功率為50kW，若連續運轉5小時，且每度電費為3元，則此負載需付費多少？
(A)750元 (B)500元 (C)250元 (D)150元。

( ) 53. 有一台6極三相感應電動機，同步轉速為1200rpm。若電動機之轉差率5%時，則轉子繞組中電流之頻率應為何？
(A)1Hz (B)2Hz (C)3Hz (D)4Hz。

( ) 54. 有關三相感應電動機構造之敘述，下列何者不正確？
(A)主要是由定子及轉子兩部分所構成
(B)定子上有三相線圈
(C)轉子為鼠籠式或繞線式
(D)電刷應適當移位至磁中性面。

( ) 55. 有一台6極、220V、60Hz三相感應電動機，滿載時轉差率為5%，產生之轉矩為30牛頓-公尺，機械損為218.6W，試求轉子銅損應為何？
(A)200W (B)400W (C)800W (D)1000W。

(　) 56. 有一台6極、繞線式三相感應電動機，滿載時之轉差率為5%；今在轉子之每相電路上串接2.5Ω之電阻，轉差率變為7.5%，試求轉子每相電阻應為何？
(A)1Ω　(B)5Ω
(C)45Ω　(D)50Ω。

(　) 57. 某三相、六極感應電動機，電源頻率為60Hz，則旋轉磁場轉速為多少？
(A)7200rpm　(B)3600rpm
(C)1800rpm　(D)1200rpm。

(　) 58. 有一部三相2極、10Hp感應電動機，接三相200V、60Hz電源，滿載時線電流為30A，功率因數為0.8，求滿載效率為多少？
(A)79.7%　(B)84.7%
(C)89.7%　(D)94.7%。

(　) 59. 感應電動機轉子銅損與鐵損在下列哪一個狀況會最大？
(A)起動時　(B)轉子達最高速時
(C)加速時　(D)減速時。

(　) 60. 下列感應電動機速度控制方法中，速度控制範圍最大者是？
(A)變換轉子電阻　(B)變換極數
(C)變換電源電壓　(D)變換電源頻率。

(　) 61. 三相繞線式感應電動機起動時，在轉子繞組中串接額外的電阻，其目的為何？
(A)提高起動電流及降低起動轉矩
(B)提高起動電流及降低起動的輸入頻率
(C)提高起動轉矩及提高起動電流
(D)提高起動轉矩及降低起動電流。

( ) 62. 三相感應電動機若忽略激磁電抗及鐵損的影響，其換算至定子側之每相近似等效電路，如下圖所示，圖中R_1及R_2分別為定子側及轉子側的等效電阻，X_1及X_2分別為定子側及轉子側的等效漏電抗，S為滑差率（轉差率），V_1為相電壓。若此電動機在最大功率輸出時，則其滑差率S為何？

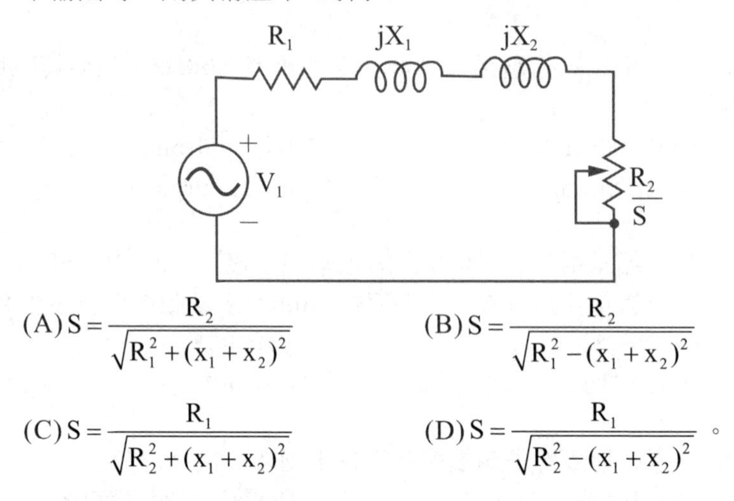

(A) $S=\dfrac{R_2}{\sqrt{R_1^2+(x_1+x_2)^2}}$　(B) $S=\dfrac{R_2}{\sqrt{R_1^2-(x_1+x_2)^2}}$

(C) $S=\dfrac{R_1}{\sqrt{R_2^2+(x_1+x_2)^2}}$　(D) $S=\dfrac{R_1}{\sqrt{R_2^2-(x_1+x_2)^2}}$。

( ) 63. 三相感應電動機在正常運轉下，若電源電壓的頻率f_e其單位為Hz，此電動機轉軸之機械轉速N_r其單位為rpm，極數為P，滑差率（轉差率）為S，則下列何者正確？

(A) $N_r=(1+S)\dfrac{120}{P}f_e$　(B) $N_r=(1-S)\dfrac{120}{P}f_e$

(C) $N_r=\dfrac{120}{P}f_e$　(D) $N_r=(2-S)\dfrac{120}{P}f_e$。

( ) 64. 三相六極感應電動機，電源電壓為220V，頻率為50Hz，若在額定負載下，滑差率（轉差率）為 5%，則電動機滿載時轉子轉速為何？
(A)950rpm　(B)1000rpm　(C)1050rpm　(D)1200rpm。

( ) 65. 三相感應電動機無載運轉時，如欲增加轉速，可選用下列何種方法？
(A)減少電源頻率　(B)增加電源頻率
(C)減少電源電壓　(D)增加電動機極數。

( ) 66. 一部三相4極、50Hz感應電動機，於額定電流與頻率下，若轉子感應電勢之頻率為1.8Hz，則此電動機之轉差速率為多少？
(A)36rpm　(B)54rpm　(C)64rpm　(D)72rpm。

( ) 67. 三相4極的感應電動機，接50Hz電源，測量出轉速為1410rpm，則其轉差率為多少？
(A)3%　(B)6%　(C)12%　(D)22%。

( ) 68. 正常工作下，三相感應電動機負載與轉差率的關係為何？
(A)負載增加，轉差率變大　(B)負載增加，轉差率變小
(C)負載減小，轉差率變大　(D)負載變動不會影響轉差率。

( ) 69. 下列何種起動方法不適用於三相鼠籠式感應電動機？
(A)Y-Δ降壓起動法　(B)一次電抗降壓起動法
(C)轉子加入電阻法　(D)補償器降壓起動法。

( ) 70. 有關感應電動機轉子之感應電勢與轉差率(S)的關係，下列敘述何者錯誤？
(A)S=1，轉子感應電勢最大
(B)S=0轉子之感應電勢為零
(C)感應電動機之轉速愈高，轉子之感應電勢愈大
(D)感應電動機之轉速愈低，轉子電流愈大。

( ) 71. 關於感應機的最大轉矩，下列敘述何者正確？
(A)最大轉矩與電源電壓成正比
(B)最大轉矩與同步角速度成正比
(C)最大轉矩與轉子電阻值無關
(D)最大轉矩與定子電阻值成正比。

解答與解析

1.(C)。轉子順旋轉磁場方向轉動，轉速不等於同步轉速，否則轉子與旋轉磁場無相對運動，轉子導體就不會感應電勢，沒有感應電流，電磁轉矩也就無法形成。

2.(D)。$n_1-n_2=\Delta_n=Sn_1=S(\frac{120f_1}{P})=0.03\times(\frac{120\times50}{4})=45(rpm)$。

3.(D)。由 $n_1=\frac{120f_1}{P}=\frac{120\times60}{4}=1800$，

所求 $n_2=(1-S)n_1=(1-10\%)\times1800=1620rpm=27(rps)$。

4.(D)。$N_{pq}=\frac{N}{pq}=\frac{36}{(6)(3)}=2$。

5.(A)。$n_S=\frac{120f_1}{p}=\frac{120\times60}{8}=900(rpm)$，將三相電源任意二條交換，致使旋轉磁場反轉，則 $n_r=-600(rpm)$，$S=\frac{n_s-n_r}{n_s}=\frac{900-(-600)}{900}=1.667$。

6.(A)。$\frac{T'}{T}=(\frac{(1-10\%)V}{V})^2=81\%$，$T-T'=100\%-81\%=19\%$。

7.(A)。$\frac{R_2}{S}=\frac{R_2}{0.03}=\frac{R_2'}{S'}=\frac{2R_2}{S'}$，故 $S'=0.06$。

8.(D)。$n_S=\frac{120f_1}{p}=\frac{120\times50}{6}=1000(rpm)$，$S=\frac{n_s-n_r}{n_s}=\frac{1000-(960)}{1000}=0.04$，

$\eta=\frac{P_o}{P_1}\times100\%\equiv\frac{P_m}{P_2}\times100\%=\frac{(1-S)P_2}{P_2}\times100\%$

$=(1-S)\times100\%=(1-0.04)\times100\%=96\%$。

9.(B)。轉子與定子的極數必相等，但相數可不相等。

10.(A)。感應電動機沒有電樞反應現象。

11.(A)。$I_2=\frac{E_{2S}}{Z_{2S}}\fallingdotseq\frac{E_S(S)}{R_2}$，故 $I_2\propto S$。

12.(B)。繞線式感應電動機起動方法是轉部可串接外電阻，由手動或自動法完成良好的起動，起動時轉子加入適當的電阻，起動後再將電阻慢慢減為切離電路，如此可以減少起動電流，而加大起動轉矩。轉部加入起動電阻的目的：
(1)限制起動電流；(2)增加起動轉矩；(3)提高起動時之功率因數。

13.(C)。T_{max}與轉子電阻R'_2無關，

$$T_{max} \propto V_1^2 \propto \frac{1}{定子電阻R_1} \propto \frac{1}{定子電抗X_1} \propto \frac{1}{轉子電抗X_2}$$ 。

14.(D)。D級(高電阻單鼠籠式)：
有非常高的起動轉矩與低起動電流，及很高的滿載轉差率：
(1)轉差率最高，約7~10%的同步轉速、效率低。
(2)起動電流約為3~8倍的額定電流，起動轉矩大。
(3)主要用於高加速之間歇性負載或高衝擊性負載，如沖床。

15.(C)。$n_s=\frac{120f_1}{P}=\frac{120\times 60}{4}=1800(rpm)$，$S=\frac{n_s-n_r}{n_s}=\frac{1800-1710}{1800}=0.05$，

$E_{2r}=SE_{2s}=0.05\times 120=6V$，$f_2=Sf_1=0.05\times 60=3(Hz)$。

16.(C)。由$n_s=\frac{120f_1}{P}=\frac{120\times 60}{4}=1800(rpm)$，
故(C)為$n_s-n_r=1800-1680=120(rpm)$。

17.(C)。三相的$F_T=\frac{3}{2}I_mN=1.5I_mN$。

18.(D)。Y接於轉軸的滑環上，轉子電阻大，起動時可經電刷自外部加接電阻，藉以限制起動電流，增大起動轉矩；正常運轉時，可改變外加接電阻大小，控制運轉速度。

19.(B)。適於小容量電機；轉差率隨負載變動小，故速率極穩定，運轉特性佳，起動電流大，起動轉矩小，輕載時功率因數低。

20.(A)。S與負載成正比。

21.(B)。$P_m=P_o+P_{nL}=5\times 745+150=3880(W)$，

$P_2=P_m+P_{c2}=3880+120=4000(W)$，$S=\frac{P_{c2}}{P_2}=\frac{120}{4000}=0.03$，

$n_r=\frac{120f_1}{P}(1-S)=\frac{120\times 60}{6}(1-0.03)=1164(rpm)$。

22.(D)。

定子	
外殼	支持鐵心及繞組，兩側有軸承以支持轉部。依外殼構造分類：(1)開放型 (2)閉鎖型 (3)全閉型。
鐵心	(1)圓形成層薄矽(含量1~3%)鋼片疊成(厚度0.35~0.5mm)，內側有槽，裝入定子繞組。 (2)低壓小容量採半開口槽，高壓大容量採開口槽。減少氣隙的磁損，以降低激磁電流。
繞組	(1)採用雙層繞。 (2)為了消除空氣隙高次諧波，使空氣隙之磁通分布均勻，所以為分佈短節距繞組。 (3)低壓採Y型或△型接線；高壓採Y型接線。

23.(B)。三相IM的 $V_1\uparrow\Rightarrow n_2\uparrow\Rightarrow S\downarrow$。

24.(D)。由 $n_1=\frac{120f_1}{P}=\frac{120\times60}{4}=1800(rpm)$，

所求 $S=\frac{\Delta n}{n_1}=\frac{n_1-n_2}{n_1}=\frac{1800-1728}{1800}=4\%$。

25.(D)。由 $n_1=\frac{120f_1}{P}=\frac{120\times60}{4}=1800(rpm)$，

$S=\frac{\Delta n}{n_1}=\frac{n_1-n_2}{n_1}=\frac{1800-1710}{1800}=\frac{1}{20}$

$\Rightarrow f_2=Sf_1=\frac{1}{20}\times60=3Hz\Rightarrow T_2=\frac{1}{f_2}=\frac{1}{3}\Rightarrow$ 佔了 $\frac{1}{3}\div0.1=\frac{10}{3}$ 格=3.3格。

26.(B)。D級(高電阻單鼠籠式)：

有非常高的起動轉矩與低起動電流，及很高的滿載轉差率：

(1)轉差率最高，約7~10%的同步轉速、效率低。

(2)起動電流約為3~8倍的額定電流，起動轉矩大。

(3)主要用於高加速之間歇性負載或高衝擊性負載，如沖床。

27.(B)。補償器(自耦變壓器)降壓起動，是用二只V型連接自耦變壓器及一只四極雙投開關所構成。

28.(C)。Y－△降壓起動 $\Rightarrow I_{M(start)}=\frac{1}{3}$倍$=\frac{1}{3}(180A)=60(A)$。

29.(C)。Y－△降壓起動 $\Rightarrow I_{M(start)}=\frac{1}{3}$倍$=\frac{1}{3}(2T_{rate})=0.66T_{rate}$。

30.(B)。$\frac{V_Y}{V_\Delta}=\frac{380}{220}=\sqrt{3}=\frac{I_\Delta}{I_Y}=\frac{6}{3.47}$。

31.(D)。$S_{start}=20hp\times 5kVA/hp=100kVA$，$S=\frac{R_2}{\sqrt{R_1^2+(x_1+x_2)^2}}=262(A)$。

32.(B)。降壓百分比m=(1－35%)=65%

$I_s'=m\times I_s=65\%I_s$，$I_s-I_s'=(1-65\%)I_s=35\%I_s$

$T_s'=m^2\times T_s(65\%)^2T_s=42\%T_s$，$T_s-T_s'=(1-42\%)T_s=58\%T_s$。

33.(A)。$n_s=\frac{120f_1}{P}=\frac{120\times 60}{4}=1800(rpm)$，$S=\frac{n_s-n_r}{n_s}=\frac{1800-1200}{1800}=\frac{1}{3}$，

$\frac{R_2}{S}=\frac{0.5}{\frac{1}{3}}=\frac{R_2+R}{S'}=\frac{0.5+R}{1}$，故$R=1(\Omega)$。

34.(B)。$n_r=\frac{120f_1}{P}(1-S)=\frac{120\times f_1}{6}\times(1-5\%)=950$，故$f_1=50(Hz)$。

35.(C)。$Z_{e1}=\frac{V_s}{\sqrt{3}I_s}=\frac{44}{\sqrt{3}\times 4}=\frac{11}{\sqrt{3}}=6.35(\Omega)$，$I_s'=\frac{V_s}{\sqrt{3}z_{e1}}=\frac{220}{\sqrt{3}\times 6.35}=20(A)$。

36.(B)。輸出轉矩$=T_o=9.8WL=9.8\times 2\times 0.5=9.8(Nt\text{-}m)$，

輸出功率$=P_o=1.026n_rWL=1.026\times 1200\times 2\times 0.5=1231(W)$，

輸入功率$P_t=P_1+P_2=900+600=1500(W)$，

效率$\eta=\frac{P_o}{P_i}\times 100\%=\frac{1231}{1500}\times 100\%=82\%$。

37.(B)。Y－△起動法：適用於5.5kW或10Hp以下的電動機，起動時將三相繞組接成Y型，旋轉後再以開關改接成△型運轉，為目前應用較廣的起動法。

(a)每相繞組電壓=全壓起動電壓之$\frac{1}{\sqrt{3}}$倍。

(b)每相繞組電流=全壓起動電流之 $\frac{1}{\sqrt{3}}$ 倍。

(c)Y接起動線電流=△接全壓起動線電流之 $\frac{1}{3}$ 倍。

(d)Y接起動轉矩=△接全壓起動轉矩之 $\frac{1}{3}$ 倍。

38.(A)。轉子外加電阻愈大⇒阻力愈大或轉差率S愈大⇒轉速n愈慢。

39.(B)。R_2↑⇒起動電流↓、起動轉矩↑。

40.(B)。起動補償器(或自耦Tr)降壓起動的 $T_{啓動}=(\frac{1}{n})^2$ 倍。

41.(B)。插入二次電阻R_2的起動法，屬於繞線式IM的起動法。

42.(D)。改變極數(P)的方法有二種：

(1)改變定子繞組線：使其極數改變，極數增加，則轉速下降，通常變極法都是雙倍變數，如4極變8極，則轉速減半。

(2)串聯並用法：用兩部電動機合用，可得四種不同的同步轉速，

若只用A機，則 $n_a=\frac{120f}{P_A}$。若只用B機，則 $n_b=\frac{120f}{P_B}$。

若AB兩機同相串級則 $n_a=\frac{120f}{P_A+P_B}$，反相串級時則 $n_a=\frac{120f}{P_A-P_B}$。

43.(D)。頻率增加則轉速增大（$N_r \propto f$），在一般商用電源因頻率為固定，故若以變頻法改變轉速時，則需一套變頻設備，甚為昂貴，但控制速率圓滑且寬廣，為無段變速，效果佳，在船艦中另備一套電源專供電動機用，則適合此變頻法。

44.(B)。頻率增加則轉速增大（$N_r \propto f$），在一般商用電源因頻率為固定，故若以變頻法改變轉速時，則需一套變頻設備，甚為昂貴，但控制速率圓滑且寬廣，為無段變速，效果佳，在船艦中另備一套電源專供電動機用，則適合此變頻法。

45.(D)。繞線式感應電動機起動方法是轉部可串接外電阻，由手動或自動法完成良好的起動，起動時轉子加入適當的電阻，起動後再將電阻慢慢減為切離電路，如此可以減少起動電流，而加大起動轉矩。轉部加入起動電阻的目的：

(1)限制起動電流；(2)增加起動轉矩；(3)提高起動時之功率因數。

46.(C)。$V_{L(Y)}=\sqrt{3}V_{L(\triangle)}=\sqrt{3}\times 220=381V$。

47.(D)。變極控速法中，定子繞組於低速、高速的連接方式為：
(1)恆定轉矩為：1△(即串聯接)、2Y(即並聯Y接)。
(2)恆定馬力為：2Y(即並聯Y接)、1△(即串聯△接)。
(3)可變轉矩為：1Y(即串聯Y接)、2Y(即並聯Y接)。

48.(B)。(1)改變轉速的方法有三種，轉子的轉速$n_r=(1-S)\times n_s=\frac{120f}{P}(1-S)$：
A.改變轉差率；B.改變極數；C.改變電源頻率。
(2)改變轉差率(S)的方法有三種：
A.改變電源電壓：電源電壓上升時，轉差率下降，轉速加快；但效果不佳，因為控制速度範圍不廣。
B.改變轉子電阻：只限於繞線式，在轉子外另加電阻；電阻大時轉差率亦大，轉速則下降。
C.外加交流電壓：只限於繞線式，在轉子外加頻率為sf的電壓，若此電壓與轉子電壓同相，則轉速加快，可超過同步轉速，若反向則轉速下降。

49.(D)。採用斜型槽減少轉子與定子間因磁阻變化而產生電磁噪音。

50.(A)。三相感應電動機堵住靜止時，其功用如同變壓器，所以變壓器等效電路及相量圖可用於三相感應電動機中。

51.(B)。(1)1馬力$=\frac{3}{4}k(W)$　　(2)2馬力$=\frac{3}{4}kW\times 2=\frac{3}{2}=1.5k(W)$

52.(A)。(1)度=千瓦×小時＝50×5＝250(度)
(2)每度3元⇒250×3＝750(元)

53.(C)。(1) $n_s=\frac{120f}{P}\Rightarrow$ 電源頻率$f=\frac{P\cdot n_s}{120}=\frac{6\times 1200}{120}=60(rpm)$
(2)轉子頻率$f_r=S\cdot f=50\%\times 60=0.05\times 60=3(Hz)$

54.(D)。感應電動機因沒有電樞反應現象，故其電刷並不用移至適當的磁中性面。

55.(A)。(1) $n_s=\frac{120f}{P}=\frac{120\times 60}{6}=1200(rpm)$；

$n_r=(1-S)n_s=(1-0.05)\times 1200=1140(rpm)$

(2) $T_e=\frac{P_{o2}}{\omega_r}=\frac{1}{\omega_r}\cdot P_{o2}=\frac{1}{\frac{2\pi\cdot n_r}{60}}\cdot P_{o2}$

$\Rightarrow 30=\frac{1}{\frac{2\pi\times 1140}{60}}\cdot P_{o2}\Rightarrow P_{o2}=30\times\frac{2\pi\times 1140}{60}=3581.4(W)$

(3) $P_{o2}=(1-S)P_g\Rightarrow P_g=\frac{P_{o2}}{1-S}=\frac{3581.4}{1-0.05}=3770(W)$

(4) $P_{c2}=SP_g=0.05\times 3770=188.5(W)$，故選200(W)

56.(B)。$\frac{R_2'}{S_1}=\frac{R_2'+r}{S_2}\Rightarrow\frac{R_2'}{0.05}=\frac{R_2'+2.5}{0.075}\Rightarrow R_2'=5(\Omega)$

57.(D)。$n_s=\frac{120f}{P}=\frac{120\times 60}{6}=1200(rpm)$

58.(C)。(1)三相輸入總功率 $P_{in}=\sqrt{3}V_1I_1\cos\theta=\sqrt{3}\times 200\times 30\times 0.8=8313.84(W)$

(2) $\eta=\frac{P_o}{P_{in}}=\frac{10\times 746}{8313.84}=89.71\%$

59.(A)。(1)起動時，S=1，三相轉子銅損功率 $P_{c2}=3\times I_{2r}^2R_2=SP_g\Rightarrow P_{c2}$最大

(2)轉子運轉時：$S=\frac{\text{轉子運轉時應電勢}}{\text{轉子靜止時應電勢}}=\frac{E_{2r}'}{E_{2r}}$起動時，S=1，$E_{2r}'$最大

(3)鐵損中P_e：磁滯損P_h=1：4，故 $P_i\fallingdotseq P_h\Rightarrow P_i\propto V^2\propto\frac{1}{f}$，與負載變化無關。

(4)由(3)得知，鐵損與電壓平方成正比，E_{2r}'最大，所以鐵損也最大。

60.(D)。頻率增加則轉速增大（$N_r\propto f$），在一般商用電源因頻率為固定，故若以變頻法改變轉速時，則需一套變頻設備，甚為昂貴，但控制速率圓滑且寬廣，為無段變速，效果佳，在船艦中另備一套電源專供電動機用，則適合此變頻法。

61.(D)。Y接於轉軸的滑環上，轉子電阻大，起動時可經電刷自外部加接電阻，藉以限制起動電流，增大起動轉矩；正常運轉時，可改變外加接電阻大小，控制運轉速度。

62.(A)。由電磁轉矩 $T_e = \dfrac{P_g}{\omega_s}$ 得知：

(1)T_{max}發生在轉子輸入功率P_g最大時。

(2) $P_g = I_2'^2 \cdot \dfrac{R_2'}{s} \Rightarrow P_g$消耗在電阻$\dfrac{R_2'}{s} \Rightarrow T_{max}$發生於消耗在此電阻$\dfrac{R_2'}{s}$之功率最大時。

(3)根據最大功率轉移定理得知 $R_L = Z_{th} \Rightarrow \dfrac{R_2'}{s} = R_1 + j(X_1 + X_2')$

(4) $\left|\dfrac{R_2'}{s}\right| = \sqrt{R_1^2 + (X_1 + X_2')^2} \Rightarrow S_{T_{max}} = \dfrac{R_2'}{\sqrt{R_1^2 + (X_1 + X_2')^2}} \doteqdot \dfrac{R_2'}{X_2'} \doteqdot 0.2 \sim 0.3$

63.(B)。$n_r = (1-S) \times n_s = (1-S) \times \dfrac{120f}{P}(rpm)$

64.(A)。$n_r = (1-S) \times n_s = (1-S) \times \dfrac{120f}{P} = (1-5\%) \times \dfrac{120 \times 50}{6}$

$= (1-0.05) \times 1000 = 950(rpm)$

65.(B)。頻率增加則轉速增大（$N_r \propto f$），在一般商用電源因頻率為固定，故若以變頻法改變轉速時，則需一套變頻設備，甚為昂貴，但控制速率圓滑且寬廣，為無段變速，效果佳，在船艦中另備一套電源專供電動機用，則適合此變頻法。

66.(B)。(1)轉子頻率 $f_r = S \cdot f \Rightarrow 1.8 = S \times 50 \Rightarrow S = 0.036$

(2) $S = \dfrac{n_s - n_r}{n_s} \Rightarrow n_s - n_r = S \times \dfrac{120f}{P}$

$= 0.036 \times \dfrac{120 \times 50}{4} = 0.036 \times 1500 = 54(rpm)$

67.(B)。(1) $n_s = \dfrac{120f}{P} = \dfrac{120 \times 50}{4} = 1500(rpm)$

(2) $S = \dfrac{n_s - n_r}{n_s} = \dfrac{1500 - 1410}{1500} = 0.06 = 6\%$

68.(A)。(1)電動機剛起動時，轉子尚未轉動S=1，轉子頻率f_r=f；隨著轉速增加，轉子頻率會減少；若轉速達到同步轉速，S=0，轉子頻率f_r=0，轉子導體感應電勢=0，會使轉速下降直到平衡，故，隨轉速的增加，轉子頻率(f_r=f→0)及轉差率(S=1→0)皆會減少。

(2)感應電動機之負載增加，效率減低，轉差率增大。

(3)結論：正常運轉時，轉差率(S)隨轉速增加而減少，隨負載增加而增大。

69.(C)。(1)定子及轉子感應電勢：

A.起動瞬間(S=1)：靜止時與變壓器相同，$a=\frac{E_{1p}}{E_{2r}}$

B.轉子運轉時：$S=\frac{\text{轉子運轉時應電勢}}{\text{轉子靜止時應電勢}}=\frac{E'_{2r}}{E_{2r}}$

(2)正常運轉時，轉差率(S)隨轉速增加而減少，隨負載增加而增大。

(3)轉速↑、S↓、E'_{2r}↓

70.(C)。僅限於繞線式感應電動機起動方法是轉部可串接外電阻，由手動或自動法完成良好的起動，起動時轉子加入適當的電阻，起動後再將電阻慢慢減為切離電路，如此可以減少起動電流，而加大起動轉矩。轉部加入起動電阻的目的：(1)限制起動電流；(2)增加起動轉矩；(3)提高起動時之功率因數。

71.(C)。(1) $T_{max}=\frac{1}{\omega_s}\cdot\frac{0.5V_1^2}{R_1+\sqrt{R_1^2+(x_1+x'_2)^2}}$

(2) T_{max}與轉子電阻R'_2無關，

$T_{max}\propto V_1^2\propto\frac{1}{\text{定子電阻}R_1}\propto\frac{1}{\text{定子電抗}X_1}\propto\frac{1}{\text{轉子電抗}X_2}$。

(3)可藉由改變R'_2之大小可調節發生最大轉矩時之轉差率，即發生最大轉矩時之轉差率與R'_2成正比。

主題八／單相感應電動機

( ) 1. 若欲使單相馬達逆轉，即可？
(A)僅把主線圈或起動線圈之兩線端對調
(B)把電源之兩線端對調
(C)把主線圈與起動線圈之兩線端同時對調
(D)以上均可。

( ) 2. 遮極（罩極）起動式感應電動機，在下列各項中最容易發生故障處為？
(A)轉部　(B)遮極線圈
(C)主磁場線圈　(D)軸承。

( ) 3. 某一單相感應電動機在輸出功率為1馬力時，其輸入交流電壓為200伏特，電流為6安培，功率因數為0.8滯後，此效率約為多少？
(A)0.88　(B)0.78
(C)0.68　(D)0.58。

( ) 4. 一般110V、60Hz、$\frac{1}{8}$HP單相電容分相起動式感應電動機，流入3.3A之電流時，其起動電容器之容量為？
(A)30μF　(B)80μF
(C)100μF　(D)200μF。

( ) 5. 110V、1/2HP電容起動式電動機使用250μF之起動電容器，220V、1/2HP電容起動式電動機則需使用？
(A)500μF　(B)250μF
(C)125μF　(D)62.5μF　之電容器。

( ) 6. 下列何者無法自行起動？
(A)單繞組單相感應電動機 (B)單相串激電動機
(C)蔽極式感應電動機 (D)三相感應電動機。

( ) 7. 一般家用立扇，採用何種型式電動機？
(A)分相式 (B)電容起動式
(C)永久電容分相式 (D)蔽極式。

( ) 8. 單相感應電動機，根據起動和運轉特性之優到劣順序為？
(A)雙值電容式、分相式、蔽極式
(B)分相式、蔽極式、雙值電容式
(C)雙值電容式、蔽極式、分相式
(D)分相式、雙值電容式、蔽極式。

( ) 9. 小型交流電動機常使用蔽極式電動機，主要是因為此型電動機具有？
(A)效率高 (B)功率因數佳
(C)起動轉矩大 (D)構造簡單 之優點。

( ) 10. 雙值電容式單相感應電動機，使用兩個不同電容值的電容器，其中大電容的主要功能為？
(A)改善電動機之效率 (B)增加起動轉矩，減少起動時間
(C)減低電動機之溫升及諧波 (D)抑制起動電流。

( ) 11. 如右圖所示，為一永久電容式單相電動機，此時若L_1與a點相接，且L_2與c點相連接時，電動機為正轉；若要使其反轉，則下列作法何者正確？ 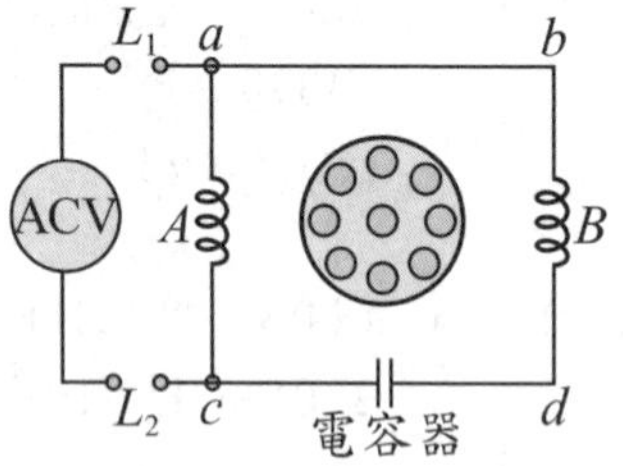
(A)把電容器反接
(B)把L_1接到a，且L_2接到d
(C)把起動繞組B斷線
(D)把L_1接到c，且L_2接到a。

(　) 12. 有關起動用電容器與運轉用電容器的敘述，下列何者錯誤？
(A)起動用電容器採用容量較大者
(B)起動用電容器耐壓較高
(C)運轉用電容器通常採用浸油紙式電容器
(D)起動用電容器通常採用乾式電解電容器。

(　) 13. 輸入220V的單相感應電動機，其最大容量以不超過多少hp為原則？
(A)10　(B)5　(C)3　(D)2　hp。

(　) 14. 某1hp之單相交流電動機，電源電壓為220V，若滿載電流為6A，功率因數為0.75滯後，試求滿載效率為多少？
(A)63.4%　(B)75.4%　(C)84.6%　(D)94.4%。

(　) 15. 如要使單相電容式感應電動機之旋轉方向逆轉，可選用何種方法？
(A)運轉繞組兩端的接線維持不變，起動繞組兩端的接線相互對調
(B)運轉繞組兩端的接線相互對調，而且起動繞組兩端的接線也要相互對調
(C)運轉繞組與起動繞組的接線不變，而電線兩端接線相互對調反接
(D)僅調換電容器兩端的接線即可。

(　) 16. 家庭用電冰箱的壓縮機馬達，通常採用？
(A)蔽極式單相馬達　(B)分相式單相馬達
(C)電容起動式單相馬達　(D)推斥式單相馬達。

(　) 17. 單相感應電動機之定子繞組接入單相交流電時，在氣隙所形成之磁場可視為下列何者？
(A)單旋轉磁場　(B)單固定磁場
(C)雙旋轉磁場　(D)雙固定磁場。

( ) 18. 有關單相電容起動式感應電動機之電容器，下列敘述何者正確？
(A)電容器串接於運轉繞組 (B)電容器串聯於起動繞組
(C)電容器並接於運轉繞組 (D)電容器並接於電源側。

( ) 19. 如要使單相電容式感應電動機之旋轉方向逆轉，可選用何種方法？
(A)運轉繞組兩端的接線維持不變，起動繞組兩端的接線相互對調
(B)運轉繞組兩端的接線相互對調，而且起動繞組兩端的接線也要相互對調
(C)運轉繞組與起動繞組的接線不變，由電源線兩端接線互對調反接
(D)僅對調電容器兩端的接線即可。

( ) 20. 下列何種電動機常被用於小型吹風機等家用電器？
(A)分相式感應電動機 (B)電容起動式感應電動機
(C)永久電容式感應電動機 (D)蔽極式感應電動機。

( ) 21. 單相壓縮機機殼外部有三個線頭，分別標示R、S與C，若以直流電流法來判斷，其結果為？
(A)$I_{RC}<I_{SC}<I_{RS}$ (B)$I_{SC}<I_{RC}<I_{RS}$
(C)$I_{RS}<I_{SC}<I_{RC}$ (D)$I_{RC}<I_{RS}<I_{SC}$。

( ) 22. 某吊扇採用抗流線圈調速，試問吊扇串聯之抗流線圈匝數愈多，則吊扇轉速會？
(A)愈慢 (B)愈快 (C)不變 (D)視負載而定。

( ) 23. 關於洗衣機之敘述何者不正確？
(A)洗衣馬達採用電容切換法改變旋轉方向
(B)洗衣馬達之二相繞組的繞製法相同
(C)洗衣馬達藉改變極數而變速
(D)洗衣馬達採電容起動式感應電動機。

( ) 24. 單相感應電動機之轉速控制，下列敘述何者不正確？
(A)行駛繞組的電壓愈高，則轉速愈快
(B)轉速與電源頻率成正比
(C)轉速係與繞組磁極數成反比
(D)轉子外加電阻，則轉速下降。

( ) 25. 某單相串激電動機，採TRICA相位控制電路控速，試問當其觸發角調整愈大時，其轉速？
(A)愈快　(B)愈慢
(C)不變　(D)忽快忽慢。

( ) 26. 分相式電動機，若欲使用在兩種不同電壓的場所，其必須要有？
(A)一個主繞組、二個輔助繞組
(B)二個主繞組、一個輔助繞組
(C)一個主繞組、一個輔助繞組
(D)二個主繞組、二個輔助繞組　即可經濟的運用。

( ) 27. 下列有關單相分相式感應電動機之敘述，何者正確？
(A)只有運轉繞組時也能起動，但轉矩較小
(B)起動繞組與運轉繞組在空間上互成90度電機角
(C)分相式電動機接電源之兩線對調，即可逆轉
(D)將起動繞組與運轉繞組之兩接線端同時對調，即可逆轉。

( ) 28. 當電容起動式單相電動機的故障為「無法起動，但用手轉動轉軸時，便可使其運轉」，試問下列何者不是這故障之原因？
(A)起動繞組斷線　(B)行駛繞組斷線
(C)電容器之接線脫落　(D)離心力開關之接線脫落。

( ) 29. 單相分相式感應電動機主繞組（運轉繞組）的電路特性為何？
(A)低電阻低電感　(B)低電阻高電感
(C)高電阻低電感　(D)高電阻高電感。

( ) 30. 如右圖所示之推斥式電動機其轉向為？
(A)逆時針 (B)順時針
(C)不變 (D)不一定。

ACV

( ) 31. 分相式感應電動機有起動繞組與運轉繞組，下列關於運轉繞組的敘述何者正確？
(A)運轉繞組使用線徑較細的銅線，且置於定子線槽的外層
(B)運轉繞組使用線徑較粗的銅線，且置於定子線槽的內層
(C)電阻值小，電感抗值小
(D)電阻值大，電感抗值大。

( ) 32. 關於電容式感應電動機的電容器，下列敘述何者正確？
(A)應串聯於電源側 (B)應串聯於主繞組
(C)應並聯於電源側 (D)應串聯於輔助繞組。

( ) 33. 三相感應電動機在運轉中，若其中一電源線斷路，則成為？
(A)三相感應電動機 (B)二相感應電動機
(C)單相感應電動機 (D)二相同步電動機。

( ) 34. 雙值電容式電動機之敘述，下列何者不正確？
(A)具高起動轉矩及良好運轉特性
(B)起動時用高容量交流電解電容C_s並聯低容量油浸紙電容器C_r
(C)運轉時用低容量油浸紙電容器C_r
(D)不需使用離心開關。

( ) 35. 單相感應電動機的運轉繞組若通以單相電源，產生的磁場是？
(A)位置固定、大小不變的磁場
(B)大小不變的旋轉磁場
(C)大小隨時間作正弦波變化的旋轉磁場
(D)位置固定、大小隨時間作正弦波變化的交變磁場。

( ) 36. 單相感應電動機其定部線圈中，若通以正弦電流時，將產生大小相等，方向相反之兩旋轉磁場，設轉部對於正轉旋轉磁場之轉差率為S，則其對於反轉旋轉旋場之轉差率應為？
(A)S　(B)1-S
(C)2-S　(D)以上皆不對。

( ) 37. 六極單相感應電動機，接於110V、60Hz之電源，其轉速約為？
(A)3600rpm　(B)1800rpm
(C)1200rpm　(D)1150rpm。

( ) 38. 蔽極式單相感應電動機的蔽極線圈，其作用是？
(A)減少起動電流　(B)幫助起動
(C)提高效率　(D)提高功能因數。

( ) 39. 單相分相式感應電動機無法自行起動，但用手轉動轉軸後可使其正常運轉，此現象最可能之故障原因為？
(A)沒有電源　(B)離心開關接點故障
(C)行駛繞組斷路　(D)行駛繞組短路。

( ) 40. 對單繞組感應電動機接上單相交流電源後，所產生的脈動交變磁場之現象及作用，下列敘述何者不正確？
(A)係為大小隨時間作正弦變化的旋轉磁場
(B)起動轉矩為零無法自行起動
(C)外力使轉子朝順時針方向轉動，則轉子朝該方向加速至接近同步速率
(D)依據雙旋轉磁場論，係將其分解成兩磁勢大小相等，而旋轉方向相反之磁場表示。

( ) 41. 以110伏特供電之單相電動機，其最大馬力以不超過下列何項馬力數為原則？
(A)10　(B)5　(C)3　(D)1。

( ) 42. 一部3/4HP、110V、60Hz，4極單相感應電動機，以1720rpm額定轉速運轉，輸入電流為8A，功因為0.8滯後，則此電動機之運轉效率為？
(A)0.6 (B)0.7
(C)0.8 (D)0.9。

( ) 43. 續上題，此電動機額定運轉時之輸出轉矩為多少牛頓－米？
(A)4.1 (B)3.1
(C)2.1 (D)1.1。

( ) 44. 一單相6極60Hz之感應電動機，若轉子為順向1050rpm，則轉子對於逆向旋轉磁場之轉差率為？
(A)1 (B)2
(C)0.125 (D)1.875。

( ) 45. 四極單相感應電動機，起動繞組與行駛繞組的裝置位置，相差多少電工角度？
(A)0° (B)45°
(C)90° (D)180°。

( ) 46. 續上題，起動繞組與行駛繞組的裝置位置，相差多少機械角度？
(A)0° (B)45°
(C)90° (D)180°。

( ) 47. 僅有主繞組之單相感應電動機，如目前為逆時針方向旋轉，依據雙旋轉磁場論，可知順時針方向與逆時針方向的轉矩比較為？
(A)順時針轉矩較逆時針轉矩為大
(B)逆時針轉矩較順時針轉矩為大
(C)兩方向轉矩大小相同
(D)視負載輕重而定。

( ) 48. 拆開單相感應電動機，發現其定子有二相繞組，若將其中一相繞組的兩端反接，會發現起動後之旋轉方向與原轉向比較為？
(A)同向旋轉 (B)反向旋轉
(C)靜止不動 (D)轉速變慢。

( ) 49. 有一單相感應電動機之定子資料為六極36槽，若繞組採用分布式，且主繞組由第5槽開始繞製，為獲得真正90°相位差，則起動繞組應由下列何槽開始繞製？
(A)第6槽 (B)第7槽
(C)第8槽 (D)第9槽。

( ) 50. 單相感應電動機轉子為？
(A)繞線式 (B)鼠籠式
(C)換向電樞式 (D)以上皆非。

解答與解析

1.(A)。將Z_M或Z_S的兩端接線對調，將產生反方向的旋轉磁場使轉子反轉。

2.(C)。蔽極式的主線圈最容易發生故障。

3.(B)。$\eta=\dfrac{P}{VI\cos\theta}=\dfrac{1\times 746}{200\times 6\times 0.8}=0.78$

4.(B)。由$X_c=\dfrac{V_c}{I_c}\fallingdotseq\dfrac{V_s}{I_s}\Rightarrow\dfrac{1}{wc}=\dfrac{V_s}{I_s}\Rightarrow C=\dfrac{I_s}{wV_s}=\dfrac{3.3}{377(110)}=80\mu(F)$。

5.(C)。由$C=\dfrac{I_s}{wV_s}=\dfrac{1}{1(\dfrac{220}{110})}$倍$=\dfrac{1}{2}$倍$=\dfrac{1}{2}(250\mu F)=125\mu(F)$。

6.(A)。三相感應電動機，一線斷線，若為輕負載，可能連續運轉，由此可知，單相磁場仍可產生轉矩，但是將此電動機停止運轉後再加上單相電源時，電動機雖有大電流通過，卻無法轉動，因此單相感應電動機不能自行起動，但一經起動後即能產生轉矩繼續轉動。

7.(C)。

電動機型式	起動轉矩	起動電流	離心開關	特色	用途
電感分相式	中	大	有	構造簡單、便宜	抽水機、送風機
電容起動式	大	中	有	起動轉矩較大 功率因數較高 運轉效率提升	壓縮機
永久電容式	小	小	無		風扇
雙值電容式	大	中	有		壓縮機、幫浦
蔽極式	小	極小	無	構造堅固簡單、便宜	吊扇
推斥式起動	極大	中	無	構造複雜、 起動轉矩最大	需最大起動轉矩之處

(1)起動轉矩：串激式>推斥式>雙值電容式>電容起動式>電感分相式>永久電容式>蔽極式。

(2)起動和運轉特性由優到劣排序：A.雙值電容式；B.電容起動式；C.永久電容式；D.電感分相式；E.蔽極式。

8.(A)。單相IM依起動及運轉特性的優劣，依順序為
(1)雙值電容式IM　(2)電容起動式IM
(3)永久電容式IM　(4)分相式IM
(5)蔽極式IM。

9.(D)。蔽極式IM具有構造簡單、價格便宜的優點，而常使用於小型的單相。

10.(B)。雙值電容式IM中，大電容量C_{s1}主要功能為增加起動轉矩，小電容量C_{s2}主要功能為增加運轉效率。

11.(B)。轉相控制：為使電動機易於反轉，如右圖正逆轉接線，將兩繞組以相同線徑及相同匝數繞製，由三路開關切換電容器所串聯的繞組，以改變轉向⇒亦稱電容切換法。

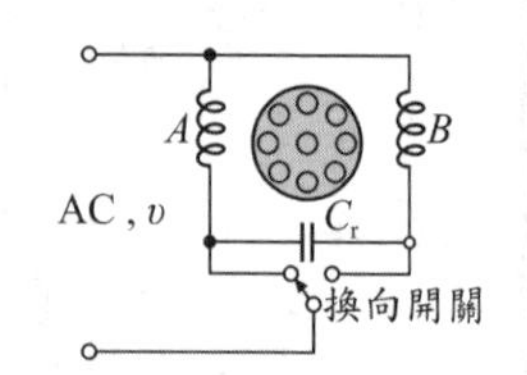

12.(B)。(1) 電容起動式起動電容的特性：

A.有極性(交流)電解質：可縮短起動時間，保護起動繞組。

B.大值電容量：提高起動轉矩

$(\because \downarrow X_c=\dfrac{1}{\omega C\uparrow}$，$\uparrow I_A=\dfrac{E}{|Z_A-jX_C\downarrow|}$，$X_c\downarrow I_A\uparrow$，

又$\because T_s\propto I_A\Rightarrow T_s\uparrow$)。

(2) 永久電容式起動兼運轉式電容的特性：

A.無極性油浸紙介質：因長時間接於交流電源。

B.小值電容量：為了降低流過輔助繞組的電流，保護起動繞組。

13.(C)。輸入220V的單相感應電動機，其最大容量以不超過3hp為原則。

14.(B)。滿載效率$\eta=\dfrac{P_o}{VI\cos\theta}\times 100\%=\dfrac{1\times 746}{220\times 6\times 0.75}\times 100\%=75.4\%$。

15.(A)。常單相感應電動機如需反轉，起動時，僅將行駛繞組或起動繞組之一接點相反接於電源。

16.(C)。電容起動式單相電動機之用途：高起動轉矩之電冰箱、除濕機、空調機或冰箱之壓縮機。

17.(C)。兩極電動機，當單相定子繞組通入單相交流電源，則產生電流i於繞組，設$i=I_m\cos\omega t$，則此電流i所產生之磁勢為$ki\cos\theta$(θ為由線圈軸量得磁勢之空間角)，即：$H_\theta=ki\cos\theta=kI_m\cos\theta\cos\omega t$

$$\because \cos\alpha\cos\beta=\frac{1}{2}\cos(\alpha-\beta)+\frac{1}{2}\cos(\alpha+\beta)$$

$$\therefore H_\theta=\frac{kI_m}{2}[\cos(\theta-\omega t)+\cos(\theta+\omega t)]$$

$$=\frac{H_m}{2}\cos(\theta-\omega t)+\frac{H_m}{2}\cos(\theta+\omega t)=H_a+H_b$$

18.(B)。將起動電容C_s與離心開關串聯後，接於起動繞組中，再與行駛繞組並聯，使起動時起動繞組電流I_A越前行駛繞組電流I_M約90^o。

19.(A)。單相感應電動機如需反轉，起動時，僅將行駛繞組或起動繞組之一接點相反接於電源。

20.(D)。(1)優點：構造簡單、價格低廉、不易發生故障。
(2)缺點：運轉噪音大、起動轉矩小、功率因數低、效率差。
(3)用途：小型電風扇、吹風機、吊扇、魚缸水過濾器。

21.(C)。單相壓縮機採電容起動式電動機，其線圈接頭C是共同點，R－C是行駛線圈，S－C是起動線圈，其線圈電阻為$R_{RS}>R_{SC}>R_{RC}$，故判知流經電流為$I_{RS}<I_{SC}<I_{RC}$。

22.(A)。抗流線圈匝數愈多⇒行駛繞組Z_M的兩端電壓減少，故轉速會愈慢。

23.(D)。洗衣馬達採永久電容式感應電動機。

24.(D)。單相IM的控速屬於鼠籠式轉子的控速，有改變電壓V、改變頻率f、改變磁極數P等控速法。

25.(B)。觸發角「θ」愈大⇒有效值愈小⇒轉速愈慢。

26.(B)。分相式IM欲使用在兩種不同電壓場所(即雙電壓分相式IM)，有2個主繞組Z_{M1}、Z_{M2}及1個輔助繞組。

27.(B)。因在定部槽內行駛繞組M(主繞組)無法自行起動，需在定部槽外設起動繞組(輔助繞組)，使兩繞組空間上相距90^o電機角。係利用剖相方式產生旋轉磁場以起動運轉。

28.(B)。(1)在定部槽內行駛繞組M(主繞組)無法自行起動，需在定部槽外設起動繞組(輔助繞組)，使兩繞組空間上相距90^o電機角。係利用剖相方式產生旋轉磁場以起動運轉。
(2)用手仍可轉動，表示起動繞組壞掉，而行駛繞組正常。

29.(B)。

繞組名稱	行駛繞組（運轉繞組）	起動繞組
位於定子	內側	外側
導線	粗	細
電阻	小	大
匝數	多	少
電感	大	小

繞組名稱	行駛繞組（運轉繞組）	起動繞組
電流落後電壓	角度較大(較落後)	角度較小
備註	—	∵線徑細、匝數少 ∴不能久接電源，轉速達到75%的同步轉速時需利用離心開關切離電源。

30.(A)。以磁軸為準⇒刷軸逆時針轉動⇒轉向為逆時針。

31.(B)。

繞組名稱	行駛繞組（運轉繞組）	起動繞組
位於定子	內側	外側
導線	粗	細
電阻	小	大
匝數	多	少
電感	大	小
電流落後電壓	角度較大(較落後)	角度較小
備註	—	∵線徑細、匝數少 ∴不能久接電源，轉速達到75%的同步轉速時需利用離心開關切離電源。

32.(D)。將起動電容C_s與離心開關串聯後，接於起動繞組(輔助繞組)中，再與行駛繞組並聯，使起動時起動繞組電流I_A越前行駛繞組電流I_M約90^o。

33.(C)。三相感應電動機運轉中一條電源線斷路，將變成二條電源線供電的單相感應電動機。

34.(D)。為獲得高起動轉矩及良好的運轉特性：
(1)起動時使用高值電容值的交流電解電容器C_s(起動電容)，與低值電容值的油浸式紙質電容器C_r(行駛電容)並聯⇒獲得最佳起動特性。

(2)待轉速達到75%的同步轉速時，離心開關接點跳脫，將電解電容器切離電路，此時，可藉低電容值的油浸式紙質電容器與起動繞組串聯⇒獲得最佳的運轉特性。

35.(D)。單相的運轉繞組Z_M加單相電源時，將產生位置固定、大小隨時間作正弦波變化的交變磁場(或脈動磁場)。

36.(C)。由雙旋轉磁場理論⇒正向轉差率$S_1=\frac{n_s-n_r}{n_s}=S$，

逆向轉差率$S_2=\frac{n_s-(-n_r)}{n_s}=2-S$。

37.(D)。由同步轉速$n_s=\frac{120f}{p}=\frac{120(60)}{6}=1200(rpm)$，故轉子轉速$n_r$略小於$n_s$，選$n_r=1150(rpm)$。

38.(B)。在任何時候，主磁極磁通為一從未蔽極部分移向蔽極部分的移動磁場，而有起動轉矩產生。

39.(B)。離心開關：為B接點(常閉接點Normal Close, N.C.)，利用裝置於轉軸上的離心開關驅動器(SWr)，在達75%同步轉速(額定轉速)的離心力時來驅動該接點(Close→Open)，以切斷電源完成起動。

40.(A)。磁場理論：

(1)單相感應電動機之構造，轉部為鼠籠式，定部繞有一單相繞組(應另加一起動繞組)。此繞組加入單相電源後只能產生位置方向不變而大小隨時間變化的單相交變磁場$H_\theta=H_m\cos\theta\cos\omega t$。

(2)有別於單相感應電動機，三相感應電動機之定部繞組於通入三相電源後其產生最大值不隨時間變化，而位置方向隨時間變化之同步旋轉磁場$H_\theta=H_m\cos(\theta-1)$。

41.(D)。由效率η、功因$\cos\theta$，單相IM均較三相IM為低，故110V單相IM的最大馬力以1HP為原則。

42.(C)。由$\frac{P_o}{VI\sqrt{相}\cos\theta\times\eta}\Rightarrow\eta=\frac{\frac{3}{4}\times 746}{110(8)(0.8)}\fallingdotseq 0.8$。

43.(B)。$T_o=\dfrac{P_o}{w}=\dfrac{P_o}{\dfrac{n}{9.55}}=\dfrac{\dfrac{3}{4}\times 746}{\dfrac{1720}{9.55}}\fallingdotseq 3.1(Nt\cdot m)$。

44.(D)。由 $n_1=\dfrac{120f_1}{p}=\dfrac{120(60)}{6}=1200$，

順向轉差率 $S_{順}=\dfrac{n_1-n_2}{n_1}=\dfrac{1200-1050}{1200}=0.125$，

故逆向轉差率 $S_{逆}=2-0.125=1.875$。

45.(C)。Z_M與Z_S相差電工角$=90^o$。

46.(B)。Z_M與Z_S相差機械角=電工角$\times\dfrac{2}{P}=90^o\times\dfrac{2}{4}=45^o$。

47.(B)。題意表示目前為逆時針旋轉，即反轉起動。

特　性	正轉磁場	反轉磁場
正轉起動後轉矩	變大	變小
反轉起動後轉矩	變小	變大

48.(B)。通常單相感應電動機如需反轉，起動時，僅將行駛繞組或起動繞組之一接點相反接於電源。

49.(C)。由1個極距=180^o電工角$=\dfrac{N}{P}=\dfrac{36}{6}=6$槽$\Rightarrow 90^o$電工角=3槽，故起動繞組由3+5=8(即從第8槽開始繞製)。

50.(B)。單相感應電動機之構造，轉部為鼠籠式，定部繞有一單相繞組(應另加一起動繞組)。

主題九 同步發電機

( ) 1. 供電系統頻率為50Hz之12極同步發電機，其轉速為？
(A)1800rpm (B)1200rpm (C)500rpm (D)375rpm。

( ) 2. 某交流發電機，若頻率為50Hz，轉速為25rps，則該機極數為？
(A)2 (B)4 (C)6 (D)8。

( ) 3. 一125kVA、400V、375rpm、50Hz三相Y連接交流發電機之極數與滿載電流分別為？
(A)8極，180.4A (B)8極，90.2A
(C)16極，180.4A (D)16極，90.2A。

( ) 4. 有一Y接之同步發電機f＝60Hz，每極最大磁通ϕm＝0.1韋伯，每相匝數N＝500匝，繞組因數＝0.9，無載時之相電壓及線電壓各為若干？
(A)13320V，23070V (B)12000V，20784V
(C)11988V，20764V (D)10800V，18706V。

( ) 5. 交流發電機使用$\frac{7}{9}$節距繞組時，其節距因數K_p應為多少？
(A)$\cos 20^\circ$ (B)$\cos 30^\circ$ (C)$\sin 60^\circ$ (D)$\sin 75^\circ$。

( ) 6. 某三相4極，48槽之同步發電機，其每相每極之槽數為多少？
(A)2 (B)3 (C)4 (D)5 槽。

( ) 7. 某交流發電機之定子有12槽，每槽有兩線圈邊，如定子設計為三相4極繞組，則相鄰兩槽間之相角差應為若干電機角？
(A)15° (B)30° (C)60° (D)90°。

( ) 8. 某三相6極交流發電機，若電樞上有180槽，則其分布因數為多少？
(A)$\frac{\sin 30^\circ}{3\sin 3^\circ}$ (B)$\frac{\sin 60^\circ}{5\sin 3^\circ}$ (C)$\frac{1}{10\sin 3^\circ}$ (D)$\frac{1}{20\sin 3^\circ}$。

(　) 9. 某三相交流發電機，每極之磁通為0.01韋伯，每相之導體數為100根，若f＝50Hz、K_p＝0.96、K_d＝0.95時，則其每相感應電勢為？
(A)101.2V　(B)102.7V　(C)105.8V　(D)112.4V。

(　) 10. 短節距繞組之優點為？
(A)省材料，工作方便　(B)增加電壓，省材料
(C)增加電壓，工作方便　(D)增加速度，增加電壓。

(　) 11. 三相交流發電機採短節距（Fractional Pitch）繞組之優點為？
(A)改善電勢波形　(B)增加線圈末端聯線
(C)增大感應電勢　(D)增加末端聯線電感。

(　) 12. 欲消除三次諧波電壓對電路之影響，則在發電機中電樞繞組節距可採用？
(A)π　(B)$\frac{\pi}{2}$　(C)$\frac{3\pi}{4}$　(D)$\frac{2\pi}{3}$。

(　) 13. 電樞採用分佈繞組之優點，下列何者不正確？
(A)分佈繞組採分數槽是為了減少槽齒諧波
(B)繞組分布在各槽，散熱容易
(C)有效利用定子槽及氣隙磁通，故效率高
(D)產生較高應電勢。

(　) 14. 某交流發電機之電樞電流為0.8滯後功因時，對於其電樞反應之敘述，下列何者不正確？
(A)產生去磁效應　(B)產生加磁效應
(C)產生交磁效應　(D)使電壓降低。

(　) 15. 同步發電機的開路實驗，其目的為何？
(A)量測磁場電流與發電機短路電流的關係
(B)量測磁場電流與發電機輸出電流的關係
(C)量測磁場電流與發電機輸出電壓的關係
(D)量測發電機的負載特性。

(　) 16. 有關三相同步發電機之負載特性試驗操作，下列敘述何者正確？
(A)轉速為同步轉速，電樞繞組短路，調整激磁電流，以量測其電樞電流
(B)轉速為零，電樞繞組開路，調整激磁電流，以量測電樞端電壓
(C)轉速為同步轉速，調整激磁電流或負載，以量測負載電壓、電流及功率
(D)轉速為零，調整激磁電流及負載，以量測負載電壓、電流及功率。

(　) 17. 某額定輸出1000kVA、3kV、Y接線之三相同步發電機，若同步阻抗為5.4Ω，試求百分比同步阻抗值為多少？
(A)70%　(B)60%　(C)50%　(D)40%。

(　) 18. 有一部200V、3kVA、60Hz之三相同步發電機，當無載端電壓為200V時，測得激磁電流為1.6A，又於額定電樞電流8.66A 之短路電流時，測得激磁電流為1.28A，則此發電機同步阻抗的標么值為多少？
(A)0.66　(B)0.8　(C)1.25　(D)1.5。

(　) 19. 下列對同步發電機之短路比，電壓調整率與同步電抗的敘述，何者正確？
(A)短路比愈大，同步電抗愈大
(B)短路比愈大，電壓調整率愈小
(C)短路比愈小，電壓調整率愈小
(D)同步電抗愈小，電壓調整率愈大。

(　) 20. 某同步發電機容量為20kVA、200V，短路時產生額定電流所需之場電流為4.8A，開路時產生額定電壓所需之場電流為6A，則此電機之同步阻抗的標么值為？
(A)1.25　(B)0.8　(C)0.21　(D)0.167。

(　) 21. 某三相同步發電機額定輸出為250仟伏安，額定電壓為2000伏特，以額定轉速運轉。激磁電流為10A時產生無載端電壓為2000伏特，將輸出端之端子短路時，其短路電流為90A，求此發電機之短路比約為多少？　(A)0.63　(B)0.72　(C)1.0　(D)1.25。

( ) 22. 額定輸出1000仟伏安，3仟伏特之三相同步發電機之同步阻抗為5.4歐姆，試求百分比同步阻抗？
(A)70%　(B)60%　(C)50%　(D)40%。

( ) 23. 以同步阻抗法的飽和部分來求同步阻抗時，所求之值較實際值？
(A)小　(B)大　(C)相等　(D)不一定

( ) 24. 同步發電機短路比在構造及特性的意義，下列敘述何者不正確？
(A)汽輪發電機短路比小於水輪發電機
(B)短路比愈小的電機，同步阻抗大，故電樞反應大
(C)短路比愈小的電機，稱為鐵機械
(D)短路比愈大的電機，電壓調整率愈小。

( ) 25. 某同步發電機在無載時輸出端電壓為121V，當滿載時之輸出端電壓降為110V，則此同步發電機之電壓調整率約？
(A)8%　(B)9%　(C)10%　(D)11%。

( ) 26. 某30kVA、$100\sqrt{3}$ V、Y接線之三相同步發電機，若每相電樞電阻為0.01Ω，每相之同步電抗為0.1Ω，試求於功率因數$\cos\theta=1$之額定負載時，其電壓調整率為多少？
(A)3%　(B)2.5%　(C)2%　(D)1.5%。

( ) 27. 三相同步發電機之瞬間電樞短路電流的最大值，由下列何者所決定？　(A)電樞同步阻抗　(B)電樞電阻　(C)電樞漏磁電抗　(D)激磁電流。

( ) 28. 某三相隱極型（圓柱型）同步發電機，當每相感應電勢為120V時，每相滿載端電壓為105V，每相同步電抗為5Ω，電樞電阻忽略不計，求此發電機之最大功率輸出為多少？
(A)6250W　(B)6750W　(C)7560W　(D)8500W。

( ) 29. 某同步發電機容量為300kVA，若功率因數為0.8、效率為0.75，試求此發電機之損失為多少？
(A)60kW　(B)80kW　(C)100kW　(D)120kW。

( ) 30. 有兩部同步發電機欲並聯運轉，則此兩部機之感應電勢應具備的條件，下列何者為錯誤？ (A)電壓大小相等 (B)相位相同 (C)頻率相等 (D)輸出電流相等。

( ) 31. 並聯運用之交流發電機，欲得美滿之結果，其原動機之速率-負載特性曲線應具？
(A)水平 (B)下垂 (C)上升 (D)V字形 特性。

( ) 32. 對於短路比K_s的值，下列敘述何者為正確？
(A)水輪發電機比汽輪發電機為小
(B)水輪發電機與汽輪發電機相同
(C)水輪發電機比汽輪發電機為大
(D)以上皆可能。

( ) 33. 交流同步發電機裝設阻尼籠的目的是？
(A)防止過大之追逐現象 (B)防止過大之衝擊電流
(C)防止過大之起動電流 (D)預防雷電之衝擊。

( ) 34. 供電中的交流同步發電機，其追逐現象發生於？
(A)輕載時 (B)重載時
(C)負載急劇變化時 (D)負載功因低時。

( ) 35. 調整兩並聯運轉之同步發電機的激磁，可改變其？
(A)功率因數 (B)負載分配
(C)端電壓 (D)以上皆可。

( ) 36. 發電機並聯後，欲將負載部分移至新進發電機時須？
(A)增加原機之速率 (B)增加新進機之速率
(C)增加新進機之激磁 (D)增加原機之激磁。

( ) 37. 使用「兩明一滅」同步燈法，觀察兩部交流發電機並聯運轉情形時，若三燈輪流明滅的情形，其原因為？
(A)頻率稍異 (B)電壓大小稍異
(C)相序不同 (D)相位相同。

( ) 38. 欲改變並聯運轉之同步發電機，其無效功率分配應如何？
(A)改變負載之無效功率　(B)改變原動機之轉速特性
(C)改變原動機之輸入　(D)改變磁場電流。

( ) 39. 同步發電機利用本身所發出之交流電，經整流後對磁場繞組激磁，此種激磁方式稱為？
(A)自激式　(B)交流激磁機式
(C)複式激磁機式　(D)直流激磁機式。

( ) 40. 同步發電機連接不同特性負載時，電壓調整率會隨負載而產生變化，當同步發電機之電壓調整率為負值時，同步發電機所連接負載為何？
(A)純電阻性負載　(B)電容性負載
(C)純電感性負載　(D)電感性負載。

( ) 41. 目前我國發電容量最大者，為？
(A)風力　(B)水力　(C)火力　(D)核能　發電。

( ) 42. 同步發電機，採用旋轉電樞式，則下列敘述何者不正確？
(A)轉子設置電樞繞組　(B)較小發電容量
(C)定子設置磁場繞組　(D)絕緣較容易。

( ) 43. 同步發電機作無載試驗時，若轉子不加激磁，則此時所測損失不包括下列何項？
(A)鐵損　(B)風損　(C)磨擦損　(D)以上皆是。

( ) 44. 同步發電機於欠激時，向電路供給？
(A)同相位之電流　(B)超前相位之電流
(C)落後相位之電流　(D)以上皆有可能。

( ) 45. 一30仟伏安、380V、60Hz、Y接之三相同步發電機，設每相電樞繞組之同步電抗為1.6Ω（電阻忽略不計），則在功因為1之額定負載（30仟瓦）下，其電壓調整率約為多少%？
(A)2　(B)5　(C)7　(D)9。

( ) 46. 交流發電機之電樞反應電抗與電樞漏磁電抗之和稱為？
(A)同步電抗 (B)同步阻抗 (C)電樞反應阻抗 (D)以上皆非。

( ) 47. 交流同步發電機之同步阻抗Z_s是指？
(A)電樞交流有效電阻R_a (B)電樞反應電抗X_a
(C)電樞漏磁電抗X_l (D)上述三項之和[$Z_s=R_a+j(X_a+X_\ell)$]。

( ) 48. 同步交流發電機，當所接電感性負載增加時，欲維持輸出電壓穩定時，應？ (A)增強場激 (B)減弱場激 (C)提高轉速 (D)並聯電容。

( ) 49. 三相同步發電機的負載為純電容性時，下列關於電樞反應的敘述何者正確？
(A)會有直軸反應產生正交磁效應，會升高感應電勢，電壓調整率為正值
(B)會有交軸反應產生去磁效應，會降低感應電勢，電壓調整率為正值
(C)會有直軸反應產生加磁效應，會升高應電勢，電壓調整率為負值
(D)會有交軸反應產生去磁效應，會降低感應電勢，電壓調整率為負值。

( ) 50. 三相制交流電比單相制交流電之優點為？
(A)工作方便 (B)電壓容易提高 (C)省銅線 (D)激磁電流小。

( ) 51. 有一台40kVA、220V、60Hz、Y接三相同步發電機，開路試驗之數據為：線電壓220V時，場電流為2.75A；線電壓195V時，場電流為2.2A。短路試驗之數據為：電樞電流118A時，場電流為2.2A；電樞電流105A時，場電流為1.96A，則發電機之百分率同步阻抗值為何？
(A)61% (B)71% (C)81% (D)91%。

( ) 52. 下列何者不是同步發電機之並聯運轉條件？
(A)感應電勢相等 (B)相位角相等
(C)相序相同 (D)極數相等。

(　) 53. 火力發電廠的發電機組，主要是採用下列何種電機？
(A)感應機　(B)同步機　(C)直流機　(D)步進電機。

(　) 54. 同步發電機連接不同特性負載時，電壓調整率會隨負載而產生變化，當同步發電機之電壓調整率為負值時，同步發電機所連接負載為何？
(A)純電阻性負載　(B)電容性負載
(C)純電感性負載　(D)電感性負載。

(　) 55. 如下圖所示為一三相同步發電機接不同性質負載下的外部特性曲線，則發電機接何種負載其電壓調整率最好？

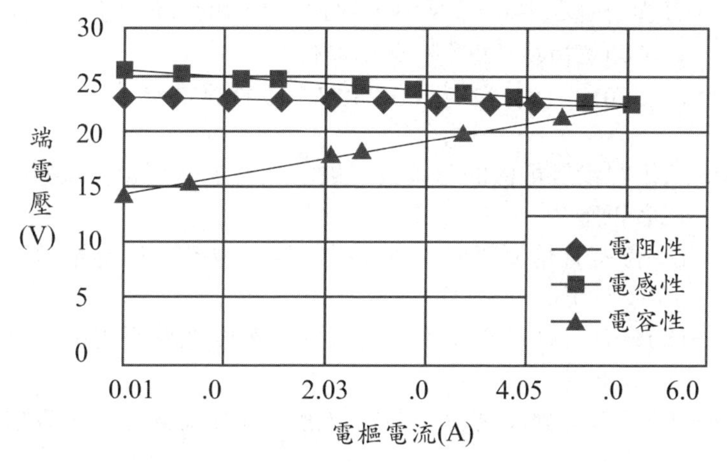

(A)電阻性，即功率因數為1時　(B)電感性，即滯後功率因數時
(C)電容性，即超前功率因數時　(D)條件不足，無法判斷。

(　) 56. 有一部三相Y接同步發電機，額定線電壓為220V，若開路特性試驗得：端電壓E_a＝220V，激磁電流I_f＝0.92A；短路特性試驗得：短路電流I_a＝10.50A，I_f＝0.92A，則發電機每相的同步阻抗為多少？　(A)7.0Ω　(B)10.0Ω　(C)12.1Ω　(D)20.9Ω。

( ) 57. 有A、B兩部三相Y接同步發電機作並聯運轉，若A機無載線電壓為$230\sqrt{3}$ V，每相同步電抗為3Ω；B機無載線電壓為$220\sqrt{3}$ V，每相同步電抗為2Ω，若兩發電機內電阻不計，則其內部無效環流為多少？ (A)1A (B)1.5A (C)2A (D)2.5A。

( ) 58. 同步發電機的電樞繞組原為短節距繞組，若不改變線圈匝數，且改採全節距繞組方式，則其特點為何？
(A)可以改善感應電勢的波形 (B)感應電勢較高
(C)可節省末端連接線 (D)導體間互感較小。

( ) 59. 有一台三相、四極、Y接的同步發電，電樞繞組每相匝數為50匝，每極磁通量為0.02韋伯，轉速為1500rpm，若感應電勢為正弦波，則每相感應電勢有效值為何？
(A)200V (B)222V (C)240V (D)384V。

( ) 60. 三相同步發電機的負載為純電容性時，下列關於電樞反應的敘述何者正確？
(A)會有直軸反應產生正交磁效應，會升高感應電勢，電壓調整率為正值
(B)會有交軸反應產生去磁效應，會降低感應電勢，電壓調整率為正值
(C)會有直軸反應產生加磁效應，會升高應電勢，電壓調整率為負值
(D)會有交軸反應產生去磁效應，會降低感應電勢，電壓調整率為負值。

解答與解析

1.(C)。$n_s=\frac{120f}{p}=\frac{120\times 50}{12}=500\,(rpm)$

2.(B)。$P=\frac{120\times 50}{25\times 60}=4$極。

3.(C)。$P=\frac{120f}{N_s}=\frac{120\times50}{375}=16$極，滿載電流$I_{\mu}=\frac{125k}{\sqrt{3}\times400}=180.4(A)$。

4.(C)。相電壓$E=4.44Nf\phi K_w=4.44\times500\times60\times0.1\times0.9=11988(V)$
線電壓$V_{\mu}=\sqrt{3}E=\sqrt{3}\times11988=20764(V)$。

5.(A)。由$K_p=\sin\frac{\beta\pi}{2}=\sin\frac{\frac{7}{9}\pi}{2}=\sin70^{o}=\cos20^{o}$。

6.(C)。$m=\frac{s}{q\times p}=\frac{48}{3\times4}=4$槽

7.(C)。$\alpha=\frac{p\times180^{\circ}}{s}=\frac{4\times180^{\circ}}{12}=60^{\circ}$

8.(D)。$m=\frac{s}{q\times p}=\frac{180}{3\times6}=10$，$\alpha=\frac{180^{\circ}}{q\times m}=\frac{180^{\circ}}{3\times10}=6^{\circ}$，

$$K_d=\frac{\sin\frac{m\alpha}{2}}{m\sin\frac{\alpha}{2}}=\frac{\sin\frac{10\times6^{\circ}}{2}}{10\sin\frac{6^{\circ}}{2}}=\frac{1}{20\sin3^{\circ}}$$ 。

9.(A)。$N=\frac{Z}{2}=\frac{180}{2}=50$匝

$E=4.44K_pK_d fN\phi=4.44\times0.96\times0.95\times50\times50\times0.01=101.2$。

10.(A)。一般交流發電機採短節距繞組不採全節距繞組的原因：
(1)可改善電勢波形，各繞組電壓波形為向量和。
(2)可以減少末端連接線，減少用銅量，且可減少線圈末端之自感量。
(3)每極下有數個槽可以容納兩個異相的繞組，槽外線圈較短，減少漏電抗，故互感較小。

11.(A)。同上題。

12.(D)。三次諧波之節距因數$K_{p3}=-\sin\frac{3\beta\pi}{2}$，

欲消除三次諧波電壓對電路之影響，

應使$K_{p3}=-\sin\frac{3\beta\pi}{2}=0$，$\frac{3\beta\pi}{2}=n\pi$ (n取1)，

故$\beta=\frac{2}{3}$⇒代入n即$\frac{2}{3}\pi$。

13.(D)。交流發電機採用分佈繞組的原因：每極每相之槽數為3時，各線圈邊感應e_1、e_2、e_3之電壓，故線圈端子之合成電壓可較接近正弦波之電壓e_t。

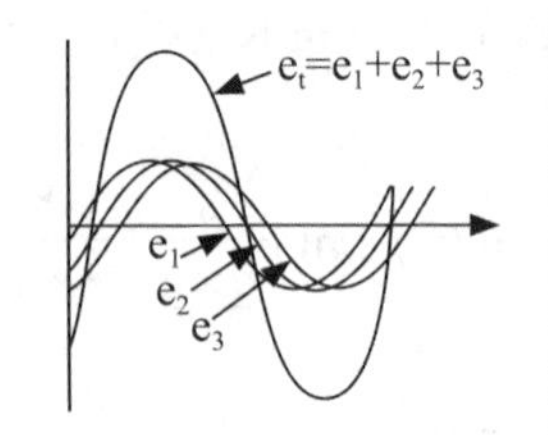

14.(B)。電樞電流電感性：

(1)I_a滯後$E_p\theta$，PF<1滯後。

(2)ϕ_a分解成正交磁ϕ_{ac}與去磁ϕ_{ad}。

(3)應電勢↓，高次諧波↑。

15.(C)。V_F：輸出端電壓、I_F：激磁電流

曲線名稱	特性曲線圖	描述關係(X－Y)	定值	曲線說明
無載飽和曲線(O.C.C.)	V_p I_s M S O' O I_f 激磁電流	I_F-V_F	無載且同步轉速n運轉	(1)圖示中O'M曲線。 (2)開路試驗求得。 (3)激磁電流較小⇒一直線。 (4)激磁電流增加⇒一曲線。 (∵鐵心未飽和)

16.(C)。

特性曲線名稱	特性曲線別稱	定義說明
無載飽和曲線	飽和特性曲線、開路曲線	同步發電機在無載時，轉子以同步轉速運轉所得無載端電壓V_p與激磁電流I_f間的關係曲線。
三相短路曲線	短路曲線	將發電機電樞輸出端用安培表短路時，描述電樞短路電流I_s與激磁電流I_f間的關係曲線。
外部特性曲線	負載特性曲線	當同步發電機以同步速率運轉時，在維持額定激磁電流I_f及負載功率P不變的條件下，變更負載時描述負載端電壓V_p與負載電流I_ℓ間的關係曲線。
激磁特性曲線	磁場調整特性曲線	當發電機以同步轉速運轉時，以無載負載端電壓V_p不變為前提下，變更恆定功率因數cosθ的負載時所需激磁電流I_f與負載電流I_ℓ間的關係曲線。

17.(B)。$I_n=\dfrac{s}{\sqrt{3}V_n}=\dfrac{1000\times10^3}{\sqrt{3\times3000}}=192.45(A)$，

$$Z_S\%=\frac{I_nZ_S}{\frac{V_n}{\sqrt{3}}}\times100\%=\frac{192.45\times5.4}{\frac{3000}{\sqrt{3}}}\times100\%=60\%$$ 。

18.(B)。由$K_S=\dfrac{I'_f}{I''_f}=\dfrac{1.6}{1.28}=1.25$，$Z_{S(pu)}=\dfrac{1}{k_s}=\dfrac{1}{1.25}=0.8$。

19.(B)。短路比愈大，同步電抗愈小，電壓調整率愈小。

20.(B)。$K_s=\dfrac{\text{無載時產生額定電壓所帶之激磁電流}I_{fs}}{\text{短路時產生額定電壓所帶之激磁電流}I_{fn}}=\dfrac{6}{4.8}=1.25$

$$Z_{s(pu)}=\frac{1}{K_s}=\frac{1}{1.25}=0.8$$

21.(D)。$S_3=\sqrt{3}V_nI_n$，$I_n=\dfrac{250k}{2000\sqrt{3}}=72(A)$ $\therefore K_s=\dfrac{90}{72}=1.25$。

22.(B)。$\because Z_{Sb}=\dfrac{V_b^2}{VA_b}=\dfrac{(3\times10^3)^2}{1000\times10^3}=9(\Omega)$ $\therefore Z_s\%=\dfrac{Z_s}{Z_{sb}}=\dfrac{5.4}{9}=60\%$。

23.(A)。飽和時感應電動勢幾乎固定，電流增加，依歐姆定律其同步阻抗值較實際值為小。

24.(C)。

短路比與同步阻抗	
百分率同步阻抗	取同步阻抗Z_s於額定電流之壓降與相電壓之比。 $Z_s\%=\dfrac{I_nZ_s}{V_n}\times100\%$
短路比	$K_s=\dfrac{\text{無載時產生額定電壓所帶之激磁電流}}{\text{短路時產生額定電壓所帶之激機磁電流}}$，或 $K_s=\dfrac{1}{\text{百分率同步阻抗}}=\dfrac{1}{Z_s\%}$
說 明	(1)K_s↑、Z_s↓、電樞反應↓、空氣隙↑ ⇒鐵機械(機械損)，電壓較穩定。 (2)K_s↓、Z_s↑、電樞反應↑、空氣隙↓ ⇒銅機械，電壓欠穩定。 (3)水輪式發電機的$K_s\doteqdot0.9\sim1.2$， 汽輪式發電機的$K_s\doteqdot0.6\sim1.0$。

25.(C)。$VR=\dfrac{E-V}{V}\times100\%=\dfrac{121-110}{110}\times100\%=10\%$。

26.(D)。$V=\dfrac{V_l}{\sqrt{3}}=\dfrac{100\sqrt{3}}{\sqrt{3}}=100V$，$I_A=I_l=\dfrac{S}{\sqrt{3}V_l}=\dfrac{30\times10^3}{\sqrt{3}\times100\sqrt{3}}=100(A)$，

$$E=\sqrt{(V+I_AR_A)^2+(I_AX_S)^2}\ (\text{因}\cos\theta=1)$$

$$=\sqrt{(100+100\times0.01)^2+(100\times0.1)^2}=101.5(V)$$

$$VR=\dfrac{E-V}{V}\times100\%=\dfrac{101.5-100}{100}\times100\%=1.5\%$$。

27.(C)。發生短路的最初零點幾秒鐘，只有電樞漏磁電抗X_ℓ在限制短路電流。

28.(C)。$P_{o(max)}=\dfrac{3EV}{X_s}=\dfrac{3\times120\times05}{5}=7560(W)$。

29.(B)。$\eta=75\%=\dfrac{S\cos\theta}{S\cos\theta+P_\ell}\times100\%=\dfrac{300\times10^3\times0.8}{300\times10^3\times0.8+P_\ell}\times100\%$

故$P_\ell=80\times10^3(W)$。

30.(D)。並聯運用的條件：

(1)角速度不可忽快忽慢，才不致使發電機的輸出電壓大小、相位、頻率有所變動。

(2)頻率需相同(平均一致的角速度)；

(3)應電勢的波形需相同(電壓大小、時相需相同)；

(4)相序需相同(相序不同絕對不可並聯運用)；

(5)適當下垂速率的負載特性曲線(避免產生掠奪負載效應)。

31.(B)。

速率－負載特性曲線	負載減小時	負載加大時
較下垂(S.R.較大)	分擔減少較少	分擔增加較少
較平坦(S.R.較小)	分擔減少較多	分擔增加較多

下垂速率：負載曲線可使發電機負載增加時，轉速下降，造成感應電勢落後，產生整步電流，使輸出功率減少，使負載分配不致變動。

32.(C)。∵汽輪發電機之容量通常較水輪發電機之容量為大∴汽輪發電機之同步阻抗較大，故短路比K_s較小。

33.(A)。設阻尼籠的目的是防止過大之追逐現象。

34.(C)。供電中的交流同步發電機，其追逐現象發生於負載急劇變化時。

35.(A)。

定義
並聯運轉中之發電機，若負載突然發生變動時，於此瞬間負載角δ應隨之改變，但由於轉部之慣性及場繞組與磁極面鐵塊的制動作用，轉子無法立即固定在與新負載相對應之新負載角下運轉，致轉子轉速徘徊在同步轉速上下，負載角δ呈連續來回擺動，而發出異聲，電樞產生非定幅正弦波形的應電勢，此不安定的現象，稱為「追逐現象」。
原因
(1)負載急遽變動時，功率因數改變。 (2)原動機的速率調整不良或過於靈敏。 (3)驅動發電機之原動機轉矩有脈動現象。
防止方法
(1)調整調速器之緩衝壺，使其不因負載變動而過份靈敏。 (2)在旋轉磁極之極面上，裝置短路的阻尼繞組。 (3)設計足夠的轉動慣量或加大飛輪效應。 (4)設計具高電樞反應的電機。

36.(B)。發電機並聯後，欲將負載部分移至新進發電機時須增加新進機之速率。

37.(A)。

情況	相序	頻率	電壓大小	時相(相位)	三燈現象	可並聯與否
1	同	一致	相等	一致	二明一滅(同步)	可
2	同	一致	稍異	稍異	二明一暗(整步)	可
3	同	稍異	相等	不定	三燈輪流明滅	不可
4	同	稍異	稍異	不定	三燈輪流明暗	不可
5	不同	一致	相等	一致	三燈皆滅	不可
6	不同	一致	稍異	稍異	三燈皆暗	不可

38.(D)。改變磁場電流可改變同步發電機感應電勢大小，即可改變無效功率分配。

39.(A)。依磁場機磁方式分類

機種	用途
直流激磁機式	以直流發電機為激磁機
交流激磁機式	交流發電機發電，再整流以激磁
複激磁機式	由多台激磁機合作，大容量同步機適用
自激式	不用激磁機，本身發電後整流來激磁

40.(B)。(1) $\cos\theta \leq 1$ 滯後：$0^\circ < \theta < 90^\circ$，$\cos\theta$ 及 $\sin\theta$ 均為正，

$E_p > V_p \Rightarrow \varepsilon > 0$（正值，$\theta\uparrow\ \varepsilon\uparrow$）

(2) $\cos\theta < 1$ 超前：$-90^\circ < \theta < 0^\circ$，$\cos\theta$ 為正，$\sin\theta$ 為負，

$E_p < V_p \Rightarrow \varepsilon \leq 0$（負值，$\theta\uparrow\ \varepsilon\downarrow$）

41.(C)。火力發電廠發電機組大多是高電壓大電流電機，而同步發電機一般採用轉磁式，可感應更高的應電勢，並且絕緣處理也較容易。

42.(D)。依旋轉(構造)分類

機種	用途
旋轉電樞式(轉電式)	低電壓中小型機
旋轉磁場式(轉磁式)	高電壓大電流適用
旋轉感應鐵心式(感應器式)	高頻率電源適用

43.(A)。

試驗法	過程說明
開路試驗	同步機以同步轉速運轉，記錄激磁電流與端電壓的關係，用以得到無載飽和曲線。又可測量無載旋轉損失、摩擦損、風損，惟不包括鐵損。
短路試驗	同步機以同步轉速運轉，記錄激磁電流與電樞電流的關係，用以得到三相短路曲線。
負載特性試驗	轉速為同步轉速，調整激磁電流或負載，以測量負載電壓、電流及功率。
電樞電阻測量	電樞加上直流電，測量直流電阻，以計算電樞電阻，與感應電動機的定子電阻測量相同。

44.(B)。減少自激現象：

(1)使用電樞反應小，而短路比大的發電機。

(2)使剩磁為極小。

(3)並聯數部發電機，各機分擔線路充電電流，可使各發電機電樞反應減小。

(4)於受電端加裝同步調相機，並用於欠激磁運轉，從輸電線取用遲相電流，以中和充電電流，使自激現象減少。

45.(B)。額定電流$I_n=\dfrac{S}{\sqrt{3}V}=\dfrac{30k}{380\sqrt{3}}=45.6(A)$，$V_p=\dfrac{380}{\sqrt{3}}=220(V)$，

$E_f=V_p+I_aZ_s=\sqrt{220^2+(45.6+1.6)^2}=231.8(V)$

∴電壓調整率 $\varepsilon=\dfrac{231.8-220}{220}\doteqdot 5\%$。

46.(A)。同步電抗X_s：電樞反應電抗X_a與電樞漏磁電抗X_ℓ之和，
$X_s=X_a+X_\ell$

47.(D)。同步電抗X_s與電樞電阻R_a之相量和$\overline{Z_s}=R_a+jX_s$，$Z_s=\sqrt{R_a^2+R_s^2}$
(落後功因負載⇒壓升；超前功因負載⇒壓降)

48.(A)。滯後功因產生之電樞反應為去磁，電壓會降低，若欲使電壓穩定應增強磁場激磁電流，以彌補磁通的減少。

49.(C)。(1)電樞電流純電容性：I_a超前E_p90^o，PF＝1超前；ϕ_a與ϕ_f同相，加磁直軸；有效磁通↑，應電勢↑。

(2)$0<\cos\theta<1$且功因超前⇒因電樞反應有使磁場增強之趨勢，所以端電壓提升。

$\Rightarrow E_p=\sqrt{(V_p\cos\theta+I_aR_a)^2+(V_p\sin\theta-I_aX_S)^2}$

負載增加，端電壓上升。

(3)$\cos\theta<1$超前：$-90^o<\theta<0^o$，$\cos\theta$為正，$\sin\theta$為負，
$E_p<V_p\Rightarrow\varepsilon\leq 0$（負值，$\theta\uparrow\varepsilon\downarrow$）

50.(C)。三相制交流電比單相制交流電之優點為節省銅線。

51.(B)。(1)開路試驗求得：無載飽和曲線(I_f-E_p)，$I_{f無}=2.75(A)$

⇒題意給定額定電壓220V三相同步發電機

(2)短路試驗求得：三相短路曲線(I_f-I_a)，$I_{f短}=1.96(A)$

$\Rightarrow$額定電流$I_n=\dfrac{s}{\sqrt{3}V}=\dfrac{40k}{\sqrt{3}\times 220}=105(A)$

(3) $K_s=\dfrac{\text{無載時產生額定電壓所帶之激磁電流}}{\text{短路時產生額定電壓所帶之激磁電流}}=\dfrac{2.75}{1.96}$

(4) $K_s=\dfrac{1}{\text{百分率同步阻抗}}=\dfrac{1}{Z_s\%}\Rightarrow Z_s\%=\dfrac{1}{\dfrac{2.75}{1.96}}=\dfrac{1.96}{2.75}=0.713=71.3\%$

52.(D)。並聯運用的條件：

(1)角速度不可忽快忽慢，才不致使發電機的輸出電壓大小、相位、頻率有所變動。

(2)頻率需相同(平均一致的角速度)。

(3)應電勢的波形需相同(電壓大小、時相需相同)。

(4)相序需相同。

(5)適當下垂速率的負載特性曲線(避免產生掠奪負載效應)。

53.(B)。(1)依旋轉(構造)分類

機 種	用 途
旋轉電樞式(轉電式)	低電壓中小型機
旋轉磁場式(轉磁式)	高電壓大電流適用
旋轉感應鐵心式(感應器式)	高頻率電源適用

(2)火力發電廠發電機組大多是高電壓大電流電機，而同步發電機一般採用轉磁式，可感應更高的應電勢，並且絕緣處理也較容易。

54.(B)。(1) $\cos\theta\leq1$ 滯後：$0^\circ<\theta<90^\circ$，$\cos\theta$及$\sin\theta$均為正，

$E_p>V_p\Rightarrow\varepsilon>0$（正值，$\theta\uparrow\ \varepsilon\uparrow$）

(2) $\cos\theta<1$ 超前：$-90^\circ<\theta<0^\circ$，$\cos\theta$為正，$\sin\theta$為負，

$E_p<V_p\Rightarrow\varepsilon\leq0$（負值，$\theta\uparrow\ \varepsilon\downarrow$）

55.(A)。$\cos\theta=1\Rightarrow$ 負載端電壓與電流同相，

電樞反應最小，電壓調整率最佳。

$\Rightarrow E_p=\sqrt{(V_p+I_aR_a)^2+(I_aX_s)^2}$，負載增加，端電壓下降。

56.(C)。(1)額定電流(短路電流) $I_n = I_L = I_a = 10.50(A)$

(2)每相同步阻抗

$$Z_s = \frac{\frac{\text{無載飽和曲線實驗(開路試驗)測得線間電壓}}{\sqrt{3}}}{\text{額定電流}} = \frac{\frac{220}{\sqrt{3}}}{10.50} = 12.1(\Omega/\text{相})$$

57.(C)。$I_o = \frac{E_A - E_B}{Z_{SA} \pm Z_{SB}} = \frac{\frac{230\sqrt{3}}{\sqrt{3}} - \frac{220\sqrt{3}}{\sqrt{3}}}{3+2} = \frac{10}{5} = 2(A)$

58.(B)。短節距繞組為一個線圈的兩個線圈邊相隔的距離小於一個極距。故其所產生之感應電勢較全節距繞組者為低。

59.(B)。(1) $n_s = \frac{120f}{p} \Rightarrow 1500 = \frac{120 \times f}{4} \Rightarrow f = 50(Hz)$

(2) $E_{eff} = 4.44fN\phi_m = 4.44 \times 50 \times 50 \times 0.02 = 222(V)$

60.(C)。(1)電樞電流純電容性：I_a超前$E_p 90^o$，PF＝1超前；ϕ_a與ϕ_f同相，加磁直軸；有效磁通↑，應電勢↑。

(2)$0 < \cos\theta < 1$且功因超前⇒因電樞反應有使磁場增強之趨勢，所以端電壓提升。

$\Rightarrow E_p = \sqrt{(V_p\cos\theta + I_aR_a)^2 + (V_p\sin\theta - I_aX_S)^2}$

負載增加，端電壓上升。

(3)$\cos\theta < 1$超前：$-90^o < \theta < 0^o$，$\cos\theta$為正，$\sin\theta$為負，

$E_p < V_p \Rightarrow \varepsilon \le 0$（負值，$\theta\uparrow \varepsilon\downarrow$）

主題十／同步電動機

( ) 1. 一部額定為50Hz、12極之三相同步電動機，若在額定頻率下運轉，則其轉軸轉速為多少？
(A)1200　(B)1000　(C)600　(D)500　rpm。

( ) 2. 下列何者為三相同步電動機轉速控制的主要方法？　(A)調整電源頻率　(B)調整激磁電流量　(C)轉子的繞組插入可變電阻　(D)變更轉差率。

( ) 3. 有一部三相4極、220V、60Hz、Y接線之三相圓柱型同步電動機，其同步電抗為10Ω，若忽略電樞電阻，試求當每相反電勢為120V，且轉矩角為30°時，試求輸出轉矩約為多少NT·m？
(A)6　(B)9　(C)12　(D)15。

( ) 4. 三相同步電動機之負載轉矩若大於其最大電磁轉矩（或稱脫出轉矩）時，將造成何種現象？　(A)電動機將以低於同步速度之速度穩定運轉　(B)電動機將出現追逐現象，最後仍以同步速度運轉　(C)電動機將以高於同步速度之速度穩定運轉　(D)電動機將逐漸減速而停止運轉。

( ) 5. 同步電動機當負載增大時，是如何反應以應付負載增加之需要？
(A)轉速稍為降低　(B)瞬間轉速稍為降低，使激磁電勢之相角稍為滯後，但穩定後轉速仍然不變　(C)瞬間轉速稍為降低，使激磁電勢之相角稍為越前，但穩定後轉速仍然不變　(D)轉速稍為上升。

( ) 6. 有關裝設阻尼繞組之同步電動機之敘述，下列何者不正確？
(A)阻尼繞組可使轉子因負載變動而快速趨於穩定運轉　(B)同步電動機可藉阻尼繞組之作用而自行起動　(C)若軸端機械負載突然變大，而使其速率降低時，阻尼繞組可發揮電動機之作用而使同步機加速　(D)阻尼繞組在同步速度時才可發揮其功能。

(　) 7. 有一台12極、400V、60Hz之三相Y接同步電動機，每相輸出功率2仟瓦，則此機總轉矩為？
(A)$\frac{100}{\pi}$　(B)$\frac{300}{\pi}$　(C)$\frac{600}{\pi}$　(D)$\frac{1800}{\pi}$。

(　) 8. 一4極、240V、60Hz，Y接三相同步電動機，在額定電壓和額定頻率（即同步轉速）下運轉時，測得該電動機之輸入線電流為75A，功率因數為0.85滯後，若效率為0.9，則其輸出轉矩為？
(A)12.9kg·m　(B)14.7kg·m　(C)15.9kg·m　(D)16.4kg·m。

(　) 9. 440V、12極、60Hz三相Y接同步電動機，每相輸出功率為24kW，則輸出轉矩為？
(A)573NT·m　(B)1146NT·m　(C)2292NT·m　(D)3600NT·m。

(　) 10. 下列有關同步電動機的敘述，何者正確？
(A)欠激時電樞電流超前端電壓
(B)過激時電動機相當於一電感性負載
(C)V型曲線中各曲線最低點時電動機之功率因數為滯後
(D)V型曲線為電樞電流與激磁電流的關係。

(　) 11. 同步電動機之V形曲線是表示下列何者關係？
(A)樞電流與功率因數　(B)樞電流與端電壓
(C)樞電流與場電流　(D)場電流與端電壓。

(　) 12. 某負載的功率因數，經加上20kVAR的電容器後提高至0.9滯後，若最後的視在功率值為185kVA，則原負載視在功率為？
(A)194kVA　(B)177kVA
(C)216kVA　(D)185kVA。

(　) 13. 下列有關三相同步電動機起動之敘述，何者正確？
(A)串接起動電阻起動　(B)降低電源電壓起動
(C)利用阻尼繞組之感應起動　(D)直接送入場電流起動。

(　) 14. 同步電動機起動實驗時，轉子線圈最好如何？
(A)先短路　(B)加直流激磁　(C)加交流激磁　(D)降低匝數。

(　) 15. 有關三相同步電動機的特性，下列敘述何者正確？
(A)機械負載轉矩在額定範圍增加，而其轉速會降低
(B)機械負載轉矩在額定範圍增加，而其轉速維持不變
(C)激磁電流在額定範圍增加，而其轉速會昇高
(D)激磁電流在額定範圍增加，而其轉速會降低。

(　) 16. 下列何者為三相同步電動機轉速控制的主要方法？
(A)調整電源頻率　(B)調整機磁電流量
(C)轉子的繞組插入可變電阻　(D)變更轉差率。

(　) 17. 如下圖所示為一三相同步電動機的倒V型特性曲線，若在功率因數為1時，保持激磁電流不變，此時將電動機的負載增加，則下列敘述何者正確？

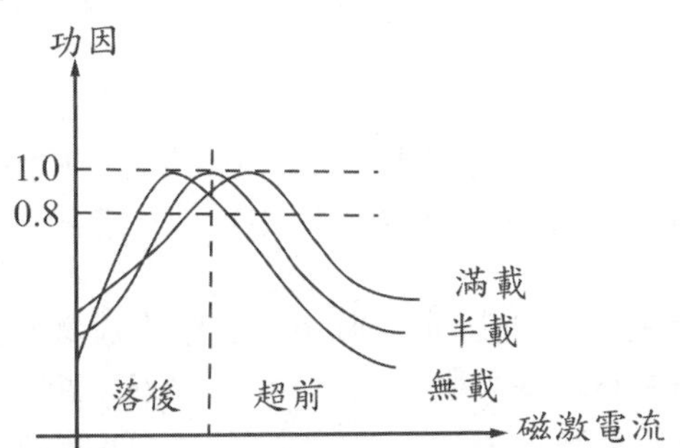

(A)功率因數變超前　(B)功率因數變滯後
(C)功率因數不變　(D)功率因數可能變超前或變滯後。

(　) 18. 下列有關同步電動機的敘述，何者正確？
(A)欠激時電樞電流超前端電壓
(B)過激時電動機相當於一電感性負載
(C)V型曲線中各曲線最低點時電動機之功率因數為滯後
(D)V型曲線為電樞電流與激磁電流的關係。

( ) 19. 同步電動機在固定負載下，調整直流激磁電流的主要目的為何？
(A)調整功率因數 (B)調整轉矩 (C)調整轉差率 (D)調整頻率。

( ) 20. 關於三相圓柱型轉子之同步電動機的輸出功率，設 δ 為負載角，下列敘述何者錯誤？
(A)輸出功率與cos δ 成正比
(B)輸出功率與線端電壓成正比
(C)輸出功率與線感應電勢成正比
(D)輸出功率與同步電抗成反比。

( ) 21. 由同步電動機之V型曲線可知，在同步電動機之外加電壓及負載固定不變下，激磁電流由小變大，此時同步電動機之敘述何者正確？
(A)功率因數之變化先增後減
(B)同步電動機之負載特性從電容性、電阻性變化到電感性
(C)電樞電流之變化先增後減
(D)同步電動機之激磁特性變化從過激磁狀態、正常激磁狀態到欠激磁狀態。

( ) 22. 一個日本的交流電鐘，在台灣使用時，其指示時間應較標準時間為？
(A)慢 (B)快 (C)相同 (D)不一定。

( ) 23. 同步電動機在固定負載下，調整直流激磁電流的主要目的為何？
(A)調整功率因數 (B)調整轉矩
(C)調整轉差率 (D)調整頻率。

( ) 24. 同步電動機V形曲線中，各曲線最低點所形成之線，其功率因數為？
(A)滯後 (B)越前 (C)等於1 (D)不一定。

( ) 25. 功率因數等於1.0的同步電動機如將其磁場電流增大，則？
(A)轉速減慢 (B)轉速增快
(C)電樞電流增大 (D)電樞電流減小。

( ) 26. 同步電動機有超前電流時，其感應電勢？
(A)大於端電壓 (B)小於端電壓
(C)等於端電壓 (D)視電流大小而定。

( ) 27. 同步電動機起動時，轉子之磁場繞組兩端應？
(A)加直流激磁　(B)加交流激磁
(C)以放電電阻器短路　(D)將主磁場繞組開路。

( ) 28. 同步電動機利用本身阻尼繞組起動，此種方法稱為？
(A)感應起動法　(B)降低電源頻率起動法
(C)電動機帶動起動法　(D)超同步起動法。

( ) 29. 三相同步電動機與三相感應電動機相互比較，則下列敘述何者正確？
(A)同步機與感應機之轉子繞組均為多相式
(B)同步機之定子有旋轉磁場產生，而感應機則無
(C)同步機之轉子必須用直流來激磁，但感應機之轉子則無須直流激磁
(D)二者之轉子速率，均為同步速率。

( ) 30. 同步電動機的用途之敘述，下列何者不正確？
(A)紙漿滾壓機　(B)計時驅動器
(C)同步調相機　(D)電梯。

( ) 31. 設電流原為落後之同步電動機，若漸增其磁場線圈中之電流，則其功率因數將？
(A)漸小　(B)漸大
(C)先增大後再減小　(D)先減小後再增大。

( ) 32. 同步電動機當負載固定時，增加激磁電流，則電樞電流之變化為？
(A)增加　(B)降低
(C)增加或降低皆有可能　(D)不變。

( ) 33. 計時器之驅動電動機採用小型的？
(A)串激電動機　(B)分激電動機
(C)同步電動機　(D)分相電動機。

解答與解析

1.(D)。$n_r=n_s=\frac{120f}{p}=\frac{120\times50}{12}=500(rpm)$

2.(A)。$n_s=\frac{120f}{p}\Rightarrow n_s\propto f$，調整電源頻率即可轉速。

3.(C)。相電壓 $V=\frac{V_l}{\sqrt{3}}=\frac{220}{\sqrt{3}}=127(V)$，

輸出功率 $P_o\equiv P_m=\frac{3EV}{X_s}\sin\delta=\frac{3\times120\times127}{10}\sin°30°=2286(W)$，

同步轉速 $n_r=n_s=\frac{120f}{p}=\frac{120\times60}{4}=1800(rpm)$，

輸出轉矩 $T_o=\frac{P_o}{w_s}=\frac{60}{2\pi n_s}\times P_o=\frac{60}{2\pi\times1800}\times2286=12(NT\cdot m)$

4.(D)。負載增加，δ 增加，$T_o\propto P_o\propto\sin\delta$ 亦增加，$\delta=90°$時，
為「臨界功率角」$\Rightarrow P_{o(max)}$、$T_{o(max)}\Rightarrow$ 此時若負載再增加，
δ 亦再增大，但轉矩反而減少，致同步電動機載不動，
此現象稱為「脫出同步」，而 $T_{o(max)}$ 亦稱為「脫出轉矩」或「崩潰轉矩」。

5.(B)。負載特性：電源端電壓及激磁電流不變時，增加負載，功率因數亦隨之改變
(1)正常激磁(正激)
A. $n_r=n_s$。
B. Load↑、電樞電流I_{a3}↑、θ_3愈滯後、功率因數<<1。
C. I_a↑、E↑⇒E與V之間的轉矩角δ↑。

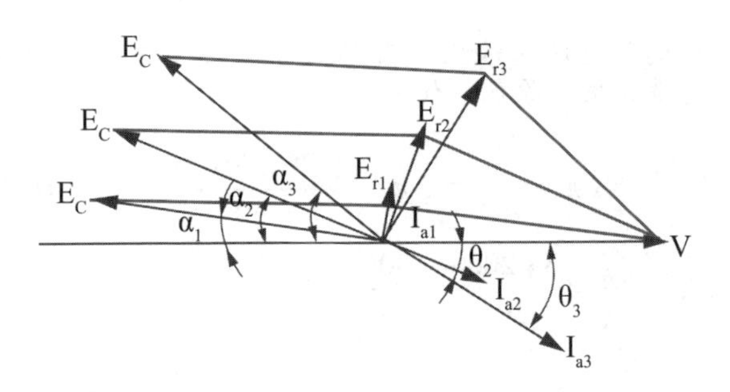

(2)欠激

A. $n_r = n_s$。

B. Load↑、電樞電流I_{a3}↑、θ_3往超前移、滯後功因愈改善→1。

C. I_a↑、E↑⇒E與V之間的轉矩角δ↑。

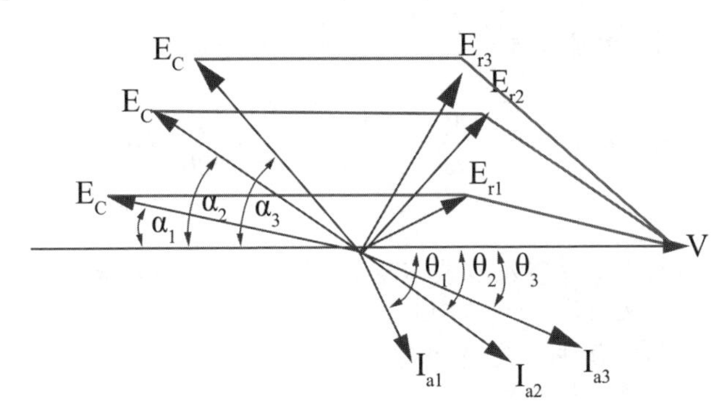

(3)過激

A. $n_r = n_s$。

B. Load↑、電樞電流I_{a3}↑、θ_3往滯後移、超前功因愈改善→1。

C. I_a↑、E↑⇒E與V之間的轉矩角δ↑。

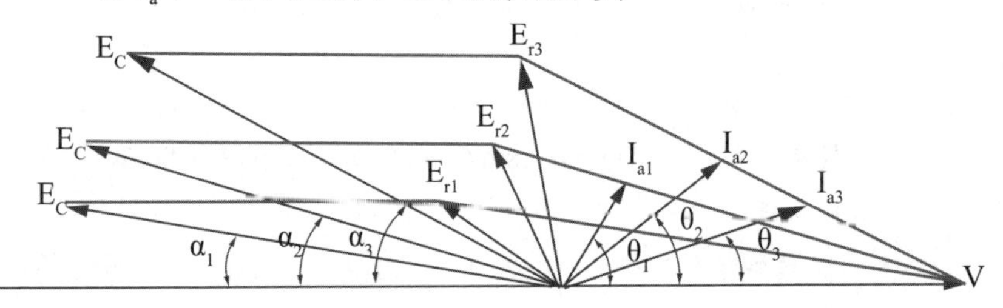

6.(D)。感應起動法：又稱「自動起動法」。利用轉部的阻尼繞組，藉感應電動機之原理，使轉部轉動。

7.(B)。$\because \omega_s = 2\pi \times \dfrac{N_s}{60} = 2\pi \times \dfrac{(120\times 60)/12}{60} = 20\pi\ (rad/s)$

$\therefore T = \dfrac{P_o}{\omega_s} = \dfrac{3\times 2000}{20\pi} = \dfrac{300}{\pi}(NT\cdot m)$。

8.(A)。$\because P_o = \sqrt{3}\,VI\cos\theta \times \eta = \sqrt{3} \times 240 \times 75 \times 0.85 \times 0.9 = 23850(W)$

$\therefore T = 0.974 \times \dfrac{23850}{1800} = 12.9(kg\cdot m)$。

9.(B)。三相輸出功率$P_o = 3\times 24\times 10^3 = 72\times 10^3(W)$

同步轉速 $n_s = \dfrac{120f}{p} = \dfrac{120\times 60}{12} = 600(rpm)$

總轉矩 $T_o = T_m = \dfrac{P_o}{\omega_s} = \dfrac{P_o}{2\pi\cdot\dfrac{n_s}{60}} = \dfrac{72\times 10^3}{2\pi\times 600}\times 60 = 1146(NT\cdot m)$

10.(D)。(1)外施電壓及負載不變時，若改變其激磁電流，可改善電樞電流及相位(功率因數)。

(2)在負載一定時，電樞電流I_a與激磁電流I_f之關係曲線，略成V型，故稱V曲線。

11.(C)。激磁特性：V型特性曲線

定義：

(1)外施電壓及負載不變時，若改變其激磁電流，可改善電樞電流及相位(功率因數)。

(2)在負載一定時，電樞電流I_a與激磁電流I_f之關係曲線，略成V型，故稱V曲線。

12.(A)。$\because$負載最後有效功率$P = S\times\cos\theta = 185\times 0.9 = 166.5k(W)$

負載最後無效功率$Q = S\times\sin\theta = 185\times\sqrt{1-0.9^2} = 80.6k(VAR)$

原負載無效功率$Q_L = 80.6 + 20 = 100.6k(VAR)$

$\therefore$原負載視在功率$= \sqrt{P^2 + Q_L^2} = \sqrt{166.5^2 - 100.6^2} \fallingdotseq 194k(VA)$。

13.(C)。感應起動法：又稱「自動起動法」。利用轉部的阻尼繞組，藉感應電動機之原理，使轉部轉動。

14.(A)。(1)轉部除激磁繞組外，尚有滑環、短路棒，此短路棒稱為「阻尼繞組」或「鼠籠式繞組」。
(2)阻尼繞組置於極面槽內，與轉軸平行，兩邊用端環短路。
(3)功能：起動時幫助起動，同步運轉時無作用，負載急遽變化時防止運轉中的追逐現象。

15.(B)。三相同步電動機的特色：
(1)可藉調整其激磁電流大小，以改善供電系統的功率因數cosθ。
(2)恆以同步轉速 $n_s=\dfrac{120f}{p}$ 運轉。
(3)當運轉於 $\cos\theta=1$ 時，效率高於其它同量的電動機。

16.(A)。$n_s=\dfrac{120f}{p}$，$n_s\propto f\propto\dfrac{1}{p}$

17.(B)。(1)如圖所示，一固定激磁電流對應半載時的 $\cos\theta=1$。

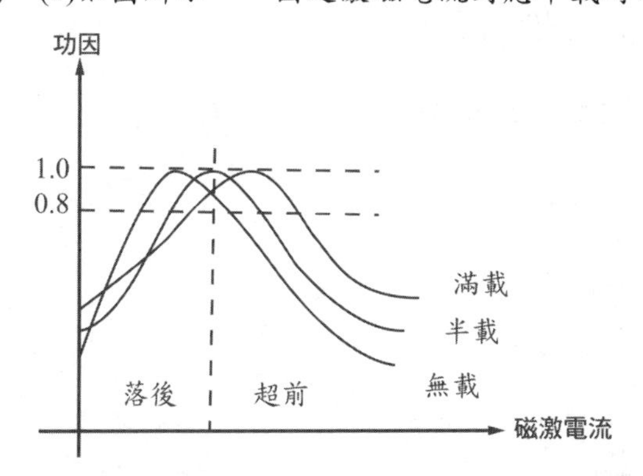

(2)負載增加、激磁電流保持不變時，將滿載的倒V頂點往左邊0.8落後移動。

18.(D)。(1)外施電壓及負載不變時，若改變其激磁電流，可改善電樞電流及相位(功率因數)。
(2)在負載一定時，電樞電流 I_a 與激磁電流 I_f 之關係曲線，略成V型，故稱V曲線。

19.(A)。(1)外施電壓及負載不變時，若改變其激磁電流，可改善電樞電流及相位(功率因數)。
(2)在負載一定時，電樞電流 I_a 與激磁電流 I_f 之關係曲線，略成V型，故稱V曲線。

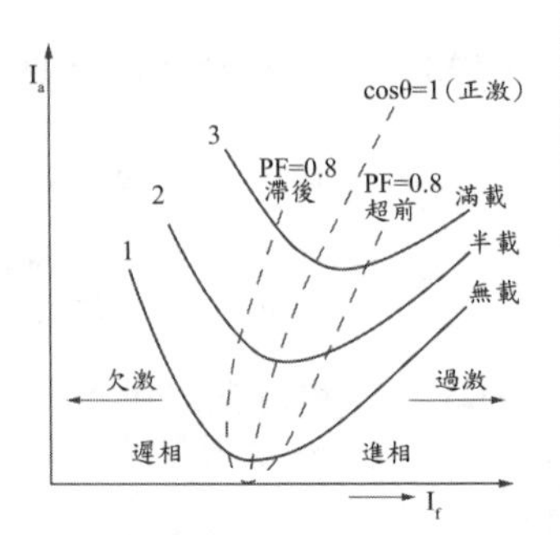

20.(A)。(1) $P_o = P_m = \frac{E_p V_p}{X_s} \sin\delta$ (W/相)

(2) $T_o = T_m = \frac{P_o}{\omega_s}$　　(3) $T_o \propto P_o \propto \sin\delta$

21.(A)。(A)功率因數先增後減。
(B)負載特性從電感性、電阻性變化到電容性。
(C)電樞電流I_a先減少後增加。
(D)激磁特性變化從欠激磁狀態、正常激磁狀態變化到過激磁狀態。

22.(B)。∵日本電源頻率50Hz，台灣電源頻率60Hz，而同步機$N_s \alpha f$
∴f↑，N_s↑轉速較快。

23.(A)。同步電動機的特色：
(1)可藉調整其激磁電流大小，以改善供電系統的功率因數cosθ；
(2)恆以同步轉速 $n_s = \frac{120f}{p}$ 運轉；
(3)當運轉於 $\cos\theta = 1$ 時，效率高於其它同量的電動機。

24.(C)。
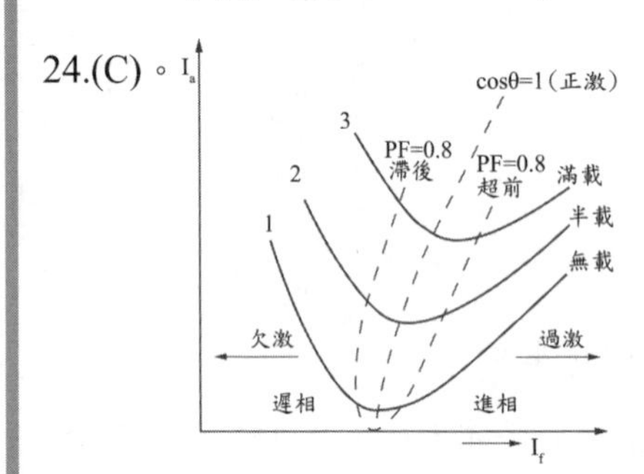

25.(C)。同上題。

26.(A)。電樞電流超前時，同步電動機在過激情況。故感應電勢大於端電壓。

27.(C)。同步電動機起動實驗時：
(1)轉部除激磁繞組外，尚有滑環、短路棒，此短路棒稱為「阻尼繞組」或「鼠籠式繞組」。
(2)阻尼繞組置於極面槽內，與轉軸平行，兩邊用端環短路。
(3)功能：起動時幫助起動，同步運轉時無作用，負載急遽變化時防止運轉中的追逐現象。

28.(A)。感應起動法：又稱「自動起動法」。利用轉部的阻尼繞組，藉感應電動機之原理，使轉部轉動。

29.(C)。(1)同步機定子：定部槽中置有單相或三相電樞繞組，加入交流電源以產生同步速率的旋轉磁場。

(2)感應機定子：

定子	
外殼	支持鐵心及繞組，兩側有軸承以支持轉部。依外殼構造分類：(1)開放型　(2)閉鎖型　(3)全閉型。
鐵心	(1)圓形成層薄矽(含量1~3%)鋼片疊成(厚度0.35~0.5mm)，內側有槽，裝入定子繞組。 (2)低壓小容量採半開口槽，高壓大容量採開口槽。
繞組	(1)採用雙層繞。 (2)為了消除空氣隙高次諧波，使空氣隙之磁通分布均勻，所以為分佈短節距繞組。 (3)低壓採Y型或△型接線；高壓採Y型接線。

30.(D)。擔任機械負載：因效率高，所以適用在需要固定轉速的任何負載中，如：抽水機、粉碎機、研磨機、鼓風機、船舶推進機等。

31.(C)。同第24題。

32.(C)。同上題(由負載固定不變得知，為V型特性曲線)。

33.(C)。小型同步電動機可作為計時驅動器用：
用於需速率恆定，及需與頻率相同步之器械，如：唱盤、計時器、計數器、交流電鐘之驅動器。常採用不需有直流激磁的磁阻電動機、磁滯電動機。

主題十一 特殊電機

( ) 1. 步進電動機係運用於？
(A)類比訊號 (B)數位訊號
(C)射頻訊號 (D)壓力訊號 控制系統。

( ) 2. 有關步進電動機之特點敘述，下列何者錯誤？
(A)可直接採開迴路控制，作精確的定位控制
(B)變更定子繞組的激磁順序，可控制轉向
(C)會產生累積誤差
(D)轉動角度與輸入的脈波數成正比。

( ) 3. 某VR型步進電動機，若定子相數為4相，轉子齒數為6齒，若激磁脈波以120PPS驅動，試求其步進角度為多少？
(A)7.5° (B)15° (C)30° (D)45°。

( ) 4. 續上題，該步進電動機之轉速為多少？
(A)150rpm (B)300rpm (C)600rpm (D)1200rpm。

( ) 5. 下列何者不是二相步進馬達的激磁方式？
(A)一相激磁 (B)二相激磁 (C)一、二相激磁 (D)欠相激磁。

( ) 6. 欲使步進電動機轉動更大的角度，應使輸入的脈波信號？
(A)電壓值加大 (B)功率增加
(C)電流值加大 (D)脈波數增加。

( ) 7. 步進電動機之原理與？
(A)直流發電機 (B)直流電動機
(C)同步機 (D)變壓器 相同。

(　) 8. 改變步進電動機之轉向的方法是？
(A)對調任一相繞組之接線　(B)對調任二條電源線
(C)調整激磁脈波的頻率　(D)改變相繞組的激磁順序。

(　) 9. 有關步進電動機的轉速，下列敘述何者為正確？
(A)與激磁脈波的電壓值成正比
(B)與激磁脈波的電流值成正比
(C)與負載成正比
(D)與激磁脈波的頻率成正比。

(　) 10. 步進馬達常在繞組的共同線端串接電阻，若電阻愈大，下列敘述何者錯誤？
(A)電路的時間常數越小　(B)系統效率越低
(C)系統的響應越快　(D)馬達的轉速變小。

(　) 11. 適用於印表機、磁碟機的電動機為？
(A)伺服電動機　(B)同步電動機
(C)步進電動機　(D)感應電動機。

(　) 12. 下列何者不是直流伺服電動機適用的電樞轉子？
(A)斜槽、細長狀電樞轉子　(B)無凹槽電樞轉子
(C)無鐵心電樞轉子　(D)直槽、粗短狀電樞轉子。

(　) 13. 印刷電動機為一種？
(A)低電壓、高慣性　(B)高電壓、低慣性
(C)高慣性、無換向片　(D)低慣性、無換向片　之電動機。

(　) 14. 伺服電動機在接近零轉速時之轉矩要？
(A)小　(B)大　(C)視負載而定　(D)大或小皆可。

(　) 15. 下列何種電動機的電樞不需有鐵心？
(A)小慣量電動機　(B)印刷電動機
(C)無刷電動機　(D)線性電動機。

( ) 16. 二相伺服電動機若欲得最大轉矩，則控制繞組與激磁繞組之電流相位差 θ 應為？ (A)0° (B)30° (C)45° (D)90°。

( ) 17. 伺服電動機必須具備的特點為？
(A)起動轉矩小
(B)轉子慣性大
(C)起動轉矩大，轉子慣性小，可正、反轉，且時間常數小
(D)以上皆非。

( ) 18. 二相感應式伺服電動機，直接或經由電容器C接於交流電源者為？
(A)控制繞組 (B)電樞繞組 (C)激磁繞組 (D)阻尼繞組。

( ) 19. 二相伺服電動機之轉速與控制繞組之電壓成？
(A)反比 (B)正比 (C)相位差正比 (D)平方正比。

( ) 20. 有關直流無刷式電動機之敘述，下列哪一項錯誤？
(A)利用固態開關元件作繞組電流的換向，不必用電刷之直流機
(B)指一般不用電刷之直流機或交流機
(C)不用電刷可以避免發生換向火花的問題
(D)開關元件之激發須與轉速同步。

( ) 21. 直流無刷電動機用於檢測轉子磁極位置之元件，下列何者錯誤？
(A)霍爾元件 (B)磁阻元件 (C)光遮斷器 (D)二極體。

( ) 22. 有關線性感應電動機之特性，下列敘述何者錯誤？
(A)磁化電流大 (B)功率因數低
(C)效率低 (D)同步速率與極距無關。

( ) 23. 下列何者屬於非旋轉類電動機？
(A)線性電動機 (B)步進馬達
(C)伺服電動機 (D)同步電動機。

(　) 24. 某線性感應電動機的構造長8米，有16極，若輸入電源頻率60Hz，於二次側導體移動速度為48米/秒時，則轉差率若干？
(A)0.1　(B)0.2　(C)0.25　(D)0.5。

(　) 25. 發展中之磁浮式高速火車是用下列哪一種電動機驅動？
(A)直流串激電動機　(B)線性電動機
(C)交流感應電動機　(D)同步電動機。

(　) 26. 下列有關直流無刷電動機的敘述，何者錯誤？
(A)不需要利用碳刷，可避免火花問題
(B)以電子電路取代傳統換向部分
(C)壽命長，不需經常維護
(B)轉矩與電樞電流的平方成正比。

(　) 27. 相同容量下，若以保養容易、高效率、體積小等因素為主要考量時，則下列電動機何者最適宜？
(A)直流分激電動機　(B)直流串激電動機
(C)直流無刷電動機　(D)感應電動機。

(　) 28. 下列何者不是步進電動機之特性？
(A)旋轉總角度與輸入脈波總數成正比
(B)轉速與輸入脈波頻率成正比
(C)靜止時有較高之保持轉矩
(D)需要碳刷，不易維護。

(　) 29. 下列何者可以用來控制線性脈波電動機之轉速？
(A)改變輸入脈波電壓大小
(B)改變輸入脈波頻率
(C)改變輸入脈波相位
(D)改變輸入脈波頻率。

解答與解析

1.(B)。每當接受一電氣脈波信號時，就以一定的角度作正確的步進轉動，其轉動角度與輸入脈衝信號個數成正比例，故連續性加以脈衝時，電動機的轉動速度即與脈衝頻率成正比例，如此可正確得到數位－類比(D/A)之轉換。

2.(C)。步進電動機特性：
(1)可作定速、定位控制；(2)可作正逆轉控制；(3)用數位控制系統，且一般採用開回路控制；(4)無累進位置誤差；(5)轉矩隨轉速增大而降低；(6)脈波信號愈大、轉矩愈大、轉速成正比於頻率，與電壓大小無關；(7)無外加脈波信號、轉子不動；(8)步進角度極小，約0.9^{o}或1.8^{o}。

3.(B)。步進角度$\theta=\frac{360°}{mN_r}=\frac{360°}{4\times 6}=15^{o}$。

4.(B)。轉速$n=60\times\frac{f\theta}{360°}=60\times\frac{120\times 15°}{360°}=300(rpm)$。

5.(D)。二相步進馬達的激磁方式有：(1)一相激磁；(2)二相激磁；(3)一、二相交互激磁。

6.(D)。步進電動機轉動的角度與輸入的脈波數成正比。

7.(C)。步進電動機的原理與同步電動機相同，
轉速$n_{步}$為固定值(即$n_{步}=\frac{\theta_{步}f}{6}$ rpm)

8.(D)。步進電動機的轉向由定子繞組的激磁順序來決定。

9.(D)。步進電動機的轉速由激磁的脈波頻率f來決定。即$n_{步}=\frac{\theta_{步}f}{6}$。

10.(D)。由電氣時間常數$T_3=\frac{L_a}{R_a}$，故$R_a\uparrow T\downarrow$、高響應、損失大、效率低，
但$n_{步}=\frac{\theta_{步}f}{6}$而不受響。

11.(C)。印表機、磁碟機等電腦週邊設備應採用可定位控制、定速控制的步進電動機。

12.(D)。構造：與直流分激式或他激式電動機類似。

(1)細長轉子、圓盤式電樞⇒減少轉子慣性。
(2)斜槽、無槽的平滑式電樞繞組⇒避免膠著現象。

13.(D)。印刷電動機為低慣性、無換向片之電動機。

14.(B)。伺服馬達的要求：
(1)起動轉矩大⇒靜止時(零轉速)加速快；
(2)轉子慣性小⇒可瞬間停止；
(3)摩擦小⇒可瞬間起動(避免膠著現象)；
(4)能正反轉⇒用於機械控制；
(5)時間常數$\tau=\frac{L}{R}$小⇒暫態響應時間短，能快速響應。

15.(B)。印刷電動機的電樞不需有鐵心。

16.(D)。二相伺服電動機構造，類似單相的分相式感應電動機又稱平衡馬達，定子有激磁繞組與控制繞組，兩繞組位置相差90°電機角，轉子為高電阻的鼠籠式轉子，以避免單相運轉，尚可改善轉矩與速率特性。二相伺服馬達之起動轉矩較一般分相感應電動機為大。

17.(C)。伺服電動機的特點為起動轉矩大、轉子慣性小、反應時間快、可以正反轉。

18.(C)。二相伺服電動機構造，類似單相的分相式感應電動機又稱平衡馬達，定子有激磁繞組與控制繞組，兩繞組位置相差90°電機角，轉子為高電阻的鼠籠式轉子，以避免單相運轉，尚可改善轉矩與速率特性。二相伺服馬達之起動轉矩較一般分相感應電動機為大。

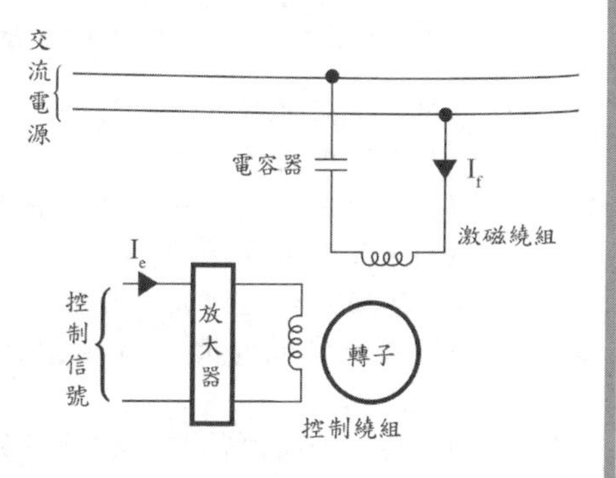

19.(B)。二相伺服電動機之轉速與控制繞組之電壓成正比。

20.(B)。直流無刷電動機是以電子整流機構(或固態開關元件)取代換向片與電刷，以消除換向時的火花與雜訊。

21.(D)。直流無刷電動機，轉子磁極的檢測元件有霍爾元件、磁阻元件、光遮斷器。

22.(D)。線性電動機一、二次側之間的間隙較一般的旋轉類電機大，故磁化電流大、功因低、效率低；且同步速率 V_1(或 V_3)$=2fY_p$，與 Y_p 成正比、與極數P無關。

23.(A)。線性電動機為直線方向驅動的非旋轉類電動機。

24.(B)。同步速率 $V_s=2Y_pf=2\times\frac{8}{16}\times60=60(m/s)$。

轉差率 $S=\frac{V_s-V}{V_s}=\frac{60-48}{60}=0.2$。

25.(B)。(1)利用電磁效應，直接產生直線方向的驅動力，其起動推力大，能得到大的加速及減速(制動)。
(2)用途：低速時可應用於輸送帶、窗簾、布幕、自動門的拉動工作；高速時可應用於磁浮列車、發射體(高速砲)。最熱門發展項目是為交通工具。

26.(D)。(1)直流串激電動機的轉矩與電樞電流平方成正比。
(2)直流無刷電動機的優點：較直流電動機的轉動慣量小、不會產生雜訊、壽命長、不需經常維修。

27.(C)。直流無刷電動機的優點：較直流電動機的轉動慣量小、不會產生雜訊、壽命長、不需需經常維修。

28.(D)。(1)可作定速、定位控制。
(2)可作正逆轉控制。
(3)用數位控制系統，且一般採用開回路控制。
(4)無累進位置誤差。
(5)轉矩隨轉速增大而降低。
(6)脈波信號愈大、轉矩愈大、轉速成正比於頻率，與電壓大小無關。
(7)無外加脈波信號、轉子不動。
(8)步進角度極小約0.9^{o}或1.8^{o}。

29.(B)。線性電動機產生的同步速率 $V_S=2\tau f(m/s)$，(τ：極距、f：頻率)。由公式得知，同步速率與極數無關，故其一次側的極數可以不為偶數。

第二部分 全範圍綜合模擬考

第一回

( ) 1. 有一部四極直流發電機16kW、200V，電樞繞組採用單分疊繞，若電樞導體數不變，電樞繞組改成單分波繞，則該發電機之額定電壓、額定電流各為若干？
(A)200V、80A (B)200V、40A
(C)400V、80A (D)400V、40A。

( ) 2. 有一長15公分之導體，置於0.5wb/m^{2}之均勻磁場中，在磁場中導體的有效長度為10cm，導體在均勻磁場中運動速度為20m/s，且導體之運動方向與磁場成30度之夾角，求此導體的感應電勢為若干？
(A)5 (B)7.5 (C)0.5 (D)0.75 V。

( ) 3. 某四極直流發電機，採用單分疊繞，若電樞總導體數為720根、電樞電流為120A，電刷前移15度機械角，求每極交磁安匝數為多少？
(A)7200 (B)3600 (C)1800 (D)900 安匝。

( ) 4. 若直流分激發電機要正確建立電壓，則下列敘述何者正確？
(A)無剩磁、轉速>臨界轉速、場電阻<臨界場電阻
(B)有剩磁、轉速>臨界轉速、場電阻<臨界場電阻
(C)有剩磁、轉速<臨界轉速、場電阻>臨界場電阻
(D)有剩磁、轉速>臨界轉速、場電阻>臨界場電阻。

( ) 5. 有一台15kW、200V之直流分激發電機，電樞電阻為0.05Ω，分激場繞組內阻為20Ω，求此發電機之電壓調整率為多少？
(A)2.50 (B)2.13 (C)1.88 (D)1.63 %。

( ) 6. 有一台3000/200V之理想變壓器，若高壓側加入3000V之電壓，低壓側開路，高壓側之激磁電流為1A，無載損失為1800W，求此變壓器之磁化電流為多少？
(A)0.4 (B)0.6 (C)0.8 (D)1 A。

( ) 7. 有一部210V之直流分激電動機，電樞電阻為0.5Ω，滿載時電樞電流為60A，轉速為1200rpm，若將電樞端電壓改成150V時，則滿載轉速為多少？
(A)1140 (B)1000 (C)960 (D)800 rpm。

( ) 8. 有關自耦變壓器之敘述，下列何者錯誤？
(A)漏電抗較大 (B)可節省繞組材料之使用量
(C)效率高 (D)高低壓繞組需做高度之絕緣。

( ) 9. 有一台5kVA之單相變壓器，滿載運轉時固定損為150W，變動損為200W，在一天之中，功率因數=1之情況下，有8小時滿載運轉、4小時半載運轉、4小時1/4載運轉，其餘時間不加任何負載，求此變壓器之全日效率為多少？
(A)95.4 (B)92.6 (C)92 (D)91 %。

( ) 10. 三台50kVA之單相變壓器接成△-△接線，供給負載120kVA，若有其中一台故障，將其餘兩台改成V-V接線繼續供電，則將過載多少？
(A)20 (B)30 (C)33.4 (D)62.3 kVA。

( ) 11. 有一台4000/200V、60Hz、10kVA之單相變壓器，若一次側換算至二次側之等效電阻為0.2Ω，等效電抗為0.15Ω，求在$\cos\theta = 0.8$超前時之電壓調整率為多少？
(A)1.75 (B)2.75 (C)4.25 (D)6.25 %。

( ) 12. 有一台220/110V、60Hz之單相變壓器，接成330/110V之自耦變壓器後，容量變成60kVA，求此變壓器未接成自耦變壓器時之容量為多少？ (A)20 (B)40 (C)50 (D)80 kVA。

( ) 13. 有一台6極、60Hz、3HP之三相感應電動機，已知滿載時二次側之銅損為150W，摩擦損與風阻力損為112W，求此電動機半載時之轉速為多少？
(A)1152 (B)1128 (C)1140 (D)1164 rpm。

( ) 14. 有一台6極、60Hz之三相感應電動機，已知轉子速率為1120rpm，則轉子的頻率為多少？
(A)4 (B)6 (C)8 (D)12 Hz。

( ) 15. 有一台繞線式三相感應電動機，已知轉子電阻為0.8Ω，電抗為2Ω，若希望在起動時，即產生最大轉矩，則應在轉子之每相電路上，串聯多大之電阻？
(A)1.2 (B)2 (C)1.6 (D)2.4 Ω。

( ) 16. 有一台6極、60Hz之三相感應電動機，已知轉差率為2%，滿載時轉子銅損為100W，若不考慮機械損失，求此電動機之輸出轉矩為多少？
(A)36.5 (B)39.8 (C)3.7 (D)4.1 kg·m。

( ) 17. 有一台三相感應電動機，若將電源電壓降低10%，則起動轉矩降低約多少？
(A)15 (B)20 (C)5 (D)100 %。

( ) 18. 有一台電容起動式單相感應電動機，故障原因為「無法起動，但用手轉動後，轉子會朝施力方向轉動」，試問下列何者不是這台電動機故障之原因？
(A)電容器損毀 (B)起動繞組斷路
(C)行駛繞組斷路 (D)離心開關損毀。

( ) 19. 有一台400V、25kVA之三相同步發電機，以額定轉速下運轉，當激磁電流為9A時產生無載端電壓400V，將輸出端短路時，其短路電流為45A，求此發電機之短路比約為多少？
(A)0.8 (B)1.25 (C)0.2 (D)5。

( ) 20. 有一台6極、60Hz之三相同步發電機，電樞上有72槽，求其分布因數為何？
(A) $\frac{\sin 60}{4\sin 7.5}$ (B) $\frac{1}{8\sin 7.5}$
(C) $\frac{4\sin 7.5}{\sin 30}$ (D)2sin7.5。

( ) 21. 電磁感應所產生感應電勢之方向，為反抗原磁交鏈之變化，稱為
(A)楞次定律 (B)安培定律
(C)佛來銘右手定則 (D)佛來銘左手定則。

( ) 22. 超音波馬達使用何種材料製成震動子？
(A)金屬材料 (B)壓電陶瓷
(C)絕緣材料 (D)木質材料。

( ) 23. 使用「二明一滅」同步燈法，觀察兩部交流同步發電機並聯運轉之情形時，當產生「三燈皆滅」的情形時，表示為何？
(A)頻率稍異 (B)電壓大小不同
(C)相位不同 (D)相序不同。

( ) 24. 有一台4相步進馬達，已知轉子齒數為18，求步進角 θ 為多少？
(A)1.8 (B)2 (C)5 (D)15 度。

解答與解析

1.(D)。單分繞疊a＝mp＝1．4＝4，$I=\frac{P}{V}=\frac{16K}{200}=80(A)$，

每一根電樞導體流過的電流為$\frac{80}{4}=20(A)$，

改成單分波繞時a＝2m＝2

∴V＝200×2＝400(V)，I＝20×2＝40(A)。

2.(C)。導體的有效長度為0.1m，e=Bℓυsinθ

e=0.5×0.1×20×0.5，e=0.5(V)。

3.(C)。總安匝數$\frac{I_a}{a}\cdot\frac{z}{2}=\frac{120}{4}\cdot\frac{720}{2}=10800(AT)$

每極的總安匝數$F_A=\frac{10800}{4}=2700(AT)$

每磁交$F_{\frac{C}{P}}=F_{\frac{A}{P}}\cdot\frac{\theta_P-2\alpha}{\theta_P}=2700\cdot\frac{90-2\cdot15}{90}=1800(AT)$。

4.(B)

5.(B)。$I=\frac{P}{V}=\frac{15K}{200}=75(A)$，$I_f=\frac{V}{R_f}=\frac{200}{20}=10(A)$

$I_a=I+I_f=75+10=85(A)$

$E=I_aR_a+V=(85\times0.05)+200=204.25(V)$

$\varepsilon\%=\frac{204.25-200}{200}\times100\%=2.125\%=2.13\%$

6.(C)。$P_O=V_1I_O\cos\theta_o$，$1800=3000\cdot1\cdot\cos\theta_o$，$\cos\theta_o=0.6$，$\sin\theta_o=0.8$

$I_m=I_o\sin\theta_o=1\cdot0.8=0.8(A)$。

7.(D)。$N=k\frac{E_b}{\phi}$，∵ϕ為定值，∴N與E_b成正比，n=1200rpm時，E_b=210－(60×0.5)＝180(V)，改成150V滿載時之E_b=150－(60×0.5)＝120(V)，$\frac{180}{120}=\frac{1200}{N}$，N＝800(rpm)。

8.(A)

9.(D)。已知鐵損為0.15kW，滿載銅損為0.2kW

$$\eta_{aN}\% = \frac{1\cdot 5\cdot 8+\frac{1}{2}\cdot 5\cdot 4+\frac{1}{4}\cdot 5\cdot 4}{1\cdot 5\cdot 8+\frac{1}{2}\cdot 5\cdot 4+\frac{1}{4}\cdot 5\cdot 4+24\cdot 0.15}$$

$$+\frac{1}{1^2\cdot 0.2\cdot 8+(\frac{1}{2})^2\cdot 0.2\cdot 4+(\frac{1}{4})^2\cdot 0.2\cdot 4}\times 100\% = 90.98\% = 91\%$$

10.(C)。V－V接線可供應之容量為50×0.866×2＝86.6k(VA)，
供應120k(VA)，所以過載，120－86.6=33.4k(VA)。

11.(A)。$S=V_2I_2$，$\therefore I_2 = \frac{10K}{200} = 50A$，$\varepsilon\% = P\cos\theta \pm q\sin\theta$，
∵功率因數為超前，公式帶負號

$$\varepsilon\% = \frac{I_2R_{O2}}{V_2}\cos\theta - \frac{I_2X_{O2}}{V_2}\sin\theta = \frac{50\cdot 0.2}{200}\cdot 0.8 - \frac{50\cdot 0.15}{200}\cdot 0.6 = 1.75\%$$ 。

12.(B)。$P=S(1+\frac{1}{a})$，$60=S(1+\frac{1}{2})$，S=40k(VA)。

13.(D)。$P_o=746\times 3=2238(W)$
$P_m=2238+112=2350(W)$
$P_2=2350+150=2500(W)$
$\frac{P_2}{1}=\frac{P_{c2}}{S}=\frac{P_m}{1-S}$，$\frac{2500}{1}=\frac{150}{S}$，S=6%，負載與S成正比，
∴半載時之轉差為3%
$N_S=1200$，$N_r=1200(1-0.03)=1164(rpm)$。

14.(A)。$N_S = \frac{120\cdot 60}{6} = 1200(rpm)$

$$S = \frac{1200-1120}{1200} = \frac{1}{15}$$

$f_2 = Sf_1 = 60\cdot\frac{1}{15} = 4(Hz)$。

15.(A)。$S_{T_{max}}=\frac{R_2}{X_2}=\frac{0.8}{2}=0.4$ ，$\frac{R_2}{0.4}=\frac{R_2+R_X}{1}$

$\frac{0.8}{0.4}=\frac{0.8+R_X}{1}$ ，R_X=1.2(Ω)。

16.(D)。$\frac{P_2}{1}=\frac{P_{C2}}{S}$ ，$\frac{P_2}{1}=\frac{100}{0.02}$ ，P_2=5000(W)

$T=\frac{P_2}{\omega_S}=\frac{5000}{\frac{2\pi\cdot 1200}{60}}=39.8\,(NT\cdot m)$，$T=\frac{39.8}{9.8}=4.1\,(kg\cdot m)$。

17.(B)。T與外加電壓平方成正比$(0.9)^2$=0.81，下降了約20%。

18.(C)

19.(B)。$I_n=\frac{S}{\sqrt{3}V_n}=\frac{25k}{\sqrt{3}\cdot 400}=36\,(A)$，$k_s=\frac{I_s}{I_n}=\frac{45}{36}=1.25$ 。

20.(B)。$n=\frac{72}{6\cdot 3}=4$ ，$\alpha=\frac{6\cdot 180}{72}=15$ ，

$$k_d=\frac{\sin\frac{n\alpha}{2}}{n\sin\frac{\alpha}{2}}=\frac{\sin\frac{4\cdot 15}{2}}{4\sin\frac{15}{2}}=\frac{\sin 30}{4\sin 7.5}=\frac{1}{8\sin 7.5}$$ 。

21.(A) 22.(B) 23.(D)

24.(C)。$\theta=\frac{360}{4\cdot 18}=5^\circ$ 。

第二回

( ) 1. 下列有關電磁理論何者錯誤？

(A)科學家奧斯特發現當導體有電流通過時，會使鄰近的磁針產生偏轉。

(B)科學家法拉第發現線圈與磁場作相對運動時，線圈將有感應（電動勢）電流產生

(C)科學家楞次發現感應電勢正負極性方向的決定，總在抵抗磁通量的變化

(D)佛來銘右手定則以拇指方向代表電流方向，食指方向代表磁力線方向，中指方向代表導體運動方向。

( ) 2. 有一台4極直流發電機，電樞繞組共有20只線圈，有20只換向片，有4只電刷，採單分疊繞，轉速600rpm，試求換向時間為多少秒？

(A)0.005 (B)0.05 (C)0.5 (D)5。

( ) 3. 下列有關直流機的敘述，何者錯誤？

(A)直流發電機電樞繞組的電流為交流，經換向片與電刷，到外部呈現直流電

(B)直流電機為了減少換向時產生火花，常採用具有高接觸電阻特性的碳質電刷

(C)採用疊繞的電樞繞組，將電樞繞組相距2個極距的各點，使用均壓線連接起來

(D)電樞繞組採波繞，其線圈引線是與相隔1個極距的線圈連接，較適於高電壓及小電流之電機。

(　) 4. 下列有關直流電機電樞反應的敘述，何者不正確？
(A)直流發電機主磁極為N、S，中間極為n、s，則順轉向排列應為NsSn
(B)電樞繞組流過的電流與補償繞組所流的電流大小相同、方向相反
(C)電樞反應使直流電動機轉速增快
(D)直流電動機為了改善換向，採移動電刷方法，則電刷移動方向與旋轉方向相反。

(　) 5. 有一台串激式電動機，端電壓100V，電樞電阻0.2Ω，串激場電阻0.3Ω，滿載時之電流為40A，求電樞內部所生的機械功率（P_m）為多少？
(A)4000　(B)3200　(C)3000　(D)2000　W。

(　) 6. 下列有關起動直流電動機的敘述，何者正確？
(A)差複激電動機起動時，為防止反向起動，須將分流器調到最大值
(B)可以無載起動串激電動機
(C)起動分激電動機時，應將分激場電阻器（R_f）調為0Ω
(D)直流電動機起動電流通常很大，原因是起動時感應電動勢最大。

(　) 7. A、B兩台直流分激發電機並聯運轉中，A機感應電動勢為100V、電樞電阻0.05Ω、分激場電阻100Ω，B機感應電動勢為100V、電樞電阻0.1Ω、分激場電阻為100Ω，總負載電流為300A，則各機分擔的負載電流分別為多少？（電樞反應、電刷壓降與激磁電流忽略不計）
(A)I_a=200A、I_b=100A　(B)I_a=100A、I_b=200A
(C)I_a=150A、I_b=150A　(D)I_a=0A、I_b=300A。

(　) 8. 有三只220/110V單相變壓器，如右圖所示採△-△接線，一次側送3ϕ、220V電源，其中第2只（B相）變壓器二次側反接，則
(A)V_{ac}=110V　(B)V_{ad}=0V
(C)V_{ad}=110V　(D)V_{ad}=220V。

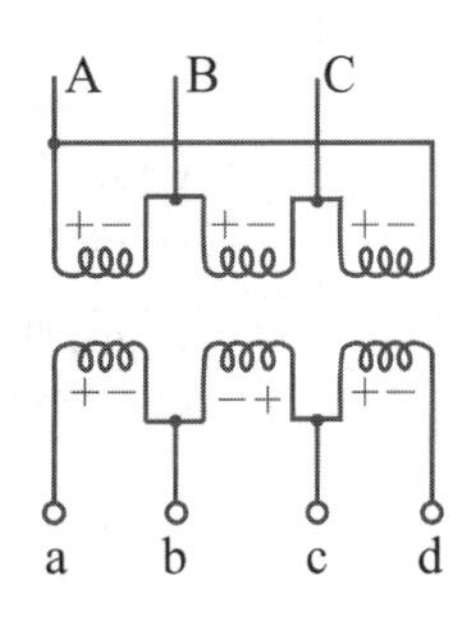

( ) 9. 有一只30kVA、3000/200V、60Hz之單相變壓器，實施短路試驗時，若要獲得滿載銅損，則所接的電源應為
(A)3000 (B)200 (C)10 (D)150 A。

( ) 10. 單相變壓器實施負載特性試驗，設變壓器二次側接電感性負載，則下列敘述何者較正確？
(A)端電壓隨負載增加而增大
(B)電壓調整率隨負載增加而增大
(C)效率隨負載增加而下降
(D)功率因數隨負載增加而下降。

( ) 11. 有一100kVA、20k/200V單相變壓器，由高壓側測得等值阻抗為40Ω，以高壓側額定為基準經計算後得到阻抗標么值為0.01，若以低壓側額定為基準經計算後得到阻抗標么值為
(A)0.01 (B)0.001 (C)0.02 (D)0.002。

( ) 12. 有一具20kVA、200/100V雙繞組變壓器，接成200/300V之升壓自耦變壓器，則容量變為多少？
(A)20 (B)30 (C)45 (D)60 kVA。

( ) 13. 有一部6極、220V、60Hz之三相感應電動機，滿載時轉速為1000rpm，試求半載時的轉速為多少？
(A)1200 (B)1100 (C)1000 (D)500 rpm。

( ) 14. 三相感應電動機，滿載時轉差率(S)為0.04，則滿載時，轉子效率約為
(A)88 (B)92 (C)96 (D)98 %。

( ) 15. 三相繞線式感應電動機，在轉矩不變情況下，若增加轉子電阻（R_2），則
(A)感應電動機的轉差率不會改變
(B)感應電動機的起動轉矩不會改變
(C)感應電動機的最大轉矩增大
(D)感應電動機的轉速會變慢。

(　) 16. 有一部220V、60Hz之三相感應電動機，採全壓起動時，起動電流為300A，則
(A)改採Y-△降壓起動，起動電流為300A
(B)改採補償器（自耦變壓器）降壓為110V來起動，電源側之起動電流為150A
(C)改採電抗器降壓為110V來起動，起動電流為100A
(D)改採電阻器降壓為110V來起動，起動電流為150A。

(　) 17. 下列何者為同步發電機的激磁特性曲線？

(A)
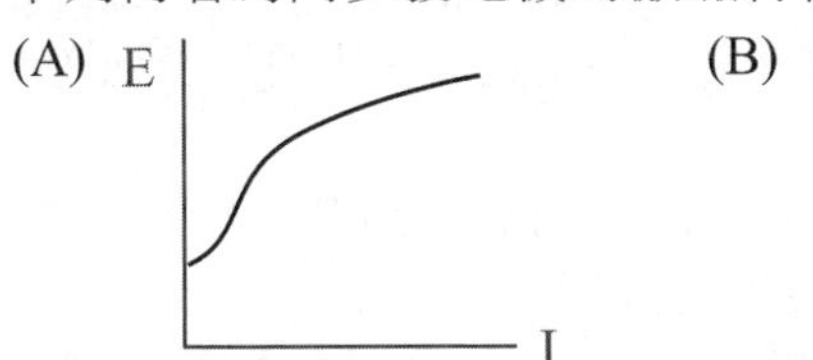

(B)
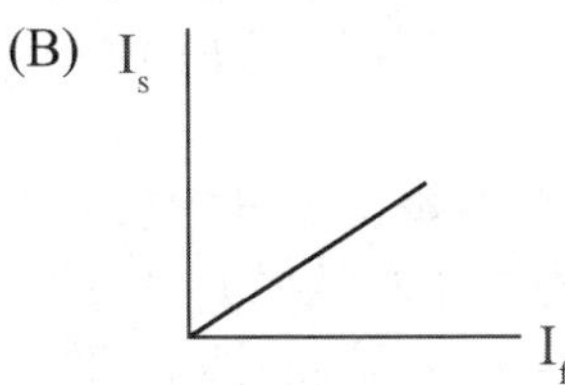

(C)
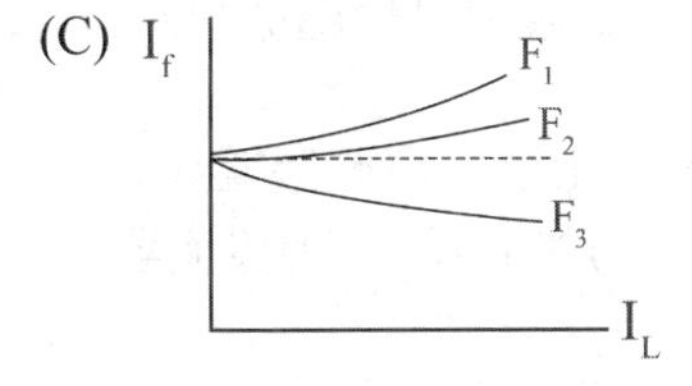

(D)
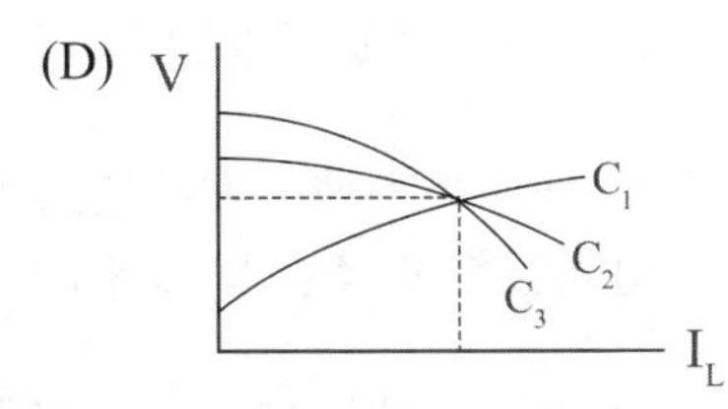

(　) 18. 下列有關單相四極感應電動機的敘述，何者不正確？
(A)行駛（運轉）繞組與起動繞組在空間上須相距90度電機角
(B)行駛繞組置於定部線槽的外層，起動繞組置於定部線槽的內層
(C)分相式感應電動機的起動繞組串接一只離心開關，在速率達到同步轉速75%時切離電路
(D)雙值電容式感應電動機，起動用電容器比運轉用電容器的電容容量較大。

(　) 19. 下列有關同步電動機特性實驗的敘述，何者錯誤？
(A)起動前應將激磁繞組加以短路
(B)電樞繞組先通三相交流電源起動後，磁場繞組再通直流電源
(C)激磁繞組在欠激下逐漸增加其激磁電流，則電樞電流先減後增
(D)負載增加則轉速降低。

( ) 20. 有一台三相同步發電機供應三相負載，省略電樞電阻，發電機的每相感應電動勢為220V，負載端相電壓為210V，每相之同步電抗值為11Ω，該發電機的最大功率輸出應為多少？
(A)25200 (B)12600 (C)4400 (D)2420 W。

( ) 21. 伺服電動機必須具備的特點是：
(A)起動轉矩小、轉子慣性小、能正逆轉、可以急加速或急減速
(B)起動轉矩大、轉子慣性大、能正逆轉、不可以急加速或急減速
(C)起動轉矩大、轉子慣性小、能正逆轉、可以急加速或急減速
(D)起動轉矩大、轉子慣性小、能正逆轉、不可以急加速或急減速。

( ) 22. 下列有關電工機械的損失敘述。何者錯誤？
(A)變壓器的鐵損與電壓平方成正比
(B)感應電動機的轉子銅損可利用氣隙功率與轉差率相乘計算而得
(C)直流電機的分激場繞組銅損為可變損
(D)中小型直流電機的雜散損負載通常以輸出的1%來計算。

( ) 23. 野外利用蓄電池來點亮的直流日光燈，需要裝置
(A)伺服電動機 (B)截波器 (C)整流器 (D)變流器。

( ) 24. 下列有關各種電機作並聯運用，何者較正確？
(A)兩台直流分激發電機作並聯運用時，分擔容量與分激場電阻成反比
(B)兩台直流積複激發電機作並聯運用時，分擔容量與分激場電阻成反比
(C)兩台直流積複激發電機作並聯運用時，分擔容量與電樞電阻成反比
(D)兩台單相變壓器作並聯運用時，分擔容量與等效阻抗成反比。

解答與解析

1.(D)。佛來銘右手定則以拇指方向代表導體運動方向，食指方向代表磁力線方向，中指方向代表電流方向。

2.(A)。$600\text{rpm}=\frac{600}{60}\text{rps}=10(\text{rps})$，每轉$\frac{1}{10}\sec=0.1(\sec)$，

每只換向片換向時間$=\frac{0.1}{20}=0.005(\sec)$。

3.(D)。波繞，其線圈引線是與相隔約2個極距的線圈連接。

4.(B)。電流大小不同，電樞繞組所流的電流為路徑電流(I_c)，補償繞組所流的電流為電樞電流(I_a)，$I_a=a\times I_c$。

5.(B)。$E_c=100-40\times(0.3+0.2)=80(V)$，$P_m=I_a\times E_c=40\times80=3200(W)$。

6.(C)。(A)差複激電動機起動時，為防止反向起動，須將分流器調到0Ω(將串激場繞短路)，(B)不可以無載起動串激電動機，無載時轉速很大，(D)起動時感應電勢為0V。

7.(A)。$I_a=\frac{0.1}{(0.1+0.05)}\times300=200(A)$，$I_b=300-200=100(A)$。

8.(D)。$V_{ad}=2\times110=220(V)$。

9.(C)。實施短路試驗時，應於高壓側接額定電流，$I=\frac{30K}{3000}=10(A)$。

10.(B)。端電壓隨負載增加而下降、效率隨負載增加而先增後減、功率因數隨負載增加而增加。

11.(A)。變壓器的一、二次側的阻抗標么值相同。

12.(D)。自耦變壓器容量$=(1+\frac{200}{100})\times20\text{kVA}=60\text{k(VA)}$。

13.(B)。$n_s=(\frac{120\times 60}{6})=1200(rpm)$，$S=\frac{(1200-1000)}{1200}=\frac{1}{6}$，

半載$S'=\frac{1}{12}$，$n=(1-\frac{1}{12})\times 1200=1100(rpm)$。

14.(C)。$\eta=\frac{P_m}{P_g}=1-S=1-0.04=0.96=96\%$。

15.(D)。增加轉子電阻(R_2)，則(A)轉差率增大、(B)起動轉矩增大、(C)最大起動轉矩無關。

16.(D)。Y－Δ降壓起動電流為100A、補償器降壓電源側起動與電壓平方成正比為75A、電抗器或電阻器降壓起動電流與電壓成正比為150A。

17.(C)。(A)為飽和特性曲線，(B)為短路特性曲線，(D)為外部特性曲線。

18.(B)。行駛繞組線置於定部線槽的內層，起動繞組置於定部線槽的外層。

19.(D)。同步電動機轉速不變。

20.(B)。$P=3\times(\frac{210\times 220}{11})=12600(W)$。

21.(C)。伺服電動機必須具備的特點是起動轉矩大、轉子慣性小、能正逆轉、可以急速或急減速。

22.(C)。分激場繞組銅損為固定損。

23.(D)。變流器(Inverter)作用是將直流電轉換成所須頻率之交流電。

24.(D)。(A) 兩台直流分激發電機做並聯運用時，則容量與電樞電阻成反比，(B) 兩台直流積複激發電機做並聯運用時，容量與串激場電阻成反比。

第三回

( ) 1. 下列敘述何者正確？
(A)在直流發電機中，中間極的極性與順轉向前的主磁極極性相反
(B)在直流電動機中，磁中性面在順轉向的電刷之後，則產生低速換向
(C)在直流發電機中，電刷順轉向移位不足，則產生過速換向
(D)在直流電動機中，當負載減輕時，若電刷位置固定不變，則產生過速換向。

( ) 2. 有一15kW、120V之直流分激發電機，其磁場電阻為40Ω，電樞電阻為0.08Ω，鐵損及機械損之和為870W，則定值損失為
(A)870 (B)1230 (C)1310 (D)1670 W。

( ) 3. 設某100匝線圈，切割磁通 $\phi(t) = 0.1t + 6wb$ ，則當時間t=1ms時，線圈的感應電勢為
(A)600V (B)60V (C)200V (D)10V。

( ) 4. 下列何者不為電抗電壓之成份？
(A)交磁電樞反應電勢 (B)換向線圈自感應電勢
(C)換向線圈互感應電勢 (D)電刷壓降。

( ) 5. 變壓器鐵心原來之渦流損失為360W，若鐵心疊片厚度變為原來的1/6，且鐵心體積與原來相同時，渦流損失變為
(A)360 (B)60 (C)10 (D)0 W。

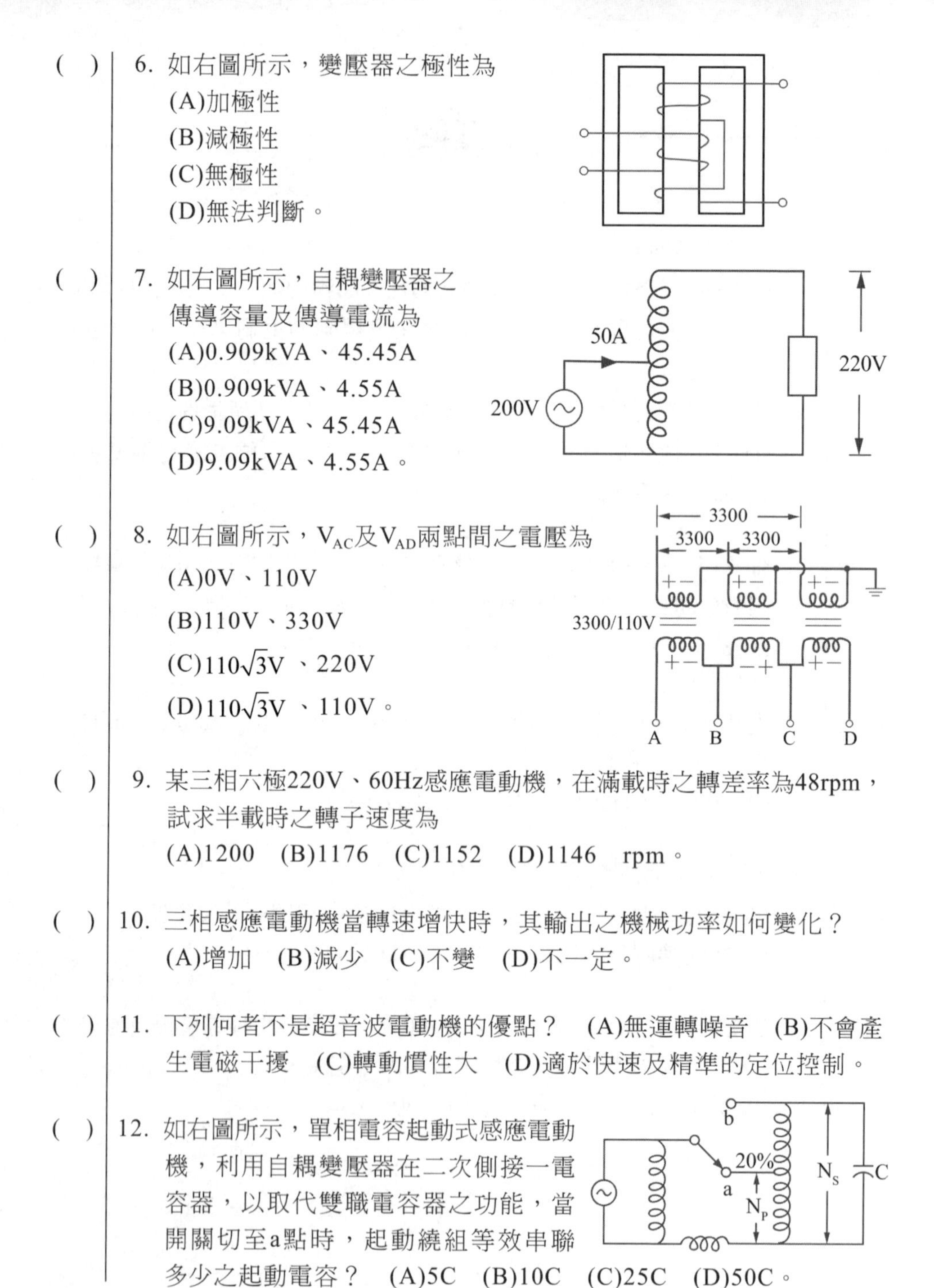

(　) 6. 如右圖所示，變壓器之極性為
(A)加極性
(B)減極性
(C)無極性
(D)無法判斷。

(　) 7. 如右圖所示，自耦變壓器之傳導容量及傳導電流為
(A)0.909kVA、45.45A
(B)0.909kVA、4.55A
(C)9.09kVA、45.45A
(D)9.09kVA、4.55A。

(　) 8. 如右圖所示，V_{AC}及V_{AD}兩點間之電壓為
(A)0V、110V
(B)110V、330V
(C)$110\sqrt{3}$V、220V
(D)$110\sqrt{3}$V、110V。

(　) 9. 某三相六極220V、60Hz感應電動機，在滿載時之轉差率為48rpm，試求半載時之轉子速度為
(A)1200　(B)1176　(C)1152　(D)1146　rpm。

(　) 10. 三相感應電動機當轉速增快時，其輸出之機械功率如何變化？
(A)增加　(B)減少　(C)不變　(D)不一定。

(　) 11. 下列何者不是超音波電動機的優點？　(A)無運轉噪音　(B)不會產生電磁干擾　(C)轉動慣性大　(D)適於快速及精準的定位控制。

(　) 12. 如右圖所示，單相電容起動式感應電動機，利用自耦變壓器在二次側接一電容器，以取代雙職電容器之功能，當開關切至a點時，起動繞組等效串聯多少之起動電容？　(A)5C　(B)10C　(C)25C　(D)50C。

( ) 13. 有一變壓器容量為40kVA，另一部容量為34.64kVA，當接成T-T接線供電，則可供給負載
(A)74.64　(B)69.28　(C)60　(D)57.7　kVA。

( ) 14. 變壓器的額定輸出容量，通常以
(A)KW　(B)kVA　(C)HP　(D)V　為單位。

( ) 15. 下列敘述何者正確？
(A)同步電動機工作於電感性時，其電樞反應性質與直流電動機逆轉向移動電刷時相似
(B)同步發電機中，若電樞電流超前端電壓80°，則電樞反應性質大多為加磁電樞反應
(C)在直流電機中，移動電刷是改善電樞反應問題最簡單且最有效的方法
(D)同步發電機的短路電流曲線為一直線，是因為電樞反應為去磁，使磁通飽和的緣故。

( ) 16. 通過線圈的磁通量若呈線性減少，則線圈兩端的感應電勢會呈
(A)線性減少　(B)線性增加　(C)定值　(D)0。

( ) 17. 有一部直流電動機，自線路取用60A電流，產生150NT·m的轉矩；若磁通增加為原來的1.5倍，則此電動機的電流應為多少安培，才能產生300 NT·m的新轉矩？
(A)40　(B)60　(C)80　(D)100　A。

( ) 18. 有一4極單式波繞直流發電機，電樞繞組總導體數是500根，每極磁通量為2×10^{-2}wb，每分鐘轉速為1800轉，則此發電機之應電勢為
(A)600　(B)500　(C)400　(D)300　V。

( ) 19. 某直流電機，一個圓周共有1440度電機角，則此直流電機共有
(A)2　(B)4　(C)6　(D)8　個磁極。

( ) 20. 某直流分激電動機，額定電壓110V，分激場電阻為100Ω，電樞繞組電阻為0.1Ω，若電樞電流為50A，則電樞繞組的感應電勢為
(A)90 (B)95 (C)100 (D)105 V。

( ) 21. 直流發電機之外部特性曲線，是指
(A)負載端電壓與負載電流
(B)感應電勢與激磁電流
(C)感應電勢與電樞電流
(D)激磁電流與電樞電流 之間的關係曲線。

( ) 22. 下列有關直流電樞反應的敘述，何者正確？
(A)電動機之電樞反應，使主磁極之前極尖磁通減少，後極尖磁通增加
(B)發電機之電樞反應，使磁中性面順旋轉方向移動一角度
(C)若以N、S表示主磁極，n、s表示中間極；電動機的中間極極性，依其轉向為NsSn
(D)無論是發電機或電動機，中間極繞阻都應與電樞並聯

( ) 23. 下列有關直流發電機並聯運用的條件，何者錯誤？
(A)電壓大小須相同 (B)容量須相同
(C)外部曲線須相同 (D)極性須正確連接

( ) 24. 某直流電動機，無載轉速為1260rpm，已知其速率調整為5%，則其滿載轉速為
(A)1000 (B)1100 (C)1200 (D)1300 rpm。

( ) 25. 下列有關直流電動機之特性，何者正確？
(A)串激式電動機可視為定速電動機
(B)改變電源極性，即可改變直流電動機之轉向
(C)分激式電動機不可無載或輕載運轉，以免轉速過高而發生危險
(D)若不考慮鐵心磁通飽和，則串激式電動機之轉矩與電樞電流平方成正比。

解答與解析

1.(D)

2.(B)。分激場電阻損失 $=\dfrac{120^2}{40}=360(W)$

∴定值損失=870+360=1230(W)。

3.(D)。$e=N\cdot\dfrac{\Delta\phi}{\Delta t}=100\times\dfrac{(0.1\times10^{-3}+6)-(0.1\times0+6)}{10^{-3}-0}=10(V)$。

4.(D)

5.(C)。$P_e=360\times(\dfrac{1}{6})^2=10(W)$。

6.(A)

7.(B)。S_A=200×50=10k(VA)

$S_A：S_n：S_D$=2000：(2000－200)：200

依據上述過程，選擇最接近的答案為

$S_D=10\times\dfrac{1}{10}=1k(VA)$，$I_D=\dfrac{1000}{200}=5(A)$。

8.(C)。$V_{AC}=V_{AB}+(-V_{BC})=110\sqrt{3}V$

$V_{AD}=V_{AB}+(-V_{BC})+V_{CD}=220(V)$。

9.(B)。半載轉速 $N_r=N_s-\dfrac{1}{2}\Delta n=1200-\dfrac{1}{2}\times48=1176(rpm)$。

10.(D)。$S<S_{max}$，$N_r\downarrow\rightarrow P_o\uparrow$；$S>S_{max}$，$N_r\downarrow\rightarrow P_o\downarrow$。

11.(C)

12.(C)。$a=\dfrac{N_P}{N_S}=\dfrac{1}{5}$，折算至一次側之等效電容 $C'=\dfrac{1}{a^2}C=5^2\times C=25C$。

13.(B)。$S_{T-T}=40\times\sqrt{3}=69.28k(VA)$。

14.(B)。變壓器的功率因數會隨負載變化。因此容量以kVA表示。

15.(B)

16.(C)。$e=-N\dfrac{\Delta\phi}{\Delta t}$，因$\dfrac{\Delta\phi}{\Delta t}$為定值，故e亦為定值。

17.(C)。因 $T=K\phi I_a$，故$\dfrac{T'}{T}=\dfrac{K\phi' I_a'}{K\phi I_a}\Rightarrow\dfrac{300}{150}=\dfrac{K\times1.5\phi\times I_a'}{K\times\phi\times60}\Rightarrow I_a'=80(A)$。

18.(A)。$E=\dfrac{PZ\phi_n}{60a}=\dfrac{4\times500\times2\times10^{-2}\times1800}{60\times2}=600(V)$。

19.(D)。$P=\dfrac{1440}{180}=8$ 極。

20.(D)。$E=V+I_aR_a=100+50\times0.1=105(V)$。

21.(A)。(B)感應電勢與激磁電流：無載特性曲線，(C)感應電勢與電樞電流：內部特性曲線，(D)激磁電流與電樞電流：電樞特性曲線。

22.(B)。(A)電動機之電樞反應，使主磁極之前極尖磁通增加，後極尖磁通減少，(C) 若以N、S表示主磁極，n、s表示中間極；電動機的中間極極性，依其轉向為NnSs，(D) 無論是發電機或電動機，中間極繞組都應與電樞串連。

23.(B)。容量不需相同。

24.(C)。$n_f=\dfrac{n_a}{1+S.R\%}=\dfrac{1260}{1+0.05}=1200(rpm)$。

25.(D)。(A)串激式電動機可視為變速電動機，(B)改變電源極性，不能改變直流電動機之轉向，(C)串激式電動機不可無載或輕載運轉，以免轉速過高而發生危險。

第四回

( ) 1. 有一運動中之導體長20cm，置於磁通密度為0.1wb/m^2之均勻磁場中，感應電勢為1V，若導體之運動方向與磁場成30度，求此導體移動速率為？
(A)1 (B)2 (C)100 (D)200 m/s。

( ) 2. 線圈內之磁場發生變化時，其感應電勢所產生之電流，此電流產生的磁場為反抗磁交鏈之變化，稱之為？
(A)安培右手定則 (B)法拉第感應電勢
(C)楞次定律 (D)佛來銘左手定則。

( ) 3. 有台四極直流電機，電樞表面之導體總數有640根，採用單分疊繞繞製，其電樞電流為150A，若電刷前移15度機械度，求此直流電機之每極交磁安匝數為
(A)4000 (B)8000 (C)1000 (D)2000 安匝。

( ) 4. 直流分激發電機要自激建立電壓之條件，下列敘述何者正確？
(A)要有剩磁、轉速小於臨界轉速、場電阻大於臨界場電阻
(B)要有剩磁、轉速大於臨界轉速、場電阻小於臨界場電阻
(C)無剩磁、轉速大於臨界轉速、場電阻小於臨界場電阻
(D)無剩磁、轉速小於臨界轉速、場電阻大於臨界場電阻。

( ) 5. 有一台串激式直流電動機，已知電樞電阻為0.1Ω，串激場電阻為0.3Ω，線路內阻為0.1Ω，外接220V之直流電源，且省略電刷壓降。已經在滿載時，負載電流為40A，轉速為800rpm，若轉矩不變，且希望電動機之穩定轉速變為640rpm，則串激場電阻應改為多少？ (A)1.2 (B)1.3 (C)1.4 (D)1.5 Ω。

( ) 6. 已知某一單相變壓器，滿載時之銅損為400W，則此變壓器於半載時之銅損為
(A)800 (B)400 (C)200 (D)100 W。

( ) 7. 有台直流分激式電動機，在轉速為400rpm，鐵損為120W；而在轉速為600rpm時，鐵損變成原來的二倍，求在400rpm時之渦流損與磁滯損各為多少？
(A)80W、40W (B)60W、60W
(C)40W、80W (D)20W、100W。

( ) 8. 三部單相變壓器，每部額定10kVA，接成△-△接線，供給23kVA三相平衡負載，若有其中一部故障，其餘二部改成V-V接線繼續供應負載，則變壓器總過載多少？
(A)5.68 (B)7 (C)3 (D)8.66 kVA。

( ) 9. 設有兩台一、二次額定電壓相等之單相變壓器A及B，A變壓器之額定容量為10kVA，百分比阻抗壓降為5%，B變壓器之額定容量為20kVA，百分比阻抗壓降為2%，則兩變壓器在功因為1時之電壓調整率相等，若並聯運轉，當負載為18kVA時，求A、B變壓器各分擔多少？
(A)3kVA、15kVA (B)6kVA、12kVA
(C)9kVA、9kVA (D)15kVA、3kVA。

( ) 10. 有台匝數比為1.2:1之自耦變壓器，已知此自耦變壓器之容量為18kVA，則直接傳導容量為？
(A)3 (B)9 (C)12 (D)15 kVA。

( ) 11. 有一部三相6極5HP感應電動機，接三相220V、60Hz之電源，滿載時轉速為1170rpm；今在轉子每相電路上串聯3Ω電阻後，轉速變為1140rpm，求轉子每相電阻應為多少？
(A)1.5 (B)2 (C)3 (D)4.5 Ω。

( ) 12. 三相感應電動機起動時，利用電抗器予以降壓起動，當電壓下降10%時，求起動轉矩下降多少？
(A)10 (B)20 (C)30 (D)40 %。

( ) 13. 有一台六相步進馬達，若轉子凸極數為20，求此步進馬達之步進角θ為幾度？ (A)3 (B)1.5 (C)4 (D)2 度。

( ) 14. 有台電容起動式單相感應電動機，送電後無法起動，但用手轉動轉軸後，就能正常運轉，下列何者不是此電動機故障之原因？
(A)電容器損毀 (B)起動線圈斷線
(C)行駛線圈斷線 (D)離心開關損毀。

( ) 15. 功率因數為0.8落後之三相同步電動機，若將其場電流增大，則電樞電流之變化為？
(A)電樞電流漸大 (B)電樞電流漸小
(C)電樞電流先增加再減少 (D)電樞電流先減少再增加。

( ) 16. 有台三相Y接線之同步發電機，2000kVA、3.3kV，激磁電流為150A時，負載端電壓為3.3kV，短路電流為420A，求此發電機之同步阻抗標么值為多少？
(A)1.2 (B)0.83 (C)1.25 (D)0.8。

( ) 17. 有台4極、60Hz、5HP之三相感應電動機，已知半載轉子銅損為40W，機械損失為110W，求其半載轉速為？
(A)1710 (B)1728 (C)1764 (D)1782 rpm。

( ) 18. 使用二明一滅法測量兩台三相同步發電機並聯運轉之情形，若產生「三燈皆滅」之情況，表示
(A)電壓大小、波型稍異 (B)相位不同
(C)相序不同 (D)頻率稍異。

( ) 19. 在直流電動機的損失中，下列何者與負載大小無關？
(A)分激繞組銅損 (B)串激繞組銅損
(C)中間極繞組銅損 (D)電樞繞組銅損。

( ) 20. 有一部額定容量為18kW的直流發電機，滿載時固定損失及變動損失皆為800W，則其半載時效率為？
(A)80 (B)85 (C)90 (D)95 %。

(　) 21. 設變壓器之一次側匝數為N_1，二次側匝數為N_2，匝數比$a=\frac{N_1}{N_2}$；則將一次側阻抗轉換至二次側時，一次側阻抗應乘以
(A)a　(B)$\frac{1}{a}$　(C)a^2　(D)$\frac{1}{a^2}$。

(　) 22. 一部100kVA之單相變壓器，其一次側額定電壓值為20kV，依此為基準之阻抗標么值為0.02，則其實際阻抗值應為？
(A)80　(B)100　(C)120　(D)140　Ω。

(　) 23. 下列有關單相變壓器開路及短路試驗之敘述，何者正確？
(A)開路試驗用於測量銅損，短路試驗用於測量鐵損
(B)由開路試驗可計算出變壓器之激磁導納，由短路試驗可計算出變壓器之等效阻抗
(C)開路試驗時，高壓側開路，低壓側之電流為額定電流
(D)短路試驗時，高壓側短路，低壓側之電壓為額定電壓。

(　) 24. 某變壓器之滿載鐵損為900W，滿載銅損為1600W，則此變壓器之最大效率會出現在　(A)1/4　(B)1/2　(C)3/4　(D)5/4　負載時。

(　) 25. 下列何種變壓器的接線方式無法並聯運用？
(A)△-△與Y-Y　(B)△-△與△-△
(C)△-Y與Y-△　(D)△-Y與△-△。

解答與解析

1.(C)。$e=B\times\ell\times\upsilon\times\sin\theta$，$1=0.1\times0.2\times\upsilon\times0.5$，$\upsilon=100(m/s)$。

2.(C)

3.(D)。a=mp=4，$F_{A/P}=\frac{150}{4}\times\frac{640}{2}\times\frac{1}{4}=3000\,(AT)$

$$F_{C/P}=3000\times\frac{90-2\times15}{90}=2000\,(AT)$$。

4.(B)

5.(B)。E_b=220－40(0.1+0.3+0.1)=200(V)，$N = K'\frac{E_b}{\phi}$，$\frac{800}{640} = \frac{200}{E_b'}$，

E_b'＝160(V)要保持轉矩不變，因此I_a不變

160＝220－40(0.1+0.1+R_S')，R_S'＝1.3(Ω)。

6.(D)。$P_c = (\frac{1}{m})^2 P_{cf}$，$P_c = (\frac{1}{2})^2 \times 400$，$P_c$=100(W)。

7.(A)。P_e+P_h=120，P_e與n^2成正比，P_h與n成正比

$P_e(\frac{600}{400})^2 + P_h(\frac{600}{400}) = 240$，$P_e$=80(W)，$P_h$=40(W)。

8.(A)。10×0.866×2=17.32k(VA)，23－17.32=5.68k(VA)。

9.(A)。P_A+P_B=18k(VA)，$\frac{P_A}{P_B} = \frac{S_A}{S_B} \times \frac{\%Z_B}{\%Z_A}$，$\frac{P_A}{P_B} = \frac{10}{20} \times \frac{2\%}{5\%}$

$5P_A$=P_B，P_A+$5P_A$=18k(VA)，P_A=3k(VA)，P_B=15k(VA)。

10.(D)。1.2：1之自耦變壓器，原變壓器之a＝0.2：1＝$\frac{1}{5}$

降壓自耦變壓器$S_A = S(1 + \frac{1}{a})$，18=S(1+5)，S=3k(VA)，

直接傳導容量=18－3=15k(VA)。

11.(C)。$N_S = \frac{120 \cdot 60}{6} = 1200(rpm)$，$S = \frac{1200 - 1170}{1200} \times 100\% = 2.5\%$

$S' = \frac{1200 - 1140}{1200} \times 100\% = 5\%$，$\frac{R_2}{S} = \frac{R_2 + R_X}{S'}$

$\frac{R_2}{2.5\%} = \frac{R_2 + 3}{5\%}$，$R_2$=3(Ω)。

12.(B)。$T_S' = (\frac{1}{n})^2 \cdot T_S = (0.9)^2 T_S = 0.81T_S$，1－0.81=0.19，∴約下降20%。

13.(A)。$\theta = \frac{360}{m \cdot N} = \frac{360}{6 \cdot 20} = 3°$。

14.(C)。行駛線圈斷線後，以外力轉動轉軸也不能正常運轉。

15.(D)

16.(B)。$S=\sqrt{3}\cdot V_n\cdot I_n$，$I_n=\dfrac{2000k}{\sqrt{3}\cdot 3.3k}=350$，$Z_s\%=\dfrac{1}{K_s}=\dfrac{I_n}{I_s}=\dfrac{350}{420}=0.83$。

17.(C)。$P_c=(\dfrac{1}{m})^2\cdot P_{cf}$，$\therefore P_{cf}=160\,(W)$，$P_O=5\times 746=3730(W)$

$P_m=3730+110=3840(W)$，$P_2=3840+160=4000(W)$，$\dfrac{P_2}{1}=\dfrac{P_{c2}}{S}=\dfrac{P_m}{1-S}$

取前兩項，$\therefore\dfrac{4000}{1}=\dfrac{160}{S}$，S=4%，∵負載與轉差率成正比

$\therefore S_{\frac{1}{2}}=4\%\times\dfrac{1}{2}=2\%$，$N_s=\dfrac{120\cdot 60}{4}=1800\,(rpm)$

$N_r=1800\times(1-2\%)=1764(rpm)$。

18.(C)

19.(A)。因分激繞組自成一個分路，未與電樞繞組串聯，所以通過的電流大致不變，其銅損可視為定值。

20.(C)。$\eta=\dfrac{\frac{1}{2}\times 1800}{\frac{1}{2}\times 1800+800+(\frac{1}{2})^2\times 800}\times 100\%=90\%$。

21.(D)。$Z_1'=\dfrac{1}{a^2}Z_1$。

22.(A)。$Z_{base}=\dfrac{{V_{base}}^2}{S_{base}}=\dfrac{20000^2}{100000}=4000(\Omega)\Rightarrow Z=Z_{pw}\times Z_{base}=0.02\times 4000=80(\Omega)$

23.(B)。(A)開路試驗用於測量鐵損，短路試驗用於測量銅損；(C)開路試驗時，高壓測開路，低壓側之電壓為額定電壓；(D)短路試驗時，低壓側短路，高壓側之電流為額定電流。

24.(C)。$m=\sqrt{\dfrac{P_1}{P_c}}=\sqrt{\dfrac{900}{1600}}=\dfrac{3}{4}$。

25.(D)。Δ－Y與Δ－Δ連接有相位差，故不能並聯運用。

第五回

( ) 1. 如右圖所示，有一根長2.5m導體通以10A電流，垂直置於磁通0.2wb之磁場中，若磁極面積為50cm×50cm，求導體的作用力及方向？

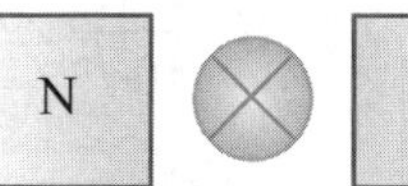

(A)4N，向上 (B)4N，向下 (C)5N，向上 (D)5N，向下。

( ) 2. 關於直流機電樞反應的敘述，下列何者錯誤？
(A)裝設中間極僅能消除換向區之電樞反應
(B)電樞反應會造成發電機感應電勢減少，電動機電磁轉矩降低
(C)電樞反應補償最好的方式為裝設補償繞組
(D)若正確移刷，則電樞磁動勢含有交磁及加磁，其中加磁磁動勢有增強主磁場的趨勢。

( ) 3. 有一六極直流發電機，電樞繞組有60匝線圈，假設每一線圈邊可以產生感應電勢2V，每一線圈額定電流為1A，求此電機繞成雙分波繞之感應電勢及額定電流？
(A)60V、15A (B)60V、4A (C)120V、15A (D)120V、4A。

( ) 4. 各種直流發電機中，若將負載兩端短路，則下列敘述何者正確？
(A)他激式會造成電機燒毀
(B)分激式電樞電流會變大
(C)串激式電樞電流及電壓會立即減小
(D)差複激會造成電機燒毀。

( ) 5. 將一次側線圈數與二次側線圈數比為1:10之三個單相變壓器，接成如右圖所示之三相變壓器；若$V_{UV}=KV_{RS}$，則K值為何？
(A)$10\sqrt{3}\angle 30°$ (B)$\frac{10}{\sqrt{3}}\angle -30°$
(C)$\frac{1}{10\sqrt{3}}\angle 30°$ (D)$\frac{10}{\sqrt{3}}\angle 30°$ 。

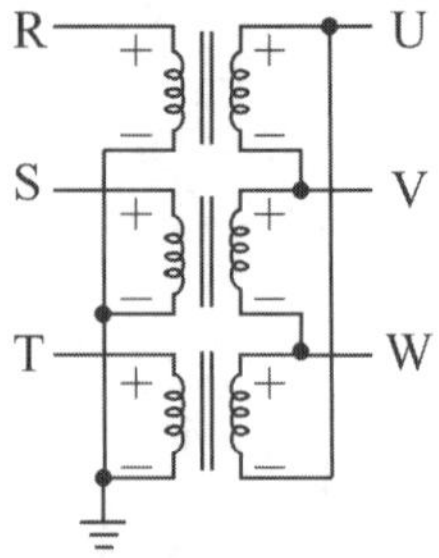

( ) 6. 某一額定7.5kVA、300V/100V、60Hz之單相變壓器，經短路實驗於一次側，測得總等效電阻為1.0Ω；若此變壓器之功率因數為1.0，且在4/5負載時有最大效率，則最大效率時的總損失為多少？
(A)400 (B)600 (C)800 (D)1000 W。

( ) 7. 某一額定電壓200V、額定輸出16kW、場繞組50Ω之直流分激電動機，其滿載效率為80%，則電樞電流為多少？
(A)76 (B)80 (C)84 (D)96 A。

( ) 8. 有一自耦變壓器自120V之電源，供電於100V、12kW、功因0.8滯後的負載，試求變壓器固有容量及高壓側輸入電流分別為何？
(A)2.5kVA、125A (B)125kVA、25A
(C)90kVA、750A (D)2.5kVA、150A。

( ) 9. 有關三相感應電動機在額定電壓時之敘述，下列何者不正確？
(A)S=0時，電磁轉矩為零
(B)$0<S<1$時，為電動機作用區
(C)S=1時，機械輸出功率為零
(D)靜止及轉子堵住時，S皆為零。

( ) 10. 有一單相感應電動機之定子資料為六極24槽，其繞組採用分相式，若主繞組由第3槽開始繞置，起動繞組應由下列何槽開始繞置？
(A)第4槽 (B)第5槽 (C)第6槽 (D)第7槽。

( ) 11. 關於感應電動機功因改善的敘述，下列何者正確？
(A)改善功因的方式，主要是串聯電容器
(B)改善功因的好處是可提高供電容量及線路壓降等
(C)以相同電壓與功率的感應電動機作比較，功因改善前後與負載電流成反比
(D)依電工法規規定，電容器的容量以改善功率因數到0.98為原則。

( ) 12. 某步進馬達定子相數為3相，轉子右8齒，若採1-2相激磁，則其運轉角度為何？
(A)7.5° (B)12° (C)15° (D)24°。

( ) 13. 已知一台同步發電機電樞繞組的分布因數為0.962、節距因數為0.958，則此台電機不可能採用下列何種電樞繞組？
(A)短節距分佈繞組 (B)短節距集中繞組
(C)全節距分佈繞組 (D)全節距集中繞組。

( ) 14. 有關電力轉換過程中的電源變化敘述，下列何者錯誤？
(A)截波器DC→DC (B)整流器AC→DC
(C)變頻器DC→AC→DC (D)變流器DC→AC。

( ) 15. 若磁場內某一載有電流的線圈，當此線圈平面的法線與磁場成平行的瞬間，則該線圈所生的轉矩為？
(A)0 (B)最小 (C)最大 (D)中間值。

( ) 16. 某直流電動機在未使用前，通以2A的電流，測出電樞繞組壓降10V；現於周圍溫度25℃下運轉2小時後通以2A電流，測出電樞繞組壓降為12V，下列敘述何者錯誤？
(A)該機未使用前的電樞繞組電阻為5Ω
(B)該機使用後的電樞繞組電阻增加1Ω
(C)該機使用後的溫升為39.9℃
(D)該機使用後的溫度為76.9℃。

( ) 17. 下列何項為直流電機均壓線的功用？
(A)改善換向作用 (B)提高絕緣能力
(C)提高溫升限度 (D)抵消電樞反應。

( ) 18. 有一磁通為2wb，電樞電流5A，轉矩為20牛頓-米的直流電動機，若將其改為發電機，當轉速為100rad/s，則該機的感應電勢為？
(A)600 (B)400 (C)300 (D)200 V。

( ) 19. 於流電動機中，下列敘述何項錯誤？
(A)轉矩與場磁通成正比
(B)反電勢與速度成正比
(C)未飽和時場磁通與激磁電流成正比
(D)轉速與場磁通成正比。

( ) 20. 某2極的直流發電機，其電樞線圈10匝，線圈面積$2m^2$，若以轉速為1rps置於$1wb/m^2$磁場下旋轉，則當電樞線圈平面與磁通平行時，其感應電勢為多少？
(A)60π (B)80π (C)100π (D)120π V。

解答與解析

1.(B)。$B=\frac{\phi}{A}=\frac{0.2}{0.5\times0.5}=0.8(wb/m^2)$，$F=B\ell I=0.8\times0.5\times10=4N(NT)$
由佛來銘左手定則，作用力方向向下。

2.(D)。若正確移刷，則電樞磁動勢含有交磁及去磁，其中去磁磁動勢有減弱主磁場的趨勢。

3.(B)。每一線圈有兩個有效線圈邊，$\therefore 60\times2\times2=240(V)$，
雙分波繞$a=2m=2\times2=4$
$E=\frac{240}{4}=60(V)$，$I_a=aI_C=4\times1=4(A)$。

4.(A)。(A)他激式因短路電流過大，會造成電機燒毀，(B)分激式負載短路，$I_f=0$、$\phi_f=0$，電壓只有剩磁電壓E_r之大小，短路電流$I=\dfrac{E_r}{R_a}$也立即跟著減小。

5.(B)。$a=\dfrac{N_1}{N_2}=\dfrac{1}{10}$，$\sqrt{3}a=\dfrac{V_{RS}}{V_{UV}}$，$\dfrac{\sqrt{3}}{10}=\dfrac{V_{RS}}{V_{UV}}$，$V_{UV}=\dfrac{10}{\sqrt{3}}V_{RS}$

$\therefore K=\dfrac{10}{\sqrt{3}}\angle-30^\circ$

6.(C)。$I_1=\dfrac{7500}{300}=25A$，$P_C=I_1^2R_1=25^2\times1=625(W)$，

$P_i=(\dfrac{4}{5})^2\times625=400(W)$，$P_{loss}=2\times400=800(W)$。

7.(D)。$\eta=\dfrac{P_o}{P_i}$，$0.8=\dfrac{16k}{P_i}$，$P_i=20k(W)$，線路電流$I=\dfrac{20k}{200}=100(A)$，

分激場繞組電流$I_f=\dfrac{200}{50}=4(A)$，電樞電流$I_a=100-4=96(A)$。

8.(A)。$15=S_{1\phi}(1+\dfrac{100}{20})$，$S_{1\phi}=2.5kVA$，$I_H=\dfrac{15000}{120}=125(A)$。

9.(D)。(D)靜止及轉子堵住時，S皆為1。

10.(B)。$\alpha=\dfrac{P\pi}{S}=\dfrac{6\times180}{24}=45^\circ$，$\dfrac{90^\circ}{45^\circ}=2$槽，3+2=5槽。

11.(C)。(A)改善功因的方式，主要是並聯電容器。
(B)改善功因的好處是可提高供電容量及降低線路壓降等。
(D)依電工法規規定，電容器的容量以改善功率因數到0.95為原則。

12.(A)。$\theta=\dfrac{360^\circ}{m\times N}=\dfrac{360^\circ}{3\times8}=15^\circ$，採1－2相激磁$\dfrac{15^\circ}{2}=7.5^\circ$。

13.(D)。$K_W=K_P \times K_d=0.962 \times 0.958=0.92<1$

$\because$ 全節距集中繞之 $K_W=1$

$\therefore$ 不可能為全節距集中繞。

14.(C)。(C)變頻器AC→DC→AC。

15.(A)。$T=2F_r$，$F=B\ell I\sin\theta \rightarrow \theta=0°$

θ為導體運動方向與磁場的夾角F=0。

16.(C)。$R_1=\frac{10}{2}=5\Omega$(使用前)，$R_2=\frac{12}{2}=6\Omega$(使用後)

$\frac{R_2}{R_1}=\frac{234.5+T_1}{234.5+T_2} \rightarrow T_2=76.9°C$，溫升 $T=T_2-25°C=51.9°C$。

17.(A)。疊繞電機中各磁路磁通量並不完全相等，導致各路徑感應電勢不相等，在電樞繞組產生環流，易使換向片與電刷接觸時產生火花，造成換向不良，採用低電阻導線(均壓線)，可改善此不良的換向。

18.(B)。$T=\frac{ZP}{2\pi a}\phi I_a \rightarrow \frac{ZP\phi}{a}=\frac{2\pi T}{I_a}=8\pi$，$S=\frac{\omega}{2\pi}$

$E_b=\frac{ZP\phi}{60a}n=\frac{ZP\phi}{a}\frac{n}{60}=8\pi S=8\pi\frac{100}{2\pi}$，$E_b=400(V)$。

19.(D)。$T=K\phi I_a$；$n=\frac{E_b}{k\phi}$。

20.(B)。$E_{max}=2NPS\phi\sin\theta=2NPS(BA)\sin\theta$

$=2\times10\times2\times(1\times2\pi)\times1\times\sin90°=80\pi(V)$

第六回

(　) 1. 有關自激式直流發電機電壓無法建立之原因，下列何者錯誤？
(A)沒有剩磁　(B)場電阻小於臨界場電阻
(C)轉速低於臨界轉速　(D)轉向錯誤。

(　) 2. 一台10HP、220V、60Hz、8極之三相感應電動機，進行堵轉試驗時，其轉差率為：
(A)0　(B)0.08　(C)∞　(D)1.00。

(　) 3. 一台10HP、200V、60Hz、8極之三相感應電動機，若其電源頻率與二次電路電阻不變，則電源電壓降為190V時，下列敘述何者正確？
(A)轉矩降為90.25%　(B)轉矩降為95.00%
(C)轉矩維持100%　(D)電源輸入功率維持100%。

(　) 4. 一載有電流之導體置於磁場中，使導體受力，下列敘述何者錯誤？
(A)導體所受力之方向可以由佛來銘左手定則（電動機定則）決定
(B)佛來銘左手定則（電動機定則）為：拇指、食指、中指伸直並互相垂直，食指表示磁場N至S方向，中指表示電流方向，拇指方向即為導體所受力之方向
(C)導體所受力之大小與導體長度無關
(D)導體所受力之大小與sinθ成正比，θ為導體電流方向與磁場N至S方向之夾角。

(　) 5. 一台50kVA、6.6kV/220V、60Hz單相變壓器，若將此變壓器改接成6600V/6820V之自耦變壓器，則其額定容量為
(A)50kVA　(B)1.500MVA　(C)1.45MVA　(D)1.55MVA。

( ) 6. 某台單相變壓器匝數比為2640/220，若一次側電壓為2600V，滿載時，二次側電壓為200V，則電壓調整率為何？
(A)5.55 (B)6.88 (C)7.65 (D)8.33 %。

( ) 7. 有關三相旋轉電機之特性，下列敘述何者錯誤？
(A)大型同步機之磁場繞組置於轉子，激磁磁場是由直流電源產生
(B)平衡三相電樞電流將在空間上產生一個大小一定的旋轉磁場
(C)三相感應電動機之任二電源線互換，將使電動機之轉向反向
(D)三相感應電動機之轉向與電源之相序無關。

( ) 8. 兩台皆為100kVA單相變壓器作V-V接線供電三相負載，則最大供給容量約為多少？
(A)200 (B)173.21 (C)141.4 (D)115.4 kVA。

( ) 9. 有一50kVA、1200/120V的單相變壓器，其高壓側阻抗為$Z_{el}=40+j150\Omega$，並在低壓側連接一個電感性的負載$Z_L=5.6+j6.5\Omega$，若由高壓側加入1000V電源，則負載電流為：
(A)10 (B)1 (C)15 (D)1.5 A。

( ) 10. 兩台分激式直流發電機作並聯運轉，若要將發電機G1部分負載改由發電機G2承擔，應該：
(A)調高G1的場電阻，再調高G2的場電阻
(B)調高G1的場電阻，再調低G2的場電阻
(C)調低G1的場電阻，再調高G2的場電阻
(D)調低G1的場電阻，再調低G2的場電阻。

( ) 11. 同步電動機過激磁時，將
(A)吸取落後電流，電樞反應為去磁效應
(B)吸取超前電流，電樞反應為加磁效應
(C)吸取落後電流，電樞反應為加磁效應
(D)吸取超前電流，電樞反應為去磁效應。

( ) 12. 200V、60Hz、六極三相感應電動機，當轉子靜止時，其轉子應電勢為100V；則以轉差率5%運轉時，轉子應電勢E'_2及轉速N_r(rpm)之值分別為何？
(A)4V、1130rpm　(B)4V、1140rpm
(C)5V、1140rpm　(D)5V、1160rpm。

( ) 13. 下列何者為改變步進電動機轉向的方法？
(A)改變電樞電流方向　(B)改變磁場電流方向
(C)改變電流相位　(D)改變繞組激磁順序。

( ) 14. 某四極直流電動機，每極之磁通量為0.03wb，電樞之轉速為1200rpm，電樞總導體為600根；電流並聯路徑數為6，若電樞電流為50A，則電樞之轉矩大小為何？
(A)24.324　(B)95.49　(C)234.2　(D)143.24　牛頓-公尺。

( ) 15. 有一台120kVA變壓器，若變壓器負載在80kVA與90kVA時效率相等，設變壓器之效率在功因為1，最大效率發生於多少負載時？
(A)$\frac{1}{2}$　(B) $\sqrt{\frac{1}{2}}$　(C)$\frac{2}{3}$　(D)$\sqrt{\frac{2}{3}}$ 。

( ) 16. 某三相20kV/200V、100kVA之變壓器，由高壓側測得等值阻抗為10Ω，下列敘述何者錯誤？
(A)高壓側阻抗標么值=0.0025　(B)低壓側阻抗標么值=0.0025
(C)低壓側基準阻抗為0.4Ω　(D)低壓側等值阻抗為0.01Ω。

( ) 17. 三個單相變壓器，匝數比均為10:1，一次側為△接線，二次側為Y接線，若二次側之線間電壓為200V，加三相200kVA平衡負載，此時一次側線電流為
(A)75　(B)100　(C)125　(D)50　A。

( ) 18. 有關自耦變壓器之敘述，下列何者錯誤？
(A)高低壓繞組均需作高度絕緣處理
(B)與同輸出容量的雙繞組變壓器比較時，通常漏磁電抗較小
(C)與同輸出容量的雙繞組變壓器比較時，通常短路電流較小
(D)一次與二次迴路共用部分繞組。

( ) 19. 使用三台6600V/220V之單相變壓器，作三相連接，下列敘述何者錯誤？
(A)若要將11.4kV的電源降壓成220V供電，則變壓器應使用Y-△接線
(B)若要將6600V的電源降壓成380V供電，則變壓器應使用△-Y接線
(C)若要將6600V的電源降壓成220V供電，則變壓器應使用△-△接線
(D)若要將6600V的電源降壓成380V供電，則變壓器應使用Y-Y接線。

( ) 20. 有關比壓器與比流器的敘述，下列敘述何者錯誤？
(A)比壓器二次側需接地
(B)比壓器為升壓器，可以擴大交流電壓表之運用範圍
(C)比流器二次側不可開路
(D)比流器二次側額定電流一般均為5A。

解答與解析

1.(B) 2.(D)

3.(A)。$T \propto V^2$，故$(0.95V)^2=0.9025T$。

4.(C)

5.(D)。$a=\dfrac{6600}{220}=30$，$S_{自}=(1+a)S_{普}=31\times 50k=1550kVA=1.55M(VA)$。

6.(D)。$\dfrac{2640}{220}=\dfrac{2600}{V_2}\Rightarrow V_2=216.67$，則$V.R=\dfrac{216.67-200}{200}=8.33\%$。

7.(D)

8.(B)。V－V接線供給容量$=100k\times 2\times\frac{\sqrt{3}}{2}=173.21k(VA)$。

9.(A)。$Z(leq)=(40+10^2\times 5.6)+j(150+10^2\times 6.5)=600+j800=1000\angle 53$

$I_1=\frac{1000}{1000}=1(A)$，則因$\frac{N_1}{N_2}=\frac{I_2}{I_1}$，故$I_2=10(A)$。

10.(B) 11.(D)

12.(C)。$E_2'=5\%\times 100=5(V)$，$N_r=(1-S)N_S=(1-5\%)\times\frac{120}{60}\times 60=1140(rpm)$。

13.(D)

14.(B)。$T=\frac{4\times 600}{2\pi\times 6}\times 0.03\times 50=95.49\ (NT\text{-}m)$。

15.(B)。$\eta=\frac{80}{80+P_i+(\frac{80}{120})^2\times P_{cf}}=\frac{90}{90+P_i+(\frac{90}{120})^2\times P_{cf}}$

$\therefore 720+9P_i+4P_{cf}=720+8P_i+\frac{9}{2}P_{cf}\quad\therefore P_i=\frac{1}{2}P_{cf}$，$\frac{P_i}{P_{cf}}=\frac{1}{2}$

最大效率發生在$\sqrt{\frac{P_i}{P_{cf}}}=\sqrt{\frac{1}{2}}$負載時。

16.(D)。(1)標么值$=\frac{\text{眞實值}}{\text{基準值}}$。

(2)高壓側基準阻抗$Z_{b_1}=\frac{V_{b_1}^2}{S_b}=\frac{20000^2}{100000}=4000(\Omega)$。

高壓側標么值$=\frac{10}{4000}=0.0025$。

(3)換算至低壓側等值阻抗$=\frac{1}{a^2}Z_1=\frac{1}{100^2}\times 10=0.001(\Omega)$。

(4)低壓側基準阻抗 $Z_{b_2}=\frac{V_{b_2}^2}{S_b}=\frac{200^2}{100000}=0.4(\Omega)$。

(5)低壓側標么值$=\frac{0.001}{0.4}=\frac{1}{400}=0.0025$。

17.(B)。(1)二次側線電流 $I_{t_2}=\frac{200000}{\sqrt{3}\times 200}=\frac{1000}{\sqrt{3}}$。

(2)又接為Δ－Y

$$\therefore \frac{V_{t_1}}{V_{t_2}}=\frac{I_{t_2}}{I_{t_1}}=\frac{a}{\sqrt{3}} \quad \therefore \frac{\frac{1000}{\sqrt{3}}}{I_{t_1}}=\frac{10}{\sqrt{3}}$$，$\therefore I_{t_1}=100(A)$。

18.(C)。自耦變壓器的漏磁小，所以短路電流大。

19.(D)。(1)若為Y接時，一次側線電壓為 $\sqrt{3}\times 6600=11.4k(V)$，

二次側線電壓為 $\sqrt{3}\times 220=380(V)$

(2)若為Δ接時，一次側線電壓為6600V，二次側線電壓為220V。

20.(B)。比壓器為降壓變壓器。

第七回

( ) 1. 直流電機所產生的銅損中，恆固定不變的是下列何者？
(A)電樞繞組損失　(B)電刷損失
(C)中間極繞組損失　(D)分激場繞組損失。

( ) 2. 自激式發電機，若剩磁所建立的電壓使輸出極性相反，則應該
(A)將電樞反轉　(B)將磁場反接
(C)重新建立反向的剩磁　(D)增大磁場電阻。

( ) 3. 有一6極直流發電機，電樞繞組採雙分疊繞，電樞導體數有300根，總磁通量0.2wb，今電樞以每秒157徑度的速度旋轉，試求電樞感應電勢約為多少？ (A)125 (B)250 (C)500 (D)750 V。

( ) 4. 某200V、10Hp、效率74.6%的直流分激電動機，若忽略分激場電流，當其電樞電阻為0.1Ω時，其內生機械功率為多少？
(A)9.5 (B)10.5 (C)13.1 (D)10.8 HP。

( ) 5. 有50kVA、6600/220V單相變壓器兩台，組成U-V連接，若電源端通入三相6600V電壓，試問二次側線電壓為多少？
(A)110 (B)127 (C)220 (D)380 V。

( ) 6. 某10kVA、2400/240V單相變壓器，已知其二次側阻抗標么值為0.02，試問其一次側阻抗電壓為多少？
(A)2.4 (B)12 (C)4.8 (D)48 V。

( ) 7. 有一匝數比為1.2:1的自耦變壓器，供給30kVA的電力負載，試問此變壓器的感應容量為多少？
(A)27 (B)3 (C)5 (D)25 kVA。

( ) 8. 兩具容量分別為3000kVA及1000kVA的單相變壓器並聯供電，設其百分阻抗壓降分別為16%及10%，試求其最大負載容量為多少？
(A)2875 (B)3200 (C)4000 (D)4600 kVA。

( ) 9. 若感應電動機速率變快時，下列何者正確？
(A)轉差率增大 (B)轉子感應電勢增大
(C)轉子電流增大 (D)效率提高。

( ) 10. 感應電動機電壓及負載固定時，若調整電源頻率使低於額定頻率，將使
(A)鐵損降低 (B)功率因數降低
(C)效率提高 (D)激磁電流下降。

( ) 11. 有關單相分相式感應電動機的敘述，下列何者正確？
(A)起動繞組使用線徑粗、匝數少的銅線繞製
(B)主繞組置於定子槽外層
(C)起動繞組電流超前主繞組電流
(D)離心開關於電動機靜止時為開啟狀態。

( ) 12. 有關感應電動機的構造，下列敘述何者正確？
(A)深槽式鼠籠式感應電動機可提高起動電流，降低起動轉矩
(B)定子與轉子氣隙縮短，可降低電樞反應的影響
(C)變換電源電壓時，轉速控制範圍最大
(D)起動時，轉子銅損最大。

( ) 13. 有一部40kVA、220V、60Hz、Y接三相同步發電機，若開路試驗得端電壓為220V、激磁電流為0.92A；短路試驗得電樞電流為105A，激磁電流為0.92A，則發電機每相同步阻抗值為多少？
(A)1.0Ω (B)1.21Ω (C)2.09Ω (D)2.39Ω。

( ) 14. 有一台三相4極、220V、Y極的圓柱極式同步發電機，已知其每相同步電抗為10Ω，若忽略電樞電阻，則當每相感應電勢為200V時，此發電機的最大輸出功率為多少？
(A)7620 (B)13200 (C)2540 (D)4400 W。

( ) 15. 有關同步電動機裝設阻尼繞組的敘述，下列何者錯誤？
(A)可幫助起動　(B)機械負載增大瞬間，使電動機加速
(C)同步時才能發揮作用　(D)可防止追逐現象。

( ) 16. 同步電動機在欠激時，若增加其激磁電流，將使電樞電流
(A)增大　(B)不變　(C)先增後減　(D)先減後增。

( ) 17. 常看到流動攤販以日光燈接上蓄電瓶點燈，是因使用了下列何者的緣故？
(A)截波器　(B)整流器　(C)變壓器　(D)正反器。

( ) 18. 要讓步進馬達轉動較大的角度，應使輸入脈波信號的
(A)脈波數增加　(B)頻率增加　(C)電流增加　(D)電壓增大。

( ) 19. 電容起動式單相感應電動機在無載時若無法起動，下列何者最不可能是故障原因？
(A)起動電容器發生短路現象　(B)起動繞組開路
(C)轉軸扭曲　(D)離心開關未接妥。

( ) 20. 有一電容分相式單相感應電動機如右圖所示，單開關S切至1位置時，設電動機轉向為順時針方向，若將開關S切至2位置時，下列敘述何者正確？
(A)A為主繞組，轉向為逆時針方向
(B)A為主繞組，轉向為順時針方向
(C)B為主繞組，轉向為逆時針方向
(D)B為主繞組，轉向為順時針方向。

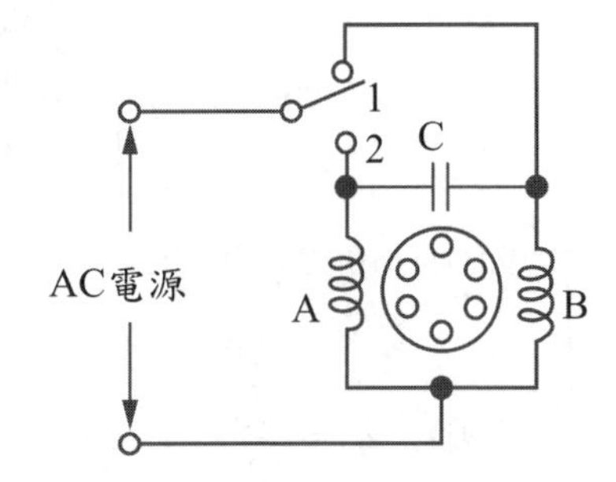

解答與解析

1.(D)　2.(C)

3.(A)。$E=\dfrac{PZ}{2\pi a}\phi\omega=\dfrac{6\times300}{2\pi\times12}\times\dfrac{0.2}{6}\times157=125(V)$，$a=mp=2\times6=12$。

第二部分　全範圍綜合模擬考

4.(C)。$I_a = \dfrac{10\times 746}{200\times 0.746} = 50(A)$，$E_b = V - I_a R_a = 200 - 50\times 0.1 = 195(V)$

$P_b = 195\times 50 = 9750(W) = \dfrac{9750}{746} = 13.1(HP)$。

5.(B)。$V_{\ell 2} = V_{p2} = \dfrac{6600}{\sqrt{3}}\times\dfrac{220}{6600} = 127(V)$。

6.(D)。一次側阻抗標么值=二次側阻抗標么值=0.02

$I_1 Z_{a1} = V_1 \times Z_{pu1} = 2400\times 0.02 = 48(V)$。

7.(C)。感應容量$=30\times\dfrac{0.2}{0.2+1} = 5k(VA)$。

$N_1=1.2$　$N_2=1$

8.(A)。設容量1000kVA的單相變壓器滿載輸出

則$1000=S_{max}\times\dfrac{16\%}{16\%+(\frac{3000}{1000})\times 10\%}$，$S_{max} = 2875k(VA)$

設容量3000kVA的單相變壓器滿載輸出

則$3000=S_{max}\times\dfrac{(\frac{3000}{1000})\times 10\%}{16\%+(\frac{3000}{1000})\times 10\%}$，$S_{max} = 4600>(3000+1000)$過載。

9.(D) 10.(B) 11.(C) 12.(D)

13.(B)。$Z_S = \dfrac{\frac{220}{\sqrt{3}}}{105} = 1.21(\Omega)$。

14.(A)。$P_{max} = \dfrac{3\times E\times V}{X_s} = \dfrac{3\times\frac{220}{\sqrt{3}}\times 220}{10} = 7620(W)$。

15.(C) 16.(D) 17.(B) 18.(A) 19.(A) 20.(A)

第八回

( ) 1. 某2kVA、200/100V、60Hz之單相變壓器做開路與短路試驗，已知下列數據，求高壓側等值電阻、電抗為多少？

	伏特表讀值	安培表讀值	瓦特表讀值
開路試驗	未知	0.8A	20W
短路試驗	10V	未知	80W

(A)0.6Ω、0.8Ω (B)0.8Ω、0.6Ω
(C)0.2Ω、0.46Ω (D)0.46Ω、0.2Ω。

( ) 2. 承上題，此變壓器於功因0.8落後時之電壓調整率為若干？
(A)0.05 (B)0.048 (C)0.1 (D)0.096。

( ) 3. 有一三相、4極、60Hz、220/380V、1.5kW作星型連接之同步電動機，若激磁電流0.8A，以動力計作負載試驗，動力計半徑為0.26m，外加電壓為220V時，磅秤讀值為3kg，採用兩個瓦特表測量三相功率，分別為W_1=780W，W_2=900W，每相繞組電流4.5A，求同步電動機之輸入無效功率？
(A)1680 (B)2909 (C)208 (D)120 VAR。

( ) 4. 1特斯拉等於
(A)10^8 (B)10^{-4} (C)10^{-8} (D)10^4 高斯。

( ) 5. 有一1/2HP、110V、60Hz電容起動式單相感應電動機，行駛繞組阻抗為3+j4Ω，起動繞組阻抗為8+j3Ω，欲使起動繞組電流相位超前運轉繞組電流相位達90度，則起動繞組應串聯多少電容量之電容器？
(A)221 (B)589 (C)295 (D)259 μF。

( ) 6. 產生高電壓低電流電樞繞組宜用下列何者？
(A)疊繞 (B)波繞 (C)環式繞 (D)蛙腿式繞。

( ) 7. 有三相感應之堵住試驗，下列敘述何者正確？
(A)可測得感應機之定子側銅損
(B)於定子側加入約額定電壓之5~20%電壓側定
(C)測定時，須保持轉子以額定轉速運轉
(D)感應機堵住試驗即為變壓器之開路試驗。

( ) 8. 如右圖所示，單相變壓器兩台作接線，一次側加上三相交流平衡電壓，若各變壓器之二次電壓均為200V，則bc間之電壓為？
(A)173 (B)200
(C)283 (D)346 V。

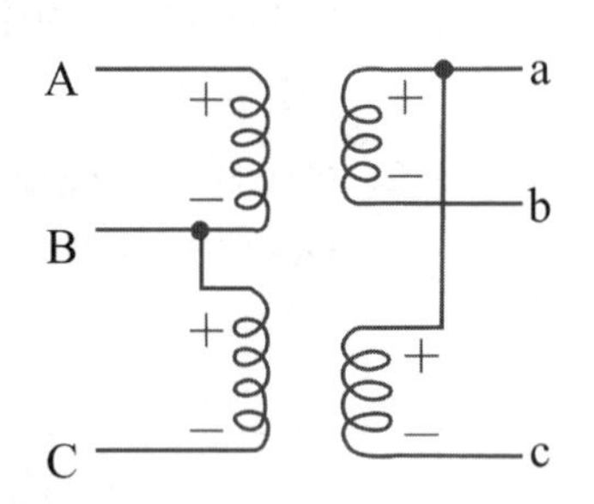

( ) 9. 某台分激發電機額定為250V、10kW，電樞電阻0.4Ω，分激場繞組50Ω，鐵損及機械損共350W，求此電機的半載效率？
(A)0.73 (B)0.8 (C)0.75 (D)0.836。

( ) 10. 有關插塞制動之方法，下列敘述何者正確？
(A)運用於直流串激電動機時，改變電樞繞組接線即可
(B)運用於直流分激電動機時，改變電源極性即可
(C)三相感應機欲使用插塞制動，將起動繞組反接即可
(D)單相感應機欲使用插塞制動，將起動繞組與運轉繞組反接即可。

(　) 11. 三相同步發電機中，各相繞組之三次諧波互差多少電工角度？
(A)90°　(B)120°　(C) 0°　(D)180°。

(　) 12. 有關特性曲線之敘述，下列何者正確？
(A)分激電動機之轉矩特性曲線（T-I_s）為二次方曲線
(B)感應電動機之鐵損與外加電源之關係為二次方曲線
(C)同步發電機之短路特性曲線（I_f - I_s）具有下垂特性
(D)感應電動機之轉矩與負載之關係為一線性直線。

(　) 13. 如右圖所示，一根長2m導體通以10A電流，垂直置於磁通0.2wb之磁場中，若磁極面積為200cm×200cm，求作用於導體的電磁力大小及方向？
(A)4NT、向上　(B)4NT、向下
(C)1NT、向上　(D)1NT、向下。

(　) 14. 有關可建立電壓之直流串激發電機，下列敘述何者錯誤？
(A)若改變轉向則無法建立電壓
(B)欲建立極性相反之電壓，只需將場繞組鐵心倒裝
(C)改變電樞轉向與場繞組接線反接，應電勢極性相反
(D)改變電樞轉向且電樞繞組接線與場繞組接線同時反接，可以建立電壓。

(　) 15. 直流發電機電樞繞組的感應電勢為？
(A)交流電　(B)直流電　(C)交、直流均有　(D)視機型而定。

(　) 16. 有一台Y接三相同步發電機供應三相負載，發電機每相之感應電勢為$200\angle 0^{o}$V，省略電樞電阻，負載端之相電壓$200\angle 30^{o}$V。已知發電機輸出之三相實功率為6kW，則其每相之同步電抗值為若干？
(A)10Ω　(B)11Ω　(C)12Ω　(D)13Ω。

( ) 17. 有關電動機起動之敘述，下列何者錯誤？
(A)直流差複激電動機起動時，應將串激場繞組短路
(B)單相雙值電容式感應機，離心開關於轉速達同步轉速75%時將起動電容切離起動繞組
(C)三相同步電動機起動時，轉子應先加入直流激磁
(D)直流串激電動機起動時，應注意負載大小，以避免轉子飛脫現象。

( ) 18. 有一部四相混合型步進馬達，轉子齒數為25齒，則步進角度θ為多少？
(A)14.4° (B)7.2° (C) 1.8° (D)3.6°。

( ) 19. 如右圖所示為疊繞之繞法，在圖中的A、B、C分別代表為何？
(A)前節距、後節距、換向片節距
(B)後節距、前節距、換向片節距
(C)前節距、後節距、線圈節距
(D)後節距、前節距、線圈節距。

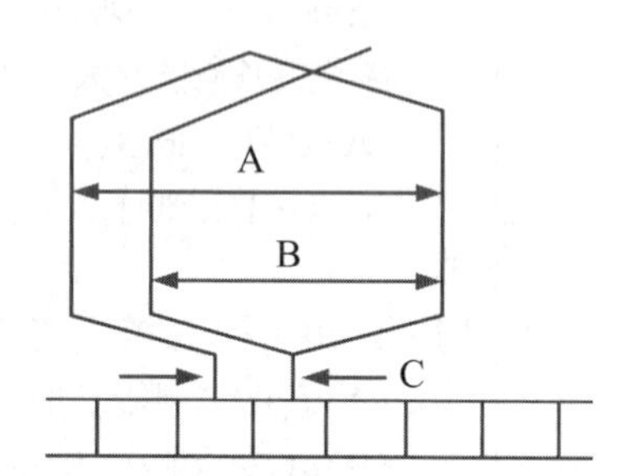

( ) 20. 如右圖所示的直流電動機為下列何者？
(A)差複激式 (B)積複激式
(C)串激式 (D)分激式。

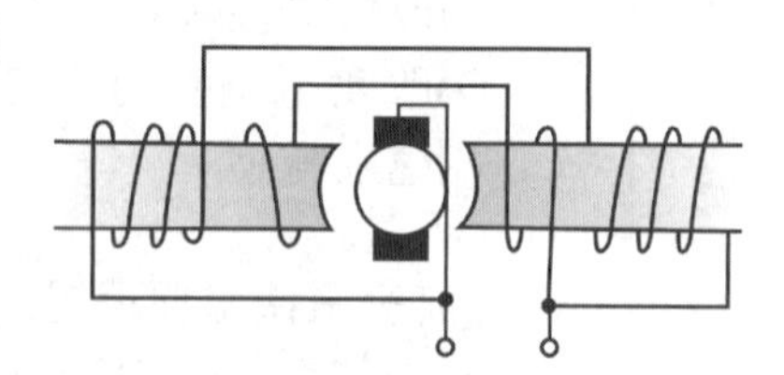

解答與解析

1.(B)。$Z_{eq1}=\dfrac{V_1}{I_1}=\dfrac{10}{10}=1(\Omega)$，$R_{eq1}=\dfrac{P_{sc}}{I_1^2}=\dfrac{80}{10^2}=0.8(\Omega)$

$\therefore X_{eq1}=\sqrt{Z_{eq1}^2-R_{eq1}^2}=0.6(\Omega)$

2.(A)。$VR\%=P\%\times\cos\theta+Q\%\times\sin\theta=\dfrac{10\times0.8}{200}\times0.8+\dfrac{10\times0.6}{200}\times0.6=0.05$。

3.(C)。$Q_T=\sqrt{3}(900-780)=208(VAR)$。

4.(D)

5.(C)。$X_C=\dfrac{3\times8+4\times3}{4}=9(\Omega)$，$C_S=\dfrac{1}{2\pi\times60\times9}=295\mu(F)$。

6.(B)　7.(B)

8.(D)。$V_{bc}=\sqrt{3}\times200=346(V)$。

9.(A)。$\eta=\dfrac{P_O}{P_O+P_i+P_C}=\dfrac{\frac{1}{2}\times10k}{\frac{1}{2}\times10k+0.35k+5^2\times50+25^2\times0.4}=0.73$。

10.(A)　11.(C)　12.(B)

13.(D)。F＝0.05×2×10＝1(NT)，根據佛來銘左手定則得知，方向為向下。

14.(D)　15.(A)

16.(B)。$X_S=3\times\dfrac{220\times200}{6k}\times\sin30°=11(\Omega)$。

17.(C)

18.(D)。$\theta=\dfrac{360°}{4\times25}=3.6°$。

19.(B)。A為後節距，同一個線圈二個線圈邊的距離。B為前節距，同一個換向片上的二個線圈邊的距離。C為換向片節距，同一個線圈之兩引線連接至換向片之距離。

20.(A)。可以假設外加電壓極性如下，把電流方向標上，就可以判斷出串激場磁通和分激場磁通的方向是相反的，所以此直流電動機為差複激式。

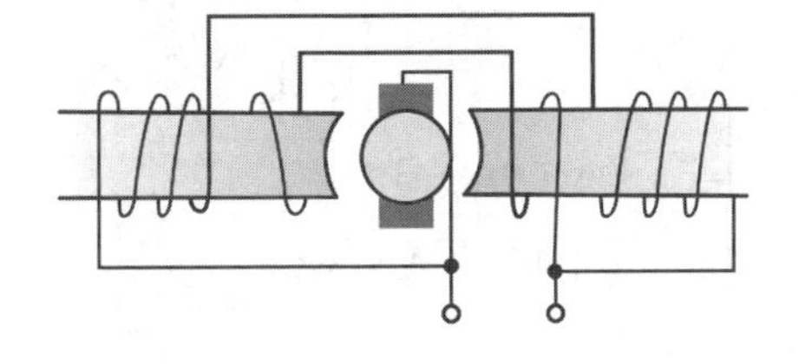

第九回

( ) 1. 如右圖所示為串激式電動機的速率控制線路，當R_x減小時，其轉速將
(A)加快 (B)減慢
(C)不變 (D)降至零。

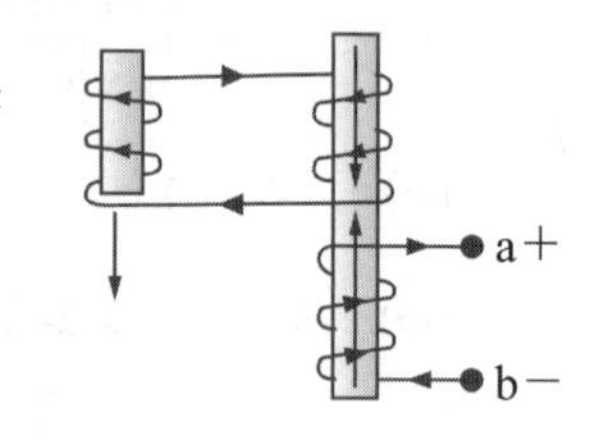

( ) 2. 如右圖所示，哪條場電阻為直流發電機之臨界場電阻線？
(A)R_{f1}
(B)R_{f2}
(C)R_{f3}
(D)以上皆非。

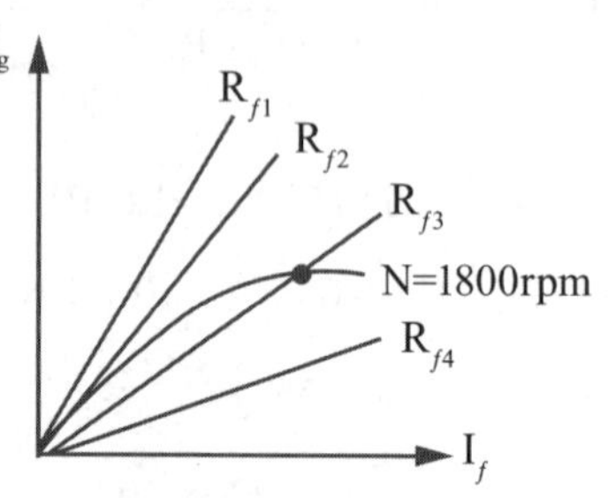

( ) 3. 有一平衡三相電路，利用200/5A之比流器測量線路電流，其接線如圖左所示，則電流表讀數為1.73A，求一次線路電流不變，將CT接線更改如圖右所示，則一次側電流及電流表之讀數分別為多少？

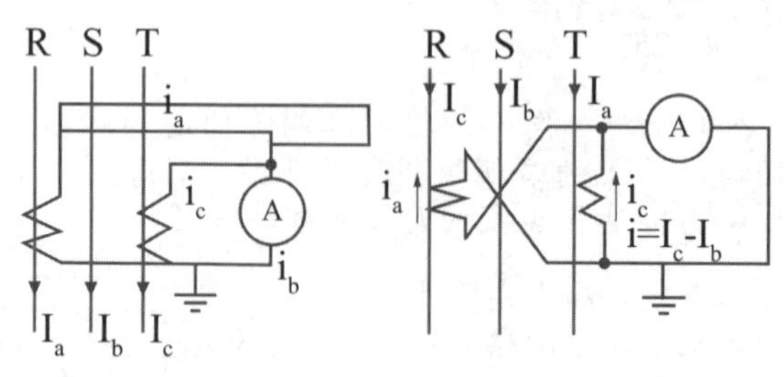

(A)40A、3A (B)$40\sqrt{3}$A、$\sqrt{3}$A
(C)$40\sqrt{3}$A、3A (D)40A、0A。

( ) 4. 如右圖所示，若G_1之轉速大於G_2之轉速，則$E_1>E_2$。但在並聯運轉時$V_t=V_1=V_2$，所以

(A)$V_{R1}<V_{R2}$

(B)$V_{R1}=V_{R2}$

(C)$V_{R1}>V_{R2}$

(D)不一定。

( ) 5. 如右圖所示為直流長並聯式複激電動機，若以鼓型開關控制其正反轉（F_1- F_2為分激磁場、S_1- S_2為串激磁場，A_1- A_2為電樞磁場），則電樞A_1、A_2應接至：

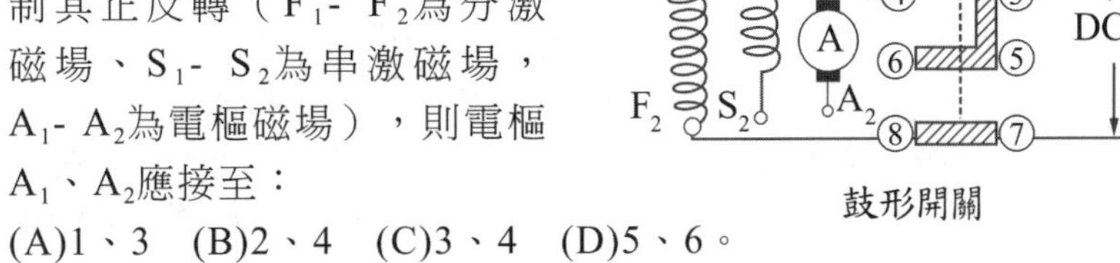

鼓形開關

(A)1、3 (B)2、4 (C)3、4 (D)5、6。

( ) 6. 如右圖所示，若$N_1=200$匝，$N_2=100$匝，當S打開後，鐵心內之磁通在2秒內由10wb減少至8wb，則c、d兩端應電勢之大小及方向為

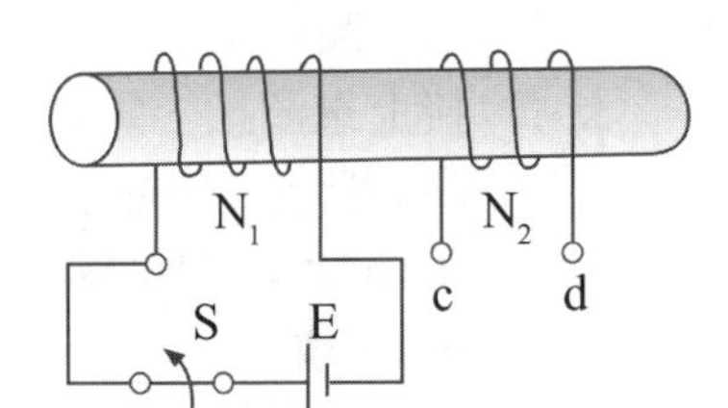

(A)100V，c高於d (B)100V，d高於c

(C)200V，c高於d (D)200V，c小於d。

( ) 7. 如右圖所示，一彎曲導線在均勻磁場中以10m/s的速度向右移動，若導線總長度為2m，磁通密度$0.1wb/m^2$，則負載R_L所消耗的功率為若干？

(A)1 (B)10 (C)20 (D)200 mW。

( ) 8. 如下圖所示之三相不接地供電系統，以三只變壓器接成開三角接線，以檢測接地故障，則線路正常且負載平衡下，在常態下R、S、T均為半亮，當R相發生接地故障時，下列指示燈情況何者正確？

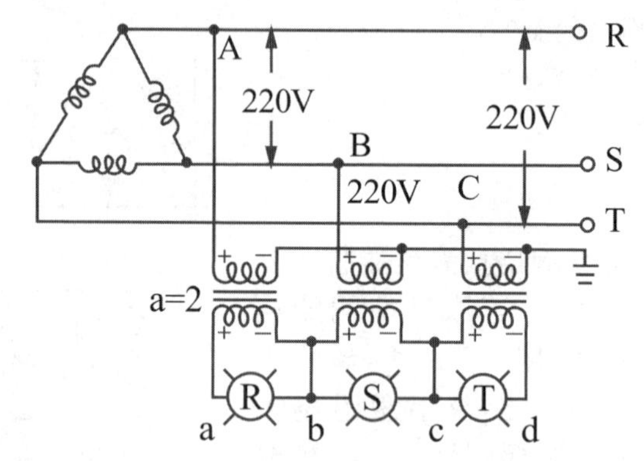

(A)R、S全亮　(B)R、T全亮，S半亮
(C)S、T全亮，R熄　(D)R全亮，S、T全熄。

( ) 9. 如右圖所示為一分相電動機，接上電源後，電動機將？
(A)逆時針方向旋轉
(B)順時針方向旋轉
(C)不會旋轉
(D)會旋轉，但轉向不一定。

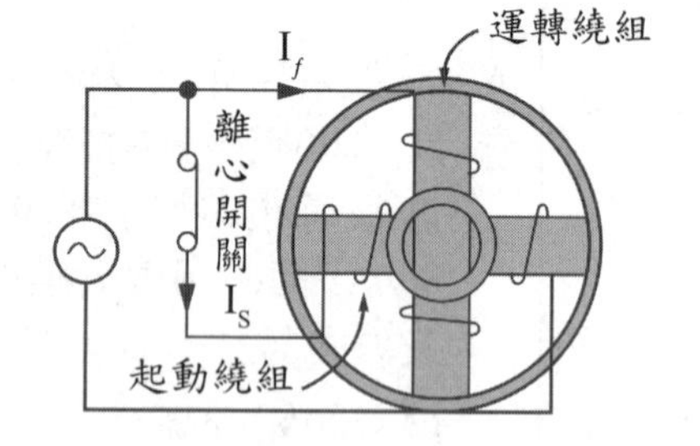

( ) 10. 如右圖所示，當磁鐵向下進入左邊線圈時，右下繞組a、b兩端之感應電勢極性為？
(A)a為+，b為－
(B)a為+，b為+
(C)a為－，b為+
(D)設感應電勢產生。

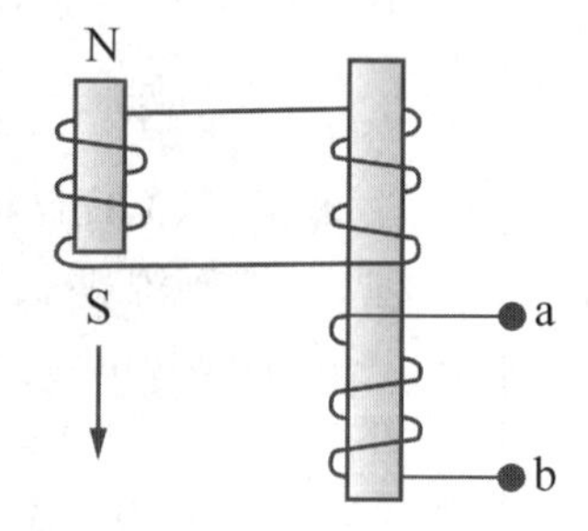

( ) 11. 某導線置於一磁場中，該磁場變化情形如右圖所示，則此導線之感應電勢為？

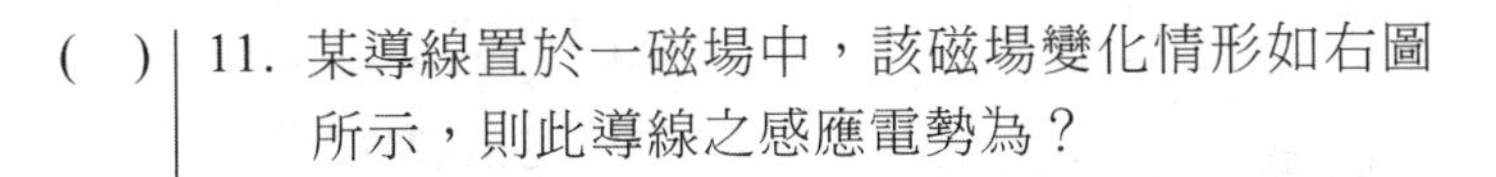

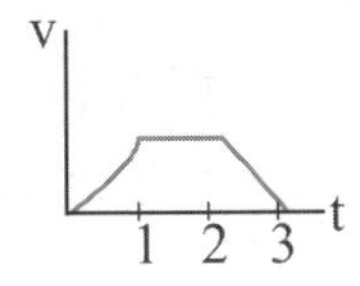

(A)
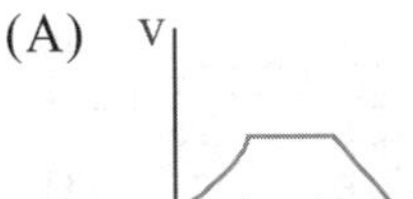

(B)

(C)
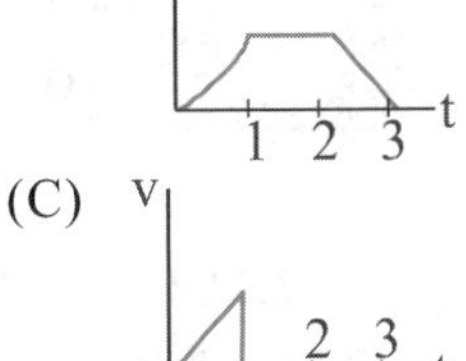

(D)
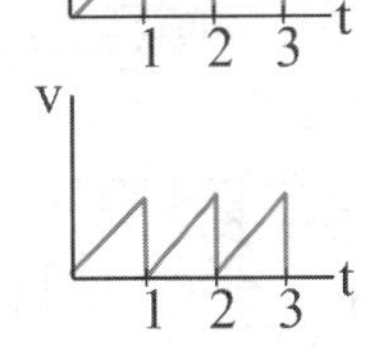

( ) 12. 如右圖所示導體內通過環流為0.2A，磁場磁通密度為0.5wb/m^2，導體之環繞半徑為10cm，求此導體環在此磁場中之轉矩為多少？
(A)π (B)0.02 (C)0.01 (D)0牛頓-米。

( ) 13. 若磁場磁通密度相同，導體所通過之電流亦相同，則下列哪一導體所受之力與其它導體不同？

(A)
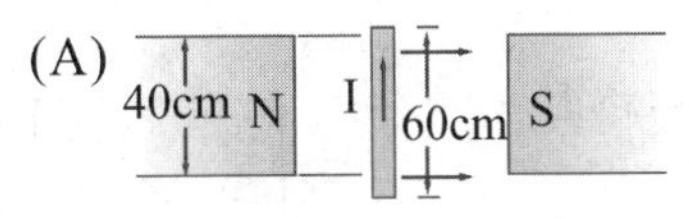

(B)
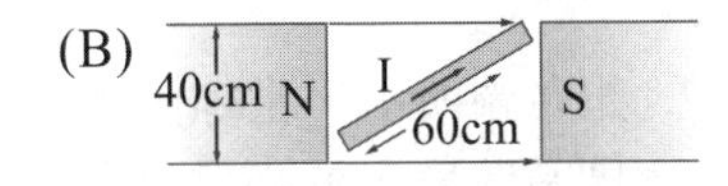

(C)
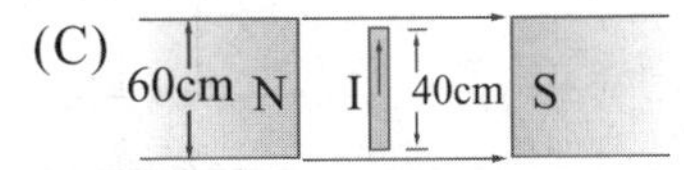

(D)
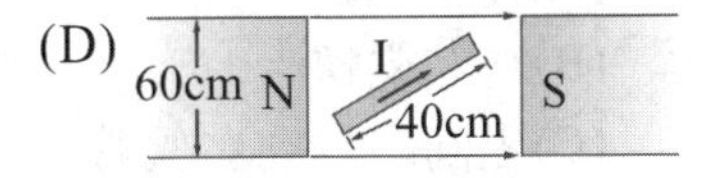

( ) 14. 如右圖所示，直流電動機運轉時，哪些極尖的磁通會增強？
(A)a、b
(B)a、d
(C)b、c
(D)b、d。

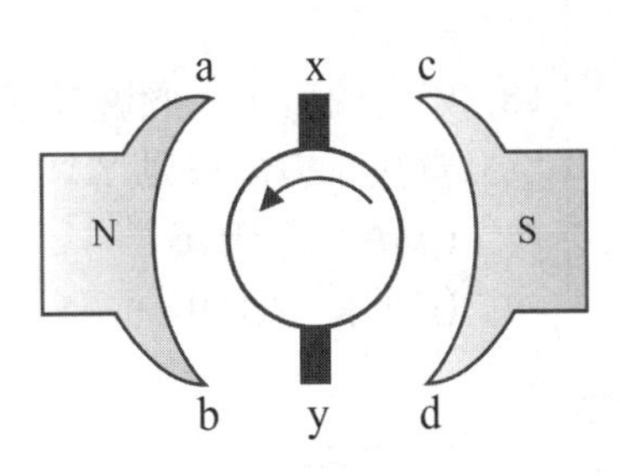

( ) 15. 如右圖所示為減極性變壓器之外部接線，其內部繞組可能是？

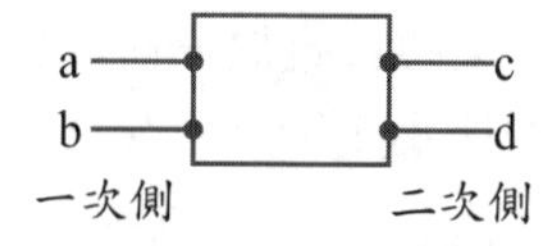

(A)
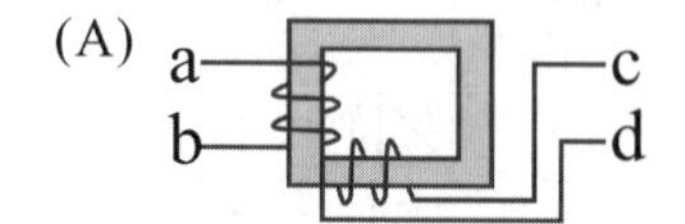

(B)
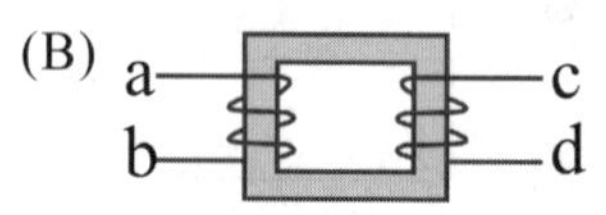

(C)
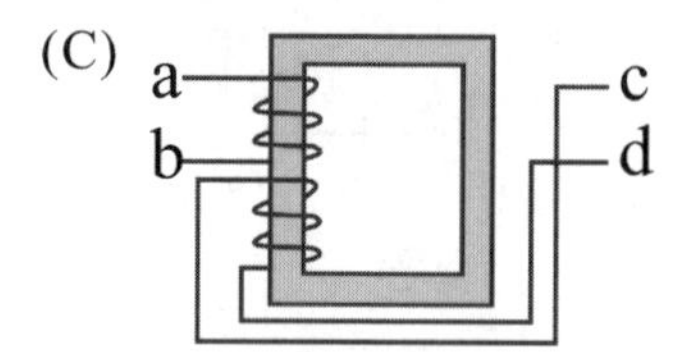

(D)
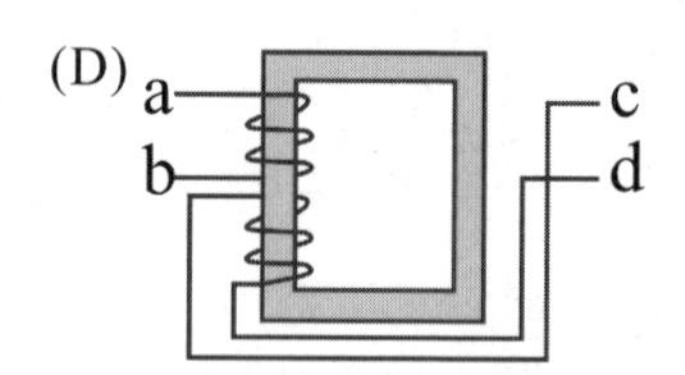

( ) 16. 三相交流發電機其各相電壓之相量和以及接線方式如右圖所示，則ac間的電壓為？
(A)57.7 (B)86.6
(C)100 (D)200 V。

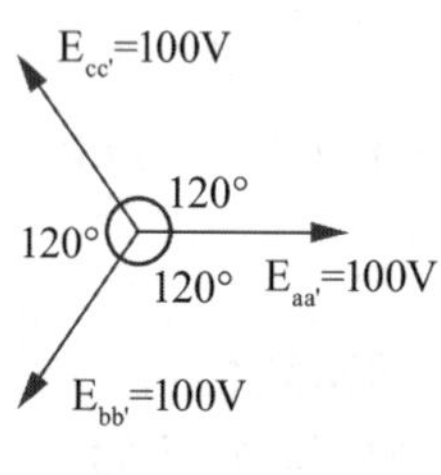

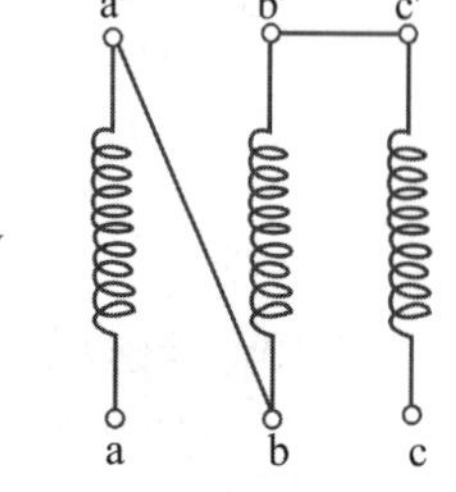

( ) 17. 如右圖所示，當線圈由左向右移動，則電流表上的指針？
(A)往左偏轉
(B)往右偏轉
(C)先向左再向右偏轉
(D)指針不動。

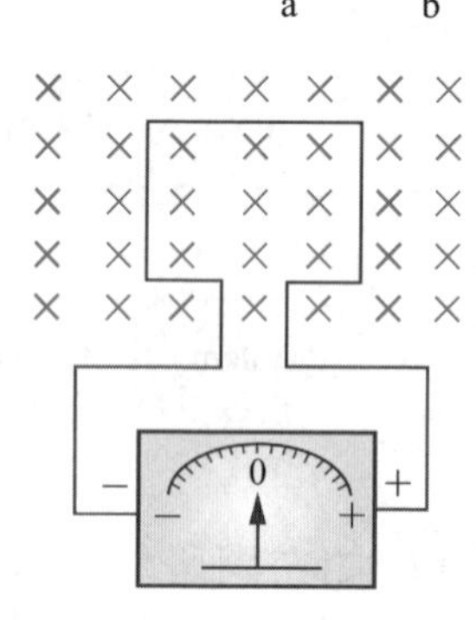

( ) 18. 如右圖所示，該導體通上電流後會往哪方向移動？
(A)A (B)B
(C)C (D)D。

(　) 19. 如右圖所示，為一永久電容式單相感應電動機，若將L_1與a點相接，L_2與c點相接時，馬達正轉；若欲使其反轉，則下列作法何者正確？
(A)把電容器兩端c、d反接
(B)把 L_1接到a且L_2接到d
(C)把起動繞組B繞組斷線
(D)把L_1接到c且L_2接到a。

(　) 20. 單相感應電動機有二組行駛線圈及一組起動線圈如右圖所示，電壓額定均為110V；若要接於220V電源，則應如何接線？
(A)U-1，V-8；而2、3連接，4、5連接
(B)U-1、3，V-8；而2、4、5連接
(C)U-1，V-4、8；而2、3、5連接
(D)U-1、3、5，V-2、4、8。

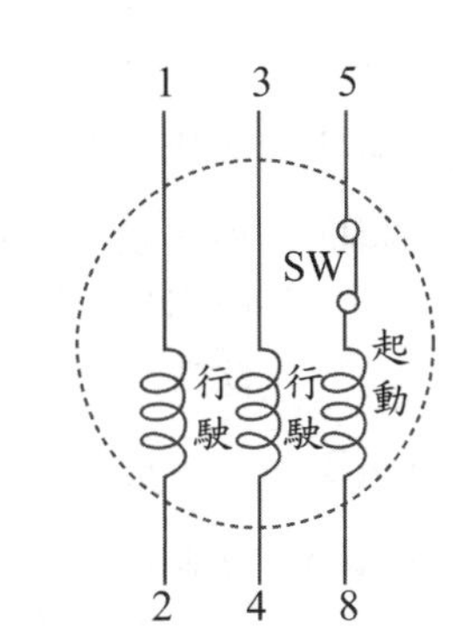

解答與解析

1.(A)。R_x減小，磁通量減少，轉速$n=\dfrac{E}{k\phi}$加快。

2.(B)

3.(C)。原圖：安培表值$=I_a+I_c=\sqrt{3}\Rightarrow I_1=40\sqrt{3}(A)$(向量和)

新圖：安培表值$=I_a-I_c=\sqrt{3}\times\sqrt{3}=3(A)$

4.(C)　5.(C)

6.(B)。$E=N\dfrac{\Delta\phi}{\Delta t}=100\times\dfrac{10-8}{2}=100(V)$

7.(D)。$E=B\ell\upsilon=10\times0.1\times\sqrt{2}=\sqrt{2}(V)$，$P=\dfrac{V^2}{R}=\dfrac{(\sqrt{2})^2}{10}=0.2(W)$

8.(C)　9.(B)

10.(A)。根據楞次定律得知左邊之繞組會產生感應電勢以反抗磁場之增加(進入)，再由安培右手定則即可判斷感應電流方向。

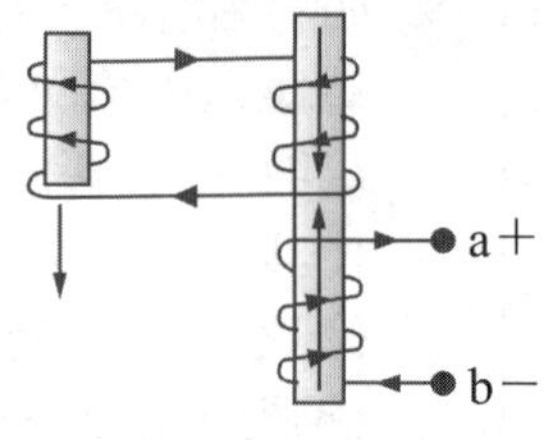

11.(C)。因 $e=n\frac{\Delta\phi}{\Delta t}$，在t＝0→1時，磁通變化率一直增加，所以感應電勢也持續增加，在t＝1→2時，磁通量沒變化，感應電勢為0V，在t＝2→3時，磁通量等速下降，所以產生定值感應電勢，又因其變化狀況與t＝0→1時相反，故感應電勢也相反。

12.(D)。各作用力互相抵消，所以沒有轉矩產生。

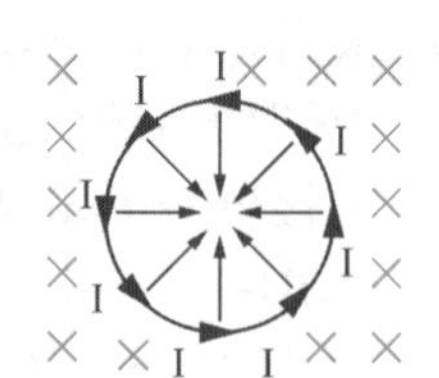

13.(D)。各導體之有效長度均為40cm，而(D)之有效長度小於40cm，故其受力小於其它三個。

14.(B)。電樞反應使電動機的前極尖磁通增強。

15.(C)。設電流由a流入產生 ϕ_1，二次繞組則會產生反方向磁通 ϕ_2，因此其感應電流 I_2 方向如圖所示，減極性變壓器L、二側相對應之端點，其極性應同為「+」或同為「－」。

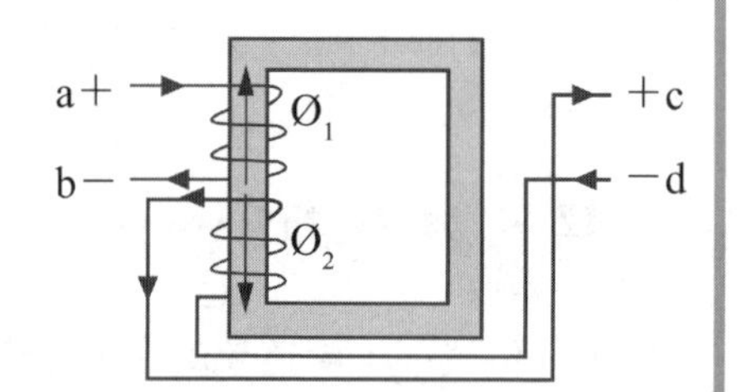

16.(C)。

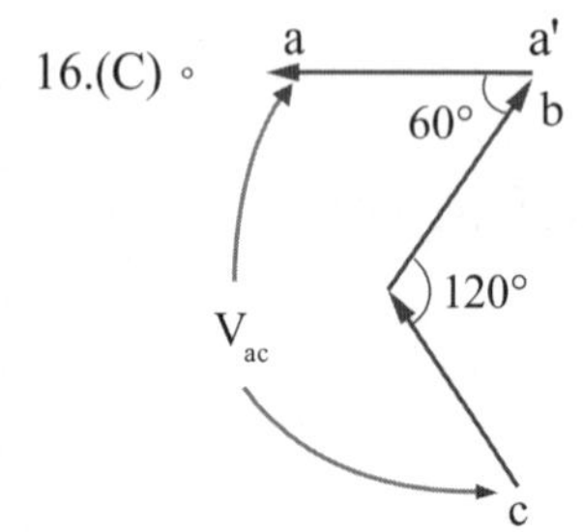

由 $E_{aa'}=100V$、$E_{cc'}=100V$

可知ac間的電壓為100V。

17.(D)

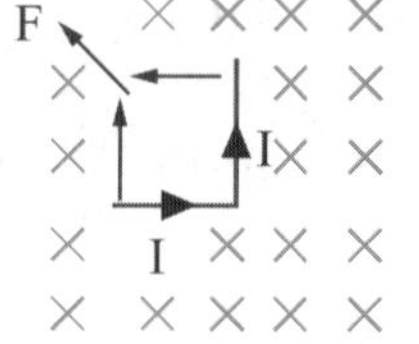

18.(A)。根據佛來銘左手定則該導體各段受力方向如圖所示，其合力則為F。

19.(B)。L_2接到c或d，可使與電容串聯之繞組改變其相位。

20.(C)。∵每個繞組耐壓皆為110V，∴先將兩個行駛線圈串聯可接額定電壓220V，再將起動線圈並聯在其中一組行駛線圈兩端。

第十回

( ) 1. 下列有幾種電工機械及其實驗之相關特性曲線，甲：他激式直流發電機之磁化特性曲線，乙：同步發電機之開路特性曲線，丙：同步發電機之短路特性曲線，丁：平複激式直流發電機之外部特性曲線。請問上列各特性曲線中哪兩種線型十分類似？
(A)甲、乙　(B)丁、乙　(C)甲、丁　(D)丙、丁。

( ) 2. 有A、B、C三個相同容量的變壓器，日夜送電，而夜間有10小時全負載，白日有14小時無負載時，所使用的變壓器，應選擇下列哪一具變壓器的效率會最好？
(A)A變壓器銅損1%，鐵損3%
(B)B變壓器銅損4%，鐵損1%
(C)C變壓器銅損3%，鐵損2%
(D)不一定。

( ) 3. 若是將感應電動機的轉子導體由銅改為鋁，則下列何者錯誤？
(A)起動電流變小　(B)起動轉矩變大
(C)最大轉矩變大　(D)轉子電阻變大。

( ) 4. 下列有關直流電動機的敘述，何者為非？
(A)串激式用於需要大起動轉矩之處
(B)分激式電動機轉矩為一直線
(C)直流分激式電動機，接交流電源幾乎無法運轉
(D)激複激電動機，負載增加，磁通增加，轉速變快。

( ) 5. 有關三相感應電動機，下列敘述何者錯誤？
(A)繞線式轉子可在二次外加電阻作為起動控制及轉速控制
(B)雙鼠籠式感應電動機內層導體電感大電阻小，所以起動時，轉子電流大多流經外層導體
(C)S=1時轉矩為0，輸出機械功率為0
(D)最大轉矩和轉子無關，但最大轉矩之轉差率$S_M=R_2/X_2$。

(　) 6. 為了使直流發電機輸出電壓更高，波形更理想，可作如何改進？
(A)減少換向片數
(B)減少電樞導體數
(C)增加電樞導體數及換向片數
(D)減少電樞導體數，增加換向片數。

(　) 7. 有一50kVA、2400/240V、60Hz之單相變壓器，作開路試驗，求得下列數據：V_o=240V，I_o=5.41A，P_o=586W，則下列何者錯誤？
(A)磁化電流為5.35A　(B)激磁電導為0.00324S
(C)無載功因為0.144　(D)功因為0.8時之半載鐵損為93W。

(　) 8. 下列有關電動機起動之敘述何者為錯誤？
(A)直流電動機起動時場電阻應置於最小處
(B)三相繞線式感應機外加電阻應置於最小值
(C)同步電動機起動時轉部要短路之
(D)起動直流分激發電機時場電阻應置於最大值。

(　) 9. 60Hz的小型配電變壓器，如將其連接在電壓相同但頻率為50Hz的電源上，則：
(A)鐵損稍為減少，無載電流稍為增加
(B)鐵損稍為減少，無載電流稍為減少
(C)鐵損稍為增加，無載電流稍為增加
(D)鐵損及無載電流不變。

(　) 10. 有關直流電動機之轉速控制，下列敘述哪一項錯誤？
(A)改變電樞電壓之控速法，其控制範圍寬廣
(B)改變場電流之控制法，電流增大則轉速上升
(C)樞電壓不變而場流控速，其輸出為定馬力特性
(D)樞電阻控速法之速率變動率大。

(　) 11. 某單相11.4kV/110V變壓器，因故障而重新繞製高低壓繞組後，經測試結果，一次側雖外加額定頻率及額定電壓，但二次側電壓卻偏低，其可能原因為何？
(A)磁路磁阻變低　(B)低壓繞組匝數過多
(C)低壓繞組線徑加大所致　(D)低壓繞組匝數不足。

(　) 12. 有關同步發電機的敘述何者錯誤？
(A)電壓調整率大，電樞反應大
(B)空氣隙小，電壓調整率小
(C)電壓調整率小，同步阻抗小
(D)電壓調整率小，短路比大。

(　) 13. 下列何者正確？
(A)電動機電樞電流增加一倍，磁通維持不變，則轉矩增加一倍
(B)磁通增加20%，電樞電流減20%，轉矩可維持不變
(C)原轉矩10kg·m，磁通增加10%，電樞電流維持不變，轉矩變為12kg·m
(D)轉速增加，功率不變，則轉矩增加。

(　) 14. 下列有關三相感應電動機的敘述，何者有誤？
(A)旋轉磁場同步轉速與電源頻率成正比，與定子極數成反比
(B)旋轉磁場磁勢峰值為每相定子激磁繞組的3/2倍
(C)又稱非同步機，因其轉子轉速大於旋轉磁場之轉速
(D)欲改變轉子之轉向，僅需將三相接線中之二條線對調即可。

(　) 15. 同步電動機之起動方式，下列敘述何者錯誤？
(A)可以利用變頻器降低電源頻率來起動
(B)可以加裝鼠籠式繞組來起動
(C)通以直流電以產生磁場來起動
(D)由另外一部電動機帶動來起動。

(　) 16. 兩部分激發電機並聯供應120A，負載電流已知其中一部容量（P）為5kW，感應電勢（E）為100V，電樞電阻（R_a）為0.2Ω，若場電流不計，且兩部發電機之負載分配與容量成正比，則下列何者最適合與之並聯？
(A)P=5kW，E=100V，R_a=0.2Ω
(B)P=10kW，E=100V，R_a=0.2Ω
(C)P=15kW，E=103V，R_a=0.1Ω
(D)P=15kW，E=108V，R_a=0.1Ω。

( ) 17. 步進馬達若停止連續脈衝之供應，則下列敘述何者為正確？
(A)其轉子將繼續轉動
(B)其轉子將回歸至原先之起動位置
(C)其轉子將急速停止，且保持於固定位置，其效果如同煞車
(D)其轉子將逆向轉動。

( ) 18. 某平複激發電機，其分激場電阻為300Ω，串激場電阻不計，欲使發電電壓維持在180V，無載時場變阻器調為60Ω，滿載時滿載電流為25A，場變阻器調為0Ω，若想維持場變阻器在60Ω，且電壓維持在180V，則該機應加繞幾匝串激繞組？（即平複激，短並聯式，已知分激繞組為500匝）
(A)4 (B)3 (C)2 (D)1 匝。

( ) 19. 某6P、60Hz、25HP、440V三相感應電動機，其效率85%，功率因數為80%，當在全壓起動時，其起動電流210A，起動轉矩150NT·m，則下列敘述何項不正確？
(A)以Y-△起動時，起動電流為70A
(B)以Y-△起動時，起動轉矩為50NT·m
(C)以自耦變壓器降壓至220V起動，起動電流為52.5A
(D)以自耦變壓器降壓至220V起動，起動轉矩為75NT·m。

( ) 20. 分激電動機，額定輸出2.5kW，當端電壓為100V，輸入電流為20A，N=1200rpm，以動力計測得，彈簧秤指示$\frac{10}{\pi}$kg，且秤距軸心之距離為50cm，下列敘述何者正確？
(A)輸出轉矩為4.9NT·m (B)輸出功率為2000π
(C)輸入功率為2.5kW (D)效率為98%。

解答與解析

1.(A)

2.(B)。∵全日效率損失愈小，則效率愈高，
全日效率=(鐵損×24)+(銅損×使用小時)
∴變壓器A之全日效率=(3%×24)+(1%×10)=82%
變壓器B之全日效率=(1%×24)+(4%×10)=64%
變壓器C之全日效率=(2%×24)+(3%×10)=78%，故選變壓器B。

3.(C)。最大轉矩不變。

4.(D) 5.(C) 6.(C)

7.(D)。鐵損與負載之大小及功因無關。

8.(B)。三相繞線式感應機在起動時，外加電阻應置於最大值，以減小起動電流，提高起動轉矩。

9.(C)。在定電壓下其鐵損及無載電流皆和頻率成反比，故稍作增加。

10.(B)。$\because n \propto \dfrac{1}{\phi_f}$ $\therefore I_f \uparrow$、$\phi_f \uparrow$、$n \downarrow$。

11.(D)。$E_2 = 4.44N_2\phi_m$，f、ϕ_m 皆正常，E_2 下降為低壓繞組匝數不足所致。

12.(B)。電機運轉於未飽和狀態，未飽和同步阻抗其值通常較實際值為大，在無載飽和特性曲線的直線部分計算而得，電壓調整率較大。

13.(A)。(1)磁通增加20%，電樞電流減20%，

轉矩 $T_1 = K \times 1.2\phi \times 0.8I_a = 0.96T$

(2)$T_2 = K \times 1.1\phi \times I_a = 1.1T = 1.1 \times 10 = 1.1(kg \cdot m)$

(3)$P = T \times \omega =$ 定值 $\Rightarrow n \uparrow$、$T \downarrow$

14.(C)

15.(C)。在轉速低時，加入直流激磁會使感應電勢與直流電源互相干擾而妨礙其起動。

16.(C)。(A)P＝5 W，額定電流 $= \dfrac{P}{V} = \dfrac{5000}{100} = 50(A)$ (設 $E \doteqdot V$) 兩部均為 5k(W)，只能供應100A，會形成過載。

(B)$P_1 = 5k(W)$，$P_2 = 10k(W)$，$\therefore I_1 = \dfrac{1}{2}I_2$，又 $I_1 + I_2 = 120(A)$

$\therefore I_1 = 40(A)$，$I_2 = 80(A)$，$V_1 = E_1 - I_1R_a = R_{a1} = 100 - 400 \times 0.2 = 92(V)$

$V_2 = E_2 - I_2R_a = R_{a2} = 100 - 80 \times 0.2 = 84(V)$ $\therefore V_1 \neq V_2$

(C)$P_1 = 5k(W)$，$P_2 = 15k(W)$，$\therefore I_1 = \dfrac{1}{3}I_2 = 30A$，$I_2 = 90(A)$

$V_1 = E_1 - I_1R_{a1} = 100 - 30 \times 0.2 = 94(V)$

$V_2 = E_2 - I_2R_{a2} = 103 - 90 \times 0.1 = 94(V)$

$\therefore V_1 = V_2$

(D)$P_1=5k(W)$，$P_2=15k(W)$，$\therefore I_1=30(A)$，$I_2=90(A)$

$V_1=E_1-I_1R_{a1}=100-30\times0.2=94(V)$

$V_2=E_2-I_2R_{a2}=108-90\times0.1=99(V)$

$\therefore V_1\neq V_2$

17.(C)

18.(C)。(1)$I_{fo}=\dfrac{180}{300+60}=0.5(A)$，$I_{ff}=\dfrac{180}{300}=0.6(A)$，$\Delta f=0.6-0.5=0.1(A)$

(2)平複激$\Delta I_f N_f=I_s N_s$，$10.1\times500=25\times N_s$ $\therefore N_s=2$匝

19.(D)。(A)$I_o=210\times\dfrac{1}{3}=70(A)$

(B)$T_{sy}=150\times\dfrac{1}{3}=50(NT\cdot m)$

(C)$I_{s自}=210\times(\dfrac{220}{440})^2=52.5(A)$

(D)$T_{s自}=150\times(\dfrac{220}{440})^2=37.5(NT\cdot m)$

20.(D)。(A)輸出轉矩 $T_o=9.8\omega\cdot L=9.8\times\dfrac{10}{\pi}\times0.5=\dfrac{49}{\pi}(NT\cdot m)$

(B)輸出功率 $P_o=\omega T_o=2\pi\times\dfrac{N}{60}\times T_o=2\pi\times\dfrac{1200}{60}\times\dfrac{49}{\pi}=1960(W)$

(C)輸入功率$P_i=VI=100\times20=2000(W)$

(D)效率 $\eta=\dfrac{P_o}{P_i}\times100\%=\dfrac{1960}{2000}\times100\%=98\%$

第三部分　近年試題及解析

108年台灣菸酒從業職員及從業評價職位人員

( ) 1. 下列何種試驗可以測量三相感應電動機之銅損？
(A)直流電阻試驗　(B)堵住試驗
(C)無載試驗　(D)負載試驗。

( ) 2. 關於直流發電機的各式繞組接線方式，下列何者正確？　(A)補償繞組與電樞繞組並聯　(B)串激場繞組與電樞繞組並聯　(C)分激場繞組與電樞繞組並聯　(D)中間極繞組與電樞繞組並聯。

( ) 3. 三相4極60赫茲（Hz）的同步電動機，其滿載時每分鐘的轉速（rpm）為多少？
(A)1200rpm　(B)1500rpm
(C)1800rpm　(D)2100rpm。

( ) 4. 欲進行準確的定位控制，下列何種電動機可用開迴路控制方式達成？　(A)三相感應電動機　(B)蔽極式單相感應電動機　(C)單相推斥交流電動機　(D)步進電動機。

( ) 5. 旋轉磁場式同步發電機，轉子的激磁繞組輸入下列何種電源？
(A)直流電源　(B)交流電源
(C)交流或直流電源皆可　(D)無需激磁。

( ) 6. 欲觀察兩部交流發電機並聯運用的情形時，通常使用「二明一暗」同步燈法，當出現三燈輪流明滅的情形，其原因為何？　(A)相位稍異　(B)頻率稍異　(C)電壓大小稍異　(D)相序不同。

( ) 7. 變頻器是一種什麼性質的轉換裝置？
(A)將直流電轉換成所需頻率的交流電
(B)將交流電轉換成直流電
(C)將直流電轉換成直流電
(D)將交流電轉換成交流電。

(　) 8. 變壓器採用△形連接時，其線電壓V_L與相電壓V_P、線電流I_L與相電流I_P的關係為下列何者？
(A) $V_L=\sqrt{3}V_P$，$I_L=I_P$　(B) $V_L=V_P$，$I_L=\sqrt{3}I_P$
(C) $V_L=V_P$，$I_L=I_P$　(D) $V_L=\sqrt{3}V_P$，$I_L=\sqrt{3}I_P$。

(　) 9. 設VNL為無載端電壓，VFL為滿載端電壓，則電壓調整率VR%為下列何者計算值取%？
(A) $(V_{FL}-V_{NL})/V_{FL}$　(B) $(V_{NL}-V_{FL})/V_{FL}$
(C) $(V_{FL}-V_{NL})/V_{NL}$　(D) $(V_{NL}-V_{FL})/V_{NL}$

(　) 10. 直流發電機中，關於中間極極性之敘述，下列何者正確？
(A)順旋轉方向之相鄰主磁極相反
(B)逆旋轉方向之相鄰主磁極相同
(C)順旋轉方向的相鄰主磁極相同
(D)無特別規範。

(　) 11. 下列何者定義了直流發電機中導體電流方向、運動方向與磁場方向之間的關係？
(A)楞次定律　(B)安培右手定則
(C)佛來銘左手定則　(D)佛來銘右手定則。

(　) 12. 有A、B兩部直流分激式發電機並聯運轉而供給負載，今欲在維持系統電壓為定值的情況下，變更負載由B機逐漸至A機，則下列敘述何者正確？
(A)將A機的場電阻減少，B機增加
(B)將A機的場電阻增加，B機減少
(C)A、B兩機的場電阻同時增加
(D)A、B兩機的場電阻同時減少。

(　) 13. 直流蔽極式馬達旋轉依循的方向為下列何者？
(A)由通電電流方向決定　(B)自蔽極至主磁極
(C)自主磁極至蔽極　(D)不一定。

( ) 14. 下列哪一種感應電動機啟動時，可以在轉部繞組上串聯電阻？
(A)三相鼠籠式　(B)三相繞線式
(C)單相分相式　(D)單相推斥式。

( ) 15. 某單相220V，60Hz之負載消耗24kW，功率因數為0.6落後，現在欲改善功率因數為0.8時，應裝多少kvar的電容器？
(A)14kvar　(B)12kvar
(C)10kvar　(D)4.8kvar。

( ) 16. 同步發電機之自激現象，產生的條件為下列何種負載？
(A)電阻性負載　(B)電感負載
(C)電容性負載　(D)電阻或電感性負載。

( ) 17. 下列哪兩種試驗可求得同步發電機的短路比？
(A)負載試驗與短路試驗
(B)開路試驗與短路試驗
(C)開路試驗與相位特性試驗
(D)負載試驗與相位特性試驗。

( ) 18. 一台110伏特之分激電動機，其電樞電阻為0.5歐姆，分激場電阻為55歐姆，電刷壓降為2伏特，滿載時線路電流為30安培，轉速為1500rpm，若不考慮電樞反應，則滿載反電勢為多少伏特？
(A)96　(B)94　(C)92　(D)90。

( ) 19. 有一步進電動機，轉速為300rpm，每秒共有2000步，試求步進角為幾度？
(A)7.2°　(B)3.6°　(C)1.8°　(D)0.9°。

( ) 20. 有一三相感應電動機，在某一負載時其轉差率為0.04，若將轉部電阻增加為3倍而轉矩保持不變，則轉差率應變為多少？
(A)0.12　(B)0.06　(C)0.03　(D)0.015。

( ) 21. 某100kW直流發電機，定值損失為8kW，滿載時的可變損失為6kW，若此發電機於一天內滿載6小時，半載12小時，其餘時間停止運轉（斷電狀態），則此電機全日電能損失為多少？
(A)280kWh　(B)246kWh　(C)216kWh　(D)198kWh。

( ) 22. 某三相4極感應電動機，採用直接啟動時啟動電流（I_S）為120A，啟動轉矩（T_S）為30牛頓-公尺。若改為Y-Δ降壓啟動，則啟動電流（I_S）與啟動轉矩（T_S）分別為何？
(A)I_S=120A、T_S=10牛頓-公尺
(B)I_S=40A、T_S=30牛頓-公尺
(C)I_S=40A、T_S=10牛頓-公尺
(D)I_S=120A、T_S=30牛頓-公尺。

( ) 23. 關於兩部同步發電機並聯運轉之敘述，下列何者錯誤？
(A)增減任一發電機的激磁電流，可以改變發電機間無效功率之分擔
(B)兩部發電機的容量須相同才可並聯運轉，否則絕不可並聯運轉
(C)增減任一發電機的激磁電流，可使該發電機的功率因數變化
(D)改變任一發電機的激磁電流，可以改變該發電機的電流相位。

( ) 24. 某三相4極感應電動機，已知R2=0.1Ω，X2=0.4Ω，欲使啟動時產生最大轉矩，則轉子應串接多少Ω的電阻？
(A)0.4Ω (B)0.3Ω (C)0.2Ω (D)0.1Ω。

( ) 25. 某直流長分路複激式發電機，當負載電流I_L為40安培時，端電壓V_L為110伏特，分激場電流I_f為2安培，電樞電阻Ra為0.2歐姆，串激場電阻Rs為0.3歐姆，若不考慮電刷壓降V_b，則發電機之電樞繞組產生的電功率Pa約為多少瓦特？
(A)6820瓦特 (B)5502瓦特
(C)4250瓦特 (D)3320瓦特。

解答與解析 答案標示為#者，表官方公告更正該題答案

1.**(B)**。(A)測量電阻。(B)測量銅損。(C)測量鐵損。(D)測量轉速、轉矩、效率及功率因素等特性。

2.**(C)**。(A)(B)(D)串聯。(C)並聯。

3.(**C**)。 $n=\frac{120f}{P}=\frac{120\times 60}{4}=1800(rpm)$。

4.(**D**)。步進電動機可用開迴路控制方式達成。

5.(**A**)。轉子的激磁繞組輸入直流電源。

6.(**B**)。「二明一暗」同步燈法，三燈輪流明滅時為電壓相等，相位不定，頻率稍異，相序相同。

7.(**D**)。變頻器為交流轉交流。

8.(**B**)。 Δ接$\begin{cases}V_L=V_P\\I_L=\sqrt{3}I_P\end{cases}$，Y接$\begin{cases}V_L=\sqrt{3}V_P\\I_L=I_P\end{cases}$。

9.(**B**)。 $VR\%=\frac{V_{NL}-V_{FL}}{V_{FL}}\times 100\%$。

10.(**C**)。中間極順旋轉方向的極性與相鄰主磁極相同。

11.(**D**)。為佛來銘右手定則。

12.(**A**)。負載由B轉至A，則A場電阻變小，B增加。

13.(**C**)。旋轉方向是由主磁極往蔽極。

14.(**B**)。三相繞線式可在轉部繞組上串聯電阻。

15.(**A**)。 $\cos\theta_1=0.6$，$\cos\theta_2=0.8\Rightarrow\tan\theta_1=\frac{4}{3}$，$\tan\theta_2=\frac{3}{4}$，
$24\times(\tan\theta_1-\tan\theta_2)=14(kVAR)$。

16.(**C**)。發電機接電容性負載可自激。

17.(**B**)。開路試驗與短路試驗可求得短路比。

18.(**B**)。 $I_f=\frac{110}{55}=2$，$I_a=30-2=28$，$V=110-28\times 0.5-2=94(V)$。

19.(**D**)。 $300rpm=5rps=5\times 360°=1800$ (度/秒)，$1800\div 200=0.9°$。

20.(**A**)。轉矩不變，即負載不變，此時轉差率與轉部電阻成正比，
$S'=0.04\times 3=0.12$。

21.(**D**)。 $8\times18+6\times6+[6\times(\frac{1}{2})^2]\times12=198(kW)$。

22.(**C**)。 降壓啟動 $I_S'=\frac{1}{3}I_S=\frac{1}{3}\times120=40(A)$，

$$T_S'=\frac{1}{3}T_S=\frac{1}{3}\times30=10(N-m)$$。

23.(**B**)。 並聯運轉條件為電壓大小、相位、頻率、相序皆須相同，與容量無關。

24.(**B**)。 $\frac{0.1+R}{0.4}=1$，$R=0.3(\Omega)$。

25.(**B**)。 $(40+2)\times(0.2+0.3)=21$，$(110+21)\times42=5502$。

Note

108年台電新進雇用人員

(　) 1. 某運動中之導體長40公分，置於磁通密度為$0.1Wb/m^2$之均勻磁場中，若導體之運動方向與磁場成30度，感應電勢為1V，則此導體移動速率為多少？
(A)1m/s　(B)10m/s　(C)50m/s　(D)100m/s。

(　) 2. 某4極直流發電機，電樞總導體數為1000根，電樞有4個並聯路徑，轉速為600rpm，每極磁通量為1×10^{-2}Wb，則此發電機之感應電勢為多少？
(A)50V　(B)100V　(C)120V　(D)200V。

(　) 3. 某4極48槽之直流發電機，電樞繞組採單分疊繞，電樞電流路徑數為多少？
(A)4條　(B)8條　(C)12條　(D)16條。

(　) 4. 某4極直流電動機，每極磁通為0.04Wb，電樞導體數為600根，電樞電阻為0.4Ω，端電壓為220V，電樞繞組採單分疊繞。若滿載時電樞電流為50A，則滿載時轉速為多少？
(A)300rpm　(B)400rpm
(C)450rpm　(D)500rpm。

(　) 5. 某4極直流發電機，電樞總導體數為144根，繞線方式採單分疊繞，其電樞電流為120A，若電刷前移20度電機角，則此發電機之總去磁安匝數為多少？
(A)1440安匝　(B)960安匝
(C)480安匝　(D)2880安匝。

(　) 6. 如圖所示，該直流電動機為下列何者？
(A)長分差複激式
(B)長分積複激式
(C)他激式
(D)串激式。

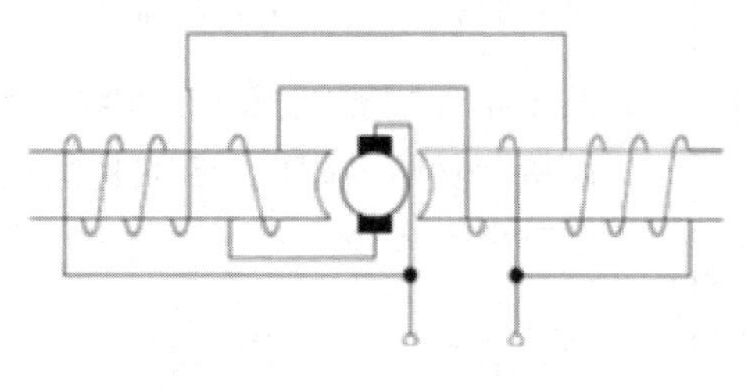

( ) 7. 有關各種發電機作並聯運用之敘述，下列何者正確？
(A)兩台直流積複激發電機作並聯運用時，分擔容量與電樞電阻成反比
(B)兩台直流積複激發電機作並聯運用時，分擔容量與分激場電阻成反比
(C)兩台直流分激發電機作並聯運用時，分擔容量與分激場電阻成反比
(D)兩台直流分激發電機作並聯運用時，分擔容量與電樞電阻成反比。

( ) 8. 某台200V、20HP的直流串激式電動機，其外接電源100V，電樞電阻為0.2Ω、場電阻為0.3Ω，若在忽略電刷壓降下，電樞電流為40A、轉速為600rpm。現假設轉矩不變，轉速變成300rpm時，則場電阻應為多少？
(A)2.15Ω (B)2.25Ω (C)2.45Ω (D)2.55Ω。

( ) 9. 欲改變直流電動機之轉向，下列何者正確？
(A)改變電源極性 (B)改變電樞繞組電阻
(C)改變磁場極性 (D)改變磁場繞組電阻。

( ) 10. 有關直流分激發電機外部特性曲線之敘述，下列何者正確？
(A)負載電流與場電流的關係
(B)感應電勢與負載電流的關係
(C)端電壓與負載電流的關係
(D)端電壓與感應電勢的關係。

( ) 11. 某直流分激電動機，若其電源為200V、50A，總損失為2000W，則其效率為多少？
(A)95% (B)90% (C)85% (D)80%。

( ) 12. 某單相理想變壓器一次側繞組為N_1匝，二次側繞組為N_2匝，在二次側接有負載電阻R，若欲將此負載電阻R換算成一次側之等效電阻，則其值為多少？
(A)$\frac{N_2}{N_1}R$ (B)$(\frac{N_2}{N_1})^2R$ (C)$\frac{N_1}{N_2}R$ (D)$(\frac{N_1}{N_2})^2R$。

( ) 13. 下列何者為測量變壓器鐵損之試驗方法？
(A)短路試驗 (B)開路試驗
(C)絕緣試驗 (D)耐壓試驗。

( ) 14. 某100kVA之三相變壓器，其電抗標么值為0.3Pu，電阻標么值為0.4Pu，則當以1000kVA為基準時，阻抗標么值為多少？
(A)1.5 (B)3.0
(C)5.0 (D)7.0。

( ) 15. 某3組單相11000V/440V之變壓器作Δ-Y接線，若將一次側（Δ接）電源改為三相5000V，則二次側線電壓約為多少？
(A)220V (B)346V
(C)440V (D)550V。

( ) 16. 將50Hz之變壓器使用於60Hz之電源，若電壓相同時，則鐵損變為原來的幾倍？
(A)$\frac{25}{36}$倍 (B)$\frac{36}{25}$倍 (C)$\frac{5}{6}$倍 (D)$\frac{6}{5}$倍。

( ) 17. 額定10kVA、200V/100V、60Hz之單相變壓器，一次側接200V，經短路試驗得一次側的總等效電阻為0.4Ω，若此變壓器供應功率因數為1.0之負載，且在變壓器額定容量的70%時發生最高效率，則在最高效率時，此變壓器之總損失為多少？
(A)490W (B)600W
(C)980W (D)1200W。

( ) 18. 某單相變壓器一次側與二次側之匝數比為6:1，若滿載時二次側電壓為110V，已知其電壓調整率為5%，則一次側無載電壓為多少？
(A)693V (B)660V
(C)440V (D)231V。

( ) 19. 某一電流表配合200/5A之比流器，量測某線路電流，若電流表之讀值為1.25A，則此時之線路電流應為多少？
(A)5A (B)30A
(C)50A (D)120A。

( ) 20. 某6極60Hz三相感應電動機，當滿載時轉差率為5%，則滿載時轉子轉速為多少？
(A)1140rpm (B)1205rpm
(C)1240rpm (D)1440rpm。

( ) 21. 某6極、200V、50Hz、50HP之三相繞線式感應電動機，若測得轉子電流之頻率為2.5Hz，則此電動機之轉速為多少？
(A)700rpm (B)950rpm
(C)1050rpm (D)1800rpm。

( ) 22. 有關雙鼠籠式感應電動機特性之敘述，下列何者正確？
(A)外層繞組電阻大、內層繞組電阻小
(B)外層繞組電感大、內層繞組電感小
(C)內層繞組在啟動時流過大部分電流
(D)外層繞組在運轉時流過大部分電流。

( ) 23. 某50Hz、轉差率為4%之三相感應電動機，於滿載時之轉速差異為60rpm，則此感應電動機的極數為多少？
(A)2極 (B)4極
(C)6極 (D)8極。

( ) 24. 某單相6極分相式感應電動機，其主繞組與輔助繞組放置於定子槽內，則其主繞組與輔助繞組於槽內應相互間隔多少機械角度？
(A)30° (B)45° (C)60° (D)90°。

( ) 25. 有關遮蔽啟動式（蔽極式）感應電動機之敘述，下列何者有誤？
(A)構造較為簡單且便宜
(B)啟動轉矩小
(C)常用於小型風扇及吹風機
(D)轉子轉向和移動磁場方向不一致。

( ) 26. 某8極、Y接之三相同步發電機，轉速為1200rpm，電樞繞組每相匝數為50匝，每極磁通量為0.04Wb，若感應電勢為正弦波，則此發電機每相感應電勢有效值約為多少？
(A)710V (B)500V (C)355V (D)250V。

(　) 27. 有關同步發電機特性曲線之敘述，下列何者正確？
(A)無載飽和曲線可由短路試驗求得
(B)短路特性曲線為一拋物線
(C)外部特性曲線為一直線
(D)激磁特性曲線橫坐標為負載電流。

(　) 28. 下列何者不是同步發電機並聯運轉之條件？
(A)感應電勢大小相同　(B)發電機極數相同
(C)感應電勢頻率相同　(D)感應電勢相位角相同。

(　) 29. 某Y接之三相同步發電機供應三相負載，發電機每相之感應電勢為$220\angle 0°$V，在忽略電樞電阻情況下，負載端之相電壓為$200\angle -30°$V。已知發電機輸出之三相功率為3kW，則此同步發電機每相之同步電抗值為多少？
(A)11Ω　(B)22Ω
(C)36Ω　(D)44Ω。

(　) 30. 某4極、220V、Y接之圓柱式三相同步發電機，已知其每相同步電抗為$10\sqrt{3}$ Ω，在忽略電樞電阻情況下，當每相感應電勢為220V時，則此發電機之最大輸出功率為多少？
(A)4840VA　(B)5736VA
(C)6752VA　(D)8382VA。

(　) 31. 有關步進電動機之敘述，下列何者有誤？
(A)角度誤差量很小
(B)改變定子繞組激磁順序，可控制正、反轉
(C)以數位信號作開迴路控制
(D)轉動角度與輸入脈波數成反比。

(　) 32. 連接於同一均壓線上之電樞繞組，各點於疊繞時，應相隔多少電機角？
(A)90°　(B)180°
(C)270°　(D)360°。

( ) 33. 某6極、60Hz、440V之三相感應電動機全壓啟動時，啟動電流為200A，啟動轉矩為180Nt-m，若用電抗器由50%抽頭啟動，則此電動機之啟動電流與啟動轉矩分別為多少？

(A)100A、45Nt-m (B)100A、90Nt-m
(C)50A、45Nt-m (D)50A、90Nt-m。

( ) 34. 有關三相感應電動機最大轉矩之敘述，下列何者正確？

(A)最大轉矩與電源電壓成正比
(B)最大轉矩與同步角速度成正比
(C)最大轉矩與轉子電阻值無關
(D)最大轉矩與定子電阻值成正比。

( ) 35. 有關同步發電機之敘述，下列何者正確？

(A)發電機激磁電流增加時，其輸出電壓下降
(B)發電機輸出功率增加時，其功率角會增大
(C)要改變輸出有效功率需調整激磁電流
(D)要改變輸出無效功率需調整原動機轉速。

( ) 36. 某6極直流發電機，其轉速為1200rpm，則旋轉過一個極距所需之時間為多少？

(A)1/160秒 (B)1/120秒
(C)1/60秒 (D)1/20秒。

( ) 37. 某A、B兩台各為90kVA之單相變壓器作並聯運轉，供給100kVA負載。A和B之阻抗壓降百分比分別為6%及4%，則A、B分擔之負載各為多少？

(A)60kVA、40kVA (B)40kVA、60kVA
(C)36kVA、64kVA (D)64kVA、36kVA。

( ) 38. 某100V分激直流電動機，場電阻為100Ω，電樞電阻為0.2Ω，滿載時電源端電流為50A、轉速為1800rpm，則此電動機之電源端啟動電流為滿載電流的幾倍？

(A)1倍 (B)2倍
(C)5倍 (D)10倍。

( ) 39. 有關交流同步發電機之敘述，下列何者有誤？
(A)電樞電壓為交流電
(B)負載端電壓為交流電
(C)旋轉磁場切割靜止導體產生感應電勢
(D)需要換向片。

( ) 40. 某6極、220V、Δ接之三相交流同步電動機，當加入三相平衡交流電源時，其中一組相間電壓為 $200\sqrt{2}\sin 60\pi t$V，則此同步電動機之轉速為多少？
(A)600rpm (B)540rpm
(C)450rpm (D)360rpm。

( ) 41. 某6極、220V之三相感應電動機，在全壓啟動時啟動電流為100A，以自耦變壓器降壓啟動時，啟動電壓由220V降至154V，則自耦變壓器啟動時一次側與二次側電流各為多少？
(A)49A、70A (B)120A、60A
(C)98A、70A (D)98A、140A。

( ) 42. 某4極、220V三相感應電動機，假設輸入端電壓為一定值，將其一次繞組Δ接改為Y接，則此電動機之最大轉矩變為原來的多少？
(A) $\sqrt{3}$ 倍 (B) $\frac{1}{\sqrt{3}}$ 倍
(C)3倍 (D) $\frac{1}{3}$ 倍。

( ) 43. 某輸出200V、115A之長分複激式發電機，在額定電壓及電流下運轉時，若該發電機之電樞電阻為0.02Ω，分激電路之電阻為40Ω，串激場繞組之電阻為0.02Ω，中間繞組之電阻為0.01Ω，電刷壓降為2.0V，則此發電機之感應電勢為多少？
(A)218V (B)214V (C)208V (D)206V。

( ) 44. 某直流串激發電機串接5kW、10A之負載，若其電樞電阻為10Ω，場電阻為5Ω，線路電阻為5Ω，則此發電機之電樞感應電勢為多少？
(A)500V (B)700V (C)1000V (D)1200V。

( ) 45. 下列何者不是消除直流發電機電樞反應之補償方法？
(A)設置補償繞組 (B)設置中間磁極
(C)使主磁極易飽和 (D)愣德爾磁極法。

( ) 46. 某25kVA，3300/110V，60Hz之單相變壓器，在額定電壓及電流下運轉時，其渦流損為30W，磁滯損為50W，銅損為200W。試求在一次側電壓仍為3300V時，改變電源頻率為50Hz，則此變壓器之渦流損、磁滯損及銅損各為多少？
(A)30W、60W、200W (B)36W、60W、200W
(C)30W、60W、240W (D)30W、50W、200W。

( ) 47. 某16kVA之單相變壓器在額定電壓下滿載運轉時，其鐵損為220W，銅損為320W，功率因數為0.8滯後。若在額定電壓下於滿載量75%運轉時，則此變壓器之效率為多少？
(A)100% (B)96% (C)80% (D)75%。

( ) 48. 下列何種變壓器連接法最常用於發電廠升壓？
(A)Y-Y (B)Δ-Y
(C)Δ-Δ (D)Y-Δ。

( ) 49. 某三部單相變壓器，若接成Δ-Y接線供應一組270kW、功率因數為0.9之電動機時，則每部單相變壓器之容量應為多少？
(A)100kVA (B)90kVA
(C)60kVA (D)50kVA。

( ) 50. 某額定輸出為15kVA，額定電壓為200V之三相同步發電機，在忽略電樞電阻情況下，於開路測試中測得端電壓為200V、激磁電流為1.5A；於短路測試中測得電樞電流等於額定電流，且激磁電流為2A，則此發電機之短路比為多少？
(A)1.50 (B)1.00
(C)0.75 (D)0.25。

解答與解析　答案標示為#者，表官方公告更正該題答案

1.(**C**)。 $e = B\ell V\sin\theta$，$1 = 0.1\times0.4\times V\times\sin30^\circ$，$V = 50m/s$，故選(C)。

2.(**B**)。 $E = \dfrac{PZ}{2\pi a}\phi\omega = \dfrac{4\times1000}{2\pi\times4}\times1\times10^{-2}\times(\dfrac{600\times2\pi}{60}) = 100V$，故選(B)。

3.(**A**)。 $a = mp = 1\times4 = 4$，故選(A)。

4.(**D**)。 $E = \dfrac{PZ}{60a}\times n\phi = V - I_aR_a$，$\dfrac{4\times600}{60\times(1\times4)}\times n\times0.04 = 220 - 50\times0.4$，
$n = 500rpm$，故選(D)。

5.(**C**)。 $AT_d = \dfrac{Z\alpha}{P\pi}\times\dfrac{I_a}{a}\times P = \dfrac{144\times20\times\dfrac{\pi}{180}}{4\pi}\times\dfrac{120}{1\times4}\times4 = 480$ 安匝，故選(C)。

6.(**A**)。此為長分差複激式，故選(A)。

7.(**D**)。(A)(B)分擔容量與串激場電阻成反比，
(C)(D)分擔容量與電樞電阻成反比，故選(D)。

8.(**D**)。 $n = \dfrac{E}{K\phi} = \dfrac{V - I_aR_a - I_sR_s}{K\phi}$，$\dfrac{300}{600} = \dfrac{200 - 40\times0.2 - 40\times R}{200 - 40\times0.2 - 40\times0.3}$，
$R = 2.55\Omega$，故選(D)。

9.(**C**)。改變磁場極性可改變轉向，故選(C)。

10.(**C**)。外部特性曲線為端電壓與負載電流之關係，故選(C)。

11.(**D**)。 $\eta = \dfrac{200\times50 - 2000}{200\times50}\times100\% = 80\%$，故選(D)。

12.(**D**)。 $R' = (\dfrac{N_1}{N_2})^2R$，故選(D)。

13.(**B**)。(A)銅損，(B)鐵損，(C)絕緣度，(D)承受電壓能力，故選(B)。

14.(**C**)。 $0.3\times10 = 3$，$0.4\times10 = 4$，$\sqrt{3^2 + 4^2} = 5$，故選(C)。

15.(**B**)。 $5000\times1\times\frac{440}{11000}\times\sqrt{3}=346V$ ，故選(B)。

16.(**C**)。 $P'=\frac{5}{6}P$ ，故選(C)。

17.(**C**)。 最高效率時 $I=\frac{7k}{200}=35A$ ，

此時銅損＝鐵損 $=I^2R=35^2\times0.4=490W$ ，

$P_{loss}=P_{銅損}+P_{鐵損}=490+490=980W$，故選(C)。

18.(**A**)。 $V_1R_1=\frac{V_{無載}-V_{滿載}}{V_{滿載}}\times100\%$，$5\%=\frac{V-110}{110}\times100\%$ ，$V=115.5V$ ，

$V'=115.5\times\frac{6}{1}=693V$ ，故選(A)。

19.(**C**)。 $1.25\times\frac{200}{5}=50A$ ，故選(C)。

20.(**A**)。 $N_s=\frac{120f}{P}=\frac{120\times60}{6}=1200rpm$ ，$S=\frac{N_s-N_r}{N_s}\times100\%$ ，

$5\%=\frac{1200-N_r}{1200}\times100\%$ ，$N_r=1140rpm$ ，故選(A)。

21.(**B**)。 $N_s=\frac{120f}{P}=\frac{120\times50}{6}=1000rpm$ ，$fr=\frac{P}{120}(N_s-N_r)$ ，

$2.5=\frac{6}{120}(1000-N_r)$ ，$N_r=950rpm$ ，故選(B)。

22.(**A**)。 (B)外層繞阻電感小，內層繞阻電感大。
(C)外層繞阻在啟動時流過大部分電流。
(D)內層繞阻在運轉時流過大部分電流。

23.(**B**)。 $S=\frac{N_s-N_r}{N_s}\times100\%$ ，$4\%=\frac{60}{N_s}\times100\%$ ，$N_s=1500rpm$ ，

$1500=\frac{120\times50}{P}$ ，$P=4$ ，故選(B)。

24.(**A**)。 $360° \div (6 \times 2) = 30°$，故選(A)。

25.(**D**)。 (D)方向一致，故選(D)。

26.(**A**)。 $1200 = \frac{120 \times f}{8}$，$f = 80Hz$，

$E = 4.44fN\phi = 4.44 \times 80 \times 50 \times 0.04 = 710.4V$，故選(A)。

27.(**D**)。 (A)開路試驗求得，(B)為一直線，(C)為一曲線，故選(D)。

28.(**B**)。 極數不須相同，故選(B)。

29.(**B**)。 $P_{\phi} = \frac{3k}{3} = 1kW$，$\left|200\sin(-30°)\right| = \frac{1k}{220}x_a$，$x_a = 22\Omega$，故選(B)。

30.(**A**)。 $10\sqrt{3} = \frac{\frac{220}{\sqrt{3}}}{I_a}$，$I_a = \frac{22}{3}A$，$S_T = 3 \times \frac{22}{3} \times 220 = 4840VA$，故選(A)。

31.(**D**)。 (D)成正比，故選(D)。

32.(**D**)。 相隔360°，故選(D)。

33.(**A**)。 $I' = 0.5 \times 200 = 100(A)$，$T' = 0.5^2 \times 180 = 45(N-m)$，故選(A)。

34.(**C**)。 (A) $T \propto V^2$，(B) $T \propto \frac{1}{\omega}$，(D) $T \propto \frac{1}{R}$，故選(C)。

35.(**B**)。 (A)輸出電壓上升。
(C)要改變輸出有效功率，需調整原動機轉速。
(D)要改變輸出無效功率，需調整激流磁電流。
故選(B)。

36.(**B**)。 $1200rpm = 20rps$，$(1 \div 6) \div 20 = \frac{1}{20}$秒，故選(B)。

37.(**B**)。 $P_A = 100 \times \frac{4\%}{6\% + 4\%} = 40kVA$，

$P_B = 100 \times \frac{6\%}{6\% + 4\%} = 60kVA$，故選(B)。

38.(**D**)。啟動電流$I_a=\frac{100}{0.2}=500A$，$500\div 50=10$，故選(D)。

39.(**D**)。(D)不需換向片，故選(D)。

40.(**A**)。$\omega=60\pi$，$f=\frac{\omega}{2\pi}=30Hz$，$N_s=\frac{120f}{P}=\frac{120\times 30}{6}=600rpm$，故選(A)。

41.(**A**)。一次側電流$=100\times(\frac{154}{220})^2=49A$，

二次側電流$=100\times(\frac{154}{220})=70A$，故選(A)。

42.(**D**)。Δ接：$V_L=V_P$，Y接：$V_L=\sqrt{3}V_P$，$T\propto {V_P}^2=(\frac{1}{\sqrt{3}})^2=\frac{1}{3}$倍，故選(D)。

43.(**C**)。$E_a=200+115\times(0.02+0.02+0.01)+2=207.75\cong 208V$，故選(C)。

44.(**B**)。$E_a=\frac{5k}{10}+10\times(10+5+5)=700V$，故選(B)。

45.(**C**)。(C)使主磁極易飽和非消除電樞反應之補償方法，故選(C)。

46.(**A**)。電源電壓不變時，渦流損與頻率無關，磁滯損與頻率成反比；銅損與頻率無關，故選(A)。

47.(**B**)。$\eta=\frac{16000\times 0.8\times 0.75}{16000\times 0.8\times 0.75+220+320\times 0.75^2}\times 100\%=96\%$，故選(B)。

48.(**B**)。Δ-Y接法，故選(B)。

49.(**A**)。$270\div 0.9=300kVA$，$300\div 3=100kVA$，故選(A)。

50.(**C**)。$SCR=\frac{1.5}{2}=0.75$，故選(C)。

108年鐵路特考高員三級

一、有額定200MVA、230/115kV、Δ-Y接之三相變壓器一部，其每相等效電路之串聯電阻R_{eq}及電抗X_{eq}分別為0.015pu以及0.05pu、激磁電抗X_M與鐵損等效電阻R_C分別為24pu與120pu。回答下列各題：

(一) 繪出參考至二次側之一相等效電路，並標註所有實際阻抗值（非標么值）。

(二) 假設變壓器提供負載160MVA、0.8滯後功因，其電壓調整率為何？

(三) 承(二)，畫出其一相的相量圖（phasor diagram）。

(四) 承(二)，求此時變壓器損失及效率。

答 (一) $Z_s = \dfrac{V^2}{S} = \dfrac{(115k)^2}{200M} = 66.125\Omega$

$R_{eq} = Z_s \times 0.015 = 1\Omega$　　　$X_{eq} = Z_s \times 0.05 = 3.3\Omega$

$X_M = Z_s \times 24 = 1587\Omega$　　　$R_C = Z_s \times 120 = 7935\Omega$

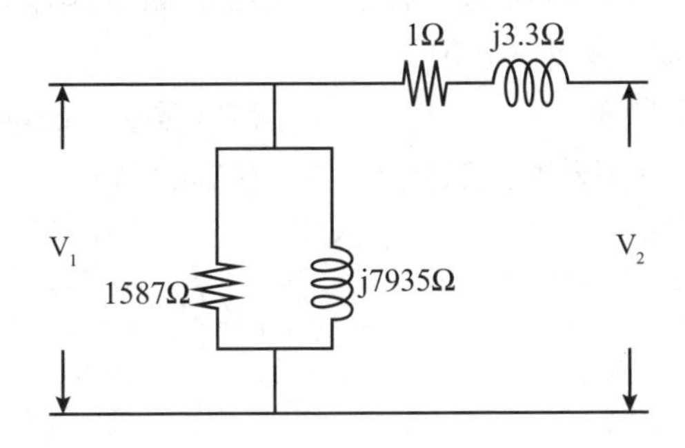

(二) $V_1 = \dfrac{115k}{\sqrt{3}}\angle 0^\circ + \dfrac{160M}{\sqrt{3}\times 115k}\angle -\cos^{-1}0.8 \times (1 + j3.3) = 68.64k\angle 1.37^\circ$

$$V \cdot R = \frac{68.64 - \dfrac{115}{\sqrt{3}}}{\dfrac{115}{\sqrt{3}}} \times 100\% = 3.38\%$$

(三)

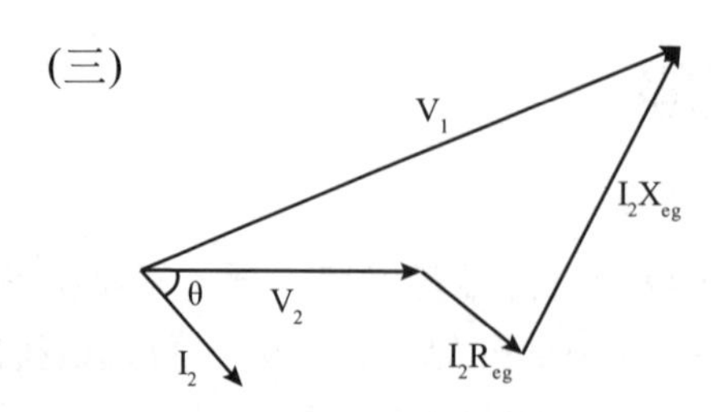

(四) $\eta=\dfrac{160M\times0.8}{160M\times0.8+3\times(\dfrac{160M}{\sqrt{3}\times115k})^2\times1+3\times\dfrac{(68.64k)^2}{1587}}\times100\%=92.2\%$

$$P_{loss}=3\times(\frac{160M}{\sqrt{3}\times115k})^2\times1+3\times\frac{(68.64k)^2}{1587}\cong10.84MW$$

二、一部440V、25hp、60Hz、四極、Y接之感應馬達，其每相等效電路如下圖所示，其中$R_1=0.6\Omega$，$X_1=1.0\Omega$，$R_2=0.3\Omega$，$X_2=0.4\Omega$，$X_M=25\Omega$。轉子旋轉損失（含機械損失、雜散損失與鐵心損失）總和為1kW，並假設為常數。在額定電壓及額定頻率情況下，某操作點之滑差為2.5%，求以下各項：

(一)定子電流。
(二)轉子輸出功率。
(三)感應轉矩及輸出轉矩。
(四)效率。

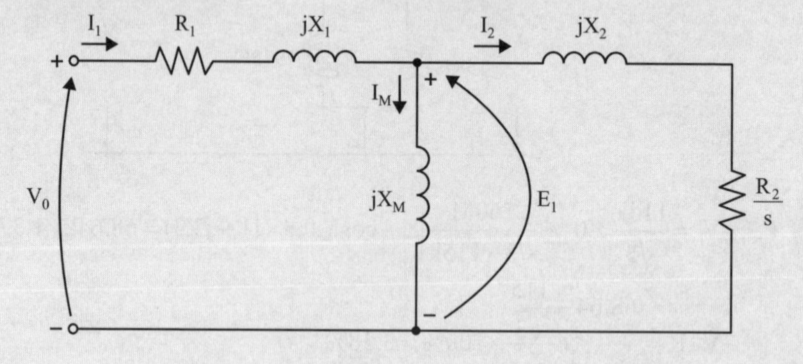

答

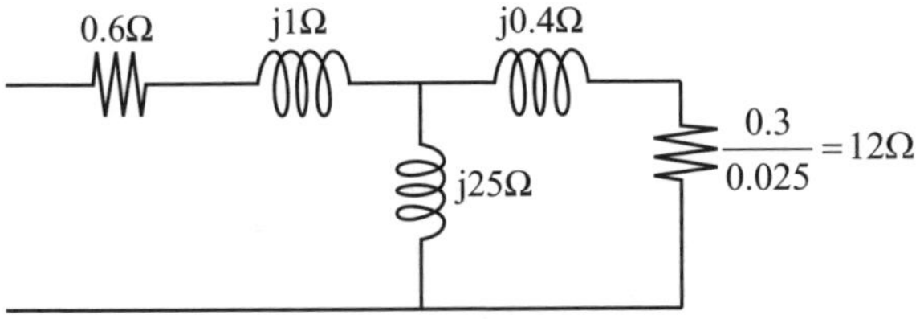

0.6Ω　j1Ω　j0.4Ω　j25Ω　$\frac{0.3}{0.025}=12\Omega$

$$Z = j25//(j0.4+12) = 9.5 + j4.88\Omega$$

(一) $I = \dfrac{\frac{440}{\sqrt{3}}\angle 0^\circ}{0.6 + j1 + (9.5 + j4.88)} = 21.73\angle -30.2^\circ$ ， $|I| = 21.73A$

(二) $P_{ag} = 3\times 21.73^2 \times 9.5 = 13457.5W$

$P_0 = (1-0.025)\times 13457.5 - 1000 = 12121W$

(三) $\omega = \dfrac{2\pi}{60}\times\dfrac{120\times 60}{4}\times(1-0.025) = 183.79$

感應轉矩 $T = \dfrac{13457.5}{183.79} = 73.22$ N-m

輸出轉矩 $T = \dfrac{12121}{183.79} = 65.95$ N-m

(四) $\eta = \dfrac{12121}{\sqrt{3}\times 440\times 21.73\times\cos[0-(-30.2^\circ)]}\times 100\% = 84.7\%$

三、一部三相Y接交流同步發電機，以場電流2A進行開路測試時，量得開路線電壓為416V；在相同的場電流下進行短路測試，並量得線電流為80A。此外，以一直流30V電源連接於發電機兩個端點，量得直流電流為50A。回答下列各題：

(一)求在上述量測條件下之同步電抗。

(二)由上述量測數據，計算其單相電樞電阻。

(三)若發電機在此場電流條件下，連接純電阻性三相Y接負載，並輸出50A，求其電壓調整率。

答 (一) $Z_s = \dfrac{\frac{416}{\sqrt{3}}}{80} = 3\Omega$

$r_{a,dc} = \dfrac{30}{2 \times 50} = 0.3\Omega$

$r_{a,ac} = k \cdot r_{a,dc} \cong 1.5 \times 0.3 = 0.45\Omega$

$X_s = \sqrt{3^2 - 0.45^2} = 2.97\Omega$

(二) $r_a = r_{a,ac} = 0.45\Omega$

(三) $\vec{E} = \vec{V} + \vec{I}(r_a + jX_s) = \dfrac{416}{\sqrt{3}} + 50\angle 0° \times (0.45 + j2.97)$

$= 262.68 + j148.5 = 301.75\angle 29.5°$

$$V \cdot R = \frac{301.75 - \frac{416}{\sqrt{3}}}{\frac{416}{\sqrt{3}}} \times 100\% = 25.6\%$$

四、一部60V、25A、轉速1800rpm之長並式積複激直流發電機，其相關參數如下：電樞電阻與串激場電阻之和$R_a + R_s = 0.2\Omega$、串激場繞組匝數N_{se}為10匝、並激場繞組電阻$R_F = 10\Omega$、並激場繞組匝數$N_F = 500$匝，且其並激場電路串有一調整範圍為0～30Ω之可變電阻，且其初始設定為5Ω。並激場之場電流I_F在1800rpm轉速下之磁化曲線如下圖所示。

(一) 畫出等效電路，並標上參數值。

(二) 求出無載時之並激場繞組電流I_F以及發電機端電壓。須說明如何求得。

(三) 電樞電流為20A時，串激場繞組貢獻之等效場電流為何？估算此時端電壓為何？可作圖輔助。

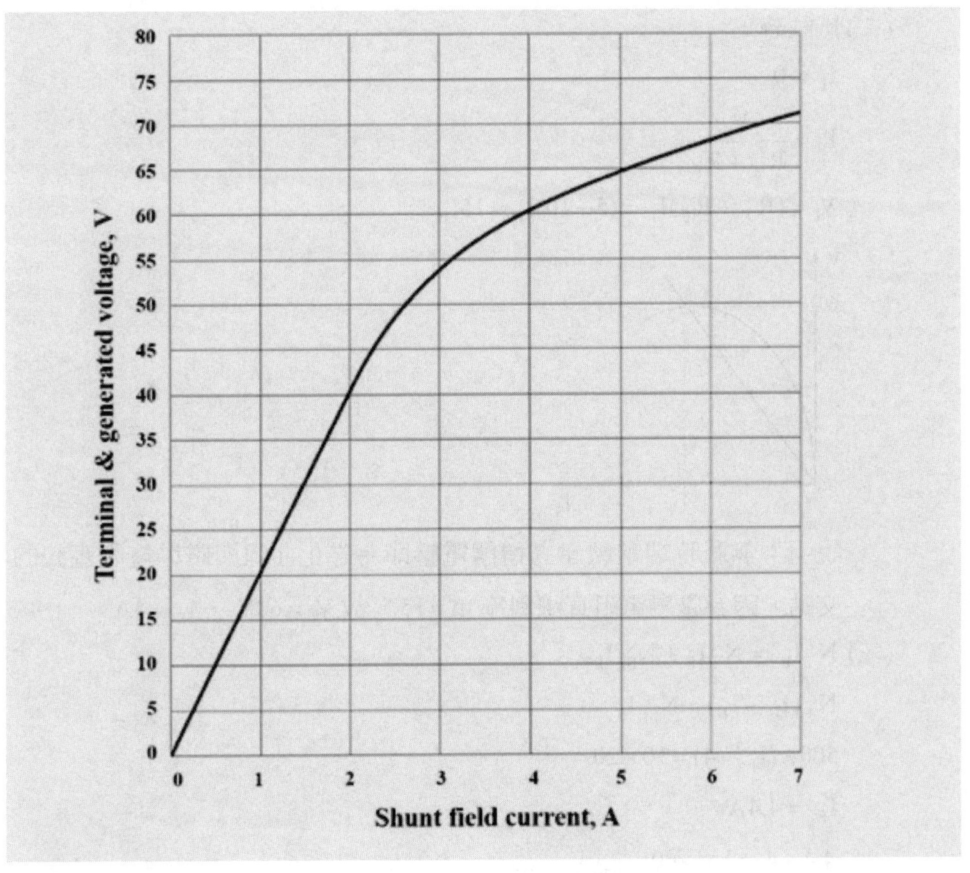

答 (一)

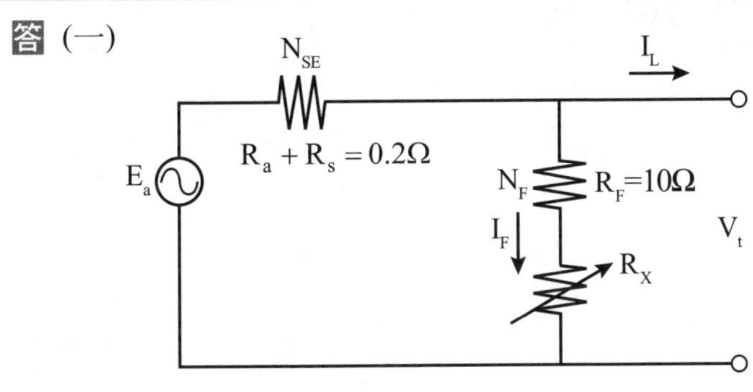

$R_a + R_s = 0.2\Omega$　　　　$R_F = 10\Omega$

$R_X = 0 \sim 30\Omega$（初始值為5Ω）

$N_F = 500$　　　　$N_{SE} = 10$

(二) 無載時，

$I_L = 0$

$I_F = \dfrac{V_t}{R_X + R_F}$

$V_t = (R_X + R_F)I_F = (5+10)I_F = 15I_F$

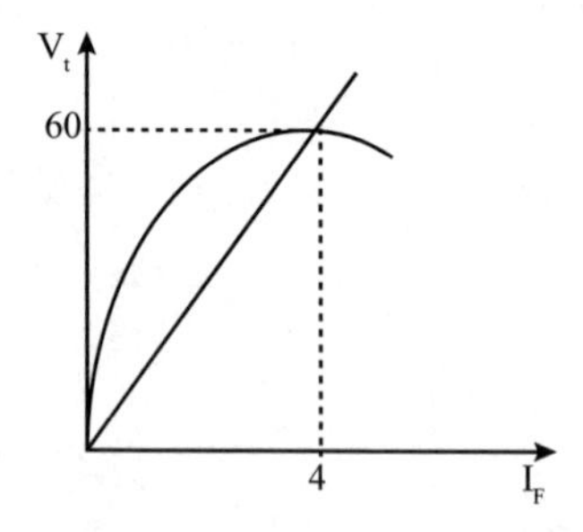

說明：無載時端電壓建立穩態電壓即為磁化曲線與磁場電阻直線的交點，因為磁場電阻直線斜率 $m = 15$ ，故 $V_t = 60V$ ， $I_F = 4A$ 。

(三) $N_F I_F' = N_F I_F + N_{SE} I_S$

$N_F(I_F' - I_F) = N_{SE} I_S$

$500 \times (I_F' - 4) = 10 \times 20$

$I_F' = 4.4A$

$\dfrac{4.4-4}{5-4} = \dfrac{Vt'-60}{65-60} \Rightarrow Vt' = 62V$

108年鐵路特考員級

一、有一軌道變電站使用兩台單相變壓器，亦即主變壓器（M-Tr）與支變壓器（T-Tr），採用史考特接線（Scott-connection），將三相電源轉為M相和T相兩個單相，供給列車牽引負載之用。假設M相之牽引負載為25kV，4MW，功率因數為0.9滯後；T相之牽引負載為25kV，3MW，功率因數為1.0。若該變壓器組電源側輸入電壓為69kV，請回答下列問題：

(一)試繪出此史考特接線變壓器組電源側與負載側之接線與電壓相量圖（參考相位以電源側主變壓器外加電壓設為零度）。

(二)試計算電源側三相電流之大小與相位各為多少？

 (一)

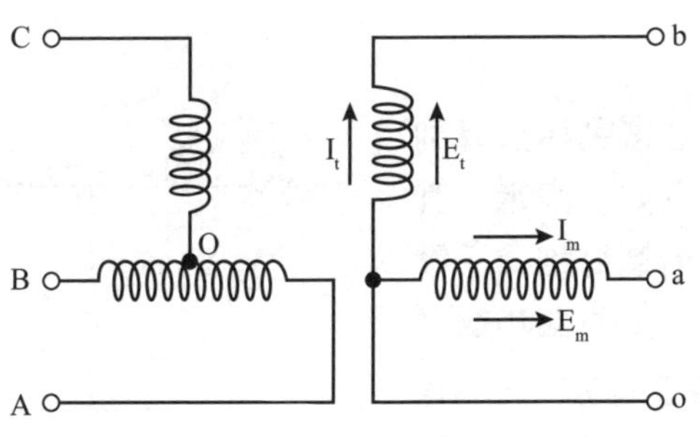

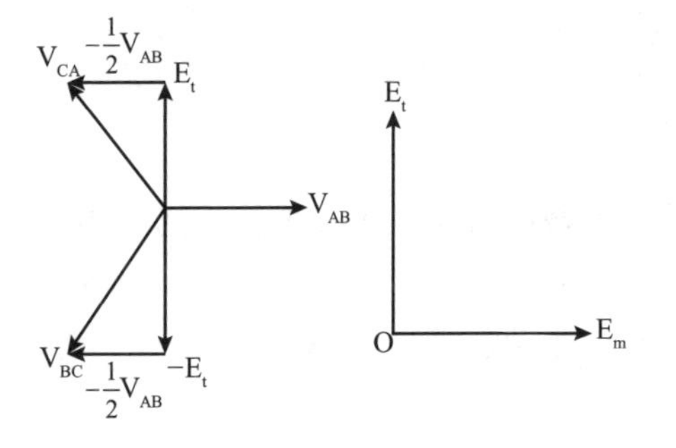

(二) $\overrightarrow{I_t}=\dfrac{3M}{25k}=120\angle 0°$

$$\overrightarrow{I_m}=\frac{4M}{25k\times 0.9}=177.78\angle -25.84°$$

$$a=\frac{N_1}{N_2}=\frac{V_1}{V_2}=\frac{69}{25}$$

$$\left|\overrightarrow{I_A}\right|=\left|\overrightarrow{I_B}\right|=\left|\overrightarrow{I_C}\right|=\frac{2}{\sqrt{3}a}\left|\overrightarrow{I_t}\right|=\frac{2}{\sqrt{3}}\times\frac{25}{69}\times 120=50.2(A)$$

$$\overrightarrow{I_A}=50.2\angle -55.84°$$

$$\overrightarrow{I_B}=50.2\angle 184.16°$$

$$\overrightarrow{I_C}=50.2\angle 64.16°$$

二、一部交流三相鼠籠式感應電動機換算到定子側之單相等效電路可如圖表示，其中R_1為每相定子電阻，R_2為每相轉子電阻，X_1為每相定子漏抗，X_2為每相轉子漏抗，X_M為每相定子激磁電抗，S為轉差率。請詳細說明如何得出單相等效電路中各參數值。

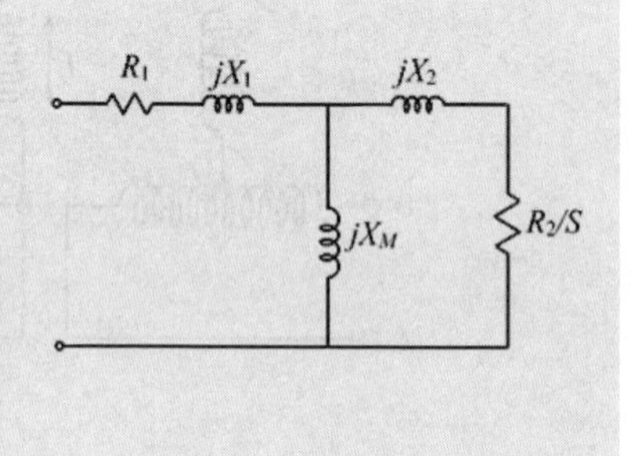

答 Step 1

無載試驗：可求得磁化電流、鐵損電流、激磁導納、激磁電導、激磁電納及無載損失。

方法：電動機空轉不接負載，加額定電壓運轉。

結果：鐵損電流 $I_C=\dfrac{P_{OC}}{V_{OC}}$

磁化電流 $I_M=\sqrt{{I_{OC}}^2-{I_C}^2}$

激磁電導 $G_C=\dfrac{I_C}{V_{OC}}=\dfrac{P_{OC}}{{V_{OC}}^2}$

激磁導納 $Y_O = \frac{I_{OC}}{V_{OC}}$

激磁電納 $B_M = \frac{I_M}{V_{OC}} = \sqrt{Y_O^2 - G_C^2}$

註：V_{OC}：相電壓，I_{OC}：相電流，P_{OC}：每相無載損失。

Step 2

堵轉試驗：可求出等效電路中的等效電阻及等效電抗。

方法：將轉子堵住不動，加很小的電壓使測量電流達額定值，量測並換算出相電壓V_{SC}、相電流I_{SC}、每相功率P_{SC}。

結果：等效電阻 $R_{eq1} = R_1 + R_2 = \frac{P_{SC}}{{I_{SC}}^2}$

等效阻抗 $Z_{eq1} = \frac{V_{SC}}{I_{SC}}$

等效電抗 $X_{eq1} = \sqrt{{Z_{eq1}}^2 - {R_{eq1}}^2}$

等效電路如圖：

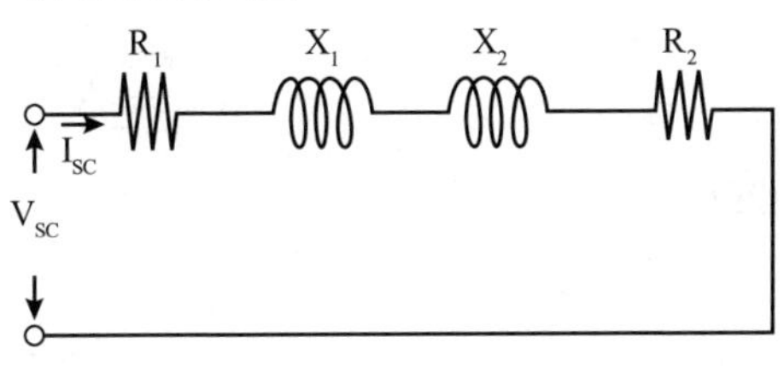

註：R_1：定子繞阻電阻，R_2：轉子換算至定子之電阻。

Step 3

合併兩項試驗數值得 $S = \frac{N_s - N_r}{N_s}$

R_1：定子每相電阻

X_1：定子每相漏電抗

R_2：轉子轉換至定子側的每相電阻

X_2：轉子靜止時轉換至定子側的每相電抗

X_m：$G_C // (-jB_m)$

三、有一部三相4極、380V、300kVA、60Hz、Y接之隱極式（Non-salient pole）同步發電機，假設電樞電阻可忽略，其無載激磁特性試驗（OCC）與短路特性試驗（SCC）數據如下表所示。

無載激磁特性試驗	激磁電流（A）	開路線電壓（V）
	9	380
短路特性試驗	激磁電流（A）	電樞電流（A）
	12	455.8

若此同步發電機在荷載情形下，調整其激磁電流，使線電壓為380V，並供應120kW，功率因數為0.8落後之負載。

(一)請計算發電機之每相同步電抗為多少歐姆？

(二)請計算發電機此時之每相內部感應電勢為幾伏特？

答 (一) $SCR=\dfrac{9}{12}=\dfrac{3}{4}$

$$Z_{s,pu}=\frac{1}{SCR}=\frac{4}{3}$$

$$Z_s=\frac{4}{3}\times\frac{380^2}{300k}=0.642\Omega$$

(二) $P=\sqrt{3}V_L I_a\cos\theta$

$$I_a=\frac{P}{\sqrt{3}V_L\cos\theta}=\frac{120k}{\sqrt{3}\times380\times0.8}=227.9(A)$$

$$\overrightarrow{I_a}=227.9\angle-\cos^{-1}0.8=227.9\angle-36.87°$$

$$\overrightarrow{E_a}=\frac{380}{\sqrt{3}}+(227.9\angle-36.87°\times0.642\angle90°)=328.7\angle20.86°(V)$$

四、某一串激式直流電動機之銘牌資料如下：額定電壓$V_A=220V$，額定電流$I_A=40A$，額定轉速$n_A=1680rpm$，電樞繞組與激磁場之總電阻$R_A=0.7\Omega$。若要使馬達轉速變為額定轉速的三倍，則電樞電流應調整為多少？此時之電動機轉矩又為多少？

答 $E_a = 220-(40\times 0.7)=192V$

$$T = KI_a\phi = \frac{E_a}{n\phi}\times I_a\times\phi = \frac{E_a I_a}{n} = \frac{192\times 40}{\frac{1680}{60}\times 2\pi} = 43.66\,(\text{N-m})$$

$$E_a' = E_a\times\frac{3}{1} = 576V$$

$$I_a' = \frac{576-220}{0.7} = 508.57A$$

$$T' = T\times\frac{508.57}{40} = 555.1\,(\text{N-m})$$

108年鐵路特考佐級

( ) 1. 有一鐵心平均截面積為0.02m^2，當內部產生0.005Wb的磁通時，磁通密度為何？
(A)0.15T (B)0.25T (C)0.4T (D)0.6T。

( ) 2. 有一鐵磁材料在磁場強度為100安·匝/米情況下，產生磁通密度0.8T，請問其導磁係數為何？
(A)0.04H/m (B)0.08H/m
(C)0.004H/m (D)0.008H/m。

( ) 3. 有一理想變壓器其額定電壓為500V/50V，若一次側有1000匝線圈，則二次側有幾匝線圈？
(A)100 (B)500 (C)10 (D)50。

( ) 4. 在實際變壓器的等效電路中，以何種元件來表示變壓器的鐵心損失？
(A)電容 (B)電感 (C)電阻 (D)電樞。

( ) 5. 在實際變壓器的等效電路中，以何種元件來表示變壓器的漏磁通效應？
(A)電容 (B)電感 (C)電阻 (D)電樞。

( ) 6. 單相變壓器的開路試驗，主要目的為何？
(A)求取變壓器的銅損
(B)求取變壓器的激磁導納與鐵損
(C)測試變壓器的極性
(D)求取變壓器一次側與二次側的等效阻抗。

( ) 7. 有一單相10kVA變壓器操作於滿載，若功因為0.8落後，且滿載時銅損為200W、鐵損為250W，則變壓器滿載效率約為多少？
(A)0.95 (B)0.96 (C)0.97 (D)0.98。

( ) 8. 有一個1kVA，110V/11V的變壓器連接成升壓型自耦變壓器（110V/121V），則此自耦變壓器的最大操作額定為多少kVA？
(A)1 (B)2 (C)10 (D)11。

( ) 9. 有一10kVA，1kV/100V，Δ-Y連接的三相變壓器，其阻抗標么值為0.02+j0.05pu，則此變壓器參考至高壓側的每相阻抗實際值為何？
(A)0.006+ j0.015Ω (B)0.6+j0.15Ω
(C)6+ j15Ω (D)0.02+j0.05Ω。

( ) 10. 單相60Hz，有效值120V的交流弦波電壓源，其峰值約為多少V？
(A)155 (B)170 (C)311 (D)339。

( ) 11. 某一交流電路之視在功率為100kVA，功率因數為0.8領先，則其虛功為多少？
(A)80kVAR (B)60kVAR
(C)－60kVAR (D)－80kVAR。

( ) 12. 有一理想變壓器之額定電壓為5V/50V，若二次側連接10Ω的阻抗，則等效至一次側的阻抗值為何？
(A)100Ω (B)1kΩ (C)1Ω (D)0.1Ω。

( ) 13. 有一變壓器在無載時二次側端電壓為231V，滿載時二次側端電壓為220V，則此變壓器之電壓調整率為多少？
(A)5% (B)4% (C)3% (D)6%。

( ) 14. 以下何種裝置可將電能轉變為動能？
(A)發電機 (B)電動機
(C)變壓器 (D)電容器。

( ) 15. 直流電動機主要是靠何種裝置，將線圈的交流電壓轉換成直流電壓？
(A)電樞 (B)換向片 (C)電刷 (D)磁極。

( ) 16. 在直流電動機中，何種方式不能改善電樞反應？
(A)移動電刷 (B)安裝中間極
(C)採用疊繞繞組 (D)安裝補償繞組。

( ) 17. 下列何種直流電動機每安培的電樞電流所產生之轉矩較大，適合用於卡車之啟動電動機、電梯電動機等場合？
(A)外激式直流電動機 (B)分激式直流電動機
(C)永磁式直流電動機 (D)串激式直流電動機。

( ) 18. 何種方法不是積複激式直流電動機的轉速控制方法？
(A)改變分激與串激場的極性 (B)改變場電阻
(C)改變電樞電壓 (D)改變電樞電阻。

( ) 19. 有一台20kW、200V之分激式直流發電機，在額定負載下感應電動勢為220V，此時分激場電流為5A，求發電機之電樞電阻約為多少？
(A)0.09Ω (B)0.19Ω
(C)0.29Ω (D)0.39Ω。

( ) 20. 下列何種直流發電機之電壓調整率剛好為零？
(A)過複激式 (B)欠複積式
(C)平複激式 (D)差複激式。

( ) 21. 有一4馬力，120V之直流分激式電動機，滿載時負載電流為20A，轉速為1500rpm，若電樞電阻為0.5Ω，磁場電阻為120Ω，求反電動勢為多少V？
(A)120.5 (B)116.5 (C)112.5 (D)110.5。

( ) 22. 有一200V的直流電動機，其電樞電阻為0.5Ω，滿載時電流為20A，請問瞬間啟動電流為滿載電流的幾倍？
(A)20倍 (B)15倍
(C)10倍 (D)5倍。

( ) 23. 有一同步發電機之額定轉速為1200rpm，產生之交流電頻率為60Hz，此同步發電機之極數有幾極？
(A)4極 (B)6極 (C)2極 (D)8極。

( ) 24. 要將兩台同步發電機並聯運轉時，下列條件何者錯誤？
(A)兩台發電機a相電壓的相角必須相等
(B)兩台發電機必須有相同的相序
(C)新並聯的發電機頻率必須比正在運轉之系統的頻率低
(D)兩台發電機線電壓的有效值必須相等。

( ) 25. 有一部240V，60Hz，Δ連接之四極同步發電機操作在滿載時，供應功因0.75落後之100A的電流，則發電機約可供應多少實功？
(A)51kW　(B)21kW
(C)41kW　(D)31kW。

( ) 26. 有一部220V，50hp，功因0.8領先，Δ連接，60Hz之同步電動機，若忽略其電樞電阻，其摩擦與風阻損失為1kW，且鐵心損失為540W。剛開始時轉軸供應10hp之負載，且功因為0.8領先，則供應給電動機之輸入功率為多少？
(A)9kW　(B)7kW　(C)6kW　(D)8kW。

( ) 27. 有一部40極之同步電動機，操作於額定轉速時之電氣頻率為60Hz，則其額定轉速為多少？
(A)90rpm　(B)180rpm
(C)360rpm　(D)720rpm。

( ) 28. 有一部20kVA，200V，四極60Hz，Y接的三相同步發電機，在開路試驗時外加場電流3A可得200V線電壓，在短路試驗時外加場電流2.5A可得57.7A電樞電流，求此發電機的短路比（Short-circuitratio）？
(A)19.2　(B)23　(C)1.2　(D)0.83。

( ) 29. 某同步馬達三相，Y接、六極、60Hz，20kVA，200V。其特性經測試為：
開路測試：激磁場繞組電流6.5A，端電壓200V。
短路測試：激磁場繞組電流6.5A，短路電樞電流50A。
此同步馬達運轉在滿載且功因0.8領先，試求滿載時所需之激磁電流約為何？
(A)12.5A　(B)11.5A　(C)10.5A　(D)9A。

( ) 30. 有一部220V，20hp，四極，60Hz，Y接感應電動機，滿載轉差率是3%，試問滿載時轉子速度為多少？
(A)1854rpm　(B)1710rpm
(C)1800rpm　(D)1746rpm。

( ) 31. 有一部200V，20hp，四極，60Hz，Y接感應電動機，滿載轉差率是5%，試問滿載時軸轉矩是多少？
(A)83.3N·m (B)79.2N·m
(C)81.6N·m (D)76.8N·m。

( ) 32. 有一部480V，60Hz，25hp，三相感應電動機，在功因0.85落後的情況下汲取30A電流，定子銅損是1.1kW，轉子銅損是250W，摩擦與風阻損是200W，鐵心損失是1kW，雜散損失可忽略。此電動機之氣隙功率為多少？
(A)20.1kW (B)19.1kW
(C)18.85kW (D)18.65kW。

( ) 33. 有一部20hp，60Hz，480V三相感應電動機，在功因0.85落後時汲取24A電流，定子銅損為800W，轉子銅損為280W，摩擦與風阻損是240W，鐵心損失是720W，雜散損失可忽略。此電動機之轉換功率（P_{conv}）為多少？
(A)16.16kW (B)15.44kW
(C)15.16kW (D)14.92kW。

( ) 34. 有一部400V，30hp，四極，60Hz，Y接感應電動機，滿載轉差率為4%，請問在額定負載時的轉子感應電壓頻率為多少？
(A)3Hz (B)60Hz (C)57.6Hz (D)2.4Hz。

( ) 35. 有一部繞線式轉子的感應電動機，在外加轉子電阻的情況下，何者會有最低的脫出轉速？
(A)外加轉子電阻2Ω (B)外加轉子電阻1Ω
(C)外加轉子電阻0.5Ω (D)外加轉子電阻0.2Ω。

( ) 36. 在三相感應電動機的速度控制中，何者不是用於定子方面的控速方法？
(A)改變極數 (B)改變外加電阻
(C)改變外加頻率 (D)改變外加電壓。

( )　37. 在量測三相感應電動機的參數時，何者不是常用的方法？
(A)無載試驗　(B)直流電阻量測
(C)短路試驗　(D)堵轉試驗。

( )　38. 一台10hp、220V，60Hz，四極之三相感應電動機，若其電源頻率與二次電路電阻不變，則電源電壓降為200V時，下列敘述何者正確？
(A)轉矩維持100%　(B)轉矩降為83%
(C)轉矩降為91%　(D)電源輸入功率維持100%。

( )　39. 下列何者不是單相感應電動機的啟動方法？
(A)蔽極啟動法　(B)電容啟動繞組
(C)分相繞組法　(D)阻尼籠繞組。

( )　40. 有一部四相步進馬達，若轉子凸極數為18，則步進角為何？
(A)1.8°　(B)5°
(C)15°　(D)20°。

解答與解析　答案標示為#者，表官方公告更正該題答案

1.**(B)**。 $B=\frac{\phi}{A}=\frac{0.005}{0.02}=0.25T$，故選(B)。

2.**(D)**。 $\mu=\frac{B}{H}=\frac{0.8}{100}=0.008H/m$，故選(D)。

3.**(A)**。 $N_2=\frac{50}{500}\times 1000=100$ 匝，故選(A)。

4.**(C)**。 電阻，故選(C)。

5.**(B)**。 電感，故選(B)。

6.**(B)**。 開路試驗目的為求取變壓器的激磁導納與鐵損，故選(B)。

7.**(A)**。 $\eta=\frac{10k\times 0.8}{10k\times 0.8+200+250}=0.947$，故選(A)。

8.(**D**)。 $S_A=S(1+\frac{V_{共同}}{V_{非共同}})=1\times(1+\frac{110}{11})=11kVA$，故選(D)。

9.(**C**)。 $Z_H=\frac{1000^2}{10\times10^3}\times3\times(0.02+j0.05)=6+j15\Omega$，故選(C)。

10.(**B**)。 $V_m=120\times\sqrt{2}\cong170V$，故選(B)。

11.(**C**)。 $Q=100k\times\left(-\sqrt{1-0.8^2}\right)=-60kVAR$，故選(C)。

12.(**D**)。 $Z_1=10\times\left(\frac{5}{50}\right)^2=0.1\Omega$，故選(D)。

13.(**A**)。 $VR=\frac{231-220}{220}\times100\%=5\%$，故選(A)。

14.(**B**)。 電動機，故選(B)。

15.(**B**)。 利用換向片將線圈的交流電壓轉換成直流電壓，故選(B)。

16.(**C**)。 採用疊繞繞組不能改善電樞反應，故選(C)。

17.(**D**)。 串激式直流電動機，故選(D)。

18.(**A**)。 改變分激與串激場的極性無法改變轉速，故選(A)。

19.(**B**)。 $I_a=5+\frac{20k}{200}=105$，$r_a=\frac{220-200}{I_a}=0.19\Omega$，故選(B)。

20.(**C**)。 平複激式，故選(C)。

21.(**D**)。 $I_f=\frac{120}{120}=1A$，$I_L=20A$，$I_a=I_L-I_f=19A$，

$E_a=120-19\times0.5=110.5V$，故選(D)。

22.(**A**)。 啟動電流 $I_a=\frac{E_a}{R_a}=\frac{200}{0.5}=400A$，$400\div20=20$ 倍，故選(A)。

23.(**B**)。 $P=\frac{120f}{N_s}=\frac{120\times60}{1200}=6$，故選(B)。

24.(**C**)。 (C)頻率需相同，故選(C)。

25.(**D**)。 $P=\sqrt{3}\times 240\times 100\times 0.75=31177W\cong 31kW$ ，故選(D)。

26.(**A**)。 $P=10\times 746+540+1000=9000W=9kW$ ，故選(A)。

27.(**B**)。 $N_s=\dfrac{120f}{P}=\dfrac{120\times 60}{40}=180rpm$ ，故選(B)。

28.(**C**)。短路比 $SCR=\dfrac{I_{開路試驗}}{I_{短路試驗}}=\dfrac{3}{2.5}=1.2$，故選(C)。

29.(**A**)。額定電流 $I_a=\dfrac{20000}{\sqrt{3}\times 200}=57.74A$ ， $X_s\cong\dfrac{\frac{200}{\sqrt{3}}}{50}=2.3\Omega$ ，

$\theta=\cos^{-1}0.8=36.87^\circ$ ， $V_p=\dfrac{200}{\sqrt{3}}=115.47V$ ，

$$\overrightarrow{E_f}=\overrightarrow{V_p}-jI_aX_s=115.47\angle 0^\circ-\left(57.74\angle 36.87^\circ\times 2.3\angle 90^\circ\right)$$
$$=115.47\angle 0^\circ-132.8\angle 126.87^\circ=195.15-j106.24=222\angle-28^\circ$$ ，

滿載時所需之激磁電流 $I_f=6.5\times\dfrac{222}{115.47}=12.5A$ ，故選(A)。

30.(**D**)。 $N_s=\dfrac{120f}{P}=\dfrac{120\times 60}{4}=1800rpm$ ，

$N_r=(1-S)N_s=(1-0.03)\times 1800=1746rpm$ ，故選(D)。

31.(**A**)。 $N_s=\dfrac{120f}{P}=\dfrac{120\times 60}{4}=1800rpm$ ，

$N_r=(1-S)N_s=(1-0.05)\times 1800=1710rpm$ ，

$T=\dfrac{P}{\omega}=\dfrac{30P}{\pi N_r}=\dfrac{30\times 20\times 746}{\pi\times 1710}=83.3N-m$ ，故選(A)。

32.(**B**)。 $P_{in}=\sqrt{3}VI\cos\theta=\sqrt{3}\times 480\times 30\times 0.85=21200W$

$P_{ag}=P_{in}-P_{定子銅損}-P_{鐵損}=21200-1100-1000=19100W=19.1kW$ ，
故選(B)。

33.(**C**)。 $P_{in}=\sqrt{3}VI\cos\theta=\sqrt{3}\times 480\times 24\times 0.85=16960W$

$P_{ag}=P_{in}-P_{定子銅損}-P_{鐵損}=16960-800-720=15440$

$P_{conv}=P_{ag}-P_{轉子銅損}=15440-280=15160W=15.16kW$，故選(C)。

34.(**D**)。 $f_r=Sf=0.04\times 60=2.4Hz$ ，故選(D)。

35.(**A**)。 脫出轉矩又稱最大轉矩，$T_{max}\propto\frac{1}{R}$，所以電阻越大轉矩越小，故選(A)。

36.(**B**)。 改變外加電阻不是用於定子方面的控速方法，故選(B)。

37.(**C**)。 短路試驗非量測三相感應電動機的參數所使用到的方法，故選(C)。

38.(**B**)。 $T'=\left(\frac{200}{220}\right)^2\times T=0.826T$ ，故選(B)。

39.(**D**)。 阻尼籠繞組不是單相感應電動機的啟動方法，故選(D)。

40.(**B**)。 $\theta=360\div 18\div 4=5°$，故選(B)。

108年台鐵營運人員（電機類）

( ) 1. 疊繞之直流發電機，其連接於同一均壓線之各線圈，應相隔為下列何者？
(A)4極距 (B)3極距
(C)2極距 (D)1極距。

( ) 2. 關於交流伺服器電動機的敘述，何者錯誤？
(A)要考慮電刷耗損問題
(B)保養容易，能適應惡劣環境
(C)控制系統成本低
(D)交流伺服器控制系統的接受度比直流伺服器控制系統高。

( ) 3. 三相同步電動機轉子的磁場繞組及定子的電樞繞組，於一般正常運作時，產生的磁場會與旋轉磁場相互牽引，下列何者正確？
(A)定子、轉子均接直流電源
(B)定子、轉子均接交流電源
(C)定子接直流電源，轉子接交流電源
(D)定子接交流電源，轉子接直流電源。

( ) 4. 電樞用斜形槽結構，其目的為減少下列何者？
(A)漏流損 (B)起動電流
(C)火花 (D)雜音。

( ) 5. 三相Y接同步發電機，每相同步阻抗為2.4Ω，額定容量為1000VA，額定電壓為2000V，其百分比同步阻抗為何？
(A)90% (B)83% (C)60% (D)30%。

( ) 6. 串激式直流電動機之轉速與轉矩特性曲線是為何？

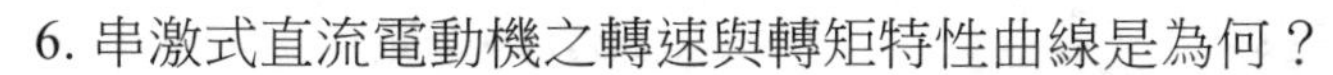

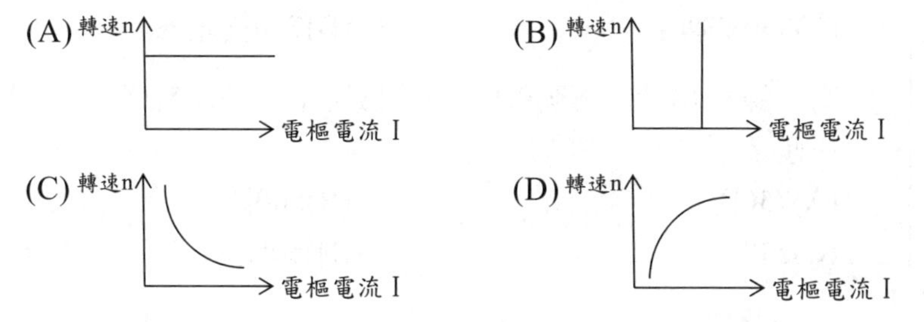

( ) 7. 有一部三相感應電動機轉差率4%、60Hz，滿載時轉差速率為48rpm，請問此電動機共有幾極？
(A)4極 (B)6極 (C)8極 (D)12極。

( ) 8. 極距係指下列何者？
(A)線圈兩邊的距離 (B)相鄰兩極之中心距離
(C)相鄰兩極的最大距離 (D)相鄰兩槽之距離。

( ) 9. 旋轉電樞式同步發電機，何者敘述有誤？
(A)受到離心力影響，機械順勢，容易平衡
(B)將磁場繞組置於定子
(C)故僅應用於低電壓、小容量的小型同步交流發電機
(D)將電樞繞組置於轉子。

( ) 10. 當直流發電機滿載時，輸出電壓為100伏特，無載時，輸出電壓為110伏特，則電壓調整率為？
(A)−10% (B)10%
(C)−9.1% (D)9.1%。

( ) 11. 關於雙鼠籠式轉子感應電動機，下列何者有誤？
(A)啟動電流小
(B)啟動轉矩小
(C)啟動時，轉子電流大多流經外層導體
(D)外層電阻較大，電抗較小。

( ) 12. 有一部6極電機，電樞表面的導體總數為288根，以單式疊繞的方式繞線，其電樞電流為60安培，若電刷向前移動15個機械角度，請問此電機之交磁安匝數為何？
(A)60安匝 (B)120安匝
(C)360安匝 (D)720安匝。

( ) 13. 有一線圈10秒內變動0.1韋伯，感應電動勢為5伏特，試問此線圈多少匝？
(A)750匝 (B)500匝
(C)250匝 (D)50匝。

( ) 14. 將直流電動機電流減為原來的一半，要維持電動機的轉矩不變，則每極磁通量將為原來的多少？
(A)0.5倍 (B)1倍
(C)2倍 (D)4倍。

( ) 15. 何者不是功率因素改善的好處？
(A)減少線路損失 (B)減少線路壓降
(C)提高線路電流 (D)提高線路供電容量。

( ) 16. 直流電機內各種繞組與電刷流過電流時，所造成的能量損失，何者與負載大小無關？
(A)串激場繞組銅損 (B)分激場繞組銅損
(C)電樞繞組銅損 (D)補償繞組銅損。

( ) 17. 電機的磁通主要由磁場繞組產生，分激場繞組（shunt winding）是其中一種接線方式，下列何者敘述有誤？
(A)所載電流小 (B)匝數少
(C)與電樞繞組並聯 (D)線細。

( ) 18. 直流發電之電樞感應電動勢為交流電壓，為了整流需用下列何者？
(A)滑環 (B)電壓調整器
(C)換向器 (D)變壓器。

( ) 19. 某4極36槽電機，電樞繞組採單式波繞，若線圈節距為8槽，則電樞繞組為
(A)單層繞 (B)雙層繞
(C)全節距繞 (D)短節距繞。

( ) 20. 直流發電機之主磁極與中間極之極性，依旋轉方向看，排列順序為
(A)NsSn (B)NnSs
(C)NnSn (D)NsSs。
（大小寫分別表示主磁極與中間極之極性）

( ) 21. 直流機裝設中間極之最主要目的為
(A)增加磁場 (B)增加速度
(C)改善換向 (D)降低起動電流。

( ) 22. 鼠籠式感應電動機之優點為何？
(A)起動轉矩小，起動電流大
(B)可改善功率因數，轉速容易變更
(C)構造簡單，耐用
(D)起動電流小，起動轉矩大。

( ) 23. 直流發電機之負載特性曲線係指哪兩者之間的關係曲線？
(A)電樞電勢與激磁電流 (B)端電壓與負載電流
(C)電樞電勢與負載電流 (D)電樞電流與激磁電流。

( ) 24. 一3KW之直流發電機，於滿載運轉時，總損失為1000W，則此時運轉效率為
(A)90% (B)85%
(C)75% (D)70%。

( ) 25. 電機之旋轉速率愈高，其機械損失將
(A)愈大 (B)愈小
(C)不變 (D)不一定。

( ) 26. 有一部12KW、100V直流分激式發電機，場電阻為20Ω，電樞電阻為0.08Ω，滿載時，機械損及鐵損為1250W，試求其滿載效率為多少？
(A)73 (B)76
(C)78 (D)80 %。

( ) 27. 轉矩的單位為何？
(A)牛頓-公尺 (B)牛頓
(C)瓦特 (D)瓦特-秒。

( ) 28. 變壓器鐵心採用矽鋼片疊置而成，主要目的為
(A)使磁通容易流通 (B)減少渦流損失
(C)增加激磁電流 (D)減少雜散損及介質損。

( ) 29. 變壓器在額定電壓下，鐵損之大小與負載電流
(A)成正比 (B)平方成正比
(C)成反比 (D)無關。

( ) 30. 利用三具單相變壓器連接成三相變壓器常用的接線方式中，哪一種接線方式會產生三次諧波而干擾通訊線路？
(A)Y-Y接線　(B)Y-△接線
(C)△-Y接線　(D)△-△接線。

( ) 31. 變壓器做短路試驗時常忽略不計的為
(A)銅損　(B)鐵損
(C)等值電抗Xe1　(D)等值阻抗Ze1。

( ) 32. 自耦變壓器適用於
(A)電壓變幅甚大，且需大電流
(B)電壓變幅甚大，但需小電流
(C)電壓變幅甚小，但需大電流
(D)電壓變幅甚小，且需小電流。

( ) 33. 三相感應電動機採Y-△降壓起動，有關起動時之敘述下列何者錯誤？
(A)繞組為Y接
(B)繞組所加電壓為額定電壓的$\frac{1}{\sqrt{3}}$倍
(C)可提高起動轉矩
(D)可降低起動電流。

( ) 34. 有關三相雙鼠籠感應電動機，作轉子堵住試驗，下列敘述何者正確？
(A)量測無載損失
(B)定子側輸入額定電壓及頻率
(C)定子側輸入額定電壓及額定電流
(D)量測滿載銅損。

( ) 35. 瓦特為下列何者之單位？
(A)磁通　(B)功率因數
(C)角速度　(D)電功率。

( ) 36. transformer係指下列何者？
(A)發電機 (B)變壓器
(C)直流電動機 (D)馬達。

( ) 37. 電機內部電樞繞組的感應電勢大小，與下列何者無關？
(A)電樞繞組的匝數 (B)電樞繞組的線徑
(C)電樞繞組的並聯路徑數 (D)磁通量。

( ) 38. 一般P極直流機而言，電機角度等於幾倍機械角度？
(A)$\frac{P}{4}$ (B)P (C)$\frac{P}{2}$ (D)2P。

( ) 39. 直流電機之專業術語中，「coil pitch」係指下列何者？
(A)線圈節距 (B)槽距
(C)極距 (D)跨距。

( ) 40. 有一部單相10KVA之變壓器，其滿載銅損為360W，鐵損為240W，則此變壓器滿載時之總損失為何？
(A)600W (B)360W (C)240W (D)120W。

( ) 41. 有關外鐵式變壓器的敘述，下列何者正確？
(A)常用於高電壓，小電流 (B)常用於高電壓，大電流
(C)常用於低電壓，小電流 (D)常用於低電壓，大電流。

( ) 42. 依據弗萊明左手定則，下列敘述何者正確？
(A)中指為磁場方向 (B)食指為導體運動方向
(C)拇指為導體電流方向 (D)拇指為導體運動方向。

( ) 43. 有一他激式直流發電機供20KW，200V負載，其電樞電阻為0.2Ω，場電阻為50Ω，若每只電刷壓降為1V，發電機應電勢為何？
(A)220V (B)221V (C)222V (D)224V。

( ) 44. 直流電動機磁場繞組內部的電流型態為何？
(A)直流 (B)交流
(C)脈動直流 (D)交、直流均有。

(　) 45. 直流電機的磁路，主要有磁極、空氣隙、電樞鐵心和下列何者所形成？
(A)場軛　(B)電刷
(C)換向器　(D)轉軸。

(　) 46. 電動機在滿載時之效率較無載時為何？
(A)低　(B)高
(C)相等　(D)容量而訂。

(　) 47. 下列何者非變壓器銘牌記載之資料？
(A)型式、極性　(B)額定電壓
(C)頻率　(D)功率因數。

(　) 48. 繞線式感應電動機轉子電阻變成原來的3倍，最大轉矩將變成原本的多少倍？
(A)3倍　(B)1倍
(C)3倍　(D)$\frac{1}{\sqrt{3}}$倍。

(　) 49. 分佈因數為0.96，節距因數為0.985，則繞組因素為何？
(A)0.938　(B)0.926
(C)0.9456　(D)0.9572。

(　) 50. 伺服電動機所要求的轉矩為何？
(A)高速時大轉矩
(B)低速時小轉矩
(C)低速時小轉矩，高速時大轉矩
(D)低速時大轉矩，高速時小轉矩。

解答與解析　答案標示為#者，表官方公告更正該題答案

1.**(C)**。相隔2極距，故選(C)。

2.**(A)**。(A)不必考慮電刷耗損問題，故選(A)。

3.**(D)**。定子接交流電源，轉子接直流電源，故選(D)。

4.(**D**)。斜形槽結構目的為減少雜音，故選(D)。

5.(**C**)。（此題題目出錯，應為1000kVA）

基準阻抗 $Z_{base}=\dfrac{2000^2}{1000\times10^3}=4$，百分比同步阻抗

$Z_s\%=\dfrac{實際阻抗Z_s}{基準阻抗Z_{base}}=\dfrac{2.4}{4}\times100\%=60\%$，故選(C)。

6.(**C**)。成反比，曲線圖為(C)，故選(C)。

7.(**B**)。$S=\dfrac{Ns-N_r}{N_s}\times100\%$，$4\%=\dfrac{48}{N_s}\times100\%$，$N_s=1200rpm=\dfrac{120\times60}{P}$，

$P=6$，故選(B)。

8.(**B**)。極距係指相鄰兩極之中心距離，故選(B)。

9.(**A**)。(A)受到離心力影響，機械平衡困難，故選(A)。

10.(**B**)。$V.R.=\dfrac{V_{無載}-V_{滿載}}{V_{滿載}}\times100\%=\dfrac{110-100}{100}\times100\%=10\%$，故選(B)。

11.(**B**)。(B)啟動轉矩大，故選(B)。

12.(**D**)。$總交磁安匝數=\dfrac{P\beta ZI_a}{720a}=\dfrac{6\times\left(\dfrac{360}{6}-2\times15\right)\times288\times60}{720\times(1\times6)}=720安匝$，

故選(D)。

13.(**B**)。$\varepsilon=-N\dfrac{\Delta\phi}{\Delta t}$，$5=N\times\dfrac{0.1}{10}$，$N=500匝$，故選(B)。

14.(**C**)。$T=kI\phi$，T不變，$I\propto\dfrac{1}{\phi}$，$\therefore\phi'=\dfrac{1}{0.5}=2倍$，故選(C)。

15.(**C**)。提高線路電流非功率因素改善的好處，故選(C)。

16.(**B**)。分激場繞組銅損的能量損失，與負載大小無關，故選(B)。

17.(**B**)。(B)匝數多，故選(B)。

18.(**C**)。整流需用換向器，故選(C)。

19.(**D**)。 極距 $=\frac{36}{4}=9>8$ ，為短節距繞，故選(D)。

20.(**A**)。 發電機為NsSn，電動機為NnSs，故選(A)。

21.(**C**)。 中間極之最主要目的為改善換向，故選(C)。

22.(**C**)。 鼠籠式感應電動機之優點為構造簡單，耐用，故選(C)。

23.(**B**)。 負載特性曲線係端電壓與負載電流，故選(B)。

24.(**C**)。 $\eta=\frac{3000}{3000+1000}\times 100\%=75\%$ ，故選(C)。

25.(**A**)。 旋轉速率愈高，機械損失愈大，故選(A)。

26.(**D**)。 激磁電流 $I_f=\frac{100}{20}=5A$ ，負載電流 $I_L=\frac{12000}{100}=120A$ ，

電樞電流 $I_a=5+120=125A$ ，磁場銅損 $P=5^2\times 20=500W$ ，

電樞銅損 $P=125^2\times 0.08=1250$ ，

$\eta=\frac{12000}{12000+1250+500+1250}\times 100\%=80\%$ ，故選(D)。

27.(**A**)。 轉矩的單位為牛頓-公尺，故選(A)。

28.(**B**)。 採用矽鋼片主要目的為減少渦流損失，故選(B)。

29.(**D**)。 鐵損為固定損，與負載電流無關，故選(D)。

30.(**A**)。 Y-Y接線會產生三次諧波而干擾通訊線路，故選(A)。

31.(**B**)。 鐵損常忽略不計，故選(B)。

32.(**D**)。 自耦變壓器適用於電壓變幅甚小，且需小電流，故選(D)。

33.(**C**)。 (C)降低起動轉矩，故選(C)。

34.(**D**)。 堵住試驗目的是在求感應電動機的銅損及等效電路中的等效電阻與等效電抗。試驗的方法是將轉子堵住不動，定子輸入額定電流，而為了輸入額定電流，此時的電壓遠比額定值小。故選(D)。

35.(**D**)。 瓦特為電功率之單位，故選(D)。

36.(**B**)。 transformer係指變壓器，故選(B)。

37.(**B**)。 感應電勢大小與電樞繞組的線徑無關，故選(B)。

38.(**C**)。 $\frac{P}{2}$，故選(C)。

39.(**A**)。「coil pitch」係指線圈節距，故選(A)。

40.(**A**)。 $P_{loss}=360+240=600W$，故選(A)。

41.(**D**)。 外鐵式變壓器常用於低電壓，大電流，故選(D)。

42.(**D**)。 (A)中指為電流方向，
(B)食指為磁通方向，
(C)(D)拇指為導體運動方向，
故選(D)。

43.(**C**)。（此題答案應為(B)）
$$E_a=200+\frac{20000}{200}\times0.2+1=221V$$。

44.(**A**)。 直流電動機磁場繞組內部的電流型態為直流，故選(A)。

45.(**A**)。 場軛，故選(A)。

46.(**B**)。 滿載時之效率較無載時為高，故選(B)。

47.(**D**)。 沒有記載功率因數，故選(D)。

48.(**B**)。 轉矩不變，故選(B)。

49.(**C**)。 $K_w=0.96\times0.985=0.9456$，故選(C)。

50.(**D**)。 伺服電動機所要求的轉矩為低速時大轉矩，高速時小轉矩，故選(D)。

108年台鐵營運人員（電務類）

(　) 1. 俗稱馬達的電工機械為下列何者？
(A)發電機　(B)電動機
(C)變壓器　(D)引擎。

(　) 2. 下列敘述何者正確？
(A)直流發電機就是將直流電能轉換成機械能的裝置
(B)直流電動機就是將機械能轉換成直流電能的裝置
(C)交流電動機就是將交流電能轉換成機械能的裝置
(D)變壓器就是將直流電能轉換成交流電能的裝置。

(　) 3. 要瞭解發電機的運動方向，導體電流方向及磁場方向的關係，應該使用何種定則？
(A)歐姆定律　(B)克希荷夫定律
(C)弗萊明左手定則　(D)弗萊明右手定則。

(　) 4. 醫院為了避免電力公司發生停電事故影響醫療設備運作，所以應自備下列何者備用？
(A)發電機　(B)變壓器
(C)電動機　(D)漏電斷路器。

(　) 5. 目前台灣地區的電力系統，其電源電壓的頻率為何？
(A)50Hz　(B)60Hz
(C)100Hz　(D)110Hz。

(　) 6. 導磁係數會因溫度升高而有何影響？
(A)增加　(B)不變
(C)減少　(D)先減少後增加。

(　) 7. 磁通量之單位，1Wb＝多少馬克士威（maxwell）？
(A)10^8　(B)10^6　(C)10^4　(D)1。

(　) 8. 線圈感應電勢的大小，由下列何種定律決定？
(A)法拉第定律　(B)歐姆定律
(C)庫侖定律　(D)楞次定律。

( ) 9. 使電樞線圈的應電勢為0的位置稱之為何？
(A)機械中性面 (B)磁中性面
(C)刷軸 (D)極軸。

( ) 10. 直流電機中之分激磁場繞組，其線徑與匝數為何？
(A)線徑粗、匝數少 (B)線徑細、匝數多
(C)線徑粗、匝數多 (D)線徑細、匝數少。

( ) 11. 下列何種直流發電機之滿載電壓會高於無載電壓？
(A)欠複激式 (B)差複激式
(C)分激式 (D)串激式。

( ) 12. 有一部直流發電機，當轉速為2400rpm時，所產生之感應電勢為200V。若轉速降為1800rpm，且磁通量變為原來的2倍時，則感應電勢大小為何？
(A)400V (B)300V
(C)250V (D)100V。

( ) 13. 有一個線圈在磁場中感應產生大小不變之電壓，則此線圈所處的磁場狀態為何？
(A)固定不變 (B)隨時間成正弦變化
(C)隨時間成直線變化 (D)隨時間成餘弦變化。

( ) 14. 台鐵普悠瑪自強號TEMU2000是採用何種電動機作為列車動力來源？
(A)直流無刷式電動機 (B)直流串激式電動機
(C)三相鼠籠式感應電動機 (D)三相繞線式感應電動機。

( ) 15. 台鐵電氣化列車採用的供電電壓與形式為何？
(A)AC25kV、架空線路 (B)AC11.4kV、架空線路
(C)AC750V、第三軌供電 (D)DC750V、第三軌供電。

( ) 16. 直流電機內不與電樞電路串聯繞組為下列何者？
(A)串激磁場繞組 (B)中間極繞組
(C)分激磁場繞組 (D)補償繞組。

( ) 17. 直流電機的損失大多以何種能量形態表現？
(A)動能　(B)電能
(C)熱能　(D)光能。

( ) 18. 有一台電壓比為220V/110V單相變壓器，將高壓側輸入DC220V電源，則低壓側電壓為何？
(A)0V　(B)110V
(C)220V　(D)330V。

( ) 19. 有一部25kW直流分激式發電機，半載時可變損失為1kW，且已知滿載效率為80%。求滿載時固定損失約為多少？
(A)1kW　(B)2.25kW
(C)4kW　(D)6.25kW。

( ) 20. 欲建立分激發電機的電壓，其必要條件為何？
(A)場電阻大於臨界值，速率大於臨界值
(B)場電阻大於臨界值，速率小於臨界值
(C)場電阻小於臨界值，速率大於臨界值
(D)場電阻小於臨界值，速率小於臨界值。

( ) 21. 直流電機的鐵損失是下列何者？
(A)渦流損失及機械損件　(B)渦流損失及磁滯損失
(C)磁滯損失及機械損失　(D)軸承及電刷摩擦損失。

( ) 22. 負載變化時，大小不變的損失稱之為下列何者？
(A)可變損　(B)雜散負載損
(C)固定損　(D)銅損。

( ) 23. 電動機的功率單位為下列何者？
(A)瓦特　(B)伏特
(C)安培　(D)歐姆。

( ) 24. 將電源電流引入直流電動機之轉子電樞中的機構為下列何者？
(A)轉軸　(B)場軛
(C)軸承　(D)電刷。

( ) 25. 三相感應電動機正常運轉中，轉子的轉差率(slip)s應為何？
(A)$s>1$　(B)$s=1$
(C)$0<s<1$　(D)$s<0$。

( ) 26. 有一部單相4極、60Hz、1710rpm感應電動機，若其轉子與順轉向旋轉磁場的轉差率及逆轉向旋轉磁場的轉差率分別為S_1及S_2，則S_1-S_2為何？
(A)2　(B)1.95
(C)1.9　(D)0.05。

( ) 27. 有一部三相同步電動機正常運轉中，若將激磁電流逐漸增加，則對轉速之影響為何？
(A)維持不變　(B)逐漸增加
(C)先減少後增加　(D)先增加後減少。

( ) 28. 直流串激式發電機額定運轉中，當負載增加導致輸出電壓下降，若要維持發電機的輸出電壓為額定電壓，其調整方式為何？
(A)降低分流器電阻　(B)增加分流器電阻
(C)調整電刷位置　(D)降低原動機轉速。

( ) 29. 下列何種電動機可用開迴路控制方式進行精密的定位控制？
(A)步進電動機　(B)直流伺服電動機
(C)單相蔽極式電動機　(D)三相鼠籠式感應電動機。

( ) 30. 有一部200V直流分激式電動機，電樞電阻為0.2Ω，場電阻為100Ω，電動機額定運轉中，倘若電樞應電勢為場電流的95倍，電刷壓降為2V，此時電動機輸入功率為何？
(A)7600W　(B)8000W
(C)8400W　(D)10400W。

( ) 31. 為了讓直流分激電動機達到理想起動特性，起動過程中，起動電阻器與分激場電阻器應該置於何位置？
(A)最大處、最大處　(B)最大處、最小處
(C)最小處、最大處　(D)最小處、最小處。

( ) 32. 有一台3300V/110V變壓器，若電源電壓為3200V，一次側分接頭接在3450V的位置上，則二次電壓為何？
(A)122V　(B)112V
(C)102V　(D)92V。

( ) 33. 某工廠照明負載最大用電量25KW，動力最大用電量80KW，兩者合併之功率因數0.8，若需量因數50%，則工廠的變壓器容量至少應為何？
(A)262.5kVA　(B)210kVA
(C)172.8kVA　(D)131.25kVA。

( ) 34. 有一部7.6KW三相感應電動機，滿載時轉子銅損為400瓦，若是忽略機械損失，則滿載時的轉差率為何？
(A)0.038　(B)0.043
(C)0.05　(D)0.0526。

( ) 35. 有一部三相4極、50Hz繞線式感應電動機，每相轉子電阻為1Ω，滿載轉速為1470rpm，若要將滿載轉速降至1380rpm，則轉子每相電路外加電阻值為何？
(A)1Ω　(B)2Ω　(C)3Ω　(D)4Ω。

( ) 36. 兩部同步發電機並聯運轉時，若不改變負載實功率分配下，要將系統頻率略為提升，應該如何操作？
(A)相同比例的增加兩部發電機之原動機轉速
(B)相同比例的降低兩部發電機之原動機轉速
(C)相同比例的增加兩部發電機之激磁電流
(D)相同比例的降低兩部發電機之激磁電流。

( ) 37. 有一部三相同步發電機供應三相負載，忽略電樞電阻，當每相感應電勢為250V，輸出端之相電壓為240V，且已知發電機最大輸出功率為15kW，則每相同步電抗值應為何？
(A)4Ω　(B)6Ω
(C)10Ω　(D)12Ω。

( ) 38. 有一部三相、50kVA、200V、60Hz同步發電機，已知其短路比為1.25，則同步阻抗值為何？
(A)1.25Ω (B)0.81Ω
(C)0.64Ω (D)0.24Ω。

( ) 39. 有一部同步發電機供給落後功因之負載，當負載由滿載逐漸減少時，若要維持負載端電壓不變，則應如何調整激磁電流？
(A)減少激磁電流 (B)維持激磁電流不變
(C)增加激磁電流 (D)將激磁電流調整為零。

( ) 40. 有一部三相、6極、220V、60Hz、Y接同步電動機，在額定電壓及額定頻率下運轉；若其輸入線電流為75A，功率因數為0.88滯後，效率為0.9，則輸出轉矩約為何？
(A)60N-m (B)90N-m
(C)120N-m (D)180N-m。

( ) 41. 何種直流電動機會加裝失磁保護設備，防止激磁線圈發生斷路時造成轉速飛脫？
(A)串激式 (B)分激式
(C)積複激式 (D)差複積式。

( ) 42. 直流電動機之中間極，其目的為何？
(A)改善換向 (B)增加磁通量
(C)改善機械功率 (D)增加損失功率。

( ) 43. 下列何者非變壓器銘牌記載之資料？
(A)型式、極性 (B)頻率
(C)功率因數 (D)額定電壓。

( ) 44. 已知某變壓器滿載時銅損為600W，今以半載情況運轉，此時銅損為何？
(A)150W (B)300W
(C)100W (D)200W。

( ) 45. 自耦變壓器輸入電壓及輸出電壓之比愈小，其輸出容量為何？
(A)愈大　(B)愈小
(C)不變　(D)不一定。

( ) 46. 感應電動機正常運轉時，轉子轉向與旋轉磁場方向的關係為何？
(A)兩者相反　(B)兩者相同
(C)視極數而定　(D)沒有關係。

( ) 47. 有一台20KW、200V之直流外激式發電機，已知電樞繞組電阻為0.1Ω，不考慮電樞反應與電刷壓降，則本機之應電勢為何？
(A)200V　(B)210V
(C)220V　(D)230V。

( ) 48. 正常工作下，三相感應電動機負載與轉差率的關係為何？
(A)負載增加，轉差率變大　(B)負載增加，轉差率變小
(C)負載減小，轉差率變大　(D)負載變動，不影響轉差率。

( ) 49. 欲測量三相感應電動機之鐵損，應進行下列何種試驗？
(A)負載試驗　(B)堵住試驗
(C)無載試驗　(D)直流電阻試驗。

( ) 50. 同一部直流電機所安裝的各式繞組中，電阻值最大者為何？
(A)分激磁場繞組　(B)串激磁場繞組
(C)電樞繞組　(D)補償繞組。

解答與解析　答案標示為#者，表官方公告更正該題答案

1.**(B)**。馬達又稱電動機，故選(B)。

2.**(C)**。(A)機械能轉換成直流電能，
(B)直流電能轉換成機械能，
(D)交流電能轉換成交流電能，
故選(C)。

3.**(D)**。弗萊明右手定則又稱發電機定則，故選(D)。

4.(**A**)。自備發電機，故選(A)。

5.(**B**)。頻率為60Hz，故選(B)。

6.(**C**)。導磁係數與溫度成反比，溫度升高導磁係數減少，故選(C)。

7.(**A**)。$1\text{Wb} = 10^8 \text{maxwell}$，故選(A)。

8.(**A**)。法拉第定律 $\varepsilon = -\frac{d\phi}{dt}$，故選(A)。

9.(**B**)。應電勢為0，稱為磁中性面，故選(B)。

10.(**B**)。線徑細、匝數多，故選(B)。

11.(**D**)。串激式之滿載電壓會高於無載電壓，故選(D)。

12.(**B**)。$E \propto n\phi = \frac{1800}{2400} \times 2 \times 200 = 300\text{V}$，故選(B)。

13.(**C**)。$\varepsilon = -\frac{d\phi}{dt}$，電壓大小不變，則磁通量不變，僅改變方向，故選(C)。

14.(**C**)。三相鼠籠式感應電動機，故選(C)。

15.(**A**)。採用AC25kV、架空線路，故選(A)。

16.(**C**)。分激磁場繞組與電樞電路並聯，故選(C)。

17.(**C**)。直流電機的損失大多以熱能形態表現，故選(C)。

18.(**A**)。變壓器輸入直流電無法於二次側產生電壓，故選(A)。

19.(**B**)。$\eta = \frac{P_o}{P_o + P_{loss}}$，$0.8 = \frac{25000}{25000 + P_{loss}}$，$P_{loss} = 6250\text{W}$，可變損失與負載平方成正比，因此滿載時可變損失為半載時的4倍變為4kW，因此滿載時固定損失 $= 6250 - 4000 = 2250\text{W}$，故選(B)。

20.(**C**)。場電阻小於臨界值，速率大於臨界值，故選(C)。

21.(**B**)。鐵損為渦流損失及磁滯損失總合，故選(B)。

22.(**C**)。負載變化，大小不變的損失稱之為固定損，故選(C)。

23.(**A**)。功率單位為瓦特，故選(A)。

24.**(D)**。電刷，故選(D)。

25.**(C)**。$0<s<1$，故選(C)。

26.**(C)**。$N_s=\frac{120f}{P}=\frac{120\times 60}{4}=1800rpm$，

$S_1-S_2=\frac{1800-(-1710)}{1800}-\frac{1800-1710}{1800}=1.9$，故選(C)。

27.**(A)**。轉速不變，故選(A)。

28.**(B)**。增加分流器電阻可提升電壓，故選(B)。

29.**(A)**。步進電動機，故選(A)。

30.**(C)**。$I_f=\frac{200}{100}=2A$，$E_a=95\times 2=190V$，$190=200-I_a\times 0.2-2$，

$I_a=40A$，$P=(40+2)\times 200=8400W$，故選(C)。

31.**(B)**。起動電阻器置於最大處，分激場電阻置於最小處，故選(B)。

32.**(C)**。$V_2=3200\times\frac{110}{3450}=102(V)$，故選(C)。

33.**(A)**。$P=25+80=105kW$，$S=\frac{P}{0.8}=131.25kVA$，

$需量因數=\frac{最大需求(VA)}{設備容量(VA)}$，$\therefore S'=\frac{131.25}{50\%}=262.5kVA$，故選(A)。

34.**(C)**。$\eta=\frac{7600-400}{7600}\times 100\%=(1-S)\times 100\%$，$S=0.05$，故選(C)。

35.**(C)**。$N_s=\frac{120f}{P}=\frac{120\times 50}{4}=1500rpm$，$S=\frac{1500-1470}{1500}=0.02$，

$S'=\frac{1500-1380}{1500}=0.08$，$\frac{R'}{1}=\frac{S'}{S}=4$，$R'=4$，

外加電阻值$=4-1=3$，故選(C)。

36.**(A)**。相同比例的增加兩部發電機之原動機轉速，可將系統頻率略為提升，故選(A)。

37.(**D**)。 $X_s = \dfrac{3\times 250\times 240}{15k} = 12\Omega$，故選(D)。

38.(**C**)。 $I = \dfrac{50000}{200} = 250A$，$Z = \dfrac{V}{I} = \dfrac{200}{250} = 0.8\Omega$，

$Z_{s,pu} = \dfrac{1}{SCR} = \dfrac{1}{1.25} = 0.8$，$Z_s = 0.8\times 0.8 = 0.64\Omega$，故選(C)。

39.(**A**)。 減少激磁電流，故選(A)。

40.(**D**)。 $N_s = \dfrac{120f}{P} = \dfrac{120\times 60}{6} = 1200rpm$，

$P_o = \eta\sqrt{3}V_L I_L \cos\theta = 0.9\times\sqrt{3}\times 220\times 75\times 0.88 = 22633.8W$，

$T = 9.55\times\dfrac{22633.8}{1200} = 180\,N\text{-}m$，故選(D)。

41.(**B**)。 分激式，故選(B)。

42.(**A**)。 中間極目的為改善換向，故選(A)。

43.(**C**)。 變壓器銘牌記載之資料不包含功率因數，故選(C)。

44.(**A**)。 $600\times\left(\dfrac{1}{2}\right)^2 = 150W$，故選(A)。

45.(**A**)。 輸入電壓及輸出電壓之比愈小，輸出容量愈大，故選(A)。

46.(**B**)。 轉子轉向與旋轉磁場方向相同，故選(B)。

47.(**B**)。 $E = V + I_a R_a = 200 + \dfrac{20\times 10^3}{200}\times 0.1 = 210V$，故選(B)。

48.(**A**)。 負載增加時，轉速變慢，轉差率變大，故選(A)。

49.(**C**)。 量測鐵損應進行無載試驗，故選(C)。

50.(**A**)。 分激磁場繞組電阻值最大，故選(A)。

109年台電新進僱用人員

( ) 1. 某4極直流電機，轉速為12000rpm，則該電機電樞導體通過一磁極，所經過的機械角θ_m及電機角θ_e分別為何？
(A)90°、90°　(B)180°、180°
(C)90°、180°　(D)180°、90°。

( ) 2. 一電壓比為6000V/600V之理想變壓器，高壓側激磁電流為0.5A，無載損失為1800W，則其磁化電流為多少安培(A)？
(A)0.3　(B)0.4
(C)0.5　(D)0.6。

( ) 3. 有A和B兩台容量皆為80kVA單相變壓器作並聯運轉，並供給200kVA負載。A和B之百分比阻抗壓降分別為4%與6%，試求A和B分擔之負載分別為多少kVA？
(A)70、30　(B)30、70
(C)120、80　(D)40、60。

( ) 4. 某直流電源在無載時，輸出電壓為100V。當負載自電源取用滿載電流時，其輸出電壓降至93V，此時電源之電壓調整百分率為多少%？
(A)7.5　(B)17.5
(C)27.5　(D)37.5。

( ) 5. 一電動發電機，若電動機導體400根，且發電機導體800根均為疊繞，今損失不計，若輸入電壓60V及輸入電流20A，則輸出電流為多少安培(A)？
(A)20　(B)10
(C)5　(D)1。

( ) 6. 變壓器矽鋼片鐵心含矽主要目的為何？
(A)提高導磁係數　(B)提高鐵心延伸度
(C)提升絕緣　(D)減少銅損。

( ) 7. 某直流發電機，電樞總導體數為400匝，轉速為1200rpm，每極磁通為5×10^{-3}韋伯，電樞採用單分波繞，若欲產生感應電動勢160V時，則此發電機應為幾極？
(A)2 (B)4
(C)6 (D)8。

( ) 8. 有一具150V/250V容量為30kVA之單相變壓器，若接成400V/250V之降壓自耦變壓器，則此自耦變壓器之串聯繞組電流及並聯繞組電流分別為多少安培(A)？
(A)200、160 (B)160、200
(C)200、120 (D)120、200。

( ) 9. 下列何者為三相感應電動機之理想啟動狀況？
(A)啟動轉矩大、啟動電流大
(B)啟動轉矩小、啟動電流小
(C)啟動轉矩小、啟動電流大
(D)啟動轉矩大、啟動電流小。

( ) 10. 有一2000V/100V、500kVA之單相變壓器，滿載時銅損為5kW，鐵損為3.2kW，下列何種負載量會發生最大效率？
(A)0.5載 (B)0.75載
(C)0.8載 (D)滿載。

( ) 11. 一個額定10kVA、220V/110 V之單相變壓器，已知無載時一天的損耗電量為24度(kWh)，試求變壓器的鐵損為多少W？
(A)300 (B)500
(C)700 (D)1000。

( ) 12. 有關變壓器短路試驗，下列何者正確？
(A)低壓側短路 (B)高壓側短路
(C)低壓側加額定電壓 (D)高壓側加額定電壓。

( ) 13. 下列何者為感應電動機的優點？
(A)功率因數大 (B)構造簡單
(C)容易變速 (D)啟動電流小。

(　) 14. 某直流電機在20°C時的絕緣電阻為400MΩ，當溫度升高至50°C，則其絕緣電阻應為多少MΩ？

(A)200　(B)100

(C)50　(D)25。

(　) 15. 兩台複激發電機並聯運用，A機容量250 kW，B機容量100kW，當A機之串激場電阻為0.1Ω時，則B機之串激場電阻為多少Ω？

(A)0.05　(B)0.15

(C)0.25　(D)0.35。

(　) 16. 三個單相變壓器，匝比均為10:1，一次側為△接線，二次側為Y接線，若二次側之線電壓為250V，並加150kVA平衡負載時，則一次側線電流為多少安培(A)？

(A)60　(B)48

(C)42　(D)36。

(　) 17. 有一部三相8極220Vac、60Hz之感應電動機，在功率因數0.85落後情形下，測得輸入電流為60A，已知滿載時測得轉速為810rpm，並忽略機械損失，則此機滿載時之轉子效率為何？

(A)96%　(B)94%

(C)92%　(D)90%。

(　) 18. 有一部三相、24齒的可變磁阻型步進電動機，欲設計轉速為360rpm，則每相輸入的脈波信號頻率為多少Hz？

(A)72　(B)144

(C)512　(D)720。

(　) 19. 有一部三相Y接、1000kVA、3kV同步發電機，已知額定輸出之同步阻抗為4.5Ω，試求同步阻抗的百分比為何？

(A)40%　(B)50%

(C)60%　(D)70%。

(　) 20. 電工機械中，下列何種絕緣材料的耐溫等級最高？

(A)B　(B)E

(C)F　(D)H。

( ) 21. 三台單相變壓器接成△-△供電，若其中一台發生故障，仍可用下列何種接法繼續供電？
(A)V-V (B)Y-△
(C)△-Y (D)Y-Y。

( ) 22. 將額定為60Hz之變壓器接於50Hz電源，則其對鐵心內磁通密度的影響為何？
(A)減少約20% (B)增加約20%
(C)減少約10% (D)增加約10%。

( ) 23. 三台單相11000 V/220V變壓器做△-Y接線，若一次側電源為三相5500V，則二次側線電壓為多少V？
(A)$380\sqrt{3}$ (B)$330\sqrt{3}$
(C)$220\sqrt{3}$ (D)$110\sqrt{3}$。

( ) 24. 一個三相6極50Hz、400V繞線式感應電動機，轉子之相數、繞型及匝數均與定子相同，定子接成△型，轉子接成Y型，試求當轉子轉速為960 rpm時，轉子每相感應電動勢為多少V？
(A)16 (B)30
(C)120 (D)220。

( ) 25. 有200V、200kW之他激式直流發電機，電樞電阻為0.02Ω，若原動機轉速與激磁電流均為定值，則滿載時之電壓調整率為何？
(A)5% (B)10%
(C)15% (D)20%。

( ) 26. 某110V、60Hz、1/4HP單相感應電動機，其效率為0.6，功率因數為0.8，若啟動電流為滿載電流的8倍，試求啟動電流約為多少安培(A)？
(A)2.5 (B)3.5
(C)17.5 (D)28。

( ) 27. 關於電容式感應電動機的電容器，下列敘述何者正確？
(A)應串聯於電源側 (B)應串聯於主繞組
(C)應並聯於電源側 (D)應串聯於輔助繞組。

( ) 28. 一台四相步進電動機，轉子轉一圈須走72步，且每秒可走480步，則電動機每分鐘轉速為多少rpm？
(A)400 (B)500
(C)1000 (D)1200。

( ) 29. 某線性感應電動機16極，其構造全長8米，若加以60 Hz電源時，轉差率2%，則轉子速率為多少m/s？
(A)58.8 (B)63.8
(C)53.8 (D)43.8。

( ) 30. 一台三相11.4kV/220V，500kVA轉速電抗為6%之變壓器，與功率因數為0.8落後之500kVA三相電力負載，欲將功率因素提高為1，試求所需並聯電容器之三相總容量約為多少kVAR？
(A)200 (B)240
(C)260 (D)330。

( ) 31. 有一台三相感應電動機，其銘牌標示摘錄如下：0.25HP、450VAC、60Hz、6P。若其滿載速率為1080rpm，試求其轉子頻率為多少Hz？
(A)63 (B)60 (C)6 (D)3。

( ) 32. 有一均勻磁場磁通密度為10高斯，截面積為10m^2，匝數為1000匝之線圈，以2秒時間快速切割磁場，則線圈端之感應電勢為多少V？
(A)3 (B)4 (C)5 (D)6。

( ) 33. 一台12極、400V、60Hz之三相Y接同步電動機，每相輸出功率1kW，則此機總轉矩為多少N-m？
(A)150/π (B)300/π
(C)600/π (D)1800/π。

( ) 34. 二部感應電動機之極數分別為6與4，在頻率為50Hz下，今欲控制速率且可接成串聯運用下，則下列何者轉速無法形成同步轉速？
(A)600 rpm (B)1000 rpm
(C)1200rpm (D)3000 rpm。

( ) 35. 某交流發電機之定子有24槽，每槽有兩線圈邊，如將定子設計為三相4極繞組，則相鄰兩槽間之相位角差應為多少電機角？
(A)12°　(B)15°
(C)30°　(D)60°。

( ) 36. 有A、B兩部三相Y接同步發電機作並聯運轉，若A機無載線電壓為$230\sqrt{3}$ V，每相同步電抗為2Ω；B機無載線電壓為$220\sqrt{3}$ V，每相同步電抗為2Ω，且兩發電機內電阻不計，則其內部無效環流為多少安培(A)？
(A)1　(B)1.5
(C)2　(D)2.5。

( ) 37. 三部單相變壓器，每部額定$3\sqrt{3}$ kVA，接成△-△接線供給13kVA三相平衡負載，假設其中1部故障，其餘2部負擔全部負載，則此2部變壓器之總過載量為多少kVA？
(A)4.34　(B)4
(C)3　(D)1.34。

( ) 38. 下列何者為直流電動機速率不安穩之原因？
(A)電樞反應過大，串激場太強
(B)電樞反應過大，串激場太弱
(C)電樞反應過小，串激場太強
(D)電樞反應過小，串激場太弱。

( ) 39. 有一台1kVA之變壓器其匝數比為200/100，當一次繞組減少10%，再加上220V電壓時，則二次側之電壓約為多少V？
(A)92　(B)102
(C)122　(D)222。

( ) 40. 有一4極直流發電機100kW、250V單式疊繞，則導體中之電流為多少安培(A)？
(A)200　(B)100
(C)50　(D)25。

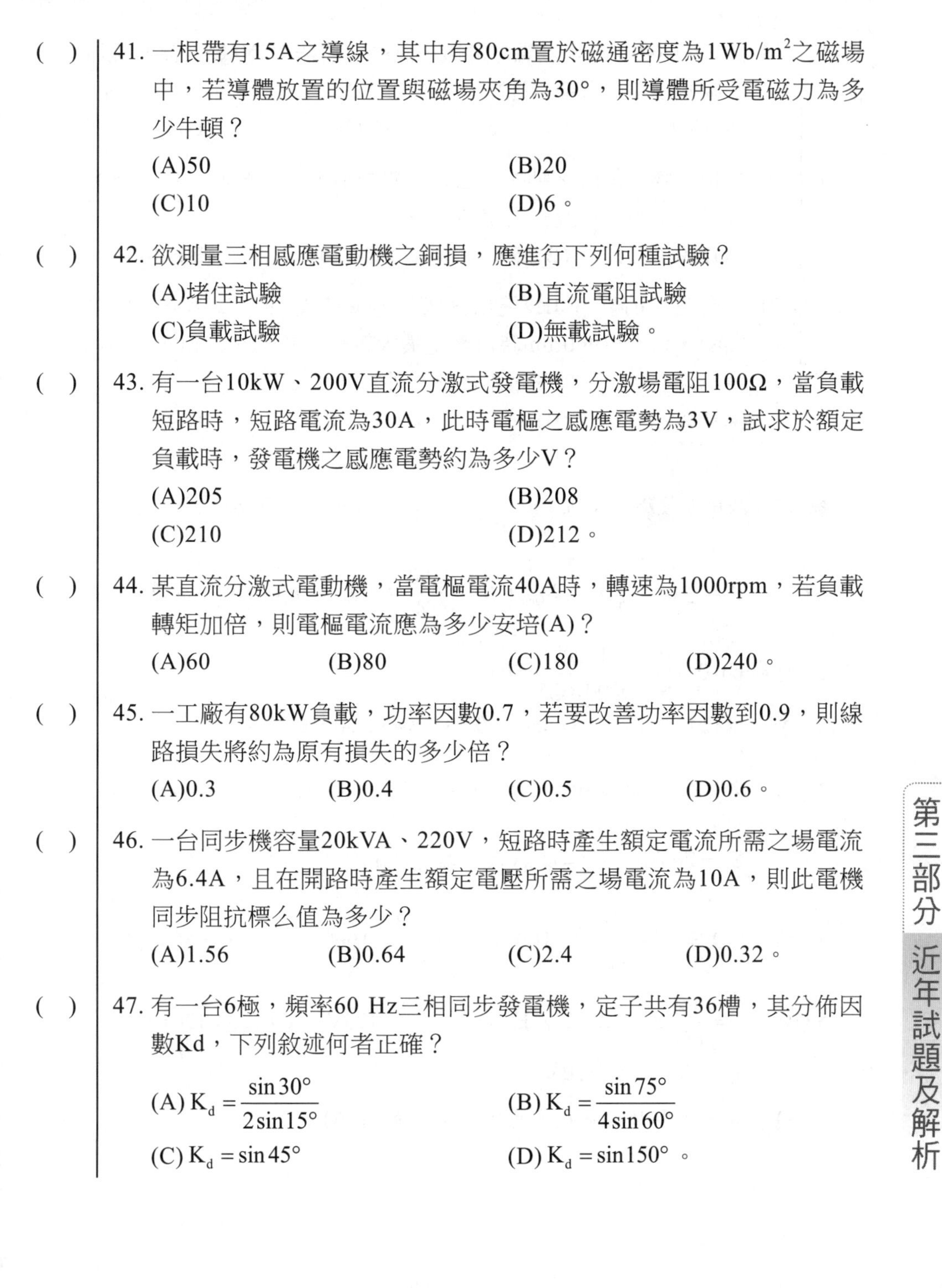

( ) 41. 一根帶有15A之導線，其中有80cm置於磁通密度為$1Wb/m^2$之磁場中，若導體放置的位置與磁場夾角為30°，則導體所受電磁力為多少牛頓？
(A)50　(B)20
(C)10　(D)6。

( ) 42. 欲測量三相感應電動機之銅損，應進行下列何種試驗？
(A)堵住試驗　(B)直流電阻試驗
(C)負載試驗　(D)無載試驗。

( ) 43. 有一台10kW、200V直流分激式發電機，分激場電阻100Ω，當負載短路時，短路電流為30A，此時電樞之感應電勢為3V，試求於額定負載時，發電機之感應電勢約為多少V？
(A)205　(B)208
(C)210　(D)212。

( ) 44. 某直流分激式電動機，當電樞電流40A時，轉速為1000rpm，若負載轉矩加倍，則電樞電流應為多少安培(A)？
(A)60　(B)80　(C)180　(D)240。

( ) 45. 一工廠有80kW負載，功率因數0.7，若要改善功率因數到0.9，則線路損失將約為原有損失的多少倍？
(A)0.3　(B)0.4　(C)0.5　(D)0.6。

( ) 46. 一台同步機容量20kVA、220V，短路時產生額定電流所需之場電流為6.4A，且在開路時產生額定電壓所需之場電流為10A，則此電機同步阻抗標么值為多少？
(A)1.56　(B)0.64　(C)2.4　(D)0.32。

( ) 47. 有一台6極，頻率60 Hz三相同步發電機，定子共有36槽，其分佈因數Kd，下列敘述何者正確？
(A) $K_d = \frac{\sin 30°}{2\sin 15°}$　(B) $K_d = \frac{\sin 75°}{4\sin 60°}$
(C) $K_d = \sin 45°$　(D) $K_d = \sin 150°$ 。

( ) 48. 某一4極60Hz三相感應電動機，滿載之轉差率為0.03，試求滿載時定部旋轉磁場對轉部之速率為多少rpm？
(A)1800 (B)1746 (C)54 (D)45。

( ) 49. 兩相感應式伺服電動機，若以電壓控制輸出轉矩時，則控制繞組與激磁繞組間的電流相位差為多少度？
(A)180 (B)150 (C)120 (D)90。

( ) 50. 一台三相6極、60Hz繞線式轉子感應電動機，當轉子每相電阻為0.4Ω，運轉於960rpm時可產生最大轉矩，試求此電動機若要以最大轉矩起動時，則轉子每相電路需外加多少Ω？
(A)1.2 (B)1.6 (C)1.8 (D)2。

解答與解析 答案標示為#者，表官方公告更正該題答案

1.(**C**)。 $\theta_e=\frac{P}{2}\theta_m=\frac{4}{2}\theta_m=2\theta_m$，$\theta_m=\frac{360°}{4}=90°$，$\theta_e=180°$，故選(C)。

2.(**B**)。 $\cos\theta=\frac{P}{S}=\frac{1800}{6000\times0.5}=0.6$，
磁化電流 $I_m=0.5\times\sin\theta=0.5\times0.8=0.4A$，故選(B)。

3.(**C**)。 $Z_A:Z_B=(4\%\times80k):(6\%\times80k)=2:3$，$S_A=200k\times\frac{3}{2+3}=120kVA$，
$S_B=200k\times\frac{2}{2+3}=80kVA$，故選(C)。

4.(**A**)。 $V.R.=\frac{V_{無載}-V_{滿載}}{V_{滿載}}\times100\%=\frac{100-93}{93}\times100\%=7.5\%$，，故選(A)。

5.(**B**)。 $E=\frac{PZ}{60a}n\phi$，$E\propto Z$，$E_o=60\times\frac{800}{400}=120V$，$60\times20=120\times I_o$，
$I_o=10A$，故選(B)。

6.(**A**)。 含矽主要目的為提高導磁係數，故選(A)。

7.(**B**)。 $E=\frac{PZ}{60a}n\phi$ ，導體數1匝=2根，$160=\frac{P\times(400\times2)}{60\times(2\times1)}\times1200\times5\times10^{-3}$ ，

$P=4$極，故選(B)。

8.(**C**)。 $S_A=S(1+\frac{共同}{非共同})=30k\times(1+\frac{250}{150})=80kVA$，$I_L=\frac{80k}{250}=320A$，

$I_{串}=\frac{80k}{400}=200A$，$I_{並}=I_L-I_{串}=120A$，故選(C)。

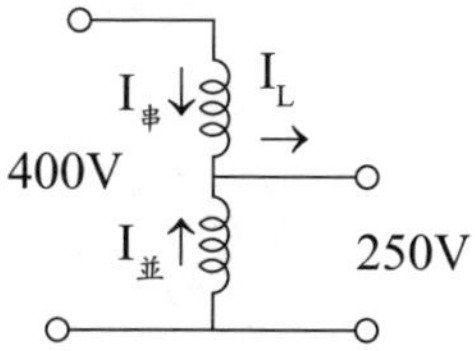

$I_{串}$ I_L
400V
$I_{並}$ 250V

9.(**D**)。 理想啟動為啟動轉矩大，啟動電流小，故選(D)。

10.(**C**)。 銅損=鐵損時有最大效率，銅損∝負載2，$\sqrt{\frac{3.2}{5}}=0.8$載，

故選(C)。

11.(**D**)。 $P_{loss}=24kWH\div24h=1000WZ$ ，故選(D)。

12.(**A**)。 短路試驗為高壓側進行，低壓測短路，故選(A)。

13.(**B**)。 (A)不一定。(C)變速較麻煩。(D)啟動電流大。故選(B)。

14.(**C**)。 溫度上升10°，絕緣電阻下降一半，50−20=30，30÷10=3，

$R=400\times\left(\frac{1}{2}\right)^3=50\Omega$，故選(C)。

15.(**C**)。 並聯容量與電阻成反比，$\therefore250=(250+100)\times\frac{R}{0.1+R}$ ，

$R=0.25\Omega$，故選(C)。

16.(**A**)。 $I_2=\frac{150k}{250}=600A$ ，$I_1=600\times\frac{1}{10}=60A$ ，故選(A)。

17.(**D**)。 $n_s=\frac{120f}{P}=\frac{120\times60}{8}=900rpm$ ，$S=\frac{900-810}{900}=0.1$ ，

$\frac{P_o}{P_i}=\frac{1-S}{1}=\frac{1-0.1}{1}=0.9=90\%$ ，故選(D)。

18.(**B**)。 $f=\frac{nN}{60}=\frac{360\times 24}{60}=144\text{Hz}$ ，故選(B)。

19.(**B**)。 阻抗百分比 $=\frac{Z_r}{Z_b}=\frac{4.5}{\frac{(3k)^2}{1000k}}=0.5=50\%$ ，故選(B)。

20.(**D**)。 絕緣等級Y級，耐溫90°C
絕緣等級A級，耐溫105°C
絕緣等級E級，耐溫120°C
絕緣等級B級，耐溫130°C
絕緣等級F級，耐溫155°C
絕緣等級H級，耐溫180°C
絕緣等級C級，耐溫180°C以上
故選(D)。

21.(**A**)。 △-△故障可改用V-V接，故選(A)。

22.(**B**)。 $E=4.44fNB$ ，$B\propto\frac{1}{f}$ ，$\frac{B'}{B}=\frac{60}{50}=1.2$ ，故選(B)。

23.(**D**)。 $V=5500\times 1\times\frac{220}{11000}\times\sqrt{3}=110\sqrt{3}\text{V}$ ，故選(D)。

24.(**A**)。 $n_s=\frac{120f}{P}=\frac{120\times 50}{6}=1000\text{rpm}$ ，$S=\frac{1000-960}{1000}=0.04$ ，
$E=0.04\times 400=16\text{V}$ ，故選(A)。

25.(**B**)。 $E_a=200+\frac{200k}{200}\times 0.02=220\text{V}$ ，$V.R.=\frac{220-200}{200}\times 100\%=10\%$ ，
故選(B)。

26.(**D**)。 滿載電流 $I=\frac{\frac{1}{4}\times 746}{110}\div 0.6\div 0.8=3.53\text{A}$ ，

啟動電流 $I'=3.53\times 8\cong 28\text{A}$ ，故選(D)。

27.(**D**)。 電容器應串聯於輔助繞組，故選(D)。

28.(**A**)。 $n=\frac{480}{72}\times 60=400\text{rpm}$ ，故選(A)。

29.(**A**)。 $n_s=\frac{120\times 60}{16}=450\text{rpm}$ ，

$n_r=450\times(1-0.02)=441\text{rpm}=\frac{441\times 8}{60}\text{m/s}=58.8\text{m/s}$ ，故選(A)。

30.(**D**)。 pf=0.8，$\cos\theta=0.8$，$\sin\theta=0.6$， $Q=500k\times 0.6=300\text{kVAR}$ ，

$6\%=\left|\frac{X_L}{V}\right|=\left|\frac{I^2X_L}{IV}\right|=\frac{Q'}{S}=\frac{Q'}{500k}$ ， $Q'=30\text{kVAR}$ ，

$Q_t=Q+Q'=330\text{kVAR}$ ，故選(D)。

31.(**C**)。 $n_s=\frac{120\times 60}{6}=1200\text{rpm}$ ， $S=\frac{1200-1080}{1200}=0.1$ ，

$f_r=60\times 0.1=6\text{Hz}$ ，故選(C)。

32.(**C**)。 1高斯 $\frac{10\quad \text{Wb}}{\ }$ ，$\phi=10\times 10^{-4}\times 10=10^{-2}\text{Wb}$ ，

$E=1000\times 10^{-2}\div 2=5\text{V}$ ，故選(C)。

33.(**A**)。 $n_s=\frac{120\times 60}{12}=600\text{rpm}$ ， $T_\phi=\frac{1k}{2\pi\times\frac{600}{60}}=\frac{50}{\pi}$ ，

$T_{3\phi}=3\times\frac{50}{\pi}=\frac{150}{\pi}\text{N}-\text{m}$ ，故選(A)。

34.(**C**)。 6極轉速 $n_1=\frac{120\times 50}{6}=1000\text{rpm}$ ，

4極轉速 $n\ =\frac{120\times 50}{}=1500\text{rpm}$ ，

6+4極轉速 $n_3=\frac{120\times 50}{10}=600\text{rpm}$ ，

6−4極轉速 $n_4=\frac{120\times 50}{2}=3000\text{rpm}$ ，僅1200rpm無法，故選(C)。

35.(**C**)。 $\theta=\frac{p\pi}{S}=\frac{4\times180^\circ}{24}=30^\circ$ ，故選(C)。

36.(**D**)。 $I=\frac{\frac{230\sqrt{3}}{\sqrt{3}}-\frac{220\sqrt{3}}{\sqrt{3}}}{2+2}=2.5A$ ，故選(D)。

37.(**B**)。 $S_{v-v}=\sqrt{3}S=\sqrt{3}\times3\sqrt{3}=9kVA$ ，總過載量 $=13-9=4kVA$ ，故選(B)。

38.(**A**)。 電樞反應過大，串激場太強，故選(A)。

39.(**C**)。 $N_1'=200\times0.9=180$ ， $V_2'=220\times\frac{100}{180}=122V$ ，故選(C)。

40.(**B**)。 $a=mp=1\times4=4$ ， $I=\frac{100k}{250}=400A$ ，

每根導體之電流 $I=\frac{400}{4}=100A$ ，故選(B)。

41.(**D**)。 $F=BLI\sin\theta=1\times0.8\times15\times\sin30^\circ=6N$ ，故選(D)。

42.(**A**)。 堵住試驗量測銅損，無載試驗量測鐵損，故選(A)。

43.(**A**)。 $V=E_a-I_aR_a$ ， $0=3-30\times R_a$ ， $R_a=0.1\Omega$ ， $200=E_a-\frac{10k}{200}\times0.1$ ，

$E_a=205V$ ，故選(A)。

44.(**B**)。 $T\propto I_a$ ， $I_a=40\times\frac{2}{1}=80A$ ，故選(B)。

45.(**D**)。 $P_{loss}=I^2R\propto I^2\propto\frac{1}{\cos\theta^2}$ ， $\frac{P_{loss}'}{P_{loss}}=\left(\frac{0.7}{0.9}\right)^2=0.6$ ，故選(D)。

46.(**B**)。 $Z_{pu}=\frac{1}{SCR}=\frac{6.4}{10}=0.64pu$ ，故選(B)。

47.(**A**)。 q(每相每極槽數)$=\dfrac{槽}{相數\times極數}$，分布因數

$$K_d=\frac{\sin\dfrac{180^\circ}{2\times相數}}{q\times\sin\dfrac{180^\circ}{2\times相數\times q}}=\frac{\sin\dfrac{180^\circ}{2\times3}}{\dfrac{36}{3\times6}\times\sin\dfrac{180^\circ}{2\times3\times\dfrac{36}{3\times6}}}=\frac{\sin30^\circ}{2\sin15^\circ}$$，故選(A)。

48.(**C**)。 $n_s=\dfrac{120f}{P}=\dfrac{120\times60}{4}=1800\text{rpm}$，$n_r=1800\times(1-0.03)=1746\text{rpm}$，

$1800-1746=54\text{rpm}$，故選(C)。

49.(**D**)。 相位差為90°，故選(D)。

50.(**B**)。 $n_s=\dfrac{120f}{P}=\dfrac{120\times60}{6}=1200\text{rpm}$，$s=\dfrac{1200-960}{1200}=0.2$，以最大轉矩

啟動，啟動時之轉差率為1，$\therefore\dfrac{0.4}{0.2}=\dfrac{0.4+r}{1}$，$r=1.6\Omega$，故選(B)。

109年鐵路特考員級

一、兩部額定60Hz、3300/380V、25kVA的單相變壓器，以V-V連接，從三相3.3kV電源，供應380V、45kVA、功率因數0.85落後的三相負載。

(一)繪出此供電系統的電路圖，標示出變壓器的接線、變壓器繞組的極性及電壓值。

(二)判斷這兩部變壓器是否過載？

答 (一)

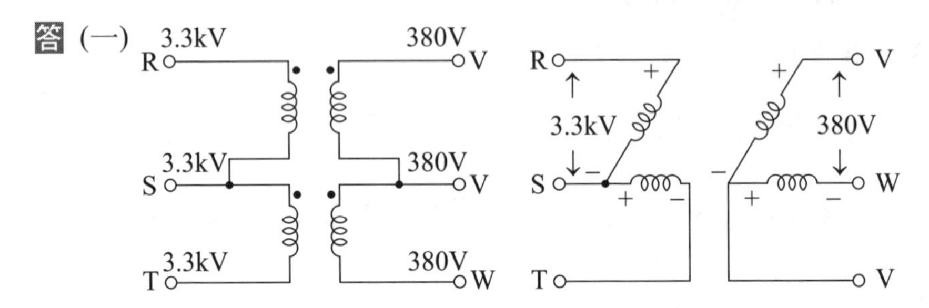

(二) V-V接變壓器的額定負載為 $25k \times 2 \times \frac{\sqrt{3}}{2} = 43.3kVA$ ，而實際供應45kVA的負載，因此已過載。

二、額定50馬力、250V的直流並激電動機，以直流$V_t=230V$供電，驅動機械負載，其等效電路如圖所示。此電動機的電樞電阻$R_a=0.2\Omega$，調整磁場電阻R_f使電動機的轉速為1200rpm，此時電動機的電樞電流$I_a=200A$。

(一)計算在此運轉條件下，電樞電壓E_a之值。

(二)如果轉動損失為500W，計算負載轉矩。

答 (一) $E_a = V - I_a R_a = 230 - 200 \times 0.2 = 190V$

(二) $T = \frac{P_o}{2\pi n} = \frac{200 \times 190 - 500}{2\pi \times \frac{1200}{60}} = 298.6N-m$

三、額定200kVA、480V、60Hz、三相、四極、Y接、隱極式同步發電機，其每相同步電抗X_s為0.5歐姆。此發電機連接至480V的無窮母線，輸出單位功因的額定電流，其每相等效電路如圖所示。

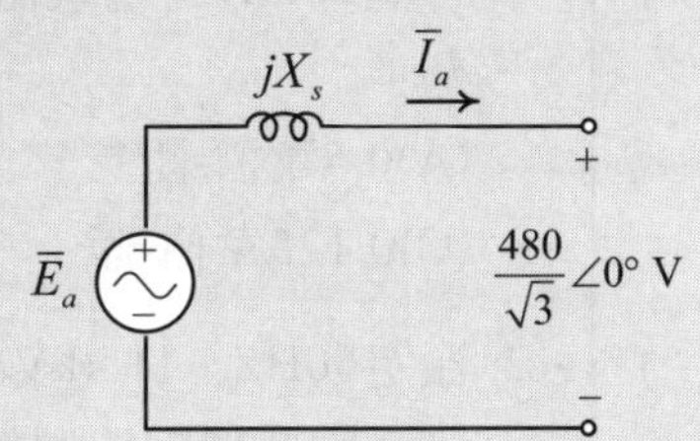

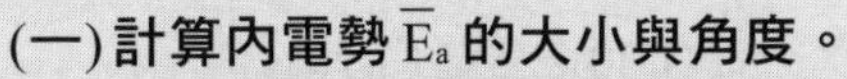

(一) 計算內電勢$\bar{E}_a$的大小與角度。

(二) 保持發電機的激磁電流不變，計算此發電機可輸出的最大有效功率。

答 (一) $\bar{I}_a = \frac{S}{\sqrt{3}V} = \frac{200k}{\sqrt{3}\times 480} = \frac{1250}{3\sqrt{3}}A$

$\bar{E}_a = \bar{V} + \bar{I}_a\bar{Z} = \frac{480}{\sqrt{3}}\angle 0^\circ + \frac{1250}{3\sqrt{3}}\times j0.5 = 302\angle 23^\circ V$

(二) $P_{max} = 3\frac{E_a V}{X_s} = 3\times\frac{302\times\frac{480}{\sqrt{3}}}{0.5} = 502kW$

四、一部額定5馬力（1馬力=746W）、208V、60Hz、Y接的三相鼠籠式感應電動機，滿載時電流為15A，功率因數0.8落後，輸出額定機械功率，轉速為1158rpm。試計算：

(一) 此電動機的極數。　**(二) 滿載時的轉差率。**

(三) 此電動機的效率。　**(四) 滿載時的輸出轉矩。**

答 (一) $n_s = \frac{120\times f}{P} = \frac{120\times 60}{P} > 1158$，$P < 6.22$，所以為6極

(二) $N_s = \frac{120\times 60}{6} = 1200rpm$，$S = \frac{1200-1158}{1200} = 0.035$

(三) $\eta = \frac{P_o}{P_i}\times 100\% = \frac{5\times 746}{\sqrt{3}\times 208\times 15\times 0.8}\times 100\% = 86.3\%$

(四) $T = \frac{P_o}{2\pi n} = \frac{5\times 746}{2\pi\times\frac{1158}{60}} = 30.8N-m$

109年鐵路特考佐級

( ) 1. 一個25mH的電感器通以5A的直流電流，此電感器內部產生的磁鏈為：
(A)0.5韋伯-匝 (B)0.3韋伯-匝
(C)0.125韋伯-匝 (D)0.225韋伯-匝。

( ) 2. 額定60Hz、11.4kV/380V的單相變壓器，如果使用在50Hz的配電網路，則此變壓器的額定電壓為：
(A)6.9kV/220V (B)9.5kV/317V
(C)11.4kV/380V (D)13.7kV/456V。

( ) 3. 變壓器、電動機及發電機的鐵心都用許多疊片組合而成，其目的為何？
(A)減少磁滯損失
(B)減少銅線電阻產生的焦爾熱損失
(C)減少機械振動損失
(D)減少渦流損失。

( ) 4. 三部相同規格的雙繞組單相變壓器連接成如下圖的電路，作三相電力傳輸，這種接法是：
(A)Y-Δ接法
(B)V-V接法
(C)史考特接法
(D)Δ-Δ接法。

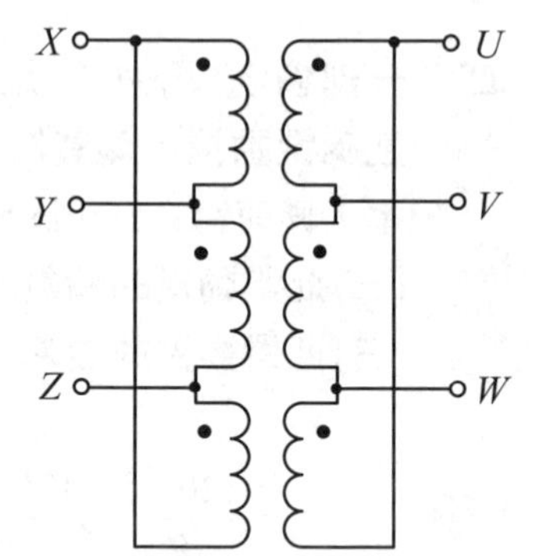

( ) 5. 一部單相變壓器，以額定電壓實施開路試驗時，測得功率為0.016標么；以額定電流實施短路試驗時，測得功率為0.012標么。此變壓器供應功率因數0.8落後的額定負載時，其效率為：
(A)96.6% (B)97.0%
(C)98.5% (D)99.2%。

( ) 6. 一部1000VA，220/110V之單相變壓器，實施短路試驗時，在高壓側測得電壓為15V，電流為4.5A，功率消耗為50W。此變壓器以高壓側為參考的漏磁電抗X_{eq}為：
(A)1.39Ω　(B)2.24Ω　(C)3.75Ω　(D)4.68Ω。

( ) 7. 一部220V，60Hz之正常運轉變壓器，使用於220V，50Hz之電源上，則最大磁通量的變化為：
(A)最大磁通量與效率不變
(B)最大磁通量減少，效率增加
(C)最大磁通量增加，效率減少
(D)最大磁通量減少，效率減少。

( ) 8. 一個23Ω的電阻性負載經一部230/115V的單相變壓器，從230V的交流電源供電，如下圖所示。變壓器一次側的電流I_p為：

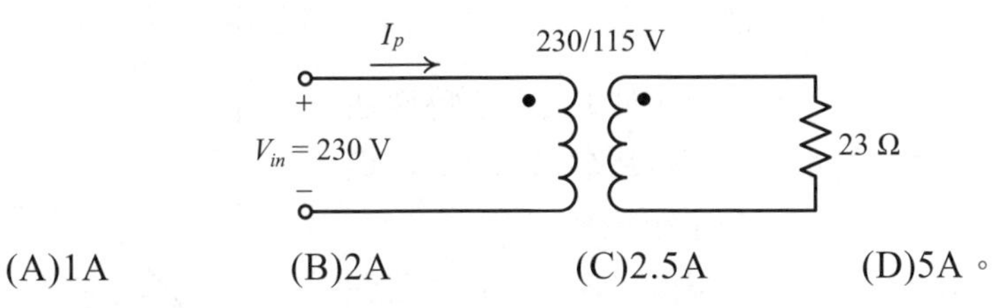

(A)1A　(B)2A　(C)2.5A　(D)5A。

( ) 9. 變壓器等效電路標么值的計算與變壓器的匝數比為：
(A)成正比　(B)成反比　(C)平方正比　(D)無關。

( ) 10. 二台50kVA單相變壓器如接成V-V連接，則輸出容量為：
(A)50 kVA　(B)57.7 kVA　(C)86.6 kVA　(D)100 kVA。

( ) 11. 一部額定100VA，110/10V的雙繞組變壓器，連接成110/100V的降壓型自耦變壓器，此自耦變壓器的容量為：
(A)100VA　(B)500VA
(C)1.0kVA　(D)1.5kVA。

( ) 12. 15kVA的變壓器，滿載鐵損是90W，銅損是250W，求60%負載時變壓器的損失約為：
(A)90W　(B)150W
(C)180W　(D)340W。

(　) 13. 某一直流電動機輸出1kW的機械功率時，轉速為796rpm，此電動機輸出的轉矩為：
(A)113 N-m　(B)85.2 N-m
(C)46.7 N-m　(D)12.0 N-m。

(　) 14. 有關永磁式直流電動機的特性，下列何者錯誤？
(A)效率較相同容量的並激式直流電動機高
(B)重量與體積都小於相同容量的並激式直流電動機
(C)電樞反應可能使永磁式直流電動機產生去磁的危險
(D)永磁式直流電動機所使用的磁性材料比一般鋼材有更好的機械強度。

(　) 15. 下列何者不是並激式直流發電機無法建立電壓的原因？
(A)沒有剩磁　(B)場電阻大於臨界場電阻
(C)轉速低於臨界轉速　(D)負載電阻過大。

(　) 16. 兩部直流發電機A與B之外部特性曲線如下圖所示，V_T為端電壓，I_L為負載電流，下列何者正確？

V_T
A
B
I_L

(A)A為並激發電機，B為串激發電機
(B)A為串激發電機，B為並激發電機
(C)A為串激發電機，B為複激發電機
(D)A為複激發電機，B為並激發電機。

(　) 17. 一部他激式直流發電機供給10kW、200V負載，電樞電阻為0.1Ω，場電阻為5Ω。若每只電刷壓降為1V，請問該發電機電樞繞組的感應電動勢為何？
(A)251 V　(B)252 V　(C)206 V　(D)207 V。

(　) 18. 電壓200V，輸出20kW之直流分激式電動機，電樞電流為100A，電樞電阻為0.1Ω，轉速為1500rpm。若忽略電刷壓降，當電樞電流為60A時，轉速約為：
(A)1511 rpm　(B)1521 rpm
(C)1531 rpm　(D)1541 rpm。

( ) 19. 有一部1kW之直流他激式電動機，電樞電阻為0.1Ω，電樞電流為50A，利用電壓控制法調整轉速，在轉速為2000 rpm時，輸入電壓為105V。若電樞電流與激磁條件不變，其轉速降至1500rpm時，輸入電壓變為多少伏特？

(A)100　(B)90

(C)80　(D)75。

( ) 20. 某直流電動機，其輸入電壓及電流分別為100V，7.46A，效率為85%，則輸出馬力數為：

(A)1 Hp　(B)0.85 Hp

(C)1.70 Hp　(D)2 Hp。

( ) 21. 下列有關三相同步電動機啟動之敘述，何者正確？

(A)可串接啟動電阻協助啟動

(B)可降低電源電壓啟動

(C)可利用阻尼繞阻之感應啟動

(D)可慢慢增加場電流來啟動。

( ) 22. 比較火力發電廠與水力發電廠所使用的同步發電機，下列何者正確？

(A)火力發電廠以汽輪機作為原動力，轉速快，發電機為極數少的隱極式同步機

(B)水力發電廠以水輪機作為原動力，轉速慢，發電機為極數少的隱極式同步機

(C)火力發電廠以水輪機作為原動力，轉速快，發電機為極數多的凸極式同步機

(D)水力發電廠以汽輪機作為原動力，轉速慢，發電機為極數多的凸極式同步機。

( ) 23. 下圖為同步電動機的V形曲線，對於此圖形的描述，何者錯誤？

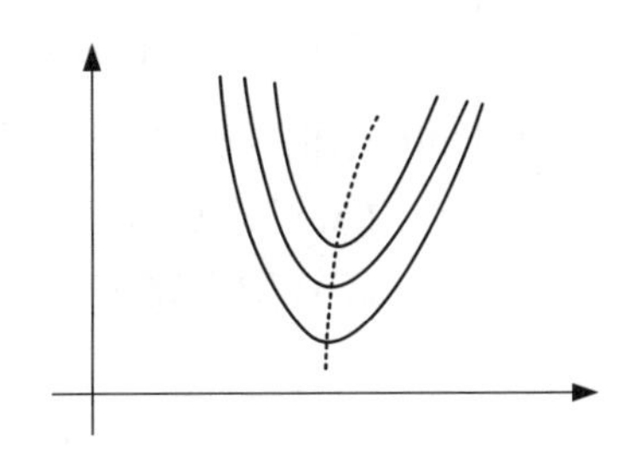

(A)曲線的縱座標為電樞電流，橫座標為磁場電流

(B)虛線連接各曲線的最低點，在此虛線上的工作點功率因數為1

(C)曲線的縱座標為磁場電流，橫座標為電樞電壓
(D)三條V形曲線中，最上方的曲線代表輸出功率最大的曲線。

( ) 24. 三相10馬力、220V、四極、60Hz的同步電動機，滿載時轉速為1800rpm，半載時的轉速為：
(A)900 rpm (B)1800 rpm
(C)2700 rpm (D)3600 rpm。

( ) 25. 三相凸極式同步發電機的直軸同步電抗X_d與交軸同步電抗X_q的關係是：
(A)$X_d < X_q$ (B)$X_d = X_q$ (C)$X_d > X_q$ (D)$X_d = -X_q$。

( ) 26. 三相250kVA、50Hz、480V、Y接之同步發電機，在額定開路電壓時測得磁場電流為4.3A；在額定短路電流時測得磁場電流為5.1A，則此同步發電機之短路比（SCR）為：
(A)0.843 (B)1.186 (C)0.521 (D)1.92。

( ) 27. 下列何者為無窮母線（infinite bus）的正確意義？
(A)長程輸電線起始點所連接的匯流排
(B)連接變壓器低壓側的匯流排
(C)頻率、電壓都維持不變的匯流排
(D)感應電動機端點連接的匯流排。

( ) 28. 工廠中裝設空轉的同步電動機，其目的為何？
(A)提供無效功率 (B)降低三相電壓不平衡率
(C)吸收諧波電流 (D)防止電壓驟降。

( ) 29. 關於繞線轉子感應電動機插入外部電阻的作用，下列何者錯誤？
(A)可提升啟動轉矩 (B)可提升最大轉矩
(C)可控制電動機轉速 (D)可降低啟動電流。

( ) 30. 三相鼠籠式感應電動機啟動時，為降低啟動電流，下列何者錯誤？
(A)可用Y-Δ啟動 (B)可用自耦變壓器降壓啟動
(C)可串聯電阻啟動 (D)可串聯電容器啟動。

(　) 31. 一部三相四極60Hz感應電動機的轉子電流頻率為0.9Hz，其轉子的轉速應為：
(A)1665rpm　(B)1712rpm
(C)1773rpm　(D)1805rpm。

(　) 32. 一部電容啟動式單相感應電動機，其離心開關的動作為：
(A)啟動、運轉時都閉合，故障時開啟
(B)啟動時閉合，運轉時開啟
(C)啟動時開啟，運轉時閉合
(D)啟動、運轉時都開啟，故障時閉合。

(　) 33. 一部三相感應電動機由市電供電運轉，如果其轉速提升至超過同步轉速，則關於此電動機下列何者正確？
(A)會產生無效功率，但仍會從市電吸收有效功率
(B)會產生有效功率，但仍會從市電吸收無效功率
(C)會產生有效功率及無效功率送至市電
(D)會從市電吸收有效功率及無效功率。

(　) 34. 鼠籠式感應電動機使用深窄導體轉子（deep-bar rotor），轉子的導體棒嵌入轉子鐵心中，如下圖所示。下列敘述何者錯誤？

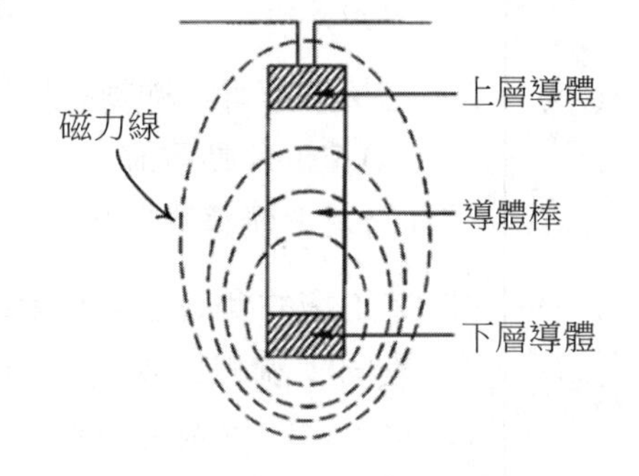

(A)轉速接近同步速度時，轉子電流頻率甚低，導體截面的電流分布均勻，導體棒電阻小
(B)下層導體的磁交鏈較多，因此漏電感大；上層導體的磁交鏈較少，因此漏電感小
(C)啟動時，轉子電流頻率高，下層導體電流密度較小，上層導體電流密度較大
(D)啟動時，轉子導體電阻小，效率高；運轉時，轉子導體電阻大，可產生大轉矩。

( ) 35. 三相感應電動機作堵住實驗時，其轉差率S為：
(A)0.5 (B)0.2 (C)1 (D)0。

( ) 36. 關於三相感應電動機穩定運轉時之定子電氣頻率與轉子電氣頻率，下列敘述何者正確？
(A)兩者頻率相同，但會隨負載而變
(B)兩者頻率相同，但會隨電源頻率而變
(C)兩者頻率不同，定子電氣頻率隨電源頻率而變，轉子電氣頻率會隨負載而變
(D)兩者頻率不同，定子電氣頻率隨負載而變，轉子電氣頻率會隨電源頻率而變。

( ) 37. 一部8極、220V、60Hz的三相感應電動機，其轉速為855rpm，則轉子感應電勢之頻率為多少？
(A)3 Hz (B)57 Hz (C)60 Hz (D)0.3 Hz。

( ) 38. 交流機繞組常有採用短節距者，使用120°電工角之短節距線圈，其節距因數為：
(A)0.866 (B)0.707 (C)0.6 (D)0.5。

( ) 39. 三相感應電動機轉子採用斜口槽設計，其目的為：
(A)減少啟動電流 (B)增加絕緣能力
(C)減少運轉時噪音 (D)可節省成本。

( ) 40. 某工廠的負載總視在功率為1000kVA，功率因數為0.6滯後，若要裝設同步調相機將功率因數提高至0.8滯後，且負載總實功率維持不變，則同步調相機激磁需如何調整且需提供多少虛功率？
(A)過激磁操作，提供200kVAR
(B)過激磁操作，提供350kVAR
(C)欠激磁操作，提供200kVAR
(D)欠激磁操作，提供350kVAR。

解答與解析　答案標示為#者，表官方公告更正該題答案

1.(**C**)。 $e=\frac{d\lambda}{dt}=L\frac{di}{dt}$，故選(C)。

2(**B**)。 $E\propto f$，$\frac{50}{60}=\frac{E_1}{11.4k}=\frac{E_2}{380}$，$E_1=9.5kV$，$E_2=317V$，故選(B)。

3(**D**)。 用疊片主要目的是減少渦流損，故選(D)。

4(**D**)。 X接Y，Y接Z，Z再接回X，故為△-△，故選(D)。

5.(**A**)。 $P_{鐵損}=0.016P_b$，$P_{銅損}=0.012P_b$，

效率 $\eta=\frac{P_b\times 0.8}{P_b\times 0.8+0.016P_b+0.012P_b}\times 100\%=96.6\%$，故選(A)。

6.(**B**)。 短路試驗量測值為高壓側之數值，因此不用再做轉換，

$\therefore X_{eq1}=X_1=\sqrt{\left(\frac{15}{4.5}\right)^2-\left(\frac{50}{4.5^2}\right)^2}=2.24\Omega$，故選(B)。

7.(**C**)。 $E=4.44Nf\phi_m$，$\phi_m\propto\frac{1}{f}$，頻率變小，最大磁通量增加，更容易磁飽和，導致效率減少，故選(C)。

8.(**C**)。 $\frac{V_1}{V_2}=\frac{I_2}{I_1}$，$I_p=\frac{115}{23}\times\frac{115}{230}=2.5A$，故選(C)。

9.(**D**)。 標么值$=\frac{實際值}{基準值}$，與匝數比無關，故選(D)。

10.(**C**)。 $S=2\times 50\times 0.866=86.6kVA$，故選(C)。

11.(**C**)。 $S_A=S(1+\frac{共同}{非共同})=100\times(1+\frac{100}{10})\cong 1kVA$，故選(C)。

12.(**C**)。 $P_{loss}=90+250\times 0.6^2=180W$，故選(C)。

13.(**D**)。 $T=\frac{P}{2\pi n}=\frac{1000}{2\pi\times\frac{796}{60}}=12N-m$，故選(D)。

14.(**D**)。(D)永磁式是採用永久磁鐵，其機械強度不一定比一般鋼材良好，故選(D)。

15.(**D**)。負載電阻過大不是並激式直流發電機無法建立電壓的原因，故選(D)。

16.(**A**)。A為並激發電機，B為串激發電機，故選(A)。

17.(**D**)。$I_a = I_a = \frac{10k}{200} = 50A$，

$E_a = V_L + I_aR_a + V_b = 200 + 50 \times 0.1 + 2 \times 1 = 207V$，故選(D)。

18.(**C**)。$n = \frac{E_a}{k\phi} = \frac{V - I_aR_a}{k\phi} \propto (V - I_aR_a)$，$\frac{n}{1500} = \frac{200 - 60 \times 0.1}{200 - 100 \times 0.1}$，

$n = 1531rpm$，故選(C)。

19.(**C**)。$n = \frac{V - I_aR_a}{k\phi}$，$\frac{1500}{2000} = \frac{V - 50 \times 0.1}{105 - 50 \times 0.1}$，$V = 80V$，故選(C)。

20.(**B**)。$P_{out} = \frac{100 \times 7.46}{746} \times 85\% = 0.85hp$，故選(B)。

21.(**C**)。同步電動機啟動方式有三種，分別為利用感應機原理啟動、降低電源頻率啟動、以他機帶動啟動，而阻尼繞組能幫助啟動。僅(C)正確，故選(C)。

22.(**A**)。(A)(C)火力發電廠以汽輪機作為原動力，轉速快，發電機為極數少的隱極式同步機。

(B)(D)水力發電廠以水輪機作為原動力，轉速慢，發電機為極數多的凸極式同步機。

故選(A)。

23.(**C**)。縱座標應為電樞電流，橫座標應為磁場電流，故選(C)。

24.(**B**)。同步電動機維持定速，半載仍為1800rpm，故選(B)。

25.(**C**)。直軸同步電抗 $X_d = X_s + X_{ad}$ = 電樞漏抗 + 直軸電樞反應電抗交軸同步電抗 $X_q = X_s + X_{aq}$ = 電樞漏抗 + 交軸電樞反應電抗凸極式由於直軸下的氣隙較交軸下小，所以 $X_{ad} > X_{aq}$，因此 $X_d > X_q$。故選(C)。

26.(**A**)。 $SCR=\frac{4.3}{5.1}=0.843$，故選(A)。

27.(**C**)。頻率、電壓都維持不變的匯流排，故選(C)。

28.(**A**)。目的為提供無效功率，故選(A)。

29.(**B**)。最大轉距跟轉子電阻無關，故選(B)。

30.(**D**)。(D)可串聯電抗器啟動，故選(D)。

31.(**C**)。 $N_s=\frac{120f}{P}=\frac{120\times 60}{4}=1800rpm$，$S=\frac{0.9}{60}=0.015$，

$N_r=(1-S)N_s=(1-0.015)\times 1800=1773rpm$，故選(C)。

32.(**B**)。啟動時閉合，運轉時開啟，故選(B)。

33.(**B**)。超過同步轉速，會變成發電機模式，產生有效功率，但仍會從市電吸收無效功率，故選(B)。

34.(**D**)。(D)啟動時，轉子導體電阻大，效率低，可產生大轉矩；運轉時，轉子導體電阻小，故選(D)。

35.(**C**)。堵住實驗，轉差率為1，故選(C)。

36.(**C**)。兩者頻率不同，定子電氣頻率隨電源頻率而變，轉子電氣頻率會隨負載而變，故選(C)。

37.(**A**)。 $N_s=\frac{120f}{P}=\frac{120\times 60}{8}=900rpm$，$S=1-\frac{N_r}{N_s}=1-\frac{855}{900}=0.05$，

$f_r=Sf_s=0.05\times 60=3Hz$，故選(A)。

38.(**A**)。 $K_p=\sin\frac{120^\circ}{2}=0.866$，故選(A)。

39.(**C**)。斜口槽設計目的為減少運轉時噪音，故選(C)。

40.(**B**)。 $P_1=P_2=1000\cos\theta_1=1000\times 0.6=600kW$，

$Q_1=1000\sin\theta_1=1000\times 0.8=800kVAR$，

$Q_2=P_2\tan\theta_2=600\times\frac{3}{4}=450kVAR$，

$\therefore 800-450=350kVAR$（過激磁操作），故選(B)。

109年台糖新進工員

一、單選題

( ) 1. 一直流發電機，滿載時端電壓為270V，電壓調整率為5%，則無載端電壓為下列何者？ (A)283.5V (B)285.5V (C)287.5V (D)289.5V。

( ) 2. 下列何者不能控制直流電動機之速率？ (A)串聯電感 (B)改變外加電壓 (C)改變電樞電流 (D)控制磁通量。

( ) 3. 有關變壓器鐵損與銅損之敘述，下列何者正確？ (A)若變壓器負載變動，鐵損也會改變 (B)鐵損可由短路試驗測得 (C)銅損與變壓器負載電壓成平方正比 (D)鐵損可分為磁滯損及渦流損兩種。

( ) 4. 三相6.6KV/380V之變壓器容量為1500KVA，選用比流器（CT）之一次側電流為多少？ (A)100A (B)120A (C)130A (D)200A。

( ) 5. 三相六極220V感應電動機，電源頻率60Hz，全壓起動時，起動電流為480安培，起動轉矩為300牛頓-公尺，若使用電抗器50%抽頭起動，則起動電流及起動轉矩分別為下列何者？ (A)120A，75N-m (B)120A，150N-m (C)240A，75N-m (D)240A，150N-m。

( ) 6. 電壓100V，通過10A之單相感應電動機，消耗700W，其功率因數為下列何者？ (A)0.577 (B)0.7 (C)0.866 (D)0.9。

( ) 7. 磁極數為24之交流同步發電機，若轉速為每分鐘250轉，則產生的交流頻率為下列何者？ (A)50Hz (B)60Hz (C)70Hz (D)80Hz。

( ) 8. 有一部4極380V、60Hz、Y接三相圓極式同步發電機，每相同步電抗為11Ω，滿載時每相感應電勢為250V、負載角為30°，則在忽略電樞電阻的情況下，三相滿載輸出功率為下列何者？
(A)2000W (B)4000W (C)6000W (D)7500W。

( ) 9. 已知某部三相同步發電機之額定電流與短路電流的比值為0.8，則此同步發電機的百分比同步阻抗為下列何者？ (A)1.25 (B)0.8 (C)0.6 (D)0.5。

( ) 10. 有一部直流他激式電動機，電源電壓為 110 伏特，電樞電流為 50 安培，電樞電阻為 0.15Ω，磁通量為 0.006Wb，轉速為 1100 rpm，今將磁通量減少 20%，假設轉矩不變，則電樞電流約為多少？
(A)32 安培 (B)40 安培 (C)62.5 安培 (D)78.125 安培。

( ) 11. 單相變壓器 50kVA，2400/240V，50Hz，二次側等效電阻及電抗各為 0.014Ω 及 0.018Ω，則 cosθ=0.9 滯後時之電壓調整率為下列何者？
(A)2.96% (B)2.23% (C)1.92% (D)1.76%。

( ) 12. 某單相變壓器 75kVA，6000/200V，二次側短路時一次側短路電流為 312.5A，則百分比阻抗為下列何者？ (A)4% (B)6% (C)8% (D)10%。

( ) 13. 有一部 0.5 馬力 110V，60Hz 的電容式電動機，主繞組組抗為 $5+j4\Omega$，輔助繞組為 $8+j6\Omega$，欲使主繞組電流與輔助繞組電流相差 90 度，則起動電容的大小應為下列何者？
(A)36μF (B)84μF (C)166μF (D)204μF。

( ) 14. 一部單相同步發電機，額定容量及電壓分別為 1kVA、200V，在開路特性試驗及短路特性試驗皆加入激磁電流 1.5A 時，分別可得到開路電壓 200V 及短路電流 6.25A，則此發電機之短路比為下列何者？
(A)0.8 (B)1 (C)1.25 (D)3.33。

( ) 15. 兩台直流分機式發電機 G_1 與 G_2 並聯運轉，負載電流為 1000A，端電壓為 200V，G_1 與 G_2 分擔負載比為 4：1，G_1 之電壓調整率為 10%，G_2 之電壓調整率為 8%。若忽略場電阻，則 G_1 電樞電阻 R_{a1} 與 G_2 電樞電阻 R_{a2} 分別為下列何者？
(A) $R_{a1}=0.016\Omega$，$R_{a2}=0.04\Omega$ (B) $R_{a1}=0.04\Omega$，$R_{a2}=0.016\Omega$
(C) $R_{a1}=0.025\Omega$，$R_{a2}=0.08\Omega$ (D) $R_{a1}=0.08\Omega$，$R_{a2}=0.025\Omega$。

二、複選題

( ) 16. 某分激式發電機，感應電勢為 100V，電樞電流為 50A，電樞電阻為 0.2Ω，場電阻為 180Ω，下列敘述何者正確？ (A)端電壓為 90V (B)輸出功率為 5000W (C)場電流為 0.5A (D)電樞壓降為 0.1V。

( ) 17. 某 50kVA，2200/220V 單相變壓器，由高壓側測得等效電阻及電抗各為 1.26Ω 及 1.72Ω，下列敘述何者正確？ (A)低壓側等效阻抗為 0.0213Ω，高壓側等效阻抗為 2.13Ω (B)低壓側等效阻抗為 0.0298Ω，高壓側等效阻抗為 2.98Ω (C)低壓側阻抗標么值為 0.00022pu，高壓側阻抗標么值為 0.022pu (D)低壓側阻抗標么值為 0.022pu，高壓側阻抗標么值為 0.022pu。

( ) 18. 有關三相感應電動機構造之敘述，下列何者正確？ (A)轉子為鼠籠式或繞線式 (B)電刷應適當移至磁中性面 (C)定子與轉子間空氣隙愈小愈好，目的是為了減少磁阻及激磁電流 (D)定子上有三相線圈。

( ) 19. 有關三相同步發電機之敘述，下列何者正確？ (A)當轉子或原動機轉速越快時，發電機產生的頻率越高 (B)在相同轉速下，當電樞繞組匝數越多時，感應電勢越高 (C)電樞採用短節距與分佈繞組，會使感應電勢降低 (D)一般大型同步發電機會採用旋轉電樞式。

( ) 20. 可正常建立電壓的分激式發電機，其端電壓極性是由下列何者因素決定？ (A)電樞旋轉方向 (B)場繞組接線方向 (C)剩磁方向 (D)鐵芯製程

( ) 21. 有關分相式感應電動機低速運轉之原因，下列何者正確？ (A)運轉繞組間短路 (B)運轉繞組極性反接 (C)軸承磨損 (D)起動繞組斷路。

( ) 22. 三相六極感應電動機，電源頻率 60Hz，輸出功率為 2760W，摩擦損及風損為 140W，則下列數據何者正確？
(A)轉子轉速 $N_r = 19.6\text{rps}$ (B)氣隙功率 $P_g = 2959.2\text{W}$
(C)電磁轉矩 $T_M = 22.41\text{N-m}$ (D)輸出轉矩 $T_O = 23.55\text{N-m}$。

( ) 23. 某 40kVA，2000/200V 的變壓器作短路試驗，測得 $P_{sc} = 360\text{W}$，$V_{sc} = 60\text{V}$，$I_{sc} = 10\text{A}$，下列參數何者正確？
(A)短路功率因數 $\cos\theta_s = 0.6$ (B)滿載銅損 $P_c = 360\text{W}$
(C)一次側等效電阻 $R_{e1} = 3.6\Omega$ (D)一次側等效阻抗 $Z_{e1} = 6\Omega$。

解答與解析 答案標示為#者，表官方公告更正該題答案。

一、單選題

1.**(A)**。 $5\% = \dfrac{V-270}{270} \times 100\%$ ， $V = 283.5V$

2.**(A)**。 串聯電感無法控制直流電動機之速率。

3.**(D)**。 (A)鐵損不隨負載改變，為固定損。
(B)鐵損可由開路試驗測得。
(C)銅損與變壓器負載電流成平方正比。

4.**(D)**。 $I_1 = \dfrac{1500k}{6.6k} = 227A$ ，故選(D)。

5.**(C)**。 $I_s = 50\% \times 480 = 240A$ ， $T_s = (50\%)^2 \times 300 = 75N\text{-}m$

6.**(B)**。 $pf = \dfrac{700}{100 \times 10} = 0.7$

7.**(A)**。 $N_s = \dfrac{120f}{P}$ ， $f = \dfrac{PN_s}{120} = \dfrac{24 \times 250}{120} = 50Hz$

8.**(D)**。 $V_p = \dfrac{380}{\sqrt{3}} = 220V$ ， $P = 3\dfrac{EV}{X_s}\sin\delta = 3 \times \dfrac{220 \times 250}{11} \times \sin 30° = 7500W$

9.**(B)**。 $Z_s\% = 0.8$

10.**(C)**。 $T = k\phi I_a$ ， $I_a \propto \dfrac{1}{\phi}$ ， $I_a' = 50 \times \dfrac{0.006}{0.006 \times 80\%} = 62.5A$

11.**(D)**。 $\sin\theta = \sqrt{1-0.9^2} = 0.436$ ， $I = \dfrac{50k}{240} = 208.3A$

$$V.R.\% = p\cos\theta + q\sin\theta = \frac{208.3 \times 0.014}{240} \times 0.9 + \frac{208.3 \times 0.018}{240} \times 0.436$$

$$= 1.76\%$$

12.**(A)**。 額定電流 $I = \dfrac{75k}{6000} = 12.5A$ ， $Z_s\% = \dfrac{12.5}{312.5} \times 100\% = 4\%$

13.(**C**)。 $X_c=\dfrac{R_R R_s+X_R X_s}{X_R}=\dfrac{5\times8+4\times6}{4}=16\Omega$ ，

$C=\dfrac{1}{2\pi fX_c}=\dfrac{1}{2\pi\times60\times16}=1.66\times10^{-4}\,F=166\mu F$

14.(**C**)。 額定電流 $I=\dfrac{1k}{200}=5A$ ，短路比 $K_s=\dfrac{1}{Z_s\%}=\dfrac{1}{\dfrac{5}{6.25}}=1.25$

15.(**C**)。 $\begin{cases}I_1=1000\times\dfrac{4}{4+1}=800A\\ I_2=1000\times\dfrac{1}{4+1}=200A\end{cases}$, $\begin{cases}10\%=\dfrac{V_1-200}{200}\\ 8\%=\dfrac{V_2-200}{200}\end{cases}$, $\begin{cases}V_1=220V\\ V_2=216V\end{cases}$,

$\begin{cases}220=200+800\times R_{a1}\\ 216=200+200\times R_{a2}\end{cases}$, $\begin{cases}R_{a1}=0.025\Omega\\ R_{a2}=0.08\Omega\end{cases}$

二、複選題

16.(**A**)(**C**)。

$V=100-50\times0.2=90V$ ， $I_f=\dfrac{90}{180}=0.5A$ ， $I_L=50-0.5=49.5A$ ，

$P_o=49.5\times90=4455W$ ，故選(A)(C)。

17.(**A**)(**D**)。

(A)(B) $Z_H=\sqrt{1.26^2+1.72^2}=2.13\Omega$ ， $Z_L=2.13\Omega\times(\dfrac{220}{2200})^2=0.0213\Omega$

(C)(D) $Z_{H,base}=\dfrac{{V_{H,base}}^2}{S_{H,base}}=\dfrac{2200^2}{50k}$ ， $Z_{H,pu}=\dfrac{Z_H}{Z_{H,base}}=\dfrac{2.13}{\dfrac{2200^2}{50k}}=0.022$

$Z_{L,base}=\dfrac{{V_{L,base}}^2}{S_{L,base}}=\dfrac{220^2}{50k}$ ， $Z_{L,pu}=\dfrac{Z_L}{Z_{L,base}}=\dfrac{0.0213}{\dfrac{220^2}{50k}}=0.022$

(註： $Z_{H,pu}=Z_{L,pu}$)

故選(A)(D)。

18.**(A)(C)(D)**。

(B)電刷應固定不動，其餘皆正確，故選(A)(C)(D)。

19.**(A)(B)(C)**。

(D)一般大型同步發電機會採用轉磁式，其餘皆正確，
故選(A)(B)(C)。

20.**(A)(C)**。

端電壓極性由剩磁方向和電樞旋轉方向決定，故選(A)(C)。

21.**(A)(B)(C)**。

分相式感應電動機運轉後，起動繞組就斷開，所以不會影響轉速，
故選(A)(B)(C)。

22.**(A)(B)**。

$N_s=\frac{120f}{P}=\frac{120\times60}{6}=1200rpm$，$P_m=2760+140=2900W$

$\frac{P_g}{1}=\frac{P_{cu2}}{S}=\frac{P_m}{1-S}$，$P_g=\frac{2900}{1-S}$，$N_r=(1-S)\times1200$，

$T_m=\frac{2900}{2\pi\times\frac{1200(1-S)}{60}}=\frac{23.09}{1-S}$，$T_o=\frac{2760}{2\pi\times\frac{1200(1-S)}{60}}=\frac{21.97}{1-S}$

因此題未提供轉差率S，故只能用選項試誤法。

(1)若(A)正確，則$S=\frac{1200-19.6\times60}{1200}=0.02$，代入其他選項得
$P_g=2959.2W$，$T_m=23.56N-m$，$T_o=22.41N-m$，
(A)(B)正確。

(2)若(C)正確，則$S=-0.03$，$P_g=2815.5W$，$N_r=1236rpm=20.6rps$，
$T_o=21.33N-m$，僅(C)正確。

(3)若(D)正確，則$S=0.06$，$P_g=3085.1W$，$N_r=11289rpm=18.8rps$，
$T_m=24.56$，僅(D)正確。

從試誤法得$S=0.02$較為可能，故選(A)(B)。

23.(**A**)(**C**)(**D**)。

$Z_{eq}=\frac{60}{10}=6\Omega$，$R_{eq}=\frac{360}{10^2}=3.6\Omega$，

(A) $\cos\theta_s=\frac{3.6}{6}=0.6$　　(B) $P_c=P_{sc}=360W$

(C) $R_{eq}=\frac{360}{10^2}=3.6\Omega$　　(D) $Z_{eq}=\frac{60}{10}=6\Omega$

此題原答案有誤，應更正為(A)(B)(C)(D)。

三、非選題

有一部 220V、2hp、60Hz 的單相感應電動機，若改善前的功率因數為 0.6 滯後，當電路並聯一電容器後可改善功率因數至 0.9 滯後，請回答下列問題：

(一)此電容器所提供的虛功率約為多少乏(VAR)？

(二)此電容器的容量為多少法拉(F)？

答 (一) $P=2\times746=1492W$

$\cos\theta_1=0.6$，$\theta_1=53°$，$\tan\theta_1=\frac{4}{3}=1.33$

$\cos\theta_2=0.9$，$\theta_2=25.84°$，$\tan\theta_2=0.48$

$Q=P(\tan\theta_1-\tan\theta_2)=1492\times(1.33-0.48)=1268VAR$

(二) $C=\frac{Q}{2\pi fV^2}$，$C=\frac{1268}{2\pi\times60\times220^2}=69.5\mu F$

109 年臺北自來水事業處新進職員（機電類）

( ) 1. 現有兩個阻抗分別為 $\overline{Z}_1 = 50\angle 30°\Omega$ 與 $\overline{Z}_2 = 50\angle -30°\Omega$，兩者作串聯連接，則總阻抗 $\overline{Z}$ 等於多少歐姆(Ω)？
(A) $50\sqrt{3}\angle 0°\Omega$ (B) $50\angle 60°\Omega$ (C) $100\sqrt{3}\angle 0°\Omega$ (D) $100\angle 60°\Omega$。

( ) 2. 某一電阻絲於溫度 30°C 時電阻值為 20Ω，60°C 時為 80Ω，求在 100°C 時此電阻絲之電阻為多少歐姆(Ω)？
(A)40Ω (B)80Ω (C)160Ω (D)240Ω。

( ) 3. 有一 150 匝的線圈，在 5 秒內磁通量變動 0.5 韋伯，則線圈會有多少伏特的感應電勢產生？
(A)5 伏特 (B)10 伏特 (C)15 伏特 (D)20 伏特。

( ) 4. 分激式直流電動機的電源電壓為 150V 及電流為 40A，若電動機的總損失為 1500W，則直流電動機的效率為何？
(A)0.7 (B)0.75 (C)0.8 (D)0.85。

( ) 5. 有關直流發電機的繞組接線之敘述，下列何者錯誤？
(A)分激場繞組與電樞繞組並聯
(B)中間極繞組與電樞繞組並聯
(C)串激場繞組與電樞繞組串聯
(D)補償繞組與電樞繞組串聯。

( ) 6. 變壓器之乾燥劑其主要功用為何？
(A)防止油劣化 (B)防止層間短路 (C)調節油面 (D)調節溫度。

( ) 7. 有關單相變壓器之短路試驗，下列敘述何者正確？
(A)低壓側繞組開路，高壓側繞組加入額定電壓，以量測其電流及功率
(B)低壓側繞組短路，高壓側繞組加入額定電壓，以量測其電流及功率
(C)低壓側繞組開路，高壓側繞組加入額定電流，以量測其電壓及功率
(D)低壓側繞組短路，高壓側繞組加入額定電流，以量測其電壓及功率。

( ) 8. 某一直流電動機，無載轉速為 3600rpm、速度調整率為 4.5%，則其滿載轉速約為何？
(A)3445rpm (B)3438rpm (C)3383rpm (D)3345rpm。

( ) 9. 一部 220V、60Hz 的三相同步發電機，轉速為 225 轉／分，則極數為何？
(A)2 極 (B)8 極 (C)16 極 (D)32 極。

( ) 10. 兩個變壓器共同負擔 300kVA 負載，變壓器 A 容量為 300kVA，阻抗為 0.2Ω；變壓器 B 容量為 200kVA，阻抗為 0.3Ω，則變壓器 A 及 B 的分配負載量 S_A 及 S_B 分別為何？
(A)S_A=120kVA，S_B=180kVA (B)S_A=180kVA，S_B=120kVA
(C)S_A=200kVA，S_B=100kVA (D)S_A=100kVA，S_B=200kVA。

( ) 11. 當以額定電壓直接啟動某三相感應電動機時，啟動電流為 78A，若改以 Y－△降壓方式啟動時，啟動電流約為何？
(A)50A (B)45A (C)26A (D)15A。

( ) 12. 有一部三相 8 極、380V、10 馬力、60Hz 之感應電動機，當半載時其機械損為 250W、轉子銅損為 150W，則半載時之轉速約為何？
(A)900rpm (B)891rpm (C)878rpm (D)867rpm。

( ) 13. 下列何種感應電動機速度控制方法，其速度控制範圍最大？ (A)變換轉子電阻 (B)變換極數 (C)變換電源頻率 (D)變換電源電壓。

( ) 14. 一部 0.5 馬力、110V、60Hz 之單相電容起動式感應電動機，運轉繞組阻抗為 6＋j8Ω，起動繞組阻抗為 8＋j6Ω，欲使運轉繞組與起動繞組內電流相位差 90°，則此起動繞組所需之串聯電容為何？
(A)265μF (B)166μF (C)199μF (D)221μF。

( ) 15. 下列何種方法可以在三相感應電動機無載運轉時增加轉速？
(A)降低電源電壓 (B)增加電動機磁極數
(C)降低電源頻率 (D)提高電源頻率。

( ) 16. 某三相 4 極感應電動機，電源頻率為 60Hz，其同步轉速應為何？
(A)1200rpm (B)1800rpm (C)2400rpm (D)3600rpm。

(　) 17. 直流電動機內的銅損與負載電流大小關係為何？
(A)成正比　(B)成反比　(C)平方成正比　(D)平方成反比。

(　) 18. 下列何種變壓器損失可由變壓器短路試驗測量出來？
(A)磁滯損　(B)鐵損　(C)渦流損　(D)滿載銅損。

(　) 19. 下列何種方式可以使電容式單相感應電動機旋轉方向逆轉？
(A)同時對調運轉繞組與起動繞組各自兩端的接線
(B)僅對調電源線兩端接線
(C)僅調換電容器兩端的接線
(D)運轉繞組兩端的接線維持不變，僅對調起動繞組兩端的接線。

(　) 20. 下列何種實驗可以求得同步發電機之同步阻抗？
(A)堵住實驗與無載實驗　(B)堵住實驗與負載實驗
(C)短路實驗與無載實驗　(D)短路實驗與負載實驗。

(　) 21. 有關步進電動機之特性，下列何者正確？
(A)轉速與輸入脈波頻率成反比
(B)旋轉總角度與輸入脈波總數成正比
(C)需要碳刷，不易維護
(D)靜止時不易保持轉矩。

(　) 22. 一台 4.5kW 之直流發電機，滿載運轉時總損失為 500W，則此發電機滿載運轉時效率為多少？
(A)75%　(B)80%　(C)85%　(D)90%。

(　) 23. 某三相 4 極繞線式感應電動機在轉矩保持不變時，將轉部電阻增加為 2 倍，增加前轉差率為 0.04，增加後轉差率應為何？
(A)0.08　(B)0.06　(C)0.04　(D)0.02。

(　) 24. 三相感應電動機之等效電路中，轉差率、轉子電流與電阻分別為 S、I_2 與 R_2，則等效電路中 $\frac{I_2^2R_2}{S}$ 代表的為下列何者？
(A)轉子輸出功率　(B)消耗於轉子之熱功率
(C)摩擦損失功率　(D)轉子輸入功率。

( ) 25. 有關同步發電機特性之敘述，下列何者正確？
(A)短路比愈大，電壓調整率愈大 (B)短路比愈小，同步阻抗愈大
(C)短路比愈大，短路電流愈小 (D)同步電抗愈大，電壓越穩定。

( ) 26. 一部三相 4 極、22kVA、$220\sqrt{3}$、60Hz、Y 接之同步發電機，若忽略電樞繞組之電阻，做短路測試時激磁電流 I_f 為 1A 時，電樞電流為 30A、激磁電流 I_f =2A 時，電樞電流為 50A。改做開路測試且激磁電流 $I_f = 2A$ 時，端電壓為 $220\sqrt{3}$，則此發電機每相同步電抗 X_s 約為多少歐姆(Ω)？
(A)$X_s = 1.25\Omega$ (B)$X_s = 2.45\Omega$ (C)$X_s = 3.75\Omega$ (D)$X_s = 4.4\Omega$。

( ) 27. 一部 Y 接 381V、4 極、60Hz 的三相圓柱型同步電動機，若其同步電抗為 20Ω，當每相反電勢為 200V，轉矩角為 30°時，此同步電動機的輸出轉矩 T_O 為多少牛頓-米(N-m)？
(A)$\frac{30}{\pi}$ N-m (B)$\frac{55}{\pi}$ N-m (C)$\frac{110}{\pi}$ N-m (D)$\frac{220}{\pi}$ N-m。

解答與解析 答案標示為#者，表官方公告更正該題答案。

1.(**A**)。 $\overline{Z_1} = 50\angle 30° = 50(\cos 30° + j\sin 30°)$，
$\overline{Z_2} = 50\angle -30° = 50(\cos(-30°) + j\sin(-30°)) = 50(\cos 30° - j\sin 30°)$，
$\overline{Z_1} + \overline{Z_2} = 100\cos 30° = 50\sqrt{3} = 50\sqrt{3}\angle 0°$

2.(**C**)。 $R_2 = R_1[1+\alpha(t_2 - t_1)]$，$\alpha = \dfrac{\frac{R_2}{R_1} - 1}{t_2 - t_1} = \dfrac{\frac{80}{20} - 1}{60-30} = 0.1$，
$R_{100°C} = 20[1+0.1(100-30)] = 160\Omega$

3.(**C**)。 $E = 150 \times \dfrac{0.5}{5} = 15V$

4.(**B**)。 $\eta = \dfrac{150\times 40 - 1500}{150\times 40} = 0.75$

5.(**B**)。 中間極繞組與電樞繞組串聯。

6.(**A**)。 乾燥劑主要功用為防止油劣化。

7.(**D**)。 短路試驗：低壓側繞組短路，高壓側繞組加入額定電流，以量測其電壓及功率。

8.(**A**)。 $4.5\%=\dfrac{3600-n}{n}\times 100\%$ ，$n=3445\text{rpm}$

9.(**D**)。 $N_s=\dfrac{120f}{P}$ ，$P=\dfrac{120f}{N_s}=\dfrac{120\times 60}{225}=32$ 極

10.(**B**)。 $S_A=300k\times\dfrac{0.3}{0.2+0.3}=180\text{kVA}$ ，$S_B=300k\times\dfrac{0.2}{0.2+0.3}=120\text{kVA}$

11.(**C**)。 $I_s=78\times\dfrac{1}{3}=26\text{A}$

12.(**D**)。 $N_s=\dfrac{120f}{P}=\dfrac{120\times 60}{8}=900\text{rpm}$ ，$P_g=5\times 746+250+150=4130\text{W}$ ，

$\dfrac{P_g}{P_c}=\dfrac{1}{S}$ ，$\dfrac{4130}{150}=\dfrac{1}{S}$ ，$S=0.036$ ，

$N_r=(1-S)N_s=(1-0.036)\times 900=867\text{rpm}$

13.(**C**)。變換電源頻率速度控制範圍最大。

14.(**D**)。運轉繞組阻抗角 $\theta_R=\tan^{-1}\dfrac{8}{6}=53°$ ，啟動繞組阻抗角

$\theta_s=\theta_R-90°=53-90=-37°$ ，$\tan(-37°)=\dfrac{6-X_c}{8}$ ，$X_c=12\Omega$ ，

$C=\dfrac{1}{2\pi fX_c}=\dfrac{1}{2\pi\times 60\times 12}=2.21\times 10^{-4}\text{F}=221\mu\text{F}$

15.(**D**)。 $N_s=\dfrac{120f}{P}\propto f$ ，提高電源頻率可增加轉速。

16.(**B**)。 $N_s=\dfrac{120f}{P}=\dfrac{120\times 60}{4}=1800\text{rpm}$

17.(**C**)。銅損與負載電流大小平方成正比。

18.(**D**)。 短路試驗可測量滿載銅損。

19.(**D**)。運轉繞組兩端的接線維持不變，僅對調起動繞組兩端的接線，可以使電容式單相感應電動機旋轉方向逆轉。

20.(**C**)。同步阻抗$Z_s=\dfrac{V_o}{I_s}$可由短路實驗與無載實驗求得。

21.(**B**)。(A)轉速與輸入脈波頻率成正比。
(C)不需要碳刷，易維護。
(D)靜止時易保持轉矩。

22.(**D**)。$\eta=\dfrac{4500}{4500+500}\times 100\%=90\%$

23.(**A**)。轉距不變時，轉差率與轉子電阻成正比，$S'=2\times 0.04=0.08$

24.(**D**)。$\dfrac{I_2^{\,2}R_2}{s}$為轉子輸入功率。

25.(**B**)。短路比愈小，同步阻抗愈大。

26.(**D**)。$X_s=\dfrac{220\sqrt{3}\big/\sqrt{3}}{50}=4.4\Omega$

27.(**B**)。$V_p=\dfrac{381}{\sqrt{3}}=220V$，$P_m=3\dfrac{EV}{X_s}\sin\delta=3\times\dfrac{220\times 200}{20}\times\sin 30^\circ=3300W$，
$N_s=\dfrac{120f}{P}=\dfrac{120\times 60}{4}=1800rpm$，$T=\dfrac{3300}{2\pi\times\dfrac{1800}{60}}=\dfrac{55}{\pi}N-m$

109 年臺北自來水事業處新進職員（電力工程）

( ) 1. 導磁係數（permeability）的單位為何？
(A)庫倫／米 ^{2} (B)亨利／米
(C)伏特／韋伯 (D)歐姆／特斯拉。

( ) 2. 常用磁滯迴線的座標軸為何？
(A)橫軸為磁場強度，縱軸為磁通密度
(B)橫軸為磁場強度，縱軸為磁化電流
(C)橫軸為磁阻，縱軸為磁場強度
(D)橫軸為磁通量，縱軸為相對導磁係數。

( ) 3. 單相變壓器一次側繞組為 200 匝，接上 220V，60Hz 的電源後，鐵心內最大磁通量為何？
(A)1.43 mWb (B)2.33 mWb
(C)3.23 mWb (D)4.13 mWb。

( ) 4. 一部額定 5,000 VA，480/120 V 之單相變壓器，連接成自耦變壓器，從 600 V 電源，供應 120 V 負載，此變壓器可供應的負載容量額定值為何？
(A)1.0 kVA (B)5.0 kVA
(C)6.25 kVA (D)7.55 kVA。

( ) 5. 額定 110/220 V，60Hz 的變壓器，若工作於 50 Hz 時，高壓側的額定電壓必須調整為何？
(A)183 V (B)367 V
(C)264 V (D)220 V。

( ) 6. 一部單相 110/220 V 的變壓器，一次側接到 110 V 的交流電源，二次側連接一個 44Ω 的電阻如圖所示，一次側的電流 I_s 為何？
(A)2 A
(B)5 A
(C)10 A
(D)20 A。

( ) 7. 三部 13.2-kV/380-V 的單相變壓器連接成如圖的電路，低壓側連接 250 kVA 的三相負載時，高壓側的線電流為何？

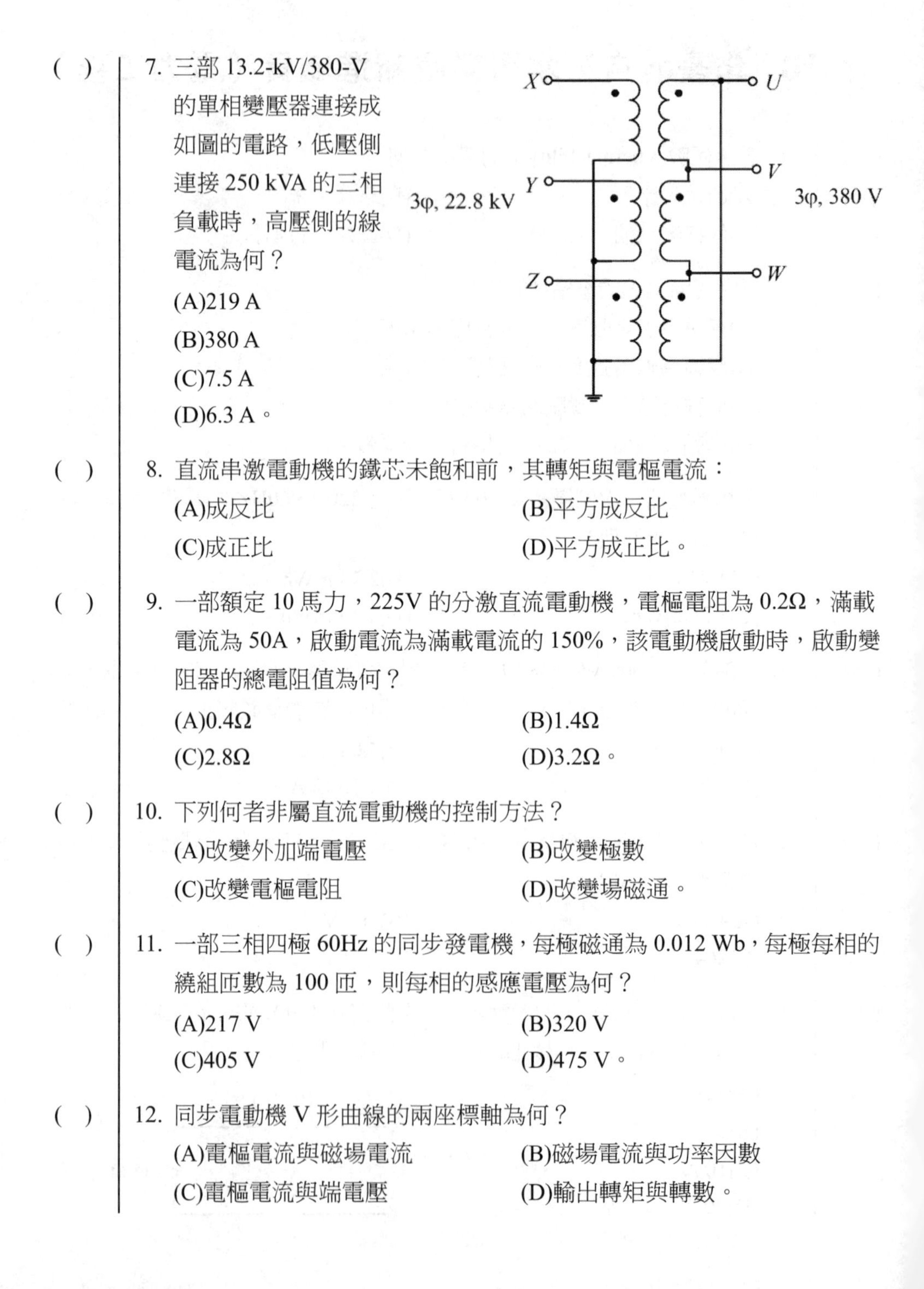

(A)219 A
(B)380 A
(C)7.5 A
(D)6.3 A。

( ) 8. 直流串激電動機的鐵芯未飽和前，其轉矩與電樞電流：

(A)成反比　(B)平方成反比
(C)成正比　(D)平方成正比。

( ) 9. 一部額定 10 馬力，225V 的分激直流電動機，電樞電阻為 0.2Ω，滿載電流為 50A，啟動電流為滿載電流的 150%，該電動機啟動時，啟動變阻器的總電阻值為何？

(A)0.4Ω　(B)1.4Ω
(C)2.8Ω　(D)3.2Ω。

( ) 10. 下列何者非屬直流電動機的控制方法？

(A)改變外加端電壓　(B)改變極數
(C)改變電樞電阻　(D)改變場磁通。

( ) 11. 一部三相四極 60Hz 的同步發電機，每極磁通為 0.012 Wb，每極每相的繞組匝數為 100 匝，則每相的感應電壓為何？

(A)217 V　(B)320 V
(C)405 V　(D)475 V。

( ) 12. 同步電動機 V 形曲線的兩座標軸為何？

(A)電樞電流與磁場電流　(B)磁場電流與功率因數
(C)電樞電流與端電壓　(D)輸出轉矩與轉數。

( ) 13. 兩部同步發電機並聯運轉，調整激磁場電流的目的為何？
(A)改變虛功率分配 (B)限制電樞電流
(C)改善運轉效率 (D)改變電壓調整率。

( ) 14. 一部三相四極 60-Hz，50-hp 的三相感應電動機，運轉在低負載時，定子接線忽然有一線開路，此時電動機會：
(A)先減速後再加速運轉 (B)立刻停止運轉
(C)以單相繼續運轉 (D)反轉。

( ) 15. 一部三相感應電動機的轉差率為負值時，表示該電動機：
(A)以單相運轉 (B)運轉於煞車模式
(C)運轉於發電機模式 (D)運轉於逆轉狀態。

( ) 16. 如圖所示為雙值電容單相感應電動機的等效電路，下列敘述何者正確？

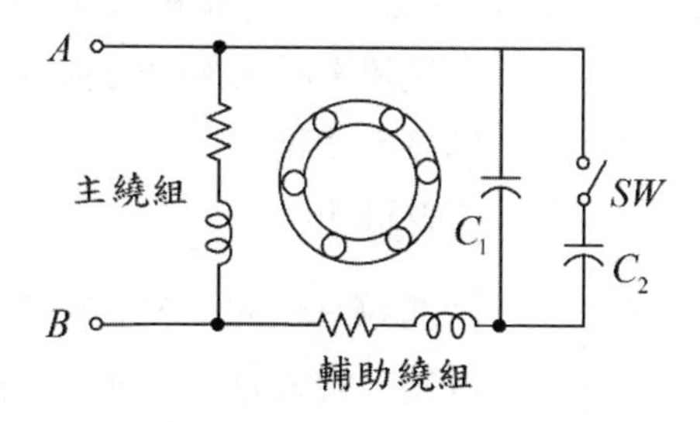

(A) 啟動時開關 SW 閉合，以 C_1+C_2 之電容值啟動，運轉時開關 SW 則開啟
(B)啟動及運轉時開關 SW 均開啟，煞車時開關 SW 閉合
(C)啟動時開關 SW 開啟，運轉時開關 SW 閉合以 C_1+C_2 之電容值運轉
(D)當功率因數過低時開關 SW 閉合，功率因數達 0.75 以上時開關 SW 開啟。

( ) 17. 「史坦梅茲接法」是使用單相交流電源驅動三相感應電動機的一種方法，如圖所示：電動機的任兩端點接至單相電源，第三個端點則經由一只適當的電容器連接到電源其中的一個端點。在如圖的電路中，如果要使該電動機逆轉，必須：

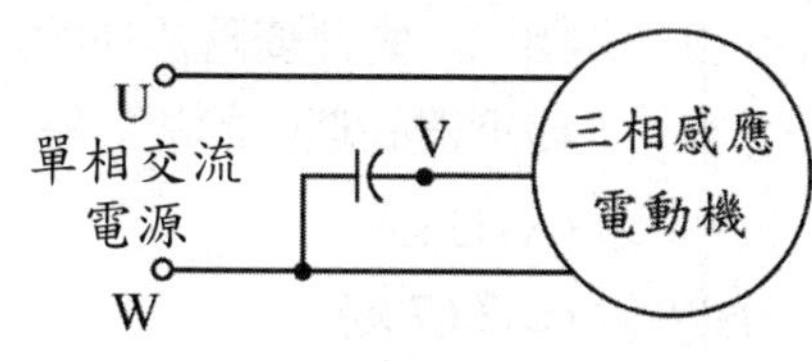

(A)將電源端點 U、W 對調
(B)將電容器跨接於 U、W 端點
(C)將電容器跨接於 U、V 端點
(D)將電容器反轉後，仍接於 V、W 端點。

( ) 18. 一部功率因數落後的三相同步電動機，若增加它的激磁電流，下列敘述何者正確？

(A)其功率因數可由落後變為超前

(B)其功率因數可變為落後更多

(C)其轉速會變慢

(D)其極數會改變。

( ) 19. 電感器繞組的匝數為 200 匝，當通以 10A 直流電流時，繞組中產生 0.02Wb 的磁通量，此繞組的電感值為何？

(A)1 H (B)400 mH

(C)200 mH (D)100 mH。

( ) 20. 一磁路的氣隙體積為 0.0002 m^3，氣隙中的磁場強度為 600 kA/m，此氣隙中所儲存的磁能為何？

(A)3.55 焦爾 (B)45.2 焦爾

(C)95.8 焦爾 (D)735.3 焦爾。

( ) 21. 兩部 60Hz，6.6 kV/380 V，25 kVA 的單相變壓器，連接成如圖的電路傳輸三相電力，此變壓器組的三相總容量為何？

(A)25 kVA

(B)43.3 kVA

(C)50 kVA

(D)75 kVA。

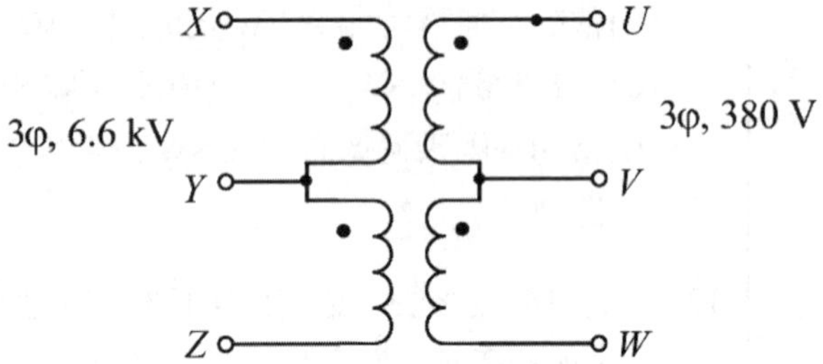

X
Y
Z
3φ, 6.6 kV
U
V
W
3φ, 380 V

( ) 22. 額定 60 Hz，13.2 kV/440 V，100 kVA 的單相變壓器，漏磁電抗為 0.085 標么，當此變壓器在額定條件下工作，低壓側發生直接短路故障時，變壓器高壓側的故障電流為何？

(A)45 kA (B)89.1 A

(C)2.67 kA (D)2.9 A。

(　) 23. 如圖所示之直流發電機為何？

(A)短並式差複激發電機　(B)短並式積複激發電機

(C)長並式差複激發電機　(D)長並式積複激發電機。

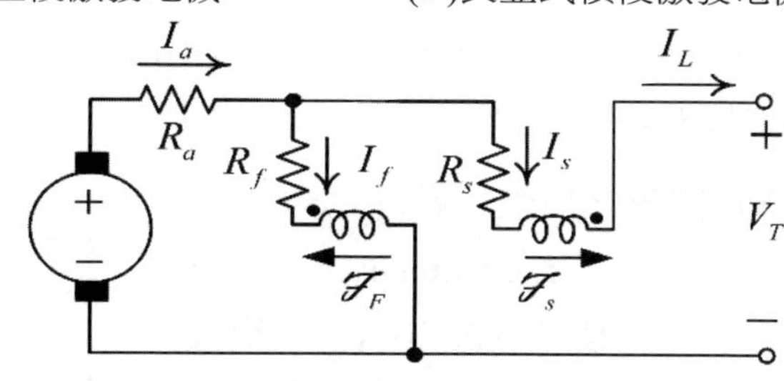

(　) 24. 一部直流串激電動機，在端電壓 525V，電樞電流 50A 時，轉速為 1500rpm，電樞及磁場繞組的總電阻為 0.5Ω，當電源電壓下降為 400V 時，若電樞電流不變，則轉速為何？

(A)985 rpm　(B)1125 rpm

(C)1200 rpm　(D)1325 rpm。

(　) 25. 直流電機中，補償繞組所通過的電流為何？

(A)電樞電流　(B)電樞電流的 $\sqrt{3}$ 倍

(C)電樞電流的 $1/\sqrt{3}$ 倍　(D)分激磁場電流。

(　) 26. 短路比較大的同步發電機，其電壓變動率為何？

(A)較小

(B)較大

(C)無關

(D)視轉速而定，轉速高時電壓變動率較小，轉速低時電壓變動率較大。

(　) 27. 一部三相同步發電機之激勵電壓（excitation voltage）為 1.1 p.u.，端電壓為 1.0 p.u.，同步電抗 0.4 p.u.，功率角 δ=30°，則該發電機輸出之電功率為何？

(A)1.25 p.u.　(B)1.375 p.u.

(C)1.45 p.u.　(D)1.625 p.u.。

(　) 28. 額定 440 V，60 Hz 三相四極感應電動機在 1500 rpm 時產生最大轉矩 T_{max}=200 N-m，若此電動機改以三相 220 V，60 Hz 電源供電，其最大轉矩為何？

(A)800 N-m　(B)100 N-m
(C)50 N-m　(D)25 N-m。

(　) 29.參考如圖所示之磁路，繞組 N_1=150 匝、N_2=100 匝，氣隙 g_1=1.0mm、g_2=2.0mm，兩氣隙截面積皆為 A=30 cm^2。鐵心之磁阻可不計($\mu_c \to \infty$)，兩繞組間的互感值為何？

(A)12.53 mH
(B)18.85 mH
(C)28.35 mH
(D)35.24 mH。

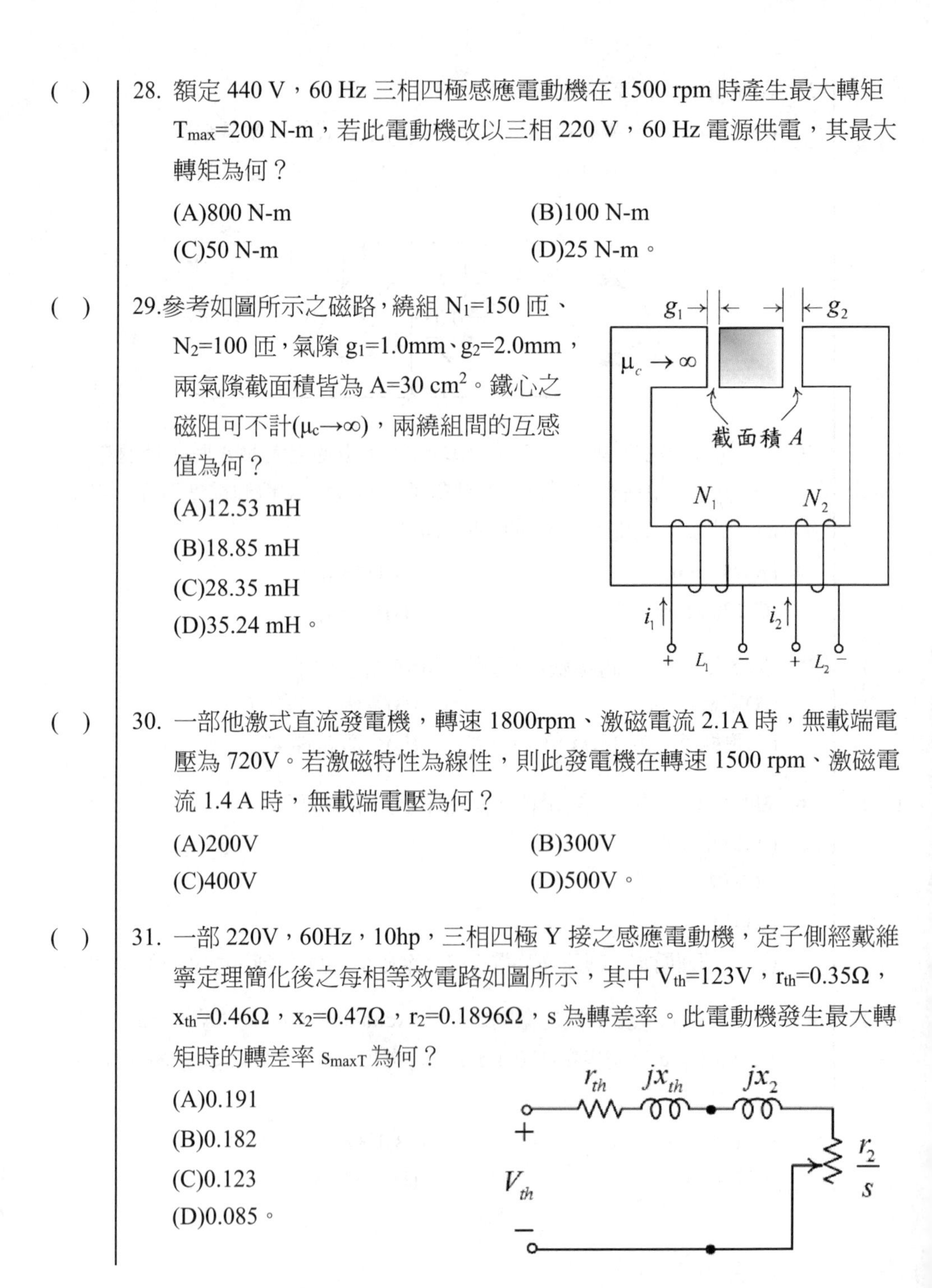

(　) 30. 一部他激式直流發電機，轉速 1800rpm、激磁電流 2.1A 時，無載端電壓為 720V。若激磁特性為線性，則此發電機在轉速 1500 rpm、激磁電流 1.4 A 時，無載端電壓為何？

(A)200V　(B)300V
(C)400V　(D)500V。

(　) 31. 一部 220V，60Hz，10hp，三相四極 Y 接之感應電動機，定子側經戴維寧定理簡化後之每相等效電路如圖所示，其中 V_{th}=123V，r_{th}=0.35Ω，x_{th}=0.46Ω，x_2=0.47Ω，r_2=0.1896Ω，s 為轉差率。此電動機發生最大轉矩時的轉差率 s_{maxT} 為何？

(A)0.191
(B)0.182
(C)0.123
(D)0.085。

( ) 32.有一繞有200匝線圈的鐵心，若已知鐵心中的磁通為$\phi = 0.1\sin(377t)$wb，則在線圈兩端產生的感應電壓為$e_{ind} = X\sin(377t + \theta)$V，請求出 X 之值為何？
(A)4540 (B)5540 (C)6540 (D)7540。

( ) 33. 如圖所示，有一長度為5m的導體，以2m/s的速度在磁場中向右移動。已知磁通密度B為1T、方向指向紙外，求感應電壓大小為多少伏特？
(A)0.433
(B)0.866
(C)1.299
(D)1.732。

( ) 34. 有一變壓器，額定容量為20kVA，鐵損400W、銅損600W，已知一天中有12小時全負載、其餘12小時無負載，負載功率因數為1，請求出變壓器之全日效率約為多少%？
(A)89.5 (B)91.5 (C)93.5 (D)95.5。

( ) 35. 把一單相120/12 V、100VA的雙繞組變壓器連接成升壓自耦變壓器，已知一次側電壓為120V，求此自耦變壓器的二次側電壓為多少伏特？
(A)100 (B)108 (C)120 (D)132。

( ) 36. 一部3300/110之變壓器，分接頭為（2850，3000，3150，3300，3450）。若一次側分接頭位於3300V時，二次側實測電壓為100V，欲調整為110V則分接頭應置於何處？
(A)2850 (B)3000 (C)3150 (D)3450。

( ) 37. 下列何者非屬比壓器及比流器正確的使用方法？
(A)比壓器二次側不可以短路
(B)比壓器一次側需與量測電路並聯
(C)比流器二次側必須開路
(D)比流器一次側需與量測電路串聯。

( ) 38. 下列何者非屬三相變壓器並聯運轉的因素？
(A)兩變壓器額定電壓要相同
(B)兩變壓器之間要有循環電流
(C)兩變壓器相序相同
(D)兩變壓器的相位角相同。

( ) 39. 有一台三相變壓器的額定容量為 40MVA，220kV/11kV、阻抗為 6.0%。請求出換算至低壓側的阻抗為多少歐姆？
(A)0.1815 (B)0.1925
(C)0.2835 (D)0.0845。

( ) 40. 用一轉速 112.5rpm 水輪機驅動交流同步機發電機，若此發電機運轉於 60Hz 系統，請求出此發電機的極數為幾極？
(A)12 (B)24
(C)32 (D)64。

( ) 41. 在三相同步發電機無載時，調整激磁電流，使得輸出端電壓為額定值的情況下。此時若加入電感性負載，請問端電壓會如何變化？
(A)不變 (B)稍微上升
(C)大幅下降 (D)大幅上升。

( ) 42. 某工廠採用三相 220V、60Hz 供電，今欲增設一台 15HP 的抽水機，已知其功率因數為 0.85 落後、效率為 86.8%，請求出負載電流大小約為多少安培？
(A)30 (B)35
(C)40 (D)45。

( ) 43. 一部 10Hp、220V、60Hz、6 極的三相感應電動機，已知在額定電壓及頻率下，滿載轉差率為 3.33%，請求出同步轉速為多少 rpm？
(A)1200 (B)1220
(C)1240 (D)1260。

( ) 44. 一部 15Hp、220V 的三相感應電動機，其銘牌標記的啟動字母碼為 F（表示轉子堵轉係數為 5.6kVA/Hp），請求出啟動容量為多少 kVA？
(A)62 (B)76 (C)84 (D)92。

( ) 45. 下列何者不是為了降低感應電動機的啟動電流所常用的方法？
(A)Y-Δ 啟動 (B)一次電容啟動
(C)一次電抗啟動 (D)啟動補償器。

( ) 46. 若採用 Y-Δ 啟動法來降低感應電動機的啟動電流，請問此時的啟動轉矩為直接電源啟動的幾倍？ (A)1/3 (B)1/1.732 (C)1/2 (D)1/1.414。

( ) 47. 當三相感應電動機的電源為三相不對稱時，就會產生負序電流。請問何者非屬負序電流對感應電動機所帶來的影響？
(A)轉速下降 (B)溫度上升 (C)效率降低 (D)轉矩上升。

( ) 48.有一部額定電壓為 440V 的三相感應電動機，若系統提供之電壓為 380V，有關電動機性能的敘述，下列何者正確？
(A)繞組溫度下降 (B)轉矩提升 (C)轉差率降低 (D)效率降低。

( ) 49. 實務上常用 3E 電驛來保護低壓感應電動機，請問何者非屬 3E 電驛的保護功能？ (A)欠相 (B)逆相 (C)過電壓 (D)過載。

( ) 50. 若要控制分激式直流電動機的轉速，下列何種方式不是有效的方法？
(A)改變磁場電阻 (B)改變電樞電壓
(C)改變電樞電阻 (D)改變電源頻率。

解答與解析 答案標示為#者，表官方公告更正該題答案。

1.**(B)**。 導磁係數的單位為亨利／米。

2.**(A)**。 磁滯迴線的橫軸為磁場強度，縱軸為磁通密度。

3.**(D)**。 $E=4.44Nf\phi$，$220=4.44\times200\times60\times\phi$，$\phi=0.00413=4.13mWb$

4.**(C)**。 $S'=5000\times\left(1+\frac{120}{600-120}\right)=6250VA=6.25kVA$

5.(**A**)。 $V_H = 220\times\frac{50}{60} = 183V$

6.(**C**)。 $I_2 = \frac{220}{44} = 5A$ ，$I_1 = I_s = 5\times\frac{220}{110} = 10A$

7.(**D**)。 $I_{p2} = \frac{250k}{3\times380} = 219A$ ，$I_{l1} = I_{p1} = 219\times\frac{380}{13.2k} = 6.3A$

8.(**D**)。 直流串激電動機的鐵芯未飽和前，其轉矩與電樞電流平方成正比。

9.(**C**)。 啟動電流 $I_s = 50\times1.5 = 75A$ ，$R_s + 0.2 = \frac{225}{75}$ ，$R_s = 2.8\Omega$

10.(**B**)。 改變極數不是直流電動機的控制方法。

11.(**B**)。 $E = 4.44Nf\phi = 4.44\times100\times60\times0.012 = 320V$

12.(**A**)。 同步電動機 V 形曲線的兩座標軸為電樞電流與磁場電流。

13.(**A**)。 調整激磁場電流的目的為改變虛功率分配。

14.(**C**)。 定子接線忽然有一線開路，此時電動機會以單相繼續運轉。

15.(**C**)。 轉差率為負值時，表示電動機運轉於發電機模式。

16.(**A**)。 啟動時開關 SW 閉合，以 $C_1 + C_2$ 之電容值啟動，運轉時開關 SW 則開啟。

17.(**C**)。 要使該電動機逆轉，必須將電容器跨接於 U、V 端點

18.(**A**)。 (A)(B)增加激磁電流，功率因數可由落後變為超前。
(C)轉速不變。(D)極數不變。

19.(**B**)。 $L = N\frac{\Delta\phi}{\Delta i} = 200\times\frac{0.02}{10} = 0.4H = 400mH$

20.(**B**)。 氣隙磁能

$$W = \frac{1}{2}\frac{B^2}{\mu_0}V = \frac{1}{2}\frac{(\mu_0\mu_r H)^2}{\mu_0}V = \frac{1}{2}\times4\pi\times10^{-7}\times1^2\times(600k)^2\times0.0002$$

$$= 45.2J$$

21.**(B)**。兩台單相變壓器供應三相電，容量變為 0.866 倍，
$S' = 2 \times 25k \times 0.866 = 43.3kVA$

22.**(B)**。$Z_b = \dfrac{13.2k^2}{100k} = 1742.4\Omega$，$Z = 1742.4 \times 0.085 = 148\Omega$，$I = \dfrac{13.2k}{148} = 89.1A$

23.**(A)**。此為短並式差複激發電機。

24.**(B)**。$E = 525 - 50 \times 0.5 = 500V$，$E' = 400 - 50 \times 0.5 = 375V$，
$N = 1500 \times \dfrac{375}{500} = 1125rpm$

25.**(A)**。補償繞組所通過的電流與電樞電流相同。

26.**(A)**。短路比較大，電壓變動率較小。

27.**(B)**。$P_o = \dfrac{3 \times \frac{1.1}{\sqrt{3}} \times \frac{1.0}{\sqrt{3}}}{0.4} \sin 30° = 1.375p.u.$

28.**(C)**。$T \propto V^2$，$T' = 200 \times (\dfrac{220}{440})^2 = 50N-m$

29.**(B)**。$M = \dfrac{\mu A N_1 N_2}{l} = \dfrac{4\pi \times 10^{-7} \times 30 \times 10^{-4} \times 150 \times 100}{(1+2) \times 10^{-3}} = 18.85mH$

30.**(C)**。$E_a = kn\phi$，$\dfrac{E_a^{'}}{720} = \dfrac{1500 \times 1.4}{1800 \times 2.1}$，$E_a^{'} = 400V$

31.**(A)**。$S_{Tmax} = \dfrac{r_2}{\sqrt{{r_{th}}^2 + (x_{th} + x_2)^2}} = \dfrac{0.1896}{\sqrt{0.35^2 + (0.46 + 0.47)^2}} = 0.191$

32.**(D)**。$X = 200 \times 0.1 \times 377 = 7540$

33.**(D)**。此題題目應改為長度 1m，$E = Blv\sin\theta = 1 \times 1 \times 2 \times \sin 60° = 1.732V$

34.**(C)**。$\eta = \dfrac{20k \times 1 \times 12}{20k \times 1 \times 12 + 400 \times 24 + 600 \times 12} \times 100\% = 93.5\%$

35.**(D)**。二次側電壓 $V_2 = 120 + 12 = 132V$

36.**(B)**。$3300 \times 100 = V \times 110$，$V = 3000V$

37.(**C**)。(C)比流器二次側不可開路。

38.(**B**)。三相變壓器並聯運轉要素為：(A)電壓相同、(B)相序相同、(C)相位角相同，如果兩變壓器之間有循環電流，則表示兩變壓器的電壓不同。

39.(**A**)。$Z_b = \dfrac{11k^2}{40M} = 3.025$，$Z = 3.025 \times 6\% = 0.1815\Omega$

40.(**D**)。$N_s = \dfrac{120f}{P}$，$P = \dfrac{120f}{N_s} = \dfrac{120 \times 60}{112.5} = 64$

41.(**C**)。加入電感性負載，端電壓會大幅下降。

42.(**C**)。$I = \dfrac{15 \times 746 \div 0.85 \div 86.8\%}{\sqrt{3} \times 220} = 40A$

43.(**A**)。$N_s = \dfrac{120f}{P} = \dfrac{120 \times 60}{6} = 1200\text{rpm}$

44.(**C**)。$15 \times 5.6 = 84\text{kVA}$

45.(**B**)。降低感應電動機的啟動電流所用的方法不包含一次電容啟動法。

46.(**A**)。Y-Δ 降壓啟動法，啟動轉矩為直接電源啟動的 $\dfrac{1}{3}$ 倍。

47.(**D**)。負相序電流不會使轉矩上升。

48.(**D**)。(A)電壓下降，電流上升，導致繞組溫度上升。
(B)轉矩下降。
(C)轉差率增加。

49.(**C**)。3E 電驛：防過載/欠相/逆相電驛，保護功能不包括過電壓。

50.(**D**)。改變電源頻率無法控制分激式直流電動機的轉速。

110 年台電新進僱用人員

( ) 1. 一流通電流為 2 A 的長直導線，長度為 10 公尺，在磁通密度 $B = 10^{-3}$ 韋伯／平方公尺的磁場中，其所受作用力為 0.01 牛頓，則導線與磁場間之夾角為何？
(A)30° (B)45°
(C)60° (D)90°。

( ) 2. 一個 20 mH 的電感器，若通過該電感器的電流，在 0.2 ms 內由 30 mA 增加至 80 mA，則電感器兩端的感應電壓 E_{av} 為何？
(A)1 V (B)3 V
(C)5 V (D)7 V。

( ) 3. 一台 100 V、7.5 HP 分激式電動機，場電阻為 10Ω，滿載效率為 75 %，若為滿載時（忽略電刷壓降），則電樞電流（I_a）為何？
(A)39.7 A (B)49.7 A
(C)64.6 A (D)74.6 A。

( ) 4. 直流分激式電動機啟動時，增加啟動電阻器之目的為下列何者？
(A)降低電樞電流 (B)降低磁場電流
(C)增加電樞轉速 (D)增加啟動轉矩。

( ) 5. 一台 8 kVA、110 V / 220 V 之單相變壓器，接成 110 V / 330 V 之升壓型自耦變壓器，則此自耦變壓器之額定容量變為多少？
(A)8 kVA (B)10 kVA
(C)12 kVA (D)16 kVA。

( ) 6. 一台直流串激式發電機，無載感應電動勢為 115 V，電樞電阻為 0.2Ω，串激場電阻為 0.1Ω，當電樞電流為 50 A 時，若忽略電刷壓降，則此發電機輸出功率為何？
(A)8000 W (B)7000 W
(C)6000 W (D)5000 W。

( ) 7. 兩極直流發電機採單分疊繞，每極磁通量 0.8 韋伯，電樞共有 12 根導體，其轉速為 600 rpm，試問其兩電刷間產生之電壓為何？
(A)96 V (B)120 V
(C)192 V (D)384 V。

( ) 8. 單相 60 Hz 的變壓器，若連接在相同電壓，但頻率為 50 Hz 的電源使用，下列敘述何者正確？
(A)鐵損及無載電流均不變
(B)鐵損稍微減少，無載電流稍微減少
(C)鐵損稍微減少，無載電流稍微增加
(D)鐵損稍微增加，無載電流稍微增加。

( ) 9. 下列何者無法利用變壓器之開路試驗求得？
(A)鐵損 (B)磁化電流
(C)無載功率因數 (D)等效阻抗。

( ) 10. 一台 10 kVA、2200 V / 220 V 之單相變壓器，已知其二次側阻抗標么值為 0.05，則一次側阻抗電壓為何？
(A)55 V (B)110 V
(C)50 V (D)100 V。

( ) 11. 一般正常使用下，有關油浸式變壓器內部絕緣油的特性，下列何者有誤？
(A)高絕緣耐壓 (B)高黏度係數
(C)高引火點 (D)化學性質穩定。

( ) 12. 一台 4 極直流電動機，其電樞導體之總安匝數為 6000 安匝，若其電刷自機械中性面移動 6°機械角，則該電動機每極之交磁安匝數為何？
(A)1500 安匝 (B)1300 安匝
(C)200 安匝 (D)100 安匝。

( ) 13. 當串激直流電動機電樞電流為 30 A 時，產生的轉矩為 40 牛頓·公尺，若電樞電流降為 15 A 時，則轉矩變為多少？
(A)10 牛頓·公尺 (B)20 牛頓·公尺
(C)30 牛頓·公尺 (D)40 牛頓·公尺。

( ) 14. A、B 兩台直流分激發電機並聯供給 100 A 負載，A 發電機無載電壓為 100 V，電樞電阻為 0.04Ω；B 發電機無載電壓為 98 V，電樞電阻為 0.05Ω。若不計激磁電流及電樞反應，則負載端電壓為何？

(A)94.2 V　(B)96.89 V
(C)98.6 V　(D)100 V。

( ) 15. 某一 6.8 kW、120 V 直流發電機總損失為 1200 W，則其效率為何？

(A)75 %　(B)80 %
(C)85 %　(D)90 %。

( ) 16. 一單相 5 kVA 之變壓器鐵損為 60 W，滿載銅損為 120 W，在一天內功率因數為 1 的情況下，滿載 10 小時，半載 6 小時，1/4 負載 4 小時，無載 4 小時，則全日效率為何？

(A)85 %　(B)87 %
(C)90 %　(D)96 %。

( ) 17. 下列何者可增加直流分激發電機的輸出電壓？

(A)降低轉速，減少磁場電阻
(B)降低轉速，增加磁場電阻
(C)增加轉速，減少磁場電阻
(D)增加轉速，增加磁場電阻。

( ) 18. 一部四相混合型步進馬達，轉子齒輪數為 45 齒，則步進角度 θ 為何？

(A)2°　(B)4°
(C)6°　(D)8°。

( ) 19. 下列何種電動機具有「低速時高轉矩，高速時低轉矩」的特性？

(A)他激式　(B)串激式
(C)分激式　(D)積複激式。

( ) 20. 變壓器介質損失來源為下列何者？

(A)鐵心的磁滯現象　(B)線圈電阻受熱變化
(C)漏磁的磁感應　(D)絕緣物的漏電流。

( ) 21. 某一 1.5 kVA、220 V / 110 V、60 Hz 之單相變壓器做開路試驗，其電表讀值為 V_{OC} = 110 V，P_{OC} = 44 W，I_{OC} = 0.5 A，則該變壓器的無載功率因數為何？

(A)0.16 (B)0.25
(C)0.6 (D)0.8。

( ) 22. 一台 60 kVA、6000 V / 200 V 之單相變壓器，其阻抗為 5 %，當二次側短路時，其二次側短路電流為何？

(A)6000 A (B)5000 A
(C)4000 A (D)3000 A。

( ) 23. 三台單相變壓器，其匝比 N_1：N_2 為 10，當連接成 Δ-Y 接時，二次側線電流為 I_2，則一次側線電流為何？

(A)$\frac{I_2}{10}$ (B)10 I_2
(C)$\frac{\sqrt{3}I_2}{10}$ (D)10 $\sqrt{3}$ I_2。

( ) 24. 某一變壓器無載時，量測其電壓比為 25：1，滿載時電壓比為 27：1，則該變壓器的電壓變動率為何？

(A)9.6 % (B)9.2 %
(C)8 % (D)7.4 %。

( ) 25. 一台 120 V 直流分激電動機，其電樞電阻為 0.2Ω，電刷壓降為 2 V，額定電源電流為 75 A，場電阻為 30Ω，若欲限制啟動電流為額定電流的 150 %，則應串聯之啟動電阻為何？

(A)1.09Ω (B)0.89Ω (C)0.85Ω (D)0.95Ω。

( ) 26. 三相感應電動機於額定電壓時，有關轉差率 S 的敘述，下列何者有誤？

(A)當同步轉速等於轉子轉速時，S = 0
(B)當 S > 1 時，電動機有逆轉制動作用
(C)當 S = 1 時，電動機通常在靜止或剛啟動時
(D)當 0 < S < 1 時，電動機有發電機的作用。

( ) 27. 在電工機械中，將絕緣材料耐溫等級以英文字母表示，下列絕緣材料耐溫等級中，依最高容許溫度由低排列至高順序為何？
(A)A、B、E、F、H　(B)A、E、B、F、H
(C)A、F、B、E、H　(D)A、B、E、H、F。

( ) 28. 有關直流無刷電動機的敘述，下列何者有誤？
(A)轉矩與電樞電流的平方成正比
(B)不用碳刷，避免火花問題
(C)低速時有較高轉矩
(D)以電子電路取代傳統換向部分。

( ) 29. 下列何種試驗可測量三相感應電動機的滿載銅損？
(A)無載試驗　(B)負載試驗
(C)堵轉（堵住）試驗　(D)直流電阻試驗。

( ) 30. 下列何者可改變三相感應電動機之轉子方向？
(A)移除三相電源的其中一相電源
(B)改變電源的頻率
(C)對調三相電源中的任 2 條電源線
(D)改變電源的電壓。

( ) 31. 電容啟動式單相感應電動機無法自行啟動，但用手轉動轉軸後，便可使其正常運轉，下列何者非造成此故障之原因？
(A)輔助繞阻斷線　(B)主繞阻斷線
(C)電容器損壞　(D)離心開關的接點故障。

( ) 32. 有一 0.5 HP、110 V、60 Hz 之單相感應電動機，其效率為 0.6，功率因數為 0.8，若啟動電流為額定電流的 6 倍，則啟動電流最接近下列何者？
(A)42 A　(B)50 A
(C)54 A　(D)60 A。

( ) 33. 下列何種試驗可測量同步發電機之無載飽和特性曲線？
(A)開路試驗　(B)短路試驗
(C)負載試驗　(D)耐壓試驗。

( )　34. 下列何者為同步發電機併入電力系統運轉的條件之一？
(A)極數相同　(B)電流相同
(C)阻抗相同　(D)相序相同。

( )　35. 有一交流發電機，使用$\frac{5}{6}$節距繞阻時，其節距因數為何？
(A)cos15°　(B)sin15°
(C)cos18°　(D)sin30°。

( )　36. 三相 Y 接同步發電機，每相匝數為 500 匝，頻率為 60 Hz，每極最大磁通量為 0.1 韋伯，繞阻因數為 0.5，則其無載時之相電壓為何？
(A)6060 V　(B)6660 V　(C)6698 V　(D)6989 V。

( )　37. 同步電動機的 V 形特性曲線為下列何者之關係？
(A)電樞電壓與激磁電流　(B)電樞電流與激磁電壓
(C)電樞電流與激磁電流　(D)電樞電壓與激磁電壓。

( )　38. 有一交流發電機，無載時端電壓為 200 V，滿載時端電壓為 240 V，下列敘述何者正確？
(A)負載為電感性　(B)負載為電阻性
(C)電壓調整率約 –16.7%　(D)電壓調整率約 16.7%。

( )　39. 三相同步電動機與三相感應電動機比較，下列敘述何者正確？
(A)二者之轉子速率均為同步速率
(B)二者之構造完全相同
(C)三相同步電動機之定子有旋轉磁場產生，三相感應電動機則無
(D)三相同步電動機之轉子以直流激磁，三相感應電動機之轉子則無須直流激磁。

( )　40. 無載運轉之同步電動機，加入負載時，會發生下列何種情形？
(A)繼續以同步速度旋轉
(B)低於同步速率旋轉
(C)瞬時速率下降，穩定後以同步速率繼續旋轉
(D)瞬時速率增加，穩定後以同步速率繼續旋轉。

( ) 41. 下列何種電動機以輸入脈衝波方式，輸出固定旋轉角度，並能用來做定位控制？
(A)步進電動機 (B)線性感應電動機
(C)線性同步電動機 (D)磁滯電動機。

( ) 42. 一台線性感應電動機，若極距為 5 cm，電源頻率為 60 Hz，轉差率為 0.4，則移動速度為何？
(A)3.0 m/s (B)3.6 m/s
(C)3.8 m/s (D)4.0 m/s。

( ) 43. 關於三相感應電動機的敘述，下列何者正確？
(A)轉子電阻越大，轉速越快 (B)轉子頻率越小，轉速不變
(C)轉子電抗與轉速無關 (D)轉矩與轉速有關。

( ) 44. 一台 50 Hz、4 極的三相繞線式感應電動機，每相轉子電阻為 1Ω，滿載轉速為 1470 rpm，若要將滿載轉速降至 1350 rpm，則須於轉子電路中串接之電阻為何？
(A)2Ω (B)3Ω (C)4Ω (D)5Ω。

( ) 45. 三相感應電動機以 Y-△方式啟動與全壓啟動比較，關於啟動電流與啟動轉矩的敘述，下列何者正確？
(A)啟動電流增加，啟動轉矩減少
(B)啟動電流減少，啟動轉矩增加
(C)兩者皆增加
(D)兩者皆減少。

( ) 46. 有一 6 極、110 V、60 Hz 之單相感應電動機，於輸入電壓 110 V 時，測得輸入電流為 5 A、輸入電功率為 330 W，則功率因數為何？
(A)0.4 (B)0.5
(C)0.6 (D)0.7。

( ) 47. 同步發電機為防止追逐現象，會在轉子磁極的極面線槽內裝設下列何者？
(A)短路阻尼繞阻 (B)串聯極小電阻
(C)並聯小電容 (D)串聯等效電感。

( ) 48. 同步發電機之短路比可由下列何種實驗求得？
(A)無載與相位特性試驗 (B)無載與負載試驗
(C)負載與短路試驗 (D)無載與短路試驗。

( ) 49. 三相感應電動機之再生制動係利用下列何種方式達成？
(A)定子輸入直流激磁電流 (B)使轉子轉速大於同步轉速
(C)將電源任二相反接 (D)定子接三相可變電阻。

( ) 50. 一個 8 極的電動機，其 180°電機角相當於多少的機械角？
(A)90° (B)180° (C)45° (D)60°。

解答與解析 答案標示為#者，表官方公告更正該題答案。

1.(**A**)。 $F=BLI\sin\theta$，$0.01=10^{-3}\times10\times2\times\sin\theta$，$\sin\theta=0.5$，$\theta=30°$

2.(**C**)。 $E=L\dfrac{\Delta I}{\Delta t}=20\times10^{-3}\times\dfrac{(80-30)}{0.2}=5V$

3.(**C**)。 $I_f=\dfrac{100}{10}=10A$，

$I_L=\dfrac{7.5\times746\div0.75}{100}=74.6A$，

$I_a=I_L-I_f=74.6-10=64.6A$

4.(**A**)。 增加啟動電阻器可降低電樞電流。

5.(**C**)。 $S'=S(1+\dfrac{共同}{非共同})=8k\times(1+\dfrac{110}{220})=12kVA$

6.(**D**)。 $V=E-I_a(R_a+R_s)=115-50(0.2+0.1)=100V$，
$P_o=100\times50=5000W$

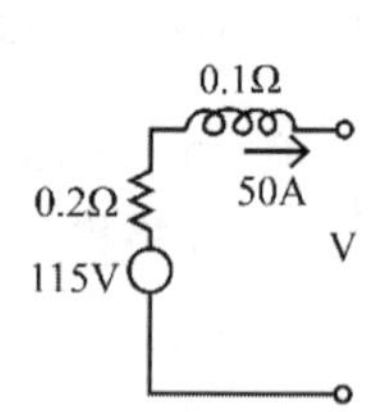

7.(**A**)。 $E=\dfrac{PZ}{60a}\times\phi\times n=\dfrac{2\times12}{60\times(1\times2)}\times0.8\times600=96V$

8.(**D**)。 鐵損包含磁滯損（$P_h \propto \frac{V^2}{f}$）與渦流損($P_e \propto V^2$)。電壓不變，頻率由60Hz 改為 50Hz，鐵損稍微增加，無載電流稍微增加。

9.(**D**)。 開路試驗可以測出變壓器的鐵損、激磁電導、激磁電納、無載功率因數。故選(D)。

10.(**B**)。 標么值$=\frac{實際值}{基本值}$，$Z_{pu}=0.05=\frac{V}{2200}$，$V=110V$

11.(**B**)。 絕緣油需要低黏度係數，故選(B)。

12.(**B**)。 $\theta_e=\frac{P}{2}\theta_m=\frac{4}{2}\times 6°=12°$

$$每極之交磁安匝數=\frac{6000}{4}\times\frac{180°-2\times 12°}{180°}=1300\text{ 安匝}$$

13.(#)。 本題公告答案為(A)或(B)。

$$串激式\begin{cases}未飽和：T\propto {I_a}^2 \Rightarrow T'=40\times\left(\frac{15}{30}\right)^2=10N-m \\ 飽和：T\propto I_a \Rightarrow 40\times\left(\frac{15}{30}\right)=20N-m\end{cases}$$

14.(**B**)。

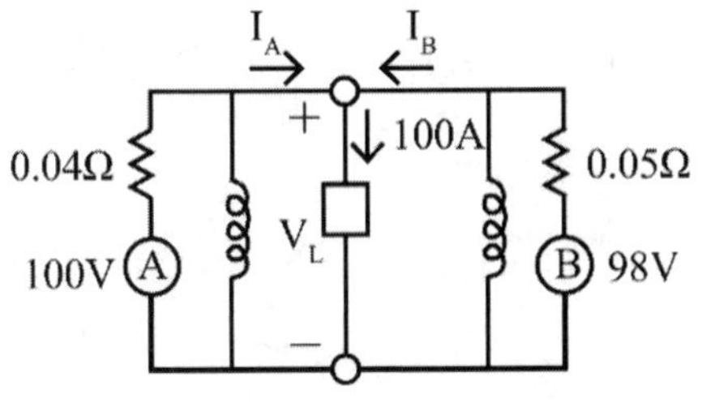

$$100=I_A+I_B=\frac{100-V_L}{0.04}+\frac{98-V_L}{0.05}\text{ ，}V_L=96.89V$$

15.(**C**)。 $\eta=\frac{6800}{6800+1200}\times 100\%=85\%$

16.(**D**)。 $P_o = 5000\times10 + 0.5\times5000\times6 + 0.25\times5000\times4 = 70000\text{W}$

$P_i = P_o + P_{loss}$

$= 70000 + 60\times24 + 120\times10 + \left(\frac{1}{2}\right)^2\times120\times6 + \left(\frac{1}{4}\right)^2\times120\times4 = 72850\text{W}$

$\eta = \frac{P_o}{P_i} = \frac{70000}{72850}\times100\% = 96\%$

17.(**C**)。 $E = k\phi n \propto \phi n$ ，$\phi \propto \frac{1}{R_f}$

18.(**A**)。 $\theta = \frac{360°}{mN} = \frac{360°}{4\times45} = 2°$

19.(**B**)。 串激式具有低速時高轉矩，高速時低轉矩的特性。

20.(**D**)。 變壓器介質損失來源為絕緣物的漏電流。

21.(**D**)。 $pf = \cos\theta = \frac{P}{S} = \frac{44}{110\times0.5} = 0.8$

22.(**A**)。 $0.05 = \frac{Z}{\frac{200^2}{60k}}$ ，$I = \frac{200}{Z} = 6000\text{A}$

23.(**C**)。 Y 接 $I_L = I_p$ ，△接 $I_L = \sqrt{3}I_p$ ，$I_{L1} = I_2\times\frac{1}{1}\times\frac{1}{10}\times\sqrt{3} = \frac{\sqrt{3}}{10}I_2$

24.(**C**)。 電壓調整率 $VR\% = \frac{V_{無載} - V_{滿載}}{V_{滿載}}\times100\% = \frac{\frac{1}{25}-\frac{1}{27}}{\frac{1}{27}}\times100\% = 8\%$

25.(**B**)。 $I_f = \frac{120}{30} = 4\text{A}$

$I_{as} = 75\times1.5 - 4 = \frac{120-2}{0.2+r}$

$r = 0.89\Omega$

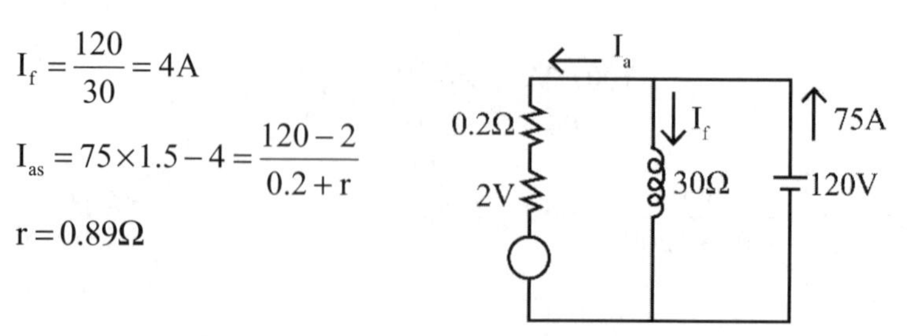

26.(**D**)。當 $0<S<1$ 時，電動機正常運轉，有馬達的作用。

27.(**B**)。

絕緣符號	耐溫
Y	90°C
A	105°C
E	120°C
B	130°C
F	150°C
H	180°C
C	180°C以上

28.(**A**)。轉矩與電樞電流成正比（$T=\frac{P}{\omega}=\frac{VI}{\omega}\propto I$）。

29.(**C**)。堵轉（堵住）試驗可測量滿載銅損。

30.(**C**)。對調三相電源中的任 2 條電源線可改變三相感應電動機之轉子方向。

31.(**B**)。無法自行啟動，但可手轉動啟動運轉，表示啟動繞組異常，運轉繞組正常。故不可能為主繞阻斷線。

32.(**A**)。$I_s=6I=6\times\frac{P}{V\cos\theta}=6\times\frac{0.5\times746\div0.6}{110\times0.8}=42A$

33.(**A**)。開路試驗可測量同步發電機之無載飽和特性曲線。

34.(**D**)。併入電力系統運轉的條件：相序、電壓、相位、頻率均一致。

35.(**A**)。$K_p=\sin\frac{\beta\pi}{2}=\sin\frac{\frac{5}{6}\times180^\circ}{2}=\sin75^\circ=\cos15^\circ$

36.(**B**)。$E=4.44Nf\phi k_W=4.44\times500\times60\times0.1\times0.5=6660V$

37.(**C**)。V 形特性曲線為電樞電流與激磁電流之關係（I_a-I_f）。

38.(**C**)。 電壓調整率

$$VR\% = \frac{V_{無載} - V_{滿載}}{V_{滿載}} \times 100\% = \frac{200-240}{240} \times 100\% = -16.7\%$$

39.(**D**)。 (A)感應電動機之轉子速率非為同步速率，有轉差。
(B)二者之構造不同。
(C)三相同步電動機之定子無旋轉磁場產生，三相感應電動機則有。

40.(**C**)。 加入負載瞬間，速率下降，穩定後以同步速率繼續旋轉。

41.(**A**)。 脈衝波 → 步進電動機。

42.(**B**)。 $N_s = 2Y_pf = 2\times0.05\times60 = 6$ ，$N_r = (1-S)N_s = (1-0.4)\times6 = 3.6m/s$

43.(**D**)。 (A) $\frac{R_2}{S} = \frac{R_2+r}{S'}$ ，轉子電阻越大，轉差越大，轉速越慢。
(B) $N = \frac{120f}{P}$ ，轉子頻率越小，轉速越小。
(C) $X_{2r} = SX_2$ ，$X_{2r} \propto S \propto \frac{1}{N}$ ，轉子電抗與轉速成反比。

44.(**C**)。 $N_s = \frac{120f}{P} = \frac{120\times50}{4} = 1500rpm$ ，$S = \frac{1500-1470}{1500} = 0.02$ ，
$S' = \frac{1500-1350}{1500} = 0.1$ ，$\frac{1}{0.02} = \frac{1+r}{0.1}$ ，$r = 4\Omega$

45.(**D**)。 Y-△方式啟動可使啟動電流與啟動轉矩皆減少。

46.(**C**)。 $pf = \frac{P}{VI} = \frac{330}{110\times5} = 0.6$

47.(**A**)。 短路阻尼繞阻可防止追逐現象。

48.(**D**)。 短路比可由無載與短路試驗求得。

49.(**B**)。 再生制動為發電機性質，此時轉子轉速大於同步轉速。

50.(**C**)。 $\theta_e = \frac{P}{2}\theta_m$ ，$\theta_m = \frac{2}{P}\theta_e = \frac{2}{8}\times180° = 45°$

110 年鐵路特考員級

一、兩台 300 kVA 交流發電機並聯運用，第一機之速率 v.s.負載曲線為自無載至 300 kW 負載時，其頻率由 60.5 Hz 均勻降至 58.5 Hz，而第二機之頻率在同一情形下時，由 60.2 Hz 均勻降至 58.3 Hz，若兩機之總負載為 340 kW，則各機分擔多少負載？最後的頻率為多少？

答 $P_A + P_B = 340\text{kW} \cdots\cdots(1)$

$\dfrac{P_A - 0}{60.5 - f} = \dfrac{300 - 0}{60.5 - 58.5} \cdots\cdots(2)$

$\dfrac{P_B - 0}{60.2 - f} = \dfrac{340 - 0}{60.2 - 58.3} \cdots\cdots(3)$

由(1)(2)(3)式可得，$P_A = 188.55\text{kW}$

$P_B = 151.1\text{kW}$，$f = 59.24\text{Hz}$

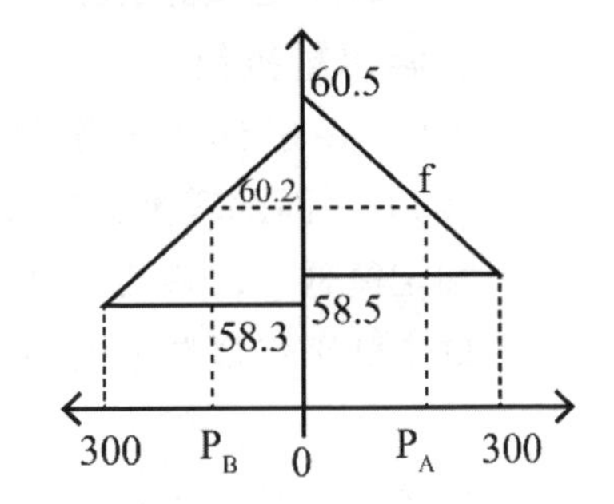

二、一台 6 HP, 200V 之直流並激電動機的磁場電路電阻為 200 Ω，電樞電路之電阻為 0.4 Ω。當此電動機之電源側輸入額定之 220 V 電壓及 4.2 kW 的功率時，電動機的轉子機械轉速為 1800 rpm。試問在相同的電壓供應情況下，若電動機的轉軸機械損失可以忽略，而當轉子機械轉速升高為 1820 rpm 時，此一電動機的總輸入功率為多少 kW？而在此條件下電動機的操作效率又為多少？

答 輸入電流 $I_L = \dfrac{4.2k}{200} = 21\text{A}$

場電流 $I_f = \dfrac{200}{200} = 1\text{A}$

電樞電流 $I_a = 21 - 1 = 20\text{A}$

感應電勢 $E_a = 200 - 20 \times 0.4 = 192\text{V}$

$E \propto n$，$E_a' = E_a \times \dfrac{1820}{1800} = 194.13\text{V}$

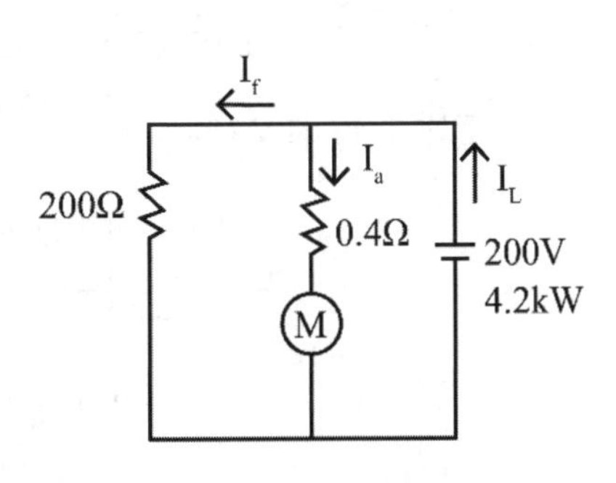

$$I_a' = \frac{200-194.13}{0.4} = 14.675A \text{ ， } I_L' = 14.675+1 = 15.675A$$

總輸入功率 $P' = 200 \times 15.675 = 3135W$

效率 $\eta = \dfrac{3135-(200\times1)-(14.675^2\times0.4)}{3135}\times100\% = 90.87\%$

三、一台單相變壓器的額定為 2.0 kVA, 200 V/500 V，其一次側線圈電阻及漏磁電抗為 0.025+j0.075p.u.，二次側線圈電阻及漏磁電抗亦為 0.025+j0.075p.u.，等效鐵心損失電阻為 30p.u.且等效磁化電抗為 40p.u.，而此變壓器之二次（高壓）側連接了一功率因數 0.8 滯後的額定負載。此時若將其二次側的負載輸出端電壓大小維持於 500 V，試求此工作條件下變壓器之工作效率及電壓調整率。

答 二次側負載電流 $I_{2p.u.} = \frac{1}{1}\angle-37° = 1\angle-37°$

一次側電源電流

$$I_{1p.u.} = 1\angle-37° + \frac{1+(0.025+j0.075)\times1\angle-37°}{30+j40} = 1.0207\angle-37.28°$$

一次側電源電壓

$$V_{1p.u.} = 1+(0.025+j0.075)\times1\angle-37°+(0.025+j0.075)\times1.0207\angle-37.28°$$

$$= 1.13533\angle4.56°$$

輸入功率 $P_{p.u.} = 1.13533\angle4.56°\times1.0207\angle-37.28° = 1.15883\angle-32.72°$。

工作效率 $\eta = \dfrac{1\times\cos37°}{1.15883\cos(-32.72°)}\times100\% = 81.92\%$

電壓調整率 $VR\% = \dfrac{1.13533-1}{1}\times100\% = 13.53\%$

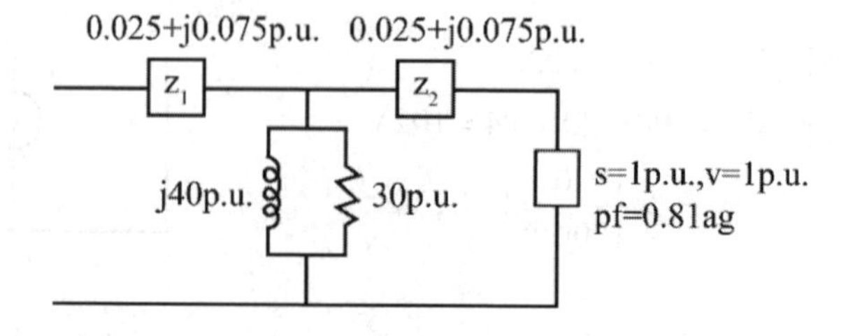

四、一個三相 Y 接，4 極，208V、15HP、60Hz 的感應電動機，等效至定子側的等效電路參數為：$R_1 = 0.210\Omega$ / 相；$R_2 = 0.137\Omega$ / 相；$X_1 = 0.442\Omega$ / 相；$X_2 = 0.442\Omega$ / 相；$X_m = 13.2\Omega$ / 相。

試求：

(一)啟動轉矩。

(二)最大電磁轉矩及發生最大轉矩時的轉速。

答 $N_s = \dfrac{120 \times 60}{4} = 1800\text{rpm}$

$Z_{th} = (0.21 + j0.442) // j13.2 = 0.1966 + j0.4307\Omega$

$$\left|V_{th}\right| = \left|\frac{208}{\sqrt{3}} \times \frac{j13.2}{(0.21 + j0.442) + j13.2}\right| = 116.14\text{V}$$

(一) 啟動轉矩 $T_s = \dfrac{3}{\omega_s} \times \dfrac{V_{th}^{\ 2}}{(R_{th} + R_2)^2 + (X_{th} + X_2)^2} \times R_2$

$$= \frac{3}{2\pi \times \frac{1800}{60}} \times \frac{116.14^2}{(0.1966 + 0.137)^2 + (0.4307 + 0.442)^2} \times 0.137 = 33.71\text{N-m}$$

(二) 最大電磁轉矩 $T_{max} = \dfrac{1}{\omega_s} \times \dfrac{0.5 \times 3 \times V_{th}^{\ 2}}{R_{th} + \sqrt{R_{th}^{\ 2} + (X_{th} + X_2)^2}}$

$$= \frac{1}{2\pi \times \frac{1800}{60}} \times \frac{0.5 \times 3 \times 116.14^2}{0.1966 + \sqrt{0.1966^2 + (0.4307 + 0.442)^2}} = 98.44\text{ N-m}$$

$$S_{max} = \frac{R_2}{\sqrt{R_{th}^{\ 2} + (X_{th} + X_2)^2}} = \frac{0.137}{\sqrt{0.1966^2 + (0.4307 + 0.442)^2}} = 0.15315$$

最大轉矩時的轉速 $N_r = (1 - S_{max})N_S = (1 - 0.15315) \times 1800 = 1524.33\text{rpm}$

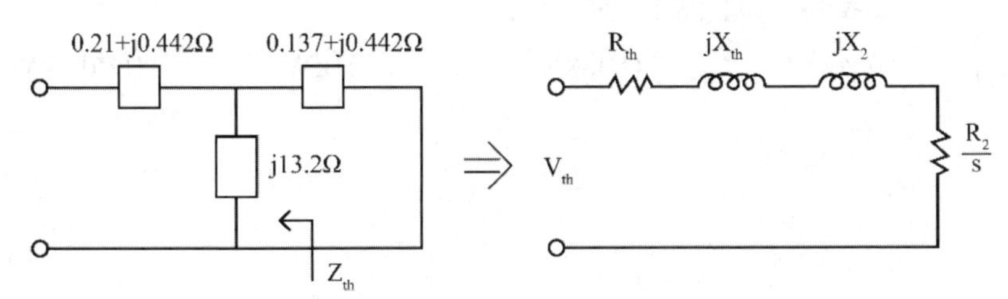

110 年鐵路特考佐級

( ) 1. 某 400 匝線圈內磁通量在 5 秒內，從 0.2 增加到 0.7 韋伯，求這段時間線圈感應電壓為多少 V？
(A)0V (B)20V (C)40V (D)56V。

( ) 2. 某電感器的電感為 6mH，流過電感器的直流電流為 100A，此電感器的儲存能量為多少焦耳？
(A)30 (B)15 (C)0.6 (D)0.3。

( ) 3. 某磁路的截面積為 20 平方公分其通過磁通量為 5×10^{-4} 韋伯，此磁通密度為多少特斯拉（Tesla）？
(A)4.0 (B)2.5 (C)0.4 (D)0.25。

( ) 4. 某線圈型電感器磁路的磁阻（reluctance）固定，電感與線圈匝數的關係，下列何者正確？
(A)電感與線圈匝數成正比 (B)電感與線圈匝數成平方正比
(C)電感與線圈匝數成反比 (D)電感與線圈匝數成平方反比。

( ) 5. 變壓器高壓側繞組的匝數為 600 匝，低壓側繞組的匝數為 30 匝，若低壓側的負載電阻為 2Ω，則等效至高壓側的負載電阻為何？
(A)5mΩ (B)20Ω (C)400Ω (D)800Ω。

( ) 6.某單相變壓器在滿載時負載側的電壓為 200V，滿載的電壓調整率為 5%，則無載時負載側的電壓為何？
(A)240V (B)220V (C)210V (D)200V。

( ) 7. 某變壓器在額定電流為 100A 操作，其額定總銅損為 2kW，若電流為 50A 時，則此總銅損為何？
(A)4kW (B)2kW (C)1kW (D)0.5kW。

( ) 8. 單相變壓器的額定電壓為 2400 V：240 V，用三個單相變壓器接成三相變壓器，高壓側繞組為 Y 接，低壓側繞組為 Δ 接，下列何者正確？
(A)高壓側的額定線電壓為 2400 V，低壓側的額定線電壓為 240 V
(B)高壓側的額定線電壓為 $2400\sqrt{3}$ V，低壓側的額定線電壓為 $240\sqrt{3}$ V
(C)高壓側的額定線電壓為 $2400\sqrt{3}$ V，低壓側的額定線電壓為 240 V
(D)高壓側的額定線電壓為 $2400\sqrt{2}$ V，低壓側的額定線電壓為 240 V。

( ) 9. 某變壓器輸出功率為 20 kW，若鐵心損為 600W，銅損為 900W，則變壓器的效率約為何？
(A)93%　(B)94%　(C)95%　(D)96%。

( ) 10. 有關變壓器短路實驗的主要目的，下列何者正確？
(A)量測鐵心損及等效並聯激磁電抗
(B)量測銅損及等效串聯阻抗
(C)量測鐵心損及等效串聯阻抗
(D)量測銅損及等效並聯激磁電抗。

( ) 11. 採用三個單相變壓器接成 Y-Y 的三相變壓器，若單相變壓器的額定功率為 50 kVA，則此三相變壓器的額定功率為何？
(A) $50\sqrt{2}$ kVA　(B) $50\sqrt{3}$ kVA　(C)150 kVA　(D)200 kVA。

( ) 12. 下列何種三相變壓器之組合，無法並聯供電？
(A)Δ-Δ 與 Y-Y　(B)Δ-Δ 與 Δ-Δ
(C)Δ-Y 與 Y-Y　(D)V-V 與 Δ-Δ。

( ) 13. 有部他激直流發電機感應電壓為 200V，若將其發電機轉速提升 4 倍，每極磁通量減少一半，則此發電機的感應電壓變為多少伏特？
(A)100 V　(B)200 V　(C)300 V　(D)400 V。

( ) 14. 下列何種接線可提供三相對六相供電？
(A)雙 Δ-雙 Δ　(B)Δ-雙 Y　(C)T-雙 V　(D)U-雙 Δ。

( ) 15. 直流串激式電動機的電樞電流為 2 A 其電磁轉矩為 0.5 N-m，若電樞電流為 4A，忽略電樞反應及鐵心磁飽和，則電動機的電磁轉矩為何？
(A)0.5 N-m　(B)1 N-m　(C)2 N-m　(D)4 N-m。

( ) 16. 直流永磁式發電機在轉速為 1000 rpm，其反電動勢為 50 V，若轉速為 1200 rpm，則發電機的反電動勢約為何？
(A)33.3 V (B)50 V (C)60 V (D)75 V。

( ) 17. 直流永磁式電動機的電樞電阻為 3Ω，外加於電樞端電壓為 36V，在轉速為零時，其啟動時的電樞電流為何？
(A)12 A (B)6 A (C)4 A (D)2 A。

( ) 18. 直流他激式發電機的電樞電阻為 0.4Ω，當輸出電壓為 200 V，輸出功率為 2 kW，則電樞電阻的消耗功率約為何？
(A)20W (B)40W (C)60W (D)100W。

( ) 19. 直流永磁式電動機的滿載轉速為 1000 rpm，無載時轉速為 1100 rpm，此電動機的轉速調整率（speed regulation）約為何？
(A)20% (B)10% (C)5% (D)2.5%。

( ) 20. 直流電動機分類中，其電樞繞組與激磁場繞組的接線描述，下列何者正確？
(A)直流並激式電動機的電樞繞組與激磁場繞組串聯
(B)直流並激式電動機的電樞繞組與激磁場繞組並聯
(C)直流串激式電動機的電樞繞組與激磁場繞組並聯
(D)直流他激式電動機的電樞繞組與激磁場繞組並聯。

( ) 21. 單相 22 kV/2.2 kV, 300 kVA 之變壓器，若接成 22 kV/24.2 kV 之升壓型自耦變壓器，則理論上其供電容量：
(A)仍為 300 kVA (B)增加為 2.2 倍
(C)增加為 11 倍 (D)增加為 450 kVA。

( ) 22. 某 4 極三相感應電動機，轉子轉速為 1795 rpm，定子旋轉磁場之角速率為何？
(A)565.2 rad/s (B)377 rad/s
(C)188.4 rad/s (D)94.2 rad/s。

( ) 23. 220V、60Hz、1HP 單相感應電動機，其效率為 0.65，功率因數為 0.8，若起動電流為滿載電流的 6 倍，試求起動電流約為多少 A？
(A)39 A (B)42 A (C)53 A (D)60 A。

( ) 24. 某三相、6 極、60 Hz 的感應電動機的轉速為 1164 rpm，此感應電動機的滑差率約為何？ (A)0.01 (B)0.02 (C)0.03 (D)0.05。

( ) 25. 某三相、Y 接、線電壓為 220 V 的感應電動機轉出功率為 5 kW、效率為 0.92、功率因數為 0.8 落後，則此線電流有效值約為何？
(A)30.9 A (B)22.7 A (C)17.8 A (D)10.3 A。

( ) 26. 某三相、60 Hz、8 極的感應電動機，若在滑差率為 0.04 操作，其總氣隙功率為 1600W，則轉子的總電阻損失約為何？
(A)64W (B)128W (C)1472W (D)1536W。

( ) 27. 有關繞線式轉子的三相感應電動機，其外部電阻啟動的主要目的，下列敘述何者正確？
(A)提高啟動電流，提高啟動轉矩 (B)提高啟動電流，降低啟動轉矩
(C)降低啟動電流，降低啟動轉矩 (D)降低啟動電流，提高啟動轉矩。

( ) 28. 有關三相感應電動機的無載實驗（no-load test）及堵轉實驗（blocked-rotor test），下列敘述何者正確？
(A)無載實驗時電動機端電壓調整為額定電壓，此滑差率為 1
(B)無載實驗時電動機的電流調整為額定電流，此滑差率為 1
(C)堵轉實驗時電動機的電流調整為額定電流，此滑差率為 1
(D)堵轉實驗時電動機端電壓調整為額定電壓，此滑差率接近零。

( ) 29. 三相感應電動機的線電壓為 220V、線電流為 20A，功率因數為 0.85 落後，則此電動機的總虛功率約為何？
(A)13.2 kVAR (B)7.6 kVAR (C)6.5 kVAR (D)4.0 kVAR。

( ) 30. 某三相、60Hz、Y 接的感應電動機，啟動的線電壓為 440V 其啟動轉矩為 120N-m，若調整啟動的線電壓為 220V，則其啟動轉矩約為何？
(A)15 N-m (B)30 N-m (C)60 N-m (D)120 N-m。

( ) 31. 某三相變壓器一次側電壓保持不變，若二次側由接改成 Y 接，則二次側電壓？
(A)變為原來的 3 倍 (B)變為原來的 $\frac{1}{\sqrt{3}}$ 倍
(C)變為原來的 $\frac{1}{3}$ 倍 (D)變為原來的 $\sqrt{3}$ 倍。

( ) 32. 某三相同步發電機的額定功率為 100 kVA、線電壓為 400 V，以額定功率及電壓為基值，則其每相阻抗的基值為何？
(A)0.5Ω (B)1.0Ω (C)1.2Ω (D)1.6Ω。

( ) 33. 某三相同步電動機線電壓為 380V、線電流為 100A、功率因數為 0.6 超前，則此電動機的總實功率約為何？
(A)52.7 kW (B)39.5 kW (C)30.4 kW (D)22.8 kW。

( ) 34. 三相同步發電機相電壓的相位，各相差多少電工角度？
(A)45 (B)90 (C)120 (D)180。

( ) 35. 某三相、4 極、60 Hz 的同步電動機的輸出功率為 10 kW，則輸出轉矩約為何？
(A)65 N-m (B)53 N-m (C)42 N-m (D)33 N-m。

( ) 36. 某三相、4 極、60 Hz 的非凸極型同步發電機，輸出端相電壓為 127 V，反電動勢相電壓為 200 V，每相同步電抗為 2Ω，若忽略其損失，則此發電機的最大輸出總實功率約為何？
(A)12.7 kW (B)25.4 kW (C)38.1 kW (D)48.1 kW。

( ) 37. 三相同步電動機的阻尼繞組（damper winding）其主要功用，下列何者正確？
(A)防止追逐現象及幫助啟動 (B)提高運轉的轉速
(C)提高運轉效率 (D)降低輸入電流。

( ) 38. 三相同步發電機的短路比（short-circuit ratio）為 2.5，以額定為基值的每相同步電抗的標么值（per unit）約為何？
(A)0.4 (B)0.8 (C)1.25 (D)2.5。

( ) 39. 有關三相同步發電機的功率角(power angle)的敘述,下列何者正確?
(A)輸出端的相電壓與激磁場繞組電流的相位差
(B)輸出端的相電壓與電樞繞組相電流的相位差
(C)電樞繞組相電流與反電動勢相電壓的相位差
(D)輸出端的相電壓與反電動勢相電壓的相位差。

( ) 40. 下列何種電機可以交直流直接供電驅動?
(A)同步馬達 (B)步進馬達
(C)伺服馬達 (D)直流串激馬達。

解答與解析 答案標示為#者,表官方公告更正該題答案。

1.(**C**)。 $E = N\dfrac{\Delta\phi}{\Delta t} = 400\times\dfrac{0.7-0.2}{5} = 40V$

2.(**A**)。 $W = \dfrac{1}{2}LI^2 = \dfrac{1}{2}\times 6\times 10^{-3}\times 100^2 = 30J$

3.(**D**)。 $B = \dfrac{\phi}{A} = \dfrac{5\times 10^{-4}}{20\times 10^{-4}} = 0.25\,\text{Tesla}$

4.(**B**)。 $L = \dfrac{N^2}{R} = \dfrac{\mu AN^2}{l}$, $L \propto N^2$

5.(**D**)。 $a = \dfrac{N_1}{N_2} = \dfrac{600}{30} = 20$, $Z_L' = a^2 Z_L = 20^2\times 2 = 800\,\Omega$

6.(**C**)。 $VR\% = \dfrac{V_{無載} - V_{滿載}}{V_{滿載}}\times 100\%$, $5\% = \dfrac{V_{無載} - 200}{200}\times 100\%$, $V_{無載} = 210V$

7.(**D**)。 銅損 $= I^2R \propto I^2$, $P' = 2k\times\dfrac{50^2}{100^2} = 0.5kW$

8.(**C**)。 Y 接: $V_L = \sqrt{3}V_p$,Δ 接: $V_L = V_p$,∴高壓側的額定線電壓為 $2400\sqrt{3}\,V$,低壓側的額定線電壓為 240V

9.(**A**)。 $\eta = \dfrac{20k}{20k+600+900}\times 100\% = 93\%$

10.(**B**)。 短路實驗的主要目的為量測銅損及等效串聯阻抗。

11.(**C**)。 $50\times3=150\text{kVA}$

12.(**C**)。 Δ-Y 與 Y-Y 無法並聯供電。

13.(**D**)。 $E=kn\phi\propto n\phi$，$E'=200\times4\times\frac{1}{2}=400V$

14.(**B**)。 △-雙 Y 可提供三相對六相供電。

15.(**C**)。 $T=kI_a\phi=k'I_a^{\ 2}\propto I_a^{\ 2}$，$T'=0.5\times(\frac{4}{2})^2=2$ N-m

16.(**C**)。 $E=kn\phi\propto n$，$E'=50\times\frac{1200}{1000}=60V$

17.(**A**)。 $n=\frac{V-I_aR_a-V_b}{k\phi}$，$0=36-I_a\times3-0$，$I_a=12A$

18.(**B**)。 $P=\left(\frac{2k}{200}\right)^2\times0.4=40W$

19.(**B**)。 $SR\%=\frac{n_{無載}-n_{滿載}}{n_{滿載}}\times100\%=\frac{1100-1000}{1000}\times100\%=10\%$

20.(**B**)。 (A)直流並激式電動機的電樞繞組與激磁場繞組並聯。
(C)直流串激式電動機的電樞繞組與激磁場繞組串聯。
(D)直流他激式電動機的電樞繞組與激磁場繞組無關係。

21.(**C**)。 $S'=S\left(1+\frac{共同}{非共同}\right)=300k\times\left(1+\frac{22}{2.2}\right)=300k\times11=3300\text{kVA}$

22.(**C**)。 $N_s=\frac{120\times60}{4}=1800\text{rpm}$，$\omega=\frac{2\pi\times1800}{60}=188.4$ rad/s

23.(**A**)。 $0.65=\frac{1\times746}{220\times I\times0.8}$，$I=6.52A$，$I_s=6I=39A$

24.(**C**)。 $N_s=\frac{120f}{P}=\frac{120\times60}{6}=1200\text{rpm}$，$S=\frac{N_s-N_r}{N_s}=\frac{1200-1164}{1200}=0.03$

25.(**C**)。 $0.92=\frac{5000}{\sqrt{3}\times220\times I\times0.8}$，$I=17.8A$

26.(**A**)。 氣隙功率：轉子損失$=P_{ag}:P_{rc}=1:S$，$P_{rc}=1600\times\frac{0.04}{1}=64W$

27.(**D**)。 外部電阻啟動的主要目的為降低啟動電流，提高啟動轉矩。

28.(**C**)。 (A)(B)無載實驗時電動機端電壓調整為額定電壓，此滑差率為 0。
(C)(D)堵轉實驗時電動機的電流調整為額定電流，此滑差率為 1。

29.(**D**)。 $Q=\sqrt{3}VI\sin\theta=\sqrt{3}\times220\times20\times\sqrt{1-0.85^2}=4kVAR$

30.(**B**)。 $T_s\propto V^2$，$T_s'=120\times\left(\frac{220}{440}\right)^2=30\,N\text{-}m$

31.(**D**)。 本來 Δ 接時 $V_L=V_p$，改為 Y 接後 $V_L=\sqrt{3}V_p$，故變為原來的 $\sqrt{3}$ 倍。

32.(**D**)。 $Z=\frac{V^2}{S}=\frac{400^2}{100k}=1.6\,\Omega$

33.(**B**)。 $P=\sqrt{3}\times380\times100\times0.6=39.5kW$

34.(**C**)。 $\theta=\frac{360°}{3}=120°$

35.(**B**)。 $T=\frac{P_o}{\frac{4}{P}\pi f}=\frac{10k}{\frac{4}{4}\pi\times60}=53\,N\text{-}m$

36.(**C**)。 $P_{omax}=3EI=3\times127\times\frac{200}{2}=38.1kW$

37.(**A**)。 阻尼繞組主要功用為防止追逐現象及幫助啟動。

38.(**A**)。 百分比同步阻抗 $Z_s\%=\frac{1}{\text{短路比}K_s}=\frac{1}{2.5}=0.4$

39.(**D**)。 功率角是輸出端的相電壓與反電動勢相電壓的相位差。

40.(**D**)。 僅直流串激馬達可以交直流直接供電。

111 年台電新進雇用人員

( ) 1. 關於佛萊銘（Fleming）右手定則在發電機中的應用，食指代表何者之方向？
(A)磁場 (B)電流
(C)受力 (D)轉動。

( ) 2. 有一台分激式直流電動機其無載轉速為 1200 rpm，已知其速率調整率為 5%，則其滿載轉速約為多少 rpm？
(A)1043 rpm (B)1143 rpm
(C)1243 rpm (D)1343 rpm。

( ) 3. 某發電機輸出為 200 kW，若其損失為 10 kW，則其效率為何？
(A)50% (B)75%
(C)85% (D)95%。

( ) 4. 有關直流發電機的鐵損（鐵心損失）之敘述，下列何者正確？
(A)包含銅損 (B)包含雜散損失
(C)包含機械損失 (D)包含磁滯損失。

( ) 5. 下列何者為變壓器中絕緣油之作用？
(A)冷卻 (B)防雷擊
(C)抗噪 (D)防潮。

( ) 6. 下列何者無法利用變壓器之開路試驗求得？
(A)變壓比 (B)激磁導納
(C)銅損 (D)鐵損。

( ) 7. 一單相變壓器其無載端電壓為 480 V，而滿載端電壓為 320 V，則此變壓器之電壓調整率為何？
(A)25% (B)50%
(C)75% (D)95%。

( ) 8. 在分激式發電機中，若其臨界場電阻線之斜角 $\theta = 60°$ 時，則臨界場電阻為何？
(A) $\sqrt{3}$　(B) $\frac{1}{\sqrt{3}}$
(C)1　(D)0.5。

( ) 9. 額定 10 kVA，220 / 110 V 之單相變壓器，已知無載時一天實際的耗電量為 12 度（kWh），則此變壓器之鐵心損失為何？
(A)300W　(B)500W
(C)700W　(D)800W。

( ) 10. Y-Δ 接法之變壓器，其一、二次側線電壓相位差為何？
(A) 0°　(B) 15°
(C) 30°　(D) 45°。

( ) 11. 使用比流器（CT, Current Transformer）時，何種動作可能會造成極大的危險？
(A)一次側開路　(B)一次側短路
(C)二次側開路　(D)二次側短路。

( ) 12. 在直流發電機中，轉速變為原來的 2 倍，磁通密度變為原來的 0.4 倍，則其感應電動勢變為原來的幾倍？
(A)0.6　(B)0.8
(C)1.0　(D)1.2。

( ) 13. 某單相變壓器之額定容量為 150 kVA，1500 V / 500 V，若將此變壓器接成 2000 V / 1500 V 之降壓自耦變壓器，則其輸出容量為何？
(A)300 kVA　(B)400 kVA
(C)500 kVA　(D)600 kVA。

( ) 14. 單相 100 kVA 之變壓器兩台，作 V-V 連接於三相平衡電路中，其供給負載容量為多少 kVA？
(A)57.7　(B)86.6
(C)173.2　(D)200。

( ) 15. 使用比壓器（PT, Potential Transformer）時，何種動作可能會造成極大的危險？
(A)一次側開路 (B)一次側短路
(C)二次側開路 (D)二次側短路。

( ) 16. 一台5馬力，220 V，60 Hz之4極三相感應電動機，若其轉速為1780rpm，則其輸出轉矩為何？
(A)2 Nt-m (B)5 Nt-m
(C)10 Nt-m (D)20 Nt-m。

( ) 17. 某變壓器之一次側繞組匝數為N1，二次側繞組匝數為N2，則二次側電阻R2換算至一次側之等效電阻值為何？
(A) $(N2/N1)^2 \times R2$ (B) $(N1/N2)^2 \times R2$
(C) $(N1/N2)^4 \times R2$ (D) $(N2/N1)^4 \times R2$ 。

( ) 18. 直流電機鐵心通常採薄矽鋼片疊製而成，其目的為何？
(A)減低銅損 (B)減低磁滯損
(C)減低渦流損 (D)避免磁飽和。

( ) 19. 某台額定容量為10HP，220V，60Hz，六極之電動機，其滿載功率因數為0.6滯後，若要將其功率因數提升至0.8滯後，則需並聯多少容量之電容器？
(A)1352 VAR (B)2352 VAR
(C)3352 VAR (D)4352 VAR。

( ) 20. 三相感應電動機無載運轉時，若欲提升其轉速，可以提升下列何者？
(A)減少電源頻率 (B)增加電源頻率
(C)減少電源電壓 (D)增加電源電壓。

( ) 21. 下列何者為單相感應電動機的蔽極線圈（Shading Coil）之作用？
(A)減少漏磁 (B)幫助啟動 (C)增加轉矩 (D)提高效率。

( ) 22. 某三相同步發電機，其轉速為300rpm，頻率為60Hz，則其極數為何？
(A)4極 (B)8極 (C)20極 (D)24極。

( ) 23. 將額定頻率為 60Hz 之變壓器接於 50Hz 之電源上，則其鐵心內之磁通密度約增加多少？
(A)5 % (B)10% (C)15 % (D)20%。

( ) 24. 低速大容量水輪式交流發電機，大多採用下列何種軸承？
(A)水平式 (B)直立式 (C)分離式 (D)臥式。

( ) 25. 在同一部發電機中，如用作三相，則其額定輸出為用作單相時的幾倍？
(A)1 (B)3 (C) $\sqrt{3}$ (D) $\sqrt{2}$ 。

( ) 26. 變壓器一次側與二次側有非理想的相角差是下列何種因素造成？
(A)線圈電阻 (B)漏磁 (C)鐵損 (D)絕緣。

( ) 27. 將額定頻率 60Hz 之變壓器接上額定電壓但頻率為 50Hz 的電源，則鐵損變為原來的幾倍？
(A) $\frac{6}{5}$ (B) $\frac{5}{6}$ (C) $\frac{36}{25}$ (D) $\frac{25}{36}$ 。

( ) 28. 變壓器之鐵損與負載電流有何關係？
(A)成正比 (B)成反比
(C)成平方正比 (D)無關。

( ) 29. 三相感應電動機之轉部（Rotor）中，若加一電阻，則其最大轉矩會產生何種改變？
(A)增大 (B)不變
(C)變小 (D)先變大後變小。

( ) 30. 一台 4 極 60 Hz 之三相感應電動機，當轉差率為 5%時，其轉速為何？
(A)1514 rpm (B)1614 rpm
(C)1714 rpm (D)1814 rpm。

( ) 31. 下列何者為鼠籠式感應電動機之優點？
(A)低啟動電流 (B)低啟動轉矩
(C)交直流兩用 (D)可變頻使用。

( ) 32. 下列何種試驗可測量出三相感應電動機之全部銅損？
(A)滿載試驗 (B)溫度試驗
(C)無載試驗 (D)堵住試驗。

( ) 33. 一般發電廠使用之升壓變壓器多採用何種連接方式？
(A)Y-Δ (B)Δ-Y
(C)Y-Y (D)Δ-Δ。

( ) 34. 一般電力變壓器在最高效率運轉時，其條件為何？
(A)銅損等於鐵損 (B)銅損大於鐵損
(C)銅損小於鐵損 (D)與銅損、鐵損無關。

( ) 35. 某單相變壓器之額定值為 2 kVA，220 / 110 V，60 Hz，經開路試驗測得 V = 110 V，I = 1 A，P = 20 W，則其無載之功率因數為何？
(A)0.16 (B)0.18 (C)0.20 (D)0.22。

( ) 36. 有一同步發電機絕緣材料使用等級 H，則等級 H 最高耐溫為幾度 C？
(A)90 (B)130 (C)180 (D)155。

( ) 37. 感應電動機為電感性負載，在輕負載時功率因數很低，若欲提高其功率因數應如何作為？
(A)並聯電容器 (B)串聯電容器
(C)並聯電阻器 (D)串聯電阻器。

( ) 38. 某三相、二極、60 Hz 之同步發電機，在 50 Hz 的電源上使用時，轉速變為多少 rpm？
(A)1500 (B)1800 (C)3000 (D)3600。

( ) 39. 二部三相感應電動機之極數分別為 10 及 8，電源頻率為 60 Hz，當接成兩機串極相消時，則同步轉速較兩機串極相助時有何差別？
(A)無差別
(B)兩機無法串極運轉
(C)兩機串極相助之同步轉速較大
(D)兩機串極相消之同步轉速較大。

( ) 40. 三相同步發電機額定輸出為 4950 kVA，額定電壓為 $3300\sqrt{3}$ V，則其額定電流為多少安培？
(A)300　(B)400　(C)500　(D)600。

( ) 41. 有一同步發電機額定輸出為 3000 kVA，功率因數為 0.8，所有損失和為 600 kW，則其效率為多少%？
(A)50　(B)60　(C)70　(D)80。

( ) 42. 兩同步發電機並聯運轉所需之條件，下列何者有誤？
(A)相序相同　(B)頻率相同
(C)波形相同　(D)容量相同。

( ) 43. 若將一台三相感應電動機加上負載，其轉速將如何變化？
(A)減慢　(B)不變
(C)加快　(D)與負載無關。

( ) 44. 同步電動機每相所產生之轉矩，與機械功率之關係為何？
(A)成平方反比　(B)成平方正比
(C)成反比　(D)成正比。

( ) 45. 有一三相步進電動機，步進角為 20 度，則其轉子齒數為多少齒？
(A)4　(B)5　(C)6　(D)7。

( ) 46. 霍爾元件中的霍爾電壓與外加的磁通密度的關係為何？
(A)正比　(B)反比
(C)平方正比　(D)平方反比。

( ) 47. 三相繞線式感應馬達轉子結構上有幾個滑環？
(A)1　(B)2　(C)3　(D)4。

( ) 48. 若在運轉中，將分相式感應電動機的起動線圈兩端反接，則其旋轉方向為何？
(A)不變　(B)停止
(C)反向運轉　(D)啟動線圈兩端無法反接。

( ) 49. 當三相感應電動機正常運轉時，下列何者會隨轉速改變？
(A)定子電抗 (B)定子電阻
(C)轉子電抗 (D)轉子電阻。

( ) 50. 如右圖所示，已知理想變壓器，一、二次側匝比為 1：100，則圖中 I 及 E 各為何？
(A) 1 A，600 V
(B) 2 A，700 V
(C) 3 A，800 V
(D) 4 A，800 V。

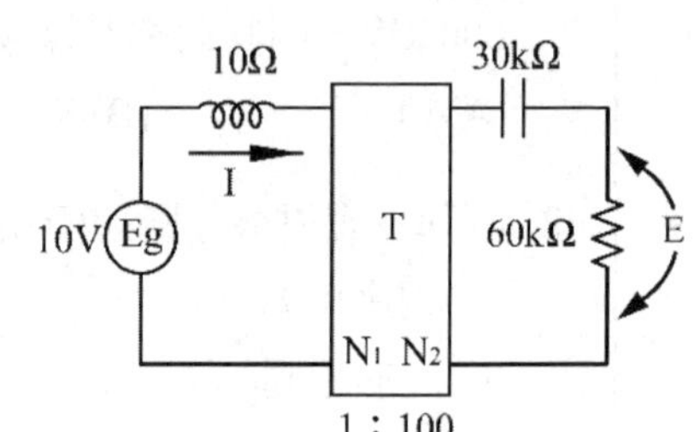

解答與解析 答案標示為#者，表官方公告更正該題答案。

1.(**A**)。 拇指：導體移動方向。食指：磁場方向。中指：生成的電流方向。

2.(**B**)。 速度調整率 $SR\% = \dfrac{n_{無載} - n_{滿載}}{n_{滿載}} \times 100\%$ ，$5\% = \dfrac{1200 - n_{滿載}}{n_{滿載}} \times 100\%$ ，
$n_{滿載} = 1143\text{rpm}$

3.(**D**)。 效率 $\eta = \dfrac{200}{200+10} \times 100\% = 95\%$

4.(**D**)。 鐵損包括磁滯損與渦流損。

5.(**A**)。 絕緣油除絕緣外，亦可作冷卻用。

6.(**C**)。 銅損由短路試驗求得。

7.(**B**)。 電壓調整率 $VR\% = \dfrac{V_{無載} - V_{滿載}}{V_{滿載}} \times 100\% = \dfrac{480-320}{320} \times 100\% = 50\%$

8.(**A**)。 $R_f = \tan\theta = \tan 60° = \sqrt{3}$

9.(**B**)。 $P = \dfrac{12 \times 1000}{24} = 500\text{W}$

10.(**C**)。 Y-Δ 接的一、二次側線電壓相位差為 30 度。

11.(**C**)。 比壓器二次側不可短路，比流器二次側不可開路。

12.(**B**)。 $E = k\phi n \propto \phi n$，$\frac{E'}{E} = \frac{0.4\times 2}{1} = 0.8$

13.(**D**)。 $S' = S\left(1+\frac{共同}{非共同}\right) = 150k\times\left(1+\frac{1500}{500}\right) = 600kVA$

14.(**C**)。 $S = 100k\times 2\times 0.866 = 173.2kVA$

15.(**D**)。 比壓器二次側不可短路，比流器二次側不可開路。

16.(**D**)。 $T = \frac{P_o}{\omega} = \frac{5\times 746}{2\pi\times\frac{1780}{60}} = 20\ N\text{-}m$

17.(**B**)。 $R2' = \left(\frac{N1}{N2}\right)^2 R2$

18.(**C**)。 薄矽鋼片可以減低渦流損。

19.(**D**)。 $Q = P(\tan\theta_1 - \tan\theta_2) = 10\times 746\times\left(\frac{4}{3}-\frac{3}{4}\right) = 4352VAR$

20.(**B**)。 $N = \frac{120f}{P} \propto f$，∴增加電源頻率可提升其轉速。

21.(**B**)。 蔽極線圈可幫助啟動。

22.(**D**)。 $P = \frac{120f}{N} = \frac{120\times 60}{300} = 24$

23.(**D**)。 $E = 4.44Nf\phi$，$\phi \propto \frac{1}{f}$，$\frac{\phi'}{\phi} = \frac{60}{50} = 1.2$，∴增加 20%

24.(**B**)。 低速大容量水輪式交流發電機，大多採用直立式軸承

25.(**C**)。 $S = \sqrt{3}VI$，∴為 $\sqrt{3}$ 倍

26.(**B**)。 相角差主要是漏磁造成

27.(**A**)。 鐵損包含磁滯損（$P_h \propto \frac{V^2}{f}$）與渦流損（$P_e \propto V^2$），磁滯損約為渦流損的 4 倍，所以可簡化為鐵損 $P_c \propto \frac{1}{f}$ ，$\frac{P_c'}{P_c} = \frac{6}{5}$

28.(**D**)。 鐵損與負載電流無關

29.(**B**)。 最大轉矩公式 $T_{max} = \frac{3}{\omega_s} \frac{0.5V_1^2}{\sqrt{R_1^2 + (X_1 + X_2')^2}}$ ，公式內無轉子電阻，

∴最大轉矩不變

30.(**C**)。 $N_r = (1-S)N_s = (1-5\%) \times \frac{120 \times 60}{4} = 1710rpm$ ，選最接近的(C)。

31.(**#**)。 依公告，本題無標準解。
鼠籠式感應電動機缺點為起動電流大、起動轉矩小；優點為良好運轉特性。

32.(**D**)。 堵住試驗可量測銅損。

33.(**B**)。 多採用 Δ-Y。

34.(**A**)。 最高效率在銅損等於鐵損時發生。

35.(**B**)。 $S = VI = 110$ ，$pf = \frac{P}{S} = \frac{20}{110} = 0.18$

36.(**C**)。

絕緣符號	耐溫
Y	90°C
A	105°C
E	120°C
B	130°C
F	150°C
H	180°C
C	180°C以上

37.(**A**)。 並聯電容器可提高功率因數。

38.(**C**)。 $N_s=\frac{120f}{P}=\frac{120\times50}{2}=3000\text{rpm}$

39.(**D**)。 串極互助：$\frac{120f}{P_1+P_2}=\frac{120\times60}{10+8}=400\text{rpm}$

串極互消：$\frac{120f}{P_1-P_2}=\frac{120\times60}{10-8}=3600\text{rpm}$

∴可得串極互消之同步轉速較大

40.(**C**)。 $I=\frac{S}{\sqrt{3}V}=\frac{4950k}{\sqrt{3}\times3300\sqrt{3}}=500\text{A}$

41.(**D**)。 $\eta=\frac{S\cos\theta}{S\cos\theta+P_{loss}}\times100\%=\frac{3000\times0.8}{3000\times0.8+600}\times100\%=80\%$

42.(**D**)。 同步並聯不需要容量相同。

43.(**A**)。 感應電動機加上負載，轉速將變慢。

44.(**D**)。 單相機械功率 $P_m=\frac{VE}{X_s}\sin\delta$，轉矩 $T_m=\frac{q}{\omega}\frac{VE}{X_s}\sin\delta$，∴轉矩與機械功率成正比

45.(**C**)。 $\theta=\frac{360°}{mN}$，$20°=\frac{360°}{3\times N}$，$N=6$

46.(**A**)。 $V=\frac{IBR_H}{d}$，$V\propto B$

47.(**C**)。 有 3 個滑環。

48.(**A**)。 旋轉方向不變。

49.(**C**)。 轉子電抗 $X_2=2\pi f_r L_2$，而轉子頻率 f_r 隨轉速變化，故轉子電抗會隨轉速改變。

50.(**A**)。 $I=\frac{10}{10}=1\text{A}$，$a=\frac{V_1}{V_2}=\frac{N_1}{N_2}=\frac{1}{100}=\frac{I_2}{I_1}$，

二次側電流 $I_2=\frac{1}{100}\times1=0.01\text{A}$，$E=0.01\times60k=600\text{V}$

111 年鐵路特考員級

一、輸入 11 kV 之單相變壓器，輸出供應單相三線式 110 V/220 V 交流電源給家中各種電器用品。若輸出發生中性線斷路時，繪電路接線圖，說明使用中之電器可能發生故障的原因？

答 原本 $V_{ab}=V_{bc}=110V$。當中性線斷路後，因兩端負載 L_a 與 L_b 不同，造成 $V_{ab}=220\times\frac{L_a}{L_a+L_b}\neq 220\times\frac{L_b}{L_a+L_b}\neq 110$。假設負載 L_a 較 L_b 大，則 $V_{ab}>110V$，$V_{bc}<110V$，此時負載端 L_a 會因為電壓超過額定電壓而全部燒燬，而負載端 L_b 則會沒事。

二、繪串激式直流電動機的等效電路，並說明其適合用於高啟動轉矩之機械負載的理由？

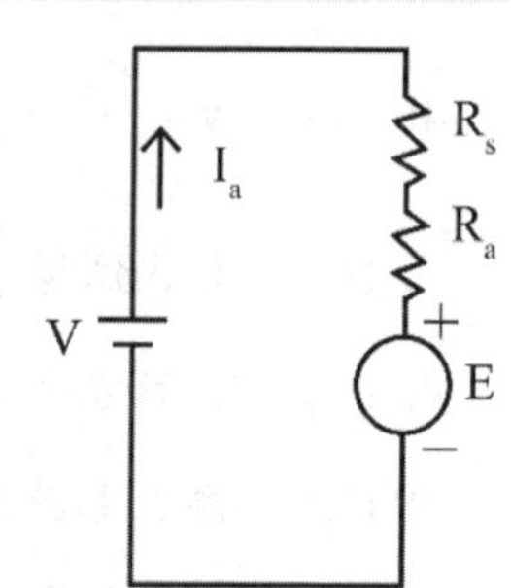

答 $I_a=I_L=I_s$

(一) 串激式電動機轉速：轉速 $n=\frac{V-I_a(R_a+R_s)}{K\phi}$，
當負載增加時，電樞電流 I_a 增加，分子會減少，
而分母增多（$\phi\propto I_a$），因此轉速下降（$n\propto\frac{1}{I_a}$）

(二) 串激式電動機轉矩：因 $\phi\propto I_a$，轉矩
$T=K\phi I_a=K'I_a^2\propto I_a^2$。假設若電流增為原來的 2 倍，轉矩將增為原來的 4 倍，但是因轉速減半，所以功率 $P=T\omega$ 也只有增為原來的 2 倍而已。

(三) 因負載大時轉速低、轉矩大；負載小時轉速高、轉矩小的特性，常用於起動時或低速時需要大轉矩的場合。

三、一部一般用途之三相四極 220 V，60 Hz，10 hp 之感應機。若測得穩態轉速為 1818 rpm，繪此感應機之轉矩對轉速操作特性曲線，並於圖上標出操作點。

答 輸入電流 $I_L = \dfrac{4.2k}{200} = 21A$

$N_S = \dfrac{120f}{P} = \dfrac{120 \times 60}{4} = 1800rpm$ ，$S = \dfrac{1800 - 1818}{1800} = -0.01$ 。

操作點位於發電機區，此時轉子輸入功率大於電源端之功率。

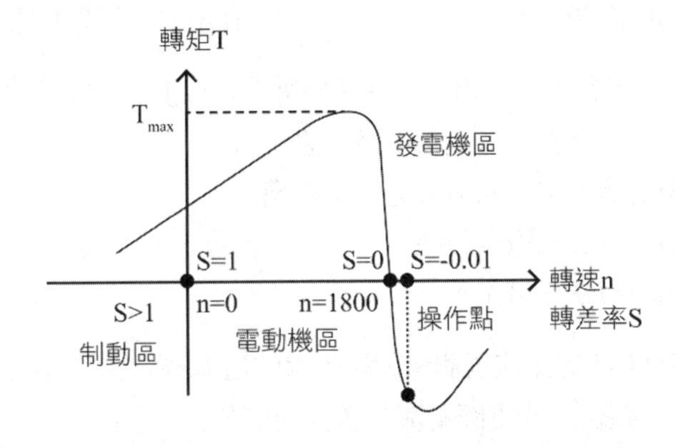

四、說明以變頻電源驅動永磁式同步電動機時，電源頻率於啟動期間變化的情形。

答 同步電動機的原理是利用定子的電樞繞組接多相交流電源，形成一旋轉磁場，轉子的磁場繞組接直流電源，產生的磁場會與旋轉磁場互相牽引，使轉子一定以同步轉速（ $N_S = \dfrac{120f}{P}$ ）順旋轉磁場轉向旋轉，而永磁式同步電動機則是以永久磁鐵當磁極。

當同步電動機起動時，因旋轉磁場轉速相對於靜止的轉子，實在太快了，靜止的轉子跟不上旋轉磁場的旋轉速率。所以，可以使用變頻電源驅動同步電動機。

藉由先使用低頻，使轉子可以跟上旋轉磁場的旋轉速率，再逐漸提高頻率至額定頻率，使同步電動機順利啟動

111 年鐵路特考佐級

( ) 1. 無原動機帶動，無改變頻率，於靜止狀態施加額定電壓，下列電動機何者無法啟動？
(A)直流機 (B)無阻尼繞組的同步機
(C)感應機 (D)有阻尼繞組的同步機。

( ) 2. 直流並激發電機無法建立高電壓的可能原因，下列敘述何者錯誤？
(A)沒有剩磁 (B)並激場總電阻小於臨界電阻
(C)轉向錯誤 (D)接線錯誤或開路。

( ) 3. 下列何者不是三相同步發電機符合可以並聯的條件？
(A)旋轉燈法三燈輪流明滅一直旋轉
(B)兩明一滅法兩燈最亮一燈不亮
(C)亮燈法三燈全最亮
(D)暗燈法三燈全不亮。

( ) 4. 用600:5的比流器測量配電饋線的電流，當比流器輸出至電流表為4A，配電饋線上的實際電流為多少安培？
(A)4 (B)480 (C)600 (D)5。

( ) 5. 同步轉速 1800rpm 的感應電動機，轉差率 0.06，轉子轉速為多少 rpm？
(A)1800 (B)108 (C)1692 (D)1908。

( ) 6. 額定 60Hz，600V 的繞線式感應電動機，轉差率 0.06，轉子產生電壓的頻率為多少 Hz？
(A)600 (B)60 (C)36 (D)3.6。

( ) 7. 關於直流機的電樞反應，下列敘述何者正確？
(A)發電機磁中性面往旋轉方向移動
(B)磁中性面移動角度與負載無關
(C)磁場不受影響
(D)磁中性面不會移動。

( ) 8. 某直流機以 100rpm 運轉，有 50 個換向片，電刷由 1 個換向片移到相鄰換向片所需時間為多少秒？
(A)0.02　(B)0.01　(C)0.5　(D)0.012。

( ) 9. 額定電壓 100V，額定電流 10A，電樞電阻 0.5Ω 的直流機，要讓啟動電流不超過額定電流，必須在電樞電路串接幾歐姆的電阻？
(A)9.5　(B)200　(C)10　(D)20。

( ) 10. 下列單相感應電動機的啟動方式那一個沒有離心開關？
(A)分相繞組法　(B)電容啟動法
(C)永久分相電容法　(D)雙值電容法。

( ) 11. 容量 1kVA，高壓側 2000V，低壓側 200V 的變壓器，接成高壓側 2200V，低壓側 2000V 的自耦變壓器，容量變成多少 kVA？
(A)1　(B)11　(C)2　(D)22。

( ) 12. 下列對 4 極全節距繞兩線圈邊跨過角度的敘述何者正確？
(A)跨過 180 度機械角度　(B)跨過 180 度電機角度
(C)跨過 360 度機械角度　(D)跨過 360 度電機角度。

( ) 13. 下列對過複激直流發電機並聯運轉的敘述何者錯誤？
(A)電壓額定要一樣　(B)電流額定要一樣　(C)必須加均壓線
(D)串激場電阻的值要與額定容量成反比。

( ) 14. 某三相永磁步進電動機，要達到每一脈衝移動 15 度機械角度，所需極數為幾極？
(A)2　(B)8　(C)16　(D)32。

( ) 15. 兩極三相永磁步進電動機，每分鐘送 600 個脈衝，每分鐘轉速為多少 rpm？
(A)100　(B)200　(C)300　(D)400。

( ) 16. 下列對於萬用電機的敘述何者錯誤？
(A)加直流電源可運轉　(B)加交流電源可運轉
(C)屬於一種串激直流機　(D)屬於一種並激直流機。

( ) 17. 4 極，60Hz 之感應機，轉子轉速 1710rpm，則轉差率為多少？
(A)0.0526 (B)0.95 (C)0 (D)0.05。

( ) 18. 某直流電動機之端電壓為 120V，其電樞電阻為 0.3Ω，當電樞電流 20A 時，轉速為 1800rpm，當電樞電流 30A 時，此電動機的轉速約為多少？
(A)1508 rpm (B)1660 rpm (C)1710 rpm (D)1752 rpm。

( ) 19. 下列何種直流發電機在無載時無法建立端電壓？
(A)他激式 (B)分激式 (C)串激式 (D)積複激式。

( ) 20. 某 16 極的同步發電機，其轉速為 435rpm，求其輸出電壓的頻率為多少？
(A)57Hz (B)58Hz (C)59Hz (D)60Hz。

( ) 21. 三相感應電動機由啟動到運轉於額定轉速時，其轉差率（Slip rate）如何變化？
(A)由大變小 (B)維持不變 (C)由小變大 (D)由正變負。

( ) 22. 變壓器之鐵心採用薄疊片堆疊而成主要目的為何？
(A)減少磁滯損 (B)減少銅損 (C)減少機械損 (D)減少渦流損。

( ) 23. 單相變壓器開路試驗可以得到下列何種資訊？ (A)變壓器激磁導納 (B)變壓器的銅損 (C)變壓器極性 (D)變壓器效率。

( ) 24. 變壓器之短路試驗，其操作方式為何？
(A)高壓側短路，低壓側加入額定電壓
(B)高壓側短路，低壓側加入額定電流
(C)低壓側短路，高壓側加入額定電壓
(D)低壓側短路，高壓側加入額定電流。

( ) 25. 一部 220V/110V 之變壓器在低壓側連接一 $4+j3\,\Omega$ 的負載，此負載參考到高壓側時之阻抗為多少？
(A) $1+j0.75\,\Omega$ (B) $2+j1.5\,\Omega$ (C) $4+j3\,\Omega$ (D) $16+j12\,\Omega$。

( ) 26. 下列那種三相變壓器的連接方式會產生三次諧波？
(A)Δ-Δ (B)Δ-Y (C)Y-Y (D)Y-Δ。

( ) 27. 一部四極，60 Hz 繞線式感應電動機，滿載時轉速為 1710 rpm，其每相轉子電阻 R_2 為 0.40Ω，若欲使滿載轉速變為 1665rpm，求所需串聯的外部電阻為多少？ (A)0.05Ω (B)0.10Ω (C)0.15Ω (D)0.20Ω。

( ) 28. 一部三相 16 極永磁式步進馬達，其每一個脈衝的移動角度為多少？
(A)3.75° (B)7.50° (C)11.25° (D)15.0°。

( ) 29. 一部同步發電機其無載頻率為 61Hz，當其連接一 1000kW 的負載時系統的頻率降為 60Hz，若再並聯一 600kW 負載時，系統的頻率將為多少？
(A)59.0 Hz (B)59.2 Hz (C)59.4 Hz (D)59.6 Hz。

( ) 30. 一部三相，四極，220V，Δ 接的感應電動機，在功率因數 0.85 落後下吸取 80A 電流，假設定子銅損 1000W，定子鐵損 500W，轉子銅損 1200W，摩擦損及風損 450W，求氣隙功率為多少？
(A)13.5 kW (B)16.2 kW (C)24.4 kW (D)32.6 kW。

( ) 31. 一直流分激發電機無載時端電壓為 220V，假設其電壓調整率為 5%，則其滿載端電壓為多少？
(A)209.5V (B)212.4V (C)214.3V (D)217.0V。

( ) 32. 一部直流他激式發電機，滿載轉速為 1000rpm，電流為 200A，端電壓為 115V，電樞電阻為 0.025Ω，求在滿載時的感應電動勢為多少？
(A)120 V (B)125 V (C)130 V (D)135 V。

( ) 33. 一部 50hp，230V，有補償繞組之直流分激電動機，電樞電阻為 0.06Ω。並聯磁場電路總電阻為 23Ω，其無載轉速為 800 rpm，當電動機的輸入電流為 110A 時速度為多少？
(A)746 rpm (B)758 rpm (C)760 rpm (D)779 rpm。

( ) 34. 下列有關比較直流分激（並激）式發電機和串激式發電機中激磁繞組的敘述，何者正確？
(A)分激式發電機之線徑較粗，匝數較少
(B)分激式發電機之線徑較細，匝數較多
(C)分激式發電機之線徑較粗，匝數較多
(D)分激式發電機之線徑較細，匝數較少。

( ) 35. 下列何種直流發電機適合用來設計成提供給電焊機使用的發電機？
(A)分激（並激）式 (B)他激式
(C)串激式 (D)積複激式。

( ) 36. 若有一 8 極直流電機其電樞繞組採雙工疊繞方式，若其在額定電流 160A 之狀況下運轉，試問電樞每條並聯路徑的電流為多少？
(A)5 A (B)10 A (C)15 A (D)20 A。

( ) 37. 一部三相，60Hz 感應電動機，無載情況下轉速為 1194 rpm，滿載情況下轉速為 1152 rpm，此電動機在額定負載時的轉差率（Slip rate）為多少？
(A)0.01 (B)0.02 (C)0.03 (D)0.04。

( ) 38. 一部感應電動機運轉於額定狀態，若負載增加時，下列何種物理量會變小？
(A)轉差率 (B)同步轉速 (C)轉子電流 (D)機械轉速。

( ) 39. 一額定 100 VA，110 V/220 V 的變壓器在一次側加入 55 V 的直流電，則二次側的電壓為多少？
(A)0 V (B)55 V (C)110 V (D)220 V。

( ) 40. 額定 1 kVA，240 V/120V，60 Hz 的變壓器，若使用在 50 Hz 的電源時，高壓側最大的使用電壓為多少？
(A)180 V (B)200 V (C)220 V (D)240 V。

解答與解析 答案標示為#者，表官方公告更正該題答案。

1.(**B**)。 無阻尼繞組的同步機無法啟動。

2.(**B**)。 分激發電機電壓建立的條件：(1)要有剩磁、(2)場電阻要小於臨界場電阻、(3)轉速要高於臨界轉速、(4)磁場繞組所生的磁通要與剩磁同方向。

3.(**A**)。 旋轉燈法即兩明一滅法，兩燈亮一燈不亮時可以並聯。

4.(**B**)。 $4\times\frac{600}{5}=480A$

5.(**C**)。 $N_r = N_s(1-S) = 1800\times(1-0.06) = 1692\text{rpm}$

6.(**D**)。 $f_r = Sf_s = 0.06\times 60 = 3.6\text{Hz}$

7.(**A**)。 (B)磁中性面移動角度與負載有關。
(C)磁場受影響。
(D)磁中性面會移動。

8.(**D**)。 轉一圈需要 $\frac{1}{100}$ 分 $==\frac{60}{100}$ 秒，$T=\frac{\frac{60}{100}}{50}=0.012\text{s}$

9.(**A**)。 $100=10\times(0.5+R)$，$R=9.5\,\Omega$

10.(**C**)。 永久分相電容法沒有離心開關。

11.(**B**)。 $S'=S\left(1+\frac{\text{共同繞組}}{\text{非共同繞組}}\right)=1\text{k}\times\left(1+\frac{2000}{200}\right)=11\text{kVA}$

12.(**B**)。 全節距繞時，兩線圈邊相隔 180 度電機角度。

13.(**B**)。 (A)並聯電壓會相同。
(C)均壓線可避免負載分配不均而燒毀。
(D)並聯時電壓相同，$S=\frac{V^2}{R}\propto\frac{1}{R}$。
故選(B)。

14.(**B**)。 $\theta=\frac{360°}{mN}$，$N=\frac{360°}{m\theta}=\frac{360}{3\times 15}=8$ 極

15.(**A**)。 $\theta=\frac{360°}{mN}=\frac{360°}{2\times 3}=60°$，$n=\frac{f\theta}{360}=\frac{600\times 60}{360}=100\text{rpm}$

16.(**D**)。 萬用電機為串激直流機，直流交流皆可使用。

17.(**D**)。 $N_s=\frac{120f}{P}=\frac{120\times 60}{4}=1800\text{rpm}$，$S=\frac{1800-1710}{1800}=0.05$

18.(**D**)。 $n=\frac{V-I_aR_a}{k\phi}$，$\frac{n'}{1800}=\frac{120-30\times 0.3}{120-20\times 0.3}$，$n'=1752\text{rpm}$

19.(**C**)。 串激式無載時無法建立端電壓。

20.(**B**)。 $N=\dfrac{120f}{P}=\dfrac{120f}{16}=7.5f=435$ ，$f=58Hz$

21.(**A**)。 三相感應電動機由啟動到運轉於額定轉速時，轉速由零逐漸上升，故轉差率由大變小。

22.(**D**)。 採用薄疊片堆疊而成可減少渦流損。

23.(**A**)。 開路試驗可測出變壓器的鐵損、激磁電導、激磁電納、無載功率因數。

24.(**D**)。 短路試驗為低壓側短路，高壓側加入額定電流。

25.(**D**)。 $Z'=\left(\dfrac{220}{110}\right)^2\times(4+j3)=16+j12\,\Omega$

26.(**C**)。 Y-Y 接會產生三次諧波。

27.(**D**)。 $N_s=\dfrac{120f}{P}=\dfrac{120\times60}{4}=1800rpm$ ，$S_1=\dfrac{1800-1710}{1800}=0.05$ ，

$S_2=\dfrac{1800-1665}{1800}=0.075$ ，$\dfrac{0.075}{0.05}=\dfrac{0.4+r}{0.4}$ ，$r=0.2\,\Omega$

28.(**B**)。 $\theta=\dfrac{360°}{mN}=\dfrac{360°}{3\times16}=7.5°$

29.(**C**)。 $\dfrac{61-f}{61-60}=\dfrac{1600-0}{1000-0}$ ，$f=59.4Hz$

30.(**C**)。 $P_g=\sqrt{3}\times220\times80\times0.85-1000-500=24.4kW$

31.(**A**)。 $VR\%=\dfrac{V_{無載}-V_{滿載}}{V_{滿載}}$ ，$5\%=\dfrac{220-V_{滿載}}{V_{滿載}}$ ，$V_{滿載}=209.5V$

32.(**A**)。 $E=115+200\times0.025=120V$

33.(**D**)。 $I_f=\dfrac{230}{23}=10A$ ，$I_a=110-10=100A$ ，

$E'=230-100\times0.06=224V$ ，$N'=800\times\dfrac{224}{230}=779rpm$

34.(**B**)。 分激式發電機之線徑較細，匝數較多。

35.(**C**)。 串激式發電機特性曲線如下：

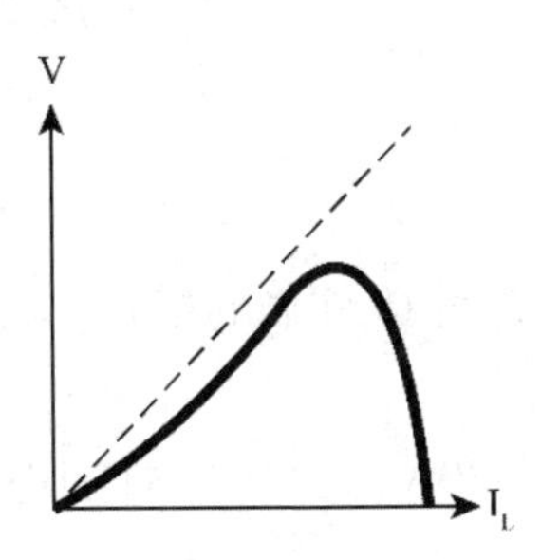

前段可做為升壓機使用，後段因負載電流變化小（恆流特性），可供電焊機使用。

36.(**B**)。 $a = mp = 2 \times 8 = 16$，$I = \frac{160}{16} = 10A$

37.(**D**)。 $N_s > 1194$，$N_s \cong 1200$，$S = \frac{1200 - 1152}{1200} = 0.04$

38.(**D**)。 負載增加，機械轉速變小。

39.(**A**)。 變壓器需要加入交流電才能變壓，故為 0V。

40.(**B**)。 $E = 4.44Nf\phi \propto f$，$E' = 240 \times \frac{50}{60} = 200V$。

112 年中鋼新進人員（員級）

***僅收錄電工機械試題**

一、單選題

( ) 1. 一導線之單位截面積中，在 2 秒內流過 10 庫倫的電荷，試問流經該導線之電流為何？
(A)5A (B)0.5A (C)20A (D)10A。

( ) 2. 欲將同步發電機並聯至電網時，經由同步指示儀得知相序不正確，則下列處理方法何者較為合理？
(A)將發電機任兩相接線交換 (B)將發電機三相接線均互換
(C)提高發電機的激磁電流 (D)提高原動機轉矩。

( ) 3. 欲降低渦流損失，下列措施何者可能沒有效？
(A)降低鐵芯的電阻係數
(B)採用三明治繞法繞組
(C)採用陶鐵磁(ferrite)材質鐵芯
(D)採用層疊的矽鋼片鐵芯。

( ) 4. 以下敘述何者錯誤？
(A)感應電動機的最大轉矩與轉子電阻大小無關
(B)感應電動機的起動轉矩與轉子電阻大小無關
(C)感應電動機的轉差可改變轉子電阻來控制
(D)感應電動機的轉差可改變電源電壓來調整。

( ) 5. 一部三相 220V，60Hz，4 極鼠籠式感應機，原以 1650rpm 穩定運轉，若將輸入電源的相序改變，則在此瞬間電機操作於何種模式？
(A)電動機模式 (B)發電機模式
(C)同步機模式 (D)栓鎖(Plugging)模式。

(　) 6. 圖為電動機的特性曲線，橫軸是電樞電流，縱軸端電壓。請問曲線 a 是何種型式之電動機？

(A)並激式　(B)差複激式　(C)積複激式　(D)串激式。

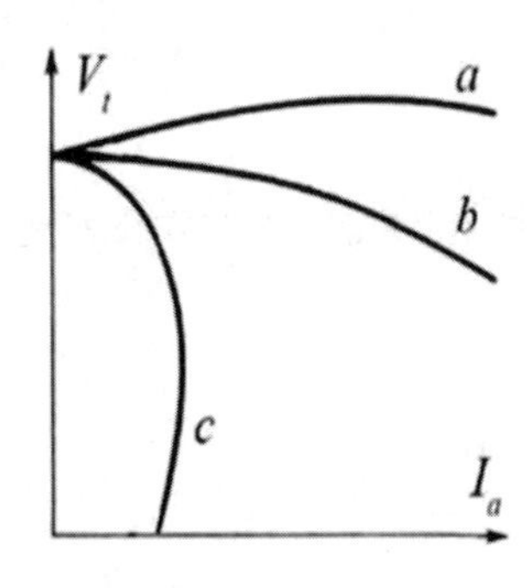

(　) 7. 直流發電機的飽和曲線（magnetization curve）是下列那兩者的關係曲線？

(A)負載電流與磁場電流

(B)感應電動勢與磁場電流

(C)感應電動勢與負載電流

(D)感應電動勢與電樞電流。

(　) 8. 下列關於變壓器開路試驗的敘述何者正確？

(A)通常需施加額定電流　(B)通常將低壓側短路

(C)可測定激磁導納　(D)可測定等效阻抗。

二、複選題

(　) 9. 以下何種電動機可用變頻電源驅動控制轉速？

(A)鼠籠式感應電動機

(B)永久磁鐵作為磁場之直流電動機

(C)永久磁鐵作為磁場之同步電動機

(D)它激式直流電動機。

(　) 10. 鼠籠式感應電動機的轉子設計成雙鼠籠是為了：
(A)便於控制轉速　(B)降低啟動電流
(C)提高運轉效率　(D)提高啟動轉矩。

解答與解析（答案標示為#者，表官方公告更正該題答案。）

一、單選題

1.(**A**)。$I=\frac{\Delta Q}{\Delta t}=\frac{10}{2}=5A$

2.(**A**)。相序不正確時，表示相序接反，此時將發電機任兩相接線交換即可改變相序。

3.(**A**)。降低鐵芯的電阻係數無法降低渦流損。

4.(**B**)。感應電動機的起動轉矩與轉子電阻大小有關。

5.(**D**)。將輸入電源的相序改變，則在此瞬間電機操作於栓鎖（Plugging）模式。

6.(**C**)。a為積複激式
b為他激式
c為差複激式

7.(**B**)。飽和曲線是感應電動勢與磁場電流關係曲線。

8.(**#**)。(A)通常需施加額定電壓
(B)通常將高壓側開路
(D)短路試驗才可測定等效阻抗
官方公布答案有誤，正確答案應選(C)

二、複選題

9.(**A**)(**C**)。感應機和同步機均可使用頻率控制轉速（$n=\frac{120f}{p}$）。

10.(**B**)(**C**)(**D**)。雙鼠籠式可以降低啟動電流、提高運轉效率、提高啟動轉矩。

112 年中鋼新進人員（師級）

***僅收錄電工機械試題**

一、單選題

( ) 1. 900kW 之負載，功率因數為 0.6 滯後，欲將功率因數提昇至 0.8 滯後，則須並聯之電容 kVAR 為何？
(A)375 (B)425 (C)475 (D)525。

( ) 2. 一同步發電機由輸入功率到輸出功率間的基本損失，不包括以下何項？
(A)鐵損 (B)感應損 (C)銅損 (D)雜散損。

( ) 3. 三相感應電動機之負載降低時，轉差率的變化為何？
(A)轉差率變小 (B)轉差率變大
(C)轉差率不變 (D)以上皆非。

二、複選題

( ) 4. 若三相感應電動機採用降壓啟動且啟動電壓為額定電壓的 60%時，下列敘述何者正確？
(A)啟動電流下降 40% (B)啟動電流下降 64%
(C)啟動轉矩下降 40% (D)啟動轉矩下降 64%。

( ) 5. 三具單相理想變壓器，其一次側與二次側匝數比為 40，以 Y-Y 接線供應三相 220V、10kW、功率因數為 0.8 之負載，則下列敘述何者正確？
(A)一次側相電壓約為 5080V
(B)一次側線電流約為 0.8A
(C)二次側相電壓約為 220V
(D)二次側線電流約為 32A。

解答與解析（答案標示為#者，表官方公告更正該題答案。）

一、單選題

1.(**D**)。 $Q=P(\tan\theta_1-\tan\theta_2)=900k\times\left(\frac{8}{6}-\frac{6}{8}\right)=525kVAR$

2.(**B**)。 感應損屬於感應機的損失

3.(**A**)。 三相感應電動機之負載降低時，轉差率會變小。

二、複選題

4.(**A**)(**D**)。

啟動電流 $I_s\propto V$，$I_s'=0.6I_s$ 啟動電流下降 40%

啟動轉矩 $T_s\propto V^2$，$T_s'=0.6^2T_S=0.36T_s$ 啟動轉矩下降 64%

5.(**A**)(**B**)(**D**)。

Y 接：$V_L=\sqrt{3}V_p$，$I_L=I_p$，$n=\frac{n_1}{n_2}=\frac{V_1}{V_2}=\frac{I_2}{I_1}=40$

$V_{1p}=220\times40\times\frac{1}{\sqrt{3}}=5080V$，$V_{2p}=220\times\frac{1}{\sqrt{3}}=127V$

$S=\frac{P}{\cos\theta}=\sqrt{3}V_LI_L$，$I_{2L}=\frac{10k/0.8}{\sqrt{3}\times220}=32A$，$I_{1L}=32\times\frac{1}{40}=0.8A$

112 年台電新進僱用人員

( ) 1. 有一個 50m/s 移動速率且長度為 50cm 之導體，置於磁通密度 0.6Wb/m^2 之均勻磁場中，若導體運動方向與磁場成 90°，則此導體之感應電動勢為何？
(A)0V (B)1.5V (C)15V (D)150V。

( ) 2. 有一部 1.5kW、100V 之直流電動機，滿載效率 75%，求其滿載電流為何？
(A)10A (B)20A (C)25A (D)40A。

( ) 3. 有一台水力發電機使用的絕緣材料為 F 絕緣等級，求其可容許最高溫度為何？
(A)90℃ (B)130℃ (C)155℃ (D)180℃。

( ) 4. 有一磁路已知磁阻為 4000AT/Wb，鐵心上繞有 2000 匝的線圈，外加電流 5A，則產生之磁通量為何？
(A)1Wb (B)2Wb (C)2.5Wb (D)4Wb。

( ) 5. 變壓器鐵心如採用內鐵式，與外鐵式相比較，下列何者有誤？
(A)絕緣散熱好 (B)適於高電壓、低電流
(C)抑制機械應力好 (D)用鐵量少。

( ) 6. 有關理想變壓器，下列何者有誤？
(A)銅損＝0、鐵損＝0 (B)效率 $\eta=1$
(C)導磁係數 $\mu=\infty$ (D)電壓調整率 $\varepsilon=1$。

( ) 7. 有一部配電用變壓器容量 15kVA，鐵損為 150W，滿載銅損為 400W，負載功率因數為 0.8，求其在半載之效率為何？
(A)95% (B)96% (C)97% (D)98%。

(　) 8. 有一部 20kVA、2000V/200V 之變壓器，求高壓側與低壓側額定電流各為何？
(A)1A、10A　(B)10A、10A
(C)10A、100A　(D)100A、10A。

(　) 9. 有一部單相 3300V/220V 變壓器，若高壓側電阻為 90Ω，則等效至低壓側的電阻值為何？
(A)0.4Ω　(B)4Ω　(C)40Ω　(D)400Ω。

(　) 10. 有一部單相變壓器匝數比為 20：1，滿載時二次側端電壓為 100V，一次側端電壓為 2080V，則其電壓調整率為何？
(A)2%　(B)3%　(C)4%　(D)5%。

(　) 11. 有關變壓器之三相△連接，下列何者正確？
(A)線電壓＝$\sqrt{3}$相電壓　(B)線電壓＝相電壓
(C)線電流＝相電流　(D)$\sqrt{3}$線電流＝相電流。

(　) 12. 有關變壓器的鐵損，下列何者正確？
(A)鐵損和負載電流成正比　(B)鐵損和電壓平方成正比
(C)鐵損和負載電流成反比　(D)鐵損和頻率成正比。

(　) 13. 有一部 4kVA、1000V/100V 之單相變壓器，低壓側短路，於高壓側加電源進行測試，瓦特表量測值為 225W、電壓表為 125V、電流表為 2.5A，則低壓側等效電阻為何？
(A)0.36Ω　(B)0.1Ω　(C)10Ω　(D)36Ω。

(　) 14. 有關自耦變壓器的優點，下列何者有誤？
(A)輸出容量可以提升
(B)漏電抗、激磁電流及電壓調整率較同容量的變壓器大
(C)鐵損、銅損較同容量的變壓器小
(D)節省銅線及鐵心材料。

( ) 15. 有關比流器，下列何者有誤？
(A)二次側額定電流為 1A
(B)比流器使用時須注意二次側一端必須接地，以避免靜電感應
(C)將大電流降為小電流
(D)擴大電流表的使用範圍。

( ) 16. 有一部 4kVA、200V/400V 的單相變壓器連接成 200V/600V 的自耦變壓器，則輸出容量為何？
(A)4kVA (B)6kVA (C)8kVA (D)10kVA。

( ) 17. 有一台 4 極、50Hz 之交流同步發電機，求其轉速為何？
(A)1000rpm (B)1200rpm (C)1500rpm (D)3000rpm。

( ) 18. 有一台 6 極、3.3kV、450kVA，功率因數為 0.8 之發電機，其負載效率為 90%，則此發電機之損失 S 為何？
(A)40kVA (B)50kVA (C)80kVA (D)100kVA。

( ) 19. 有關短路比（SCR）愈小，下列何者有誤？
(A)電樞反應愈小 (B)空氣隙較窄
(C)同步阻抗大 (D)磁極磁勢愈小。

( ) 20. 若交流發電機之電樞電流為純電阻性，功率因數 $\cos\theta=1$，此電樞反應為何？
(A)正交磁效應
(B)去磁效應
(C)加磁效應
(D)一正交磁效應及一去磁效應。

( ) 21. 有一台三相交流同步發電機轉速為 600rpm，電壓頻率為 50Hz，其極數為多少極？
(A)6 (B)8 (C)10 (D)12。

(　) 22. 有一部 30kVA、3300V/220V 變壓器，高壓側做短路試驗，三個電表讀值分別為 V＝80V、I＝10A、P=480W，求其短路時功率因數為何？
(A)0.5　(B)0.6　(C)0.75　(D)0.8。

(　) 23. 有關變壓器相關試驗，下列何者正確？
(A)進行短路試驗時，低壓側短路
(B)進行短路試驗時，高壓側加入額定電壓
(C)進行開路試驗時，低壓側短路
(D)進行開路試驗時，低壓側加入額定電流。

(　) 24. 有一平衡三相△接之負載，若每相阻抗為（6＋j8）Ω，接於線電壓 100V 之三相平衡電源上，下列敘述何者有誤？
(A)負載相電流＝10A　(B)負載線電流＝10A
(C)負載功率因數為 0.6　(D)負載阻抗大小為 10Ω。

(　) 25. 有一部 2200V/110V、400kVA 之單相變壓器，滿載時銅損為 6kW，鐵損為 2.16kW，則效率最大時之輸出容量 S 為何？
(A)160kVA　(B)240kVA　(C)320kVA　(D)360kVA。

(　) 26. 一般串激式直流發電機的激磁繞組之匝數及粗細應為何？
(A)匝數多、線徑細　(B)匝數多、線徑粗
(C)匝數少、線徑粗　(D)匝數少、線徑細。

(　) 27. 直流電機電樞鐵心採用斜口槽之目的為何？
(A)增加轉矩　(B)減少運轉噪音
(C)減少渦流損　(D)幫助啟動。

(　) 28. 有關在正常轉速下的直流發電機，下列何者在無載時不能成功建立感應電動勢？
(A)分激式　(B)外激式　(C)複激式　(D)串激式。

(　) 29. 下列何種直流發電機之端電壓隨負載加大而上升？
(A)分激式　(B)過複激式　(C)欠複激式　(D)差複激式。

(　) 30. 若將負載兩端短路，則對直流發電機的敘述，下列何者正確？
(A)分激式電樞電流會變大
(B)差複激式會燒毀電機
(C)串激式電樞電壓及電流會立即減小
(D)外激式會燒毀電機。

(　) 31. 有一部直流分激式電動機，其相關實驗測得電樞電阻為 0.5Ω，磁場線圈電阻為 200Ω，轉軸的角速度為 200rad/s（弳度/秒），當供給電動機的直流電源電壓與電流分別為 200V 與 31A 時，則此電動機產生的電磁轉矩為何？
(A)24.25N-m　(B)27.75N-m　(C)30.25N-m　(D)32.75N-m。

(　) 32. 有關串激式直流電動機的特性，下列敘述何者正確？
(A)激磁場磁通量與電樞電流平方成正比
(B)激磁場磁通量與電樞電流成反比
(C)轉矩與電樞電流成正比
(D)轉矩與電樞電流平方成正比。

(　) 33. 有一部 4 極直流電動機，端電壓 220V，電樞電阻為 0.4Ω，每極磁通為 1.5×10^{-2} 韋伯，電樞導體數為 500 根，電樞繞組採單分波繞，滿載時電樞電流為 50A，若忽略電刷壓降，求其滿載時轉速為何？
(A)800rpm　(B)1600rpm　(C)1780rpm　(D)1820rpm。

(　) 34. 有關直流電動機的損失，下列何者與負載大小無關？
(A)電樞繞組銅損　(B)串激繞組銅損
(C)分激繞組銅損　(D)中間極繞組銅損。

( ) 35. 直流發電機之負載特性曲線係指哪兩者之間的關係曲線？
(A)電樞電勢與激磁電流 (B)電樞電流與激磁電流
(C)電樞電勢與負載電流 (D)端電壓與負載電流。

( ) 36. 下列何者為直流電機均壓線的功能？
(A)改善換向作用 (B)提升絕緣
(C)提升溫度限度 (D)抵消電樞反應。

( ) 37. 有一部單相 6 極、60Hz 之感應電動機，若轉子轉速為順向 900rpm，則轉子對於逆向旋轉磁場之轉差率為何？
(A)0.85 (B)1 (C)1.25 (D)1.75。

( ) 38. 有一部三相感應電動機之氣隙功率為 P_1，內生機械功率為 P_2，轉子銅損為 P_3，轉差率為 S，則 P_1：P_2：P_3 之比例關係為何？
(A)（1－S）：1：S (B)S：（1－S）：1
(C)1：S：（1－S） (D)1：（1－S）：S。

( ) 39. 感應電動機產生最大轉矩時的轉差率與下列何者成正比？
(A)輸入電壓 (B)定子電阻
(C)轉子電阻 (D)轉子電抗。

( ) 40. 有一部三相 4 極、60Hz 之繞線式轉子感應電動機，轉子每相電阻為 0.6Ω，運轉於 1200 rpm 時產生最大轉矩，若此電動機要以最大轉矩啟動，則轉子每相電路須外加多少電阻？
(A)0.6Ω (B)0.8Ω
(C)1.0Ω (D)1.2Ω。

( ) 41. 三相感應電動機運轉時，若在電源側並接電力電容器，其主要目的為何？
(A)降低電動機轉軸之轉速 (B)增加電源側之有效功率
(C)改善電源側之功率因數 (D)增加電動機電磁轉矩。

( ) 42. 下列何種啟動方法不適用於三相鼠籠式感應電動機？
(A)Y-Δ 降壓啟動法　(B)一次電抗降壓啟動法
(C)補償器降壓啟動法　(D)轉子加入電阻法。

( ) 43. 單相電容啟動式感應電動機啟動過程中，離心開關會切斷啟動繞組（輔助繞組）的電流，此時的轉子轉速約為何？
(A)75%同步轉速　(B)85%同步轉速
(C)100%同步轉速　(D)120%同步轉速。

( ) 44. 有一部三相 4 極感應電動機以變頻器驅動，其轉速為 1000rpm，此時電動機之轉差率為 4 %，則變頻器輸出之電源頻率約為何？
(A)34.7Hz　(B)42.5Hz
(C)47.3Hz　(D)52.3Hz。

( ) 45. 有一台六相步進馬達，若轉子凸極數為 30，試求此步進馬達之步進角 θ 為幾度？
(A)2°　(B)3°　(C)4°　(D)6°。

( ) 46. 三相感應電動機的額定線電壓為 220V，額定頻率為 60Hz，極數為 6 極；若轉速為 1080 轉/分，則轉子繞組的電流頻率為何？
(A)2 Hz　(B)3 Hz　(C)4 Hz　(D)6 Hz。

( ) 47. 有一台 3000W 的直流發電機，滿載時固定損失為 200W。已知此發電機之半載效率為 80%，則其滿載時之可變損失應為何？
(A)1000W　(B)900W　(C)800W　(D)700W。

( ) 48. 有一部三相 8 極、60Hz 之感應電動機，若操作在轉差率為 0.03 時，其總氣隙功率為 1200W，則轉子的總電阻損失為何？
(A)36W　(B)48W　(C)64W　(D)128W。

( ) 49. 有一台分激式直流發電機，其感應電動勢為 110V，電樞電阻為 0.1Ω，電樞電流為 40A，磁場電阻為 53Ω，若忽略電刷壓降，則輸出功率為何？
(A)4028W (B)4250W (C)4500W (D)4664W。

( ) 50. 若以 N、S 表示為主磁極之極性，n、s 表示為中間極（換向磁極）之極性，則沿直流發電機旋轉方向之磁極排列應為何？
(A)NsnS (B)NSns (C)NnSs (D)NsSn。

解答與解析（答案標示為#者，表官方公告更正該題答案。）

1.(**C**)。 $E = Blv\sin\theta = 0.6\times0.5\times50\times\sin90° = 15V$

2.(**B**)。 $75\% = \dfrac{1500}{100\times I}\times100\%$，$I = 20A$

3.(**C**)。

絕緣等級	最高耐溫
Y	90°C
A	105°C
E	120°C
B	130°C
F	155°C
H	180°C
C	180°C以上

4.(**C**)。 $\mathbb{R} = \dfrac{\mathcal{F}}{\phi}$，$\phi = \dfrac{\mathcal{F}}{\mathbb{R}} = \dfrac{2000\times5}{4000} = 2.5Wb$

5.(**C**)。 內鐵式抑制機械應力較差。

6.**(D)**。 電壓調整率 $VR\%=\dfrac{V_{無載}-V_{滿載}}{V_{滿載}}\times100\%$，理想變壓器無損失，VR%

$=\dfrac{V-V}{V}\times100\%=0$

7.**(B)**。 $\eta=\dfrac{15000\times0.8\times\frac{1}{2}}{15000\times0.8\times\frac{1}{2}+150+400\times(\frac{1}{2})^2}\times100\%=96\%$

8.**(C)**。 $I_{高}=\dfrac{20k}{2000}=10A$，$I_{低}=\dfrac{20k}{200}=100A$

9.**(A)**。 $a=\dfrac{3300}{220}=15$，$Z_{eq2}=\dfrac{90}{15^2}=0.4\Omega$

10.**(C)**。 $VR\%=\dfrac{V_{無載}-V_{滿載}}{V_{滿載}}\times100\%=\dfrac{2080\times\frac{1}{20}-100}{100}\times100=4\%$

11.**(B)**。 Δ 接：$V_L=V_P$，$I_L=\sqrt{3}\,I_p$
Y 接：$V_L=\sqrt{3}\,Vp$，$I_L=I_p$

12.**(B)**。 鐵損有渦流損（$P_e\propto V^2$）和磁滯損（$P_h\propto\dfrac{v^2}{f}$），磁滯損約為渦流損的 4 倍。

13.**(A)**。 $Z_{eq1}=\dfrac{125}{2.5}=50\Omega$，$R_{eq1}=\dfrac{225}{2.5^2}=36\Omega$，$R_{eq2}=\dfrac{36}{10^2}=0.36\Omega$

14.**(B)**。 漏電抗、激磁電流及電壓調整率較同容量的變壓器小。

15.**(A)**。 二次側額定電流為 5A。

16.**(B)**。 $S=4k\times(1+\dfrac{200}{600-200})=6kVA$

17.**(C)**。 $N_s=\dfrac{120f}{P}=\dfrac{120\times50}{4}=1500rpm$

18.(**B**)。 $S_i=450k\div 90\%=500kVA$，$S_{loss}=500-450=50kVA$

19.(**A**)。 短路比愈小，電樞反應愈大。

20.(**A**)。 此為正交磁效應。

21.(**C**)。 $600=\dfrac{120\times 50}{P}$，$P=10$

22.(**B**)。 $S=80\times 10=800$，$pf=\cos\theta=\dfrac{P}{S}=\dfrac{480}{800}=0.6$

23.(**A**)。 (A)(B)短路試驗，高壓端（高壓端不一定是一次側）加額定電流，低壓端短路。(C)(D)開路試驗，低壓端（低壓端不一定是二次側）加額定電壓，高壓端開路。

24.(**B**)。 Δ接：$V_L=V_p=100V$，$I_p=\dfrac{1}{\sqrt{3}}I_L=\left|\dfrac{100}{6+j8}\right|=10A$，$I_L=10\sqrt{3}A$，
$pf=\cos\theta=0.6$，$Z=|6+j8|=10\Omega$

25.(**B**)。 效率最大時，銅損等於鐵損，$6k\times(n\%)^2=2.16k$，$n=60\%$負載時效率最大，此時$S=400k\times 60\%=240kVA$

26.(**C**)。 串激式：匝數少、線徑粗。分激式：匝數多、線徑細。

27.(**B**)。 採用斜口槽之目的為減少運轉噪音。

28.(**D**)。 串激式在無載時不能成功建立感應電動勢。

29.(**B**)。 過複激式端電壓隨負載加大而上升。

30.(**D**)。 (A)分激式電樞電流會變小(B)差複激式不會燒毀電機(C)串激式電樞電壓及電流會慢慢減小。

31.(**B**)。 $T=\dfrac{P}{\omega}=\dfrac{\left(31-\dfrac{200}{200}\right)\times\left[200-\left(31-\dfrac{200}{200}\right)\times 0.5\right]}{200}=27.75N-m$

32.(**D**)。 (A)(B)$\phi\propto I_a$，(C)(D)$T=k\phi I_a=k'I_a^2\propto I_a^2$

33.(**A**)。$E=\frac{PZ\phi n}{60a}$，$n=\frac{60aE}{PZ\phi}=\frac{60\times(2\times1)\times(220-50\times0.4)}{4\times500\times(1.5\times10^{-2})}=800rpm$

34.(**C**)。分激場繞組銅損是唯一與負載大小無關的銅損。

35.(**D**)。負載特性曲線係端電壓與負載電流之關係曲線。

36.(**A**)。直流電機均壓線可改善換向作用。

37.(**D**)。$N_s=\frac{120f}{P}=\frac{120\times60}{6}=1200rpm$，$S=\frac{1200-900}{1200}=0.25$，$S'=2-S=2-0.25=1.75$

38.(**D**)。$P_1：P_2：P_3=1：(1-S)：S$

39.(**C**)。最大轉矩的轉差率 $S_{Tmax}=\frac{R_2'}{\sqrt{R_1^2+(X_1+X_2')^2}}\cong\frac{R_2'}{X_2'}$，$R_2'$：轉子換算至定子之等效電阻

40.(**D**)。$n_s=\frac{120f}{P}=\frac{120\times60}{4}=1800$，$S=\frac{1800-1200}{1800}=\frac{1}{3}$，$\frac{0.6}{\frac{1}{3}}=\frac{0.6+r}{1}$，$r=1.2\Omega$

41.(**C**)。並接電力電容器，其主要目的為改善功率因數。

42.(**D**)。轉子加入電阻法適用於繞線式感應電動機。

43.(**A**)。75%同步轉速時，離心開關會切斷啟動繞組（輔助繞組）的電流。

44.(**A**)。$1000=(1-4\%)\times\frac{120f}{4}$，$f=34.7Hz$

45.(**A**)。$\theta=\frac{360^\circ}{mN}=\frac{360^\circ}{6\times30}=2^\circ$

46.(**D**)。 $N_s = \frac{120f}{P} = \frac{120\times60}{6} = 1200rpm$，$S = \frac{1200-1080}{1200} = 0.1$，$f' = 0.1\times60 = 6Hz$

47.(**D**)。 $80\% = \frac{3000\times0.5}{3000\times0.5+200+0.5^2 P_c}\times100\%$，$P_C = 700W$

48.(**A**)。 $\frac{1200}{1} = \frac{P_r}{0.03}$，$P_r=36W$

49.(**A**)。 $V = E - I_aR_a = 110 - 40\times0.1 = 106V$，$I_L = 40 - \frac{106}{53} = 38A$，

$P=I_LV=4028W$

50.(**D**)。 發電機：NsSn，電動機：NnSs

112 年經濟部所屬事業機構新進職員

一、兩部相同的三相 Y 接同步發電機 G_1 與 G_2 並聯運轉，每部之同步電抗每相為 $X_s=50\Omega$，若電樞電阻不計，磁飽和所引起的影響亦不予考慮。設輸出線電壓為 6.6KV、總輸出功率為 800KW，功率因數為 0.8 落後，G_1 與 G_2 的磁場電流分別為 I_{f1} 與 I_{f2}，若輸出之有效功率兩發電機平均分攤，G_1 發電機電樞電流 $I_1=51A$（相位落後電壓），試求（計算至小數點第 2 位，以下四捨五入）：

(一)G_2 發電機電樞電流 I_2 為多少？

(二)G_1 與 G_2 的磁場電流的比值 $\frac{I_{f1}}{I_{f2}}$ 為多少？

(三)G_1 與 G_2 的發電機功率角分別為多少？

答：$\cos\theta=0.8$、$\sin\theta=\sqrt{1\text{-}0.8^2}=0.6$

$Q=800\times\frac{0.6}{0.8}=600\text{KVAR}$

$P_1=P_2=800\times\frac{1}{2}=400\text{KW}$

$\sqrt{3}\times6.6\text{k}\times51\times\cos\theta_1=400\text{k}\Rightarrow\theta_1=46.68°$

$Q_1=\sqrt{3}\times6.6\text{k}\times51\times\sin46.68°=424.14\text{ KVAR}$

$Q_2=600\text{-}424.14=175.86\text{ KVAR}$

$S_2=\sqrt{175.86^2+400^2}=436.95\text{ KVA}$

$\cos\theta_2=\frac{400}{436.95}=0.92$，$\theta_2=25.64°$

(一)$I_2=\frac{436.95\text{k}}{\sqrt{3}\times6.6\text{k}}=38.22\text{A}$

(二) $\frac{I_{f1}}{I_{f2}}=\frac{E_1\angle\delta_1}{E_2\angle\delta_2}=\frac{\frac{6.6\text{k}\angle0°}{\sqrt{3}}+51\angle(-46.68°)\times j50}{\frac{6.6\text{k}\angle0°}{\sqrt{3}}+38.22\angle(-25.64°)\times j50}=\frac{5926.64\angle17.16°}{4902.61\angle20.91°}$

$=1.21$

(三)$\delta_1=17.16°$，$\delta_2=20.91°$

第三部分 近年試題及解析

二、如果一個消耗 9KVA 的三相電感性負載連接至線間電壓為 380V 的三相供電系統時，其操作功因為 0.707 落後。此時若將一個具有每相等效同步電抗為 0.72Ω 之三相同步電動機並聯至電源側，該三相同步電動機將可提供 12KW 的三相實功輸出（假設機械與鐵心損失可以忽略），同時電動機與電感性負載組合將可操作功因為 1.0 的情形下，試求（計算至小數點第 2 位，以下四捨五入）：

(一)供應至三相電感性負載的線路電流為多少？

(二)供應至三相同步電動機的線路電流為多少？

(三)由電源所供應出來的線路總複數功率（實功與虛功）為多少？

答：(一) $I=\dfrac{9k}{\sqrt{3}\times 380}=13.67A$

(二) 三相電感性負載：$\theta=\cos^{-1}0.707=45°$

三相同步電動機提供之超前虛功率

$\Rightarrow Q=9k\times\sin45°=6363.96VAR$

三相同步電動機提供之視在功率

$\Rightarrow S=\sqrt{12^2+6.36396^2}=13.58KVA$

三相同步電動機提供之線路電流 $I=\dfrac{13.58k}{\sqrt{3}\times 380}=20.64A$

(三) $S=9k\times\cos45°+j\times9k\times\sin45°+12k-j\times9k\times\sin45°=18363.96+j0$

$P=18363.96W$，$Q=OVAR$

三、一 10KVA、2200/110V、60HZ 之單相變壓器，在額定電壓及額定電流運用時，渦流耗損 $P_e=20W$，磁滯耗損 $P_n=40W$，銅損 $P_{cu}=190W$，最大磁通密度 $B_m=1Wb/m2$，若電源頻率改為 50HZ，初級電壓仍為 2200V，試求改頻率後（計算至小數點第 2 位，以下四捨五入）：

(一)渦流耗損為多少？

(二)磁滯耗損為多少？

(三)銅損為多少？

(四)額定功率為多少？

答：(一)渦流損 $P_e=K_2E^2 \Rightarrow P_e=20w$

(二) 磁滯損 $P_h=k_1\frac{E^2}{f} \Rightarrow P_h=40\times\frac{60}{50}=48w$

(三) 銅損 $P_c=I_2^2(\frac{R_1}{a^2}+R_2) \Rightarrow P_c=190w$

(四) 電壓不變，電流也不變，故額定功率不變⇒S=10KVA

112 年鐵路特考員級

一、某變電站的降壓變壓器一次側線電壓為 22.8kV，二次側線電壓為 380V，二次側總負載量為 750kVA，若採用下列 6 種單相變壓器接線：(1)Y-Y；(2)Y-Δ；(3)Δ-Y；(4)Δ-Δ；(5)V-V；(6)開 Y-開Δ。請分別計算採用這 6 種接線時，單相變壓器一、二次側相電壓及每相容量之規格為多少？

答：$a=\dfrac{22.8k}{380}=60$、$S_2=750kVA$

(1) Y－Y

$V_{1P}=\dfrac{22.8k}{\sqrt{3}}=7600\sqrt{3}$ V

$V_{2P}=\dfrac{380}{\sqrt{3}}$

$S=\dfrac{1}{3}\times750k=250kVA$

(2) Y－△

$V_{1P}=\dfrac{22.8k}{\sqrt{3}}=7600\sqrt{3}$ V

$V_{2P}=380V$

$S=\dfrac{1}{3}\times750k=250kVA$

(3) △－Y

$V_{1P}=22.8kV$

$V_{2P}=\dfrac{380}{\sqrt{3}}$ V

$S=\dfrac{1}{3}\times750k=250kVA$

(4) △－△

$V_{1P}=22.8kV$

V_{2P}=380V

$S=\frac{1}{3}\times 750k=250kVA$

(5) V－V（開△）

V_{1P}=22.8kV

V_{2P}=380V

$S=\frac{1}{2}\times\frac{750k}{\frac{\sqrt{3}}{2}}=250\sqrt{3}\ kVA$

(6) 開 Y－開△

$V_{1P}=\frac{22.8k}{\sqrt{3}}=7600\sqrt{3}\ V$

V_{2P}=380V

$S=\frac{1}{2}\times\frac{750k}{\frac{\sqrt{3}}{2}}=250\sqrt{3}\ kVA$

二、兩部他激式發電機 A 和 B 要並聯供應 220V，120kW 的負載，假設兩台發電機額定電壓均為 220V，且 A 機額定容量為 80kW、電壓調整率為 2%，B 機額定容量為 60kW、電壓調整率為 3%。求要滿足負載條件下：

(一)各發電機之輸出電流？

(二)各發電機之輸出功率為多少？

答：(一)

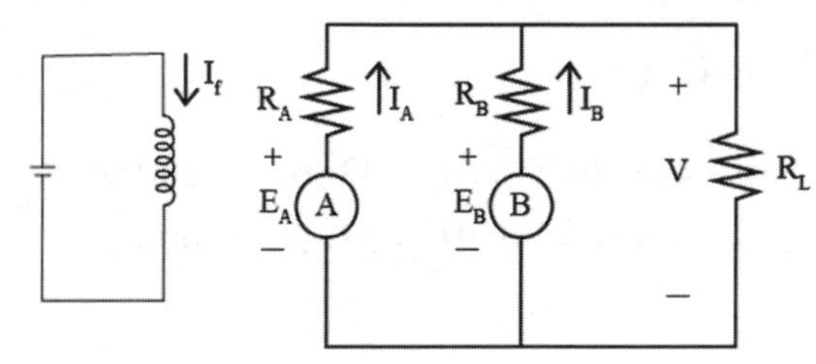

$E_A=220\times1.02=224.4V$

$E_B=220\times1.03=226.6V$

$R_A=\dfrac{224.4-220}{\frac{80k}{220}}=0.0121\Omega$

$R_B=\dfrac{226.6-220}{\frac{60k}{220}}=0.0242\Omega$

$$\begin{cases}224.4-I_A\times0.0121=226.6-I_B\times0.0242\\ I_A+I_B=\dfrac{120k}{220}\end{cases}$$

$\Rightarrow I_A=\dfrac{10000}{33}A$，$I_B=\dfrac{8000}{33}A$

(二) $V=224.2-\dfrac{10000}{33}\times0.0121=\dfrac{7284.2}{33}V$

$P_A=\dfrac{7284.2}{33}\times\dfrac{10000}{33}=\dfrac{602000}{9}W$

$P_B=\dfrac{7284.2}{33}\times\dfrac{8000}{33}=\dfrac{481600}{9}W$

三、某 60Hz 三相同步發電機，若定子之結構為 84 槽，4 極，試求
(一)最低的 4 個槽諧波（Slot harmonic）頻率為多少 Hz？
(二)請說明改善槽諧波的方法。

答：(一) 諧波成分數目 $V=\dfrac{2MS}{P}\pm1L$，

S：定子槽數，M：整數，P：極數

$V_s=\dfrac{2\times M\times84}{4}\pm1=42M\pm1$

$M=1\Rightarrow V=41.43\Rightarrow f=41\times60=2460H_z$、$43\times60=2580\ H_z$

$M=2\Rightarrow V=83.85\Rightarrow f=83\times60=4980H_z$、$85\times60=5100\ H_z$

(二) 1.採用分數槽繞組：即每相每極之槽數變成分數（ex:$2\frac{1}{2}$、$3\frac{1}{3}$……等）

2.轉子斜導體：將電機轉子的導體置成斜向

四、試比較三相感應電動機和單相感應電動機之優缺點。

答：

單相	三相
結構簡單	結構複雜
無法自行啟動	可自行啟動
啟動轉矩低	啟動轉矩高
效率低	效率高
同容量下體積大	同容量下體積小
改變轉向麻煩	改變轉向簡單
Pf 低	Pf 高
適用於小負載	適用於各種負載
價格高	價格低

112 年鐵路特考佐級

( ) 1. 下列何者稱作變壓器的激磁電流？
(A)變壓器輸出電流
(B)變壓器無載下輸入電流
(C)變壓器有載下輸入電流
(D)變壓器額定電壓下二次側電流。

( ) 2. 下列何者不是變壓器的試驗項目？
(A)無載試驗 (B)堵住試驗 (C)堵住試驗 (D)溫升試驗。

( ) 3. 某一變壓器一次側額定電壓 220 伏特、頻率 60Hz，磁路最大磁通量 0.002 韋伯（Web），一次側合理繞組應為幾匝？
(A)220 (B)320 (C)420 (D)520。

( ) 4. 若要選用三相 750kVA 之變壓器，則下列何種變壓器效率較高？
(A)模鑄式變壓器 (B)油浸式變壓器
(C)鋁合金線圈變壓器 (D)乾式變壓器。

( ) 5. 有三台變壓比均為 20 之單相變壓器，連接成 Y－△接線，假設一次側線電壓為 2000V，則二次側相電壓約為多少？
(A)220V (B)220.3V (C)173.2V (D)57.7V。

( ) 6. 下列何者二次側不能開路？
(A)自耦變壓器 (B)比壓器
(C)比流器 (D)高壓變壓器。

( ) 7. 某比壓器的電壓比為 50:1，若低壓側之電壓表顯示為 30V 時，則高壓側電壓為：
(A)1.5kV (B)15kV (C)22.8kV (D)45000V。

( ) 8. 若變壓器一次側電源電壓保持不變下，當一次側匝數減少時，二次側匝數不變時，則其二次側的電壓會：

(A)無法判斷 (B)不變

(C)下降 (D)上升。

( ) 9. 某 22.8kV/380V 配電系統中，若採 Y－△三相供電變壓器，若二次側總負載量為 600kVA，則高壓側相電流為多少？

(A)100A (B)26A

(C)15A (D)8.7A。

( ) 10. 一個 10kVA，60Hz，3000/300 伏特的降壓變壓器，若一次（3000V）側電源阻抗為 10Ω，交付（等效）至低壓側阻抗為幾 Ω？

(A)0.01 (B)0.1

(C)1 (D)100。

( ) 11. 一個三相 10MVA、33/3.45kV 的三相變壓器，若要滿足負載側電壓調整率不大於 5%，則負載側滿載電壓最低幾 kV？

(A)3.225 (B)3.245

(C)3.265 (D)3.285。

( ) 12. 一個三相 100MVA、161/33kV 的三相配電變壓器，在一次側裝置有載分接頭（OLTC），在負載側電壓降至 32.175kV 時，若希望將負載側電壓調整回 33kV，則有載分接頭應置於那一個電壓位置？

(A)154kV (B)157kV

(C)160kV (D)163kV。

( ) 13. 有關自耦變壓器的敘述下列何者有誤？

(A)可設計成可調式電壓源輸出設備

(B)可由雙繞組變壓器適當接線完成

(C)為隔離式變壓器

(D)可用以啟動交流感應電動機。

( ) 14. 三台單相變壓器連接成一部三相變壓器，如附圖所示，其中大寫字母（A,B,C）為一次側，小寫字母（a,b,c）為二次側，此三相變壓器的接法為何？

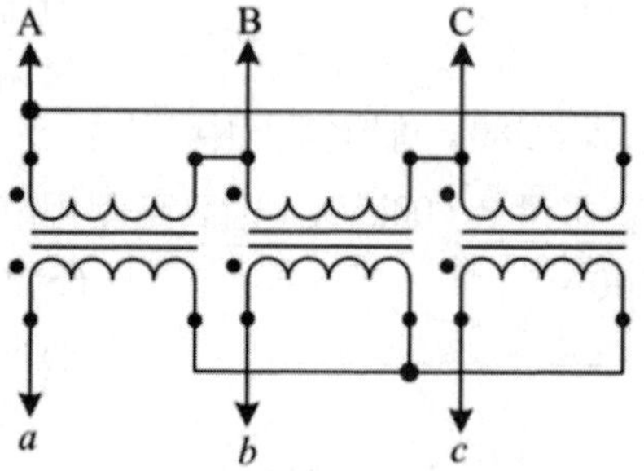

(A)Y/△接線 (B)△-Y 接線 (C)Y/Y 接線 (D)△/△接線。

( ) 15. 下列何種接線可改接成 U-V 接線，繼續供應三相電力？

(A)Y－Y (B)Y－△ (C)△－△ (D)△－Y。

( ) 16. 三相配電系統要降低三次諧波成份，則下列何種接線方法較不適合？

(A)△－Y 接線 (B)△－Y 接線

(C)Y－Y 接線 (D)△－△接線。

( ) 17. 下列何種馬達構造簡單且價格較低？

(A)直流無刷馬達 (B)分激馬達

(C)蔽極式馬達 (D)通用馬達。

( ) 18. 臺北火車站要裝設一部地下室至 8 樓頂之揚水泵，則下列何種馬達最適合？

(A)三相感應馬達 (B)通用馬達

(C)三相同步馬達 (D)分相式馬達。

( ) 19. 目前下列何種工業馬達之效率較高？

(A)直流無刷馬達 (B)直流有刷馬達

(C)三相感應馬達 (D)繞線式馬達。

( ) 20. 若要量取三相感應馬達的銅損，需做何種試驗？
(A)無載試驗 (B)堵住試驗 (C)直流測試 (D)短路試驗。

( ) 21. 某臺鐵車站之三相 4 極感應馬達，則該馬達之旋轉磁場轉速為多少？
(A)3600rpm (B)3400rpm (C)1800rpm (D)1760rpm。

( ) 22. 下列何種馬達不能無載運轉？
(A)永磁同步馬達 (B)感應馬達
(C)步進馬達 (D)串激馬達。

( ) 23. 某三相感應馬達其定子為△接線，若以額定電壓 220V，60Hz 直接啟動時，啟動電流為 120A，若改為 Y－△起動，則其啟動電流變為多少？
(A)360A (B)240A (C)60A (D)40A。

( ) 24. 一台 220V、10Hp、60Hz 三相感應電動機定子以接線啟動時，啟動電流為 150A、啟動轉矩為 3 公斤-米，若定子改成 Y-△啟動，啟動時的啟動電流與啟動轉矩為何？
(A)啟動電流 50A、啟動轉矩 1 公斤-米
(B)啟動電流 75A、啟動轉矩 1.5 公斤-米
(C)啟動電流 87A、啟動轉矩 1.7 公斤-米
(D)啟動電流 120A、啟動轉矩 2.4 公斤-米。

( ) 25. 有關三相感應電動機的轉速控制範圍，以下方法何者最廣？
(A)改變定子端電壓 (B)改變定子極數
(C)改變轉子電阻值 (D)改變定子端頻率。

( ) 26. 直流電機其鐵心採用矽鋼片疊成，其最主要目的為何？
(A)降低磁滯損 (B)降低渦流損
(C)降低電樞反應 (D)降低磁阻。

( ) 27. 在直流電機的磁路中，主要的磁阻來源是下列何者產生的？
(A)氣隙 (B)電樞鐵心 (C)外殼 (D)磁軛。

( ) 28. 某分激直流發電機，額定電壓為 200V，額定電流為 40A，若其電壓調整率為 10%，則無載時其端電壓多少？
(A)210V (B)215V (C)220V (D)225V。

( ) 29. 在直流電動機的轉速控制方法中，下列何者能達成定馬力控速？
(A)電樞電阻控制法 (B)電樞電壓控制法
(C)磁場電阻控制法 (D)電刷移動控制法。

( ) 30. 一部 220V、50Hp 並激式直流電動機在額定 1800rpm 操作，此時輸出轉矩多少公斤-米？
(A)14.2 (B)16.2 (C)18.2 (D)20.2。

( ) 31. 某 Y 接三相同步發電機之相電壓為 220V，頻率為 60Hz；若轉速為 600rpm，則其極數應為多少？
(A)48 (B)24 (C)12 (D)6。

( ) 32. 有一部 10 極之三相同步發電機，每相每極有 3 槽，每槽的導體數為 12 根，則每相之匝數為：
(A)360 匝 (B)280 匝 (C)220 匝 (D)180 匝。

( ) 33. 三相同步發電機定子繞組中，採用短節距線圈之感應電勢與全節距線圈感應電勢之比值稱為：
(A)分佈因數 (B)節距因數
(C)繞組因數 (D)線圈因數。

( ) 34. 某發電廠之三相同步發電機，經量測得出每相之電樞感應電勢滯後電樞電流 90° 時，則此時之電樞反應會產生何種效應？
(A)去磁及交磁效應 (B)去磁效應
(C)加磁效應 (D)交磁效應。

( ) 35. 某三相同步發電機供電給感應馬達，若馬達負載變動時，若欲維持其電壓之穩定，應如何處理？
(A)增加原動機轉速　(B)增加場電流
(C)減少場電流　(D)降低原動機轉速。

( ) 36. 有關同步電動機的啟動方法，以下何者有誤？
(A)以感應機原理啟動　(B)以另一部電動機帶動啟動
(C)改變定子極數啟動　(D)改變定子頻率啟動。

( ) 37. 三相同步發電機並聯時，下列何者非並聯的必要條件？
(A)每相電壓須相同　(B)頻率須相同
(C)相序須一致　(D)容量須相同。

( ) 38. 某同步電動機其規格為 60Hz，10 極，30Hp，試求其滿載轉矩約為多少？
(A)594N-m　(B)297N-m　(C)154kg-m　(D)80kg-m。

( ) 39. 下列何種馬達之轉子只有鐵心且無導體配置？
(A)磁阻馬達　(B)通用馬達
(C)同步馬達　(D)鼠籠式感應馬達。

( ) 40. 直流串激電動機在磁路未飽和狀況下，其轉矩與電樞電流成：
(A)反比　(B)平方反比　(C)正比　(D)平方正比。

解答與解析（答案標示為#者，表官方公告更正該題答案。）

1.**(B)**。變壓器激磁電流為無載下輸入電流。

2.**(B)**。堵住試驗為感應機的試驗。

3.**(C)**。$E=4.44Nf\phi$，$220=4.44\times N\times 60\times 0.002$，$N\cong 420$

4.**(B)**。油浸式變壓器效率較高。

5.(**D**)。 Δ 接：$V_L=V_p$，$I_L=\sqrt{3}\,I_p$
Y 接：$V_L=\sqrt{3}\,V_p$，$I_L=I_p$
$V_{2p}=(2000\times1/20)/\sqrt{3}=57.7V$

6.(**C**)。 比流器二次側不能開路，比壓器二次側不能短路。

7.(**A**)。 $V=30\times50=1500V=1.5kV$

8.(**D**)。 $\frac{V_1}{V_2}=\frac{N_1}{N_2}$，$V_2\propto\frac{1}{N_1}$，
∴當一次側匝數減少，其二次側的電壓會上升

9.(**C**)。 Δ 接：$V_L=V_p$，$I_L=\sqrt{3}\,I_p$
Y 接：$V_L=\sqrt{3}\,V_p$，$I_L=I_p$
$I_{1p}=\frac{600k}{380}\times\frac{380}{22.8k}\times\frac{1}{\sqrt{3}}=15A$

10.(**B**)。 $Z'=10\times\left(\frac{300}{3000}\right)^2=0.1\Omega$

11.(**D**)。 電壓調整率 $VR\%=\frac{V_{無載}-V_{滿載}}{V_{滿載}}\times100\%$，$\frac{3.45-V_{滿載}}{V_{滿載}}\leq0.05$，
$V_{滿載}\geq3.285$

12.(**B**)。 $161k\times32.175k=V\times33k$，$V=157kV$

13.(**C**)。 自耦變壓器非隔離式變壓器。

14.(**B**)。 此為Δ-Y 接線。

15.(**B**)。 U-V 接線又稱為開 Y-開△連接，是由 Y–Δ 移除一台變壓器後改接而成。

16.(**C**)。 Y－Y 接線無法降低三次諧波。

17.(**C**)。 蔽極式馬達構造簡單且價格較低。

18.(**A**)。 三相感應馬達最適合。

19.**(A)**。直流無刷馬達效率較高。

20.**(B)**。銅損需做堵住試驗。

21.**(C)**。$N_s = \frac{120f}{P} = \frac{120 \times 60}{4} = 1800rpm$

22.**(D)**。串激馬達不能無載運轉。

23.**(D)**。此為降壓啟動，$I' = 120 \times \frac{1}{3} = 40A$

24.**(A)**。此為降壓啟動，$I' = 150 \times \frac{1}{3} = 50A$，$T' = 3 \times \frac{1}{3} = 1N-m$

25.**(D)**。改變定子端頻率可以得到最廣的轉速控制範圍。

26.**(B)**。採用矽鋼片可降低渦流損。

27.**(A)**。氣隙為主要的磁阻來源。

28.**(C)**。$10\% = \frac{V_{無載} - 200}{200} \times 100\%$，$V_{無載} = 220V$

29.**(C)**。定馬力表示功率不變，故為磁場電阻控制法。

30.**(D)**。$T = \frac{P}{\omega} = \frac{60 \times 50 \times 746}{1800 \times 2\pi} = 198N-m = 20.2kg-m$

31.**(C)**。$n = \frac{120f}{P}$，$P = \frac{120f}{n} = \frac{120 \times 60}{600} = 12$ 極

32.**(D)**。匝數 $= \frac{10 \times 3 \times 12}{2} = 180$ 匝

33.**(B)**。節距因數。

34.**(C)**。電樞感應電勢滯後電樞電流 90°時，會產生加磁效應。

35.**(B)**。增加場電流可維持其電壓之穩定。

36.**(C)**。改變定子極數無法啟動同步機。

37.(**D**)。 並聯條件中，容量不須相同。

38.(**B**)。 $n=\frac{120f}{P}=\frac{120\times 60}{10}=720$，$T=\frac{P}{\omega}=\frac{60\times 30\times 746}{2\pi\times 720}=297N-m$

39.(**A**)。 磁阻馬達之轉子只有鐵心且無導體配置。

40.(**D**)。 $T=\frac{PZ}{2\pi a}\phi I_a$，其中 $\phi\propto I_a$，$\therefore T\propto I_a^2$

113年臺鐵公司從業人員甄試（第9階）

( ) 1. 下列何者是變壓器的能量轉換方式？
(A)電能變成機械能　(B)交流電能變成交流電能
(C)太陽能變成電能　(D)機械能變成電能。

( ) 2. 一般的發電廠通常會安裝的發電機型式多為
(A)直流發電機　(B)單相交流發電機
(C)三相交流發電機　(D)感應發電機。

( ) 3. 三相感應電動機的電源，若將其頻率增大，則轉速
(A)不變　(B)增加
(C)減慢　(D)不一定。

( ) 4. 電風扇、電冰箱、冷氣機和吹風機等家用電器，所使用的電機是屬於
(A)直流電動機　(B)交流發電機
(C)直流發電機　(D)交流電動機。

( ) 5. 頻率為50Hz的交流電源，其週期約為
(A)10ms　(B)20ms
(C)50ms　(D)314ms。

( ) 6. 按照法拉第定律，若在一區間時間當中，其通過線圈之磁通維持不變時，則線圈兩端電壓為
(A)零　(B)定值
(C)線性增加　(D)線性減少。

( ) 7. 在繞組中使用虛設線圈其主要目的為
(A)機械平衡　(B)電路平衡
(C)外表美觀　(D)增加轉矩。

( ) 8. 鼠籠式感應電動機，從無載到滿載，其功率因數會隨負載增加而
(A)減少　(B)增加
(C)不變　(D)不一定。

( ) 9. 直流電機主磁極的極掌面積大於極心的主要目的為
(A)易於絕緣 (B)提高旋轉速度
(C)使磁通能夠均勻分佈 (D)減少旋轉時的噪音。

( ) 10. 12極直流發電機，若電樞導體數相同，則單式疊繞的每根導體的電流額定為繞成單式波繞時的
(A)1/3倍 (B)1倍
(C)3倍 (D)6倍。

( ) 11. 下列何者可以增加感應電動機的轉速？
(A)減小電源電壓 (B)減小電源頻率
(C)減小磁極數 (D)增大轉子電阻。

( ) 12. 直流發電機之無載特性曲線係指下列哪兩者物理量的關係曲線？
(A)端電壓與負載電流 (B)端電壓與激磁電流
(C)應電勢與負載電流 (D)應電勢與激磁電流。

( ) 13. 下列何種發電機當其負載斷路即無法產生應電勢者為
(A)直流外激發電機 (B)直流分激發電機
(C)直流串激發電機 (D)直流差複激發電機。

( ) 14. 下列何種電動機的構造最為簡單？
(A)蔽極式 (B)電容起動式
(C)直流分激式 (D)交流串激式。

( ) 15. 同步發電機電樞反應的結果，將使總磁通
(A)減少 (B)增加
(C)不變 (D)不一定。

( ) 16. 有關單相電容起動式感應電動機的電容器，下列敘述何者正確？
(A)電容器串接於運轉繞組 (B)電容器串接於起動繞組
(C)電容器並接於運轉繞組 (D)電容器並接於起動繞組。

( ) 17. 直流電動機之轉矩大小與磁通量及電樞電流兩者之關係為
(A)皆成正比
(B)皆成反比
(C)與磁通量成正比，電樞電流成反比
(D)與磁通量成反比，電樞電流成正比。

( ) 18. 電動機使用減速機之目的，在於
(A)降低起動電流 (B)增加轉速
(C)減少噪音 (D)提高轉矩。

( ) 19. 有一交流發電機，電樞繞組採用7/9節距，表示每一個線圈的跨距為多少電機角？
(A)90° (B)100°
(C)140° (D)280°。

( ) 20. 直流發電機轉速增大為2.5倍，磁通密度減小為原來的0.5倍，感應電勢為原來的幾倍？
(A)5倍 (B)2.5倍
(C)1.25倍 (D)1倍。

( ) 21. 為了防止產生追逐現象，三相同步發電機應加設何種裝置？
(A)中間極 (B)補償繞組
(C)蔽極繞組 (D)阻尼繞組。

( ) 22. 有一同步發電機，若頻率為60Hz，轉速為15rps，則該機的極數為
(A)4極 (B)8極
(C)12極 (D)16極。

( ) 23. 直流串激式電動機，若外加電壓不變，當負載變小時，下列關於轉速與轉矩變化的敘述，何者正確？
(A)轉速變小，轉矩變大 (B)轉速與轉矩都變大
(C)轉速變大，轉矩變小 (D)轉速與轉矩都變小。

( ) 24. 若將直流分激電動機之磁場電阻調大，則其轉速
(A)增快 (B)減慢
(C)固定 (D)磁場電流與轉速無關。

( ) 25. 變壓器的鐵損
(A)與磁通成反比 (B)與外加電壓成正比
(C)與外加電壓平方成正比 (D)與負載成反比。

( ) 26. 有關電機機械的分類，下列敘述何者正確？
(A)電機機械可分為旋轉電機與靜止電機
(B)發電機為由電能→機械能的旋轉電機
(C)電動機為由機械能→電能的旋轉電機
(D)變壓器為由直流電→直流電的靜止電機

( ) 27. 直流電機包含定子與轉子兩構造：a.外殼；b.托架；c.電樞；d.電刷；e.換向器，上述構造何者皆屬於轉子？
(A)a、c (B)b、d
(C)b、e (D)c、e。

( ) 28. 有一導體長20cm，位在磁通B為0.1wb/m^2的磁場，導體與磁場夾角為30度，若要感應1V的電壓，則導體的移動速度為多少m/s？
(A)30m/s (B)50m/s
(C)100m/s (D)130m/s。

( ) 29. 有關直流發電機建立電壓的條件，下列敘述何者錯誤？
(A)須有剩磁 (B)場電阻大於臨界場電阻
(C)轉速須大於臨界轉速 (D)激磁場方向與剩磁場方向相同。

( ) 30. 電機繞組之電樞電流產生的磁場，干擾主磁極產生的磁場，進而影響電壓減少、磁場扭曲等不良情形，此種現象稱為？
(A)廣磁反應 (B)電樞反應
(C)電橋反應 (D)合成效應。

( ) 31. 下列有關電機主磁極的設計，何者可減少渦流損失？
(A)極掌做成弧形狀 (B)極尖削平
(C)磁極槽加裝牛皮紙 (D)磁極採用矽鋼片疊積而成。

(　) 32. 有一外激式發電機，滿載電壓為110V，當負載移開後，電壓上升至112V，試求VR%？
(A)1.8%　(B)2.0%
(C)2.5%　(D)3.1%。

(　) 33. 由碳粉與石墨混壓成，其功能為將發電機內的電流引出至外部負載電路的元件為？
(A)換向器　(B)電刷
(C)電樞　(D)磁極。

(　) 34. 如右圖所示，為直流電動機的轉速特性曲線，下列敘述何者錯誤？ 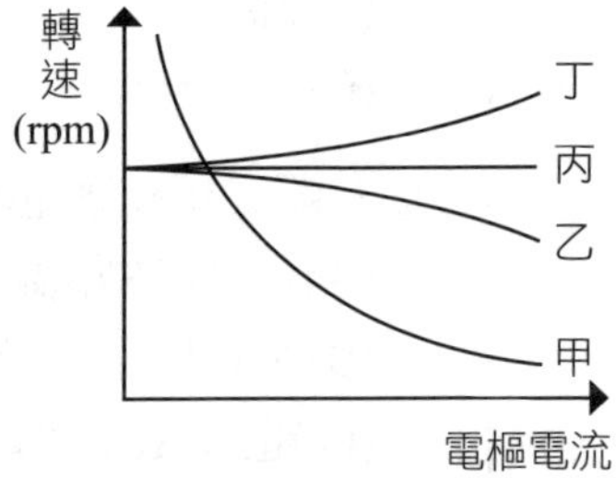
(A)甲為他激式電動機
(B)乙為積複激電動機
(C)丙為分激式電動機
(D)丁為差複激電動機。

(　) 35. 若將直流串激式電動機的電源極性對調，下列敘述何者正確？
(A)旋轉方向相反　(B)速度變快
(C)速度變慢　(D)旋轉方向不變。

(　) 36. 直流分激式電動機在運轉過程中，若磁場線圈斷線，倘若沒有加裝保護設備，則會發生？
(A)起火燃燒　(B)轉速逐漸變慢
(C)電流為零且停止轉動　(D)轉速升高有飛脫情形。

(　) 37. 以直流串激式電動機為動力電動火車，欲啟動與控制車速時，一般採用以下何種方式？
(A)串並聯控制法　(B)電樞電壓控制法
(C)場電阻控制法　(D)外加電壓控制法。

(　) 38. 有一10MVA單相變壓器，在額定電壓及滿載負載下，其鐵損為200kW，銅損為3200kW，功率因數為0.8滯後。試求運轉在半載時，效率η多少？　(A)60%　(B)70%　(C)80%　(D)90%。

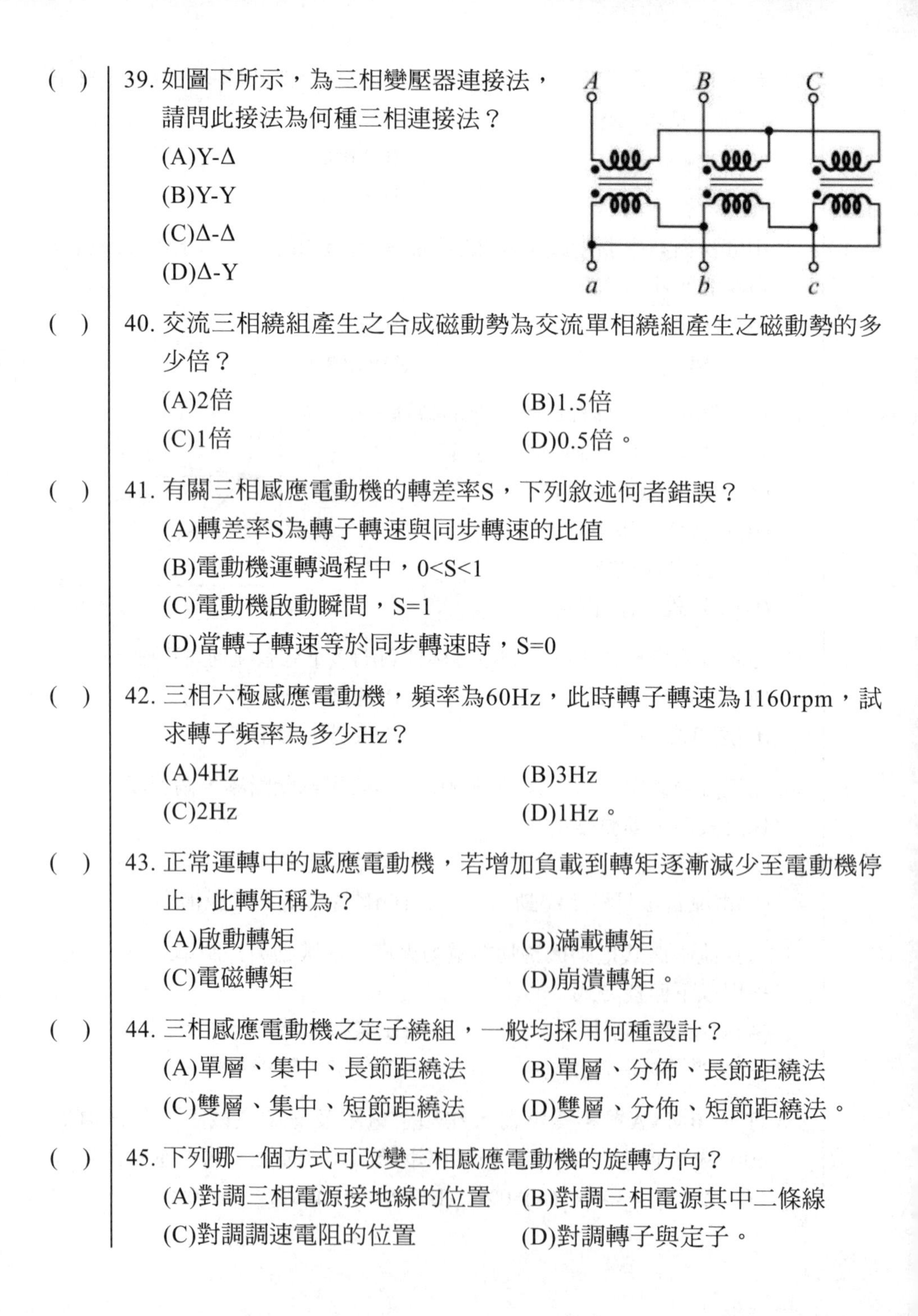

(　) 39. 如圖下所示，為三相變壓器連接法，請問此接法為何種三相連接法？
(A)Y-Δ
(B)Y-Y
(C)Δ-Δ
(D)Δ-Y

(　) 40. 交流三相繞組產生之合成磁動勢為交流單相繞組產生之磁動勢的多少倍？
(A)2倍　(B)1.5倍
(C)1倍　(D)0.5倍。

(　) 41. 有關三相感應電動機的轉差率S，下列敘述何者錯誤？
(A)轉差率S為轉子轉速與同步轉速的比值
(B)電動機運轉過程中，$0<S<1$
(C)電動機啟動瞬間，S=1
(D)當轉子轉速等於同步轉速時，S=0

(　) 42. 三相六極感應電動機，頻率為60Hz，此時轉子轉速為1160rpm，試求轉子頻率為多少Hz？
(A)4Hz　(B)3Hz
(C)2Hz　(D)1Hz。

(　) 43. 正常運轉中的感應電動機，若增加負載到轉矩逐漸減少至電動機停止，此轉矩稱為？
(A)啟動轉矩　(B)滿載轉矩
(C)電磁轉矩　(D)崩潰轉矩。

(　) 44. 三相感應電動機之定子繞組，一般均採用何種設計？
(A)單層、集中、長節距繞法　(B)單層、分佈、長節距繞法
(C)雙層、集中、短節距繞法　(D)雙層、分佈、短節距繞法。

(　) 45. 下列哪一個方式可改變三相感應電動機的旋轉方向？
(A)對調三相電源接地線的位置　(B)對調三相電源其中二條線
(C)對調調速電阻的位置　(D)對調轉子與定子。

( ) 46. 當以離心開關啟動單相感應電動機時，應在何種情形下讓離心開關切離電動機的迴路，使電動機繼續運轉？
(A)負載加至滿載時 (B)75%額定轉速
(C)75%額定功率 (D)空載時。

( ) 47. 某單相110V、60Hz的感應電動機，其負載為3000W、功率因數為0.6滯後，若要提高功率因數至0.8滯後，則需並接多少容量的電容器？
(A)3340VAR (B)2796VAR
(C)2875VAR (D)1750VAR。

( ) 48. 下列何者非同步發電機並聯運用的條件？
(A)電壓相同 (B)相序相同
(C)頻率相同 (D)功率相同。

( ) 49. 三相Y接60Hz六極同步電動機，若線電壓為381V、每相同步電抗為10Ω，其接負載角δ=30°之負載，每相電樞反電勢為200V，則輸出功率P_O為多少W？
(A)4245W (B)5186W
(C)6599W (D)7036W。

( ) 50. 步進馬達為以脈衝訊號進行驅動的數位式電動機，所以另有名稱為？
(A)脈衝馬達 (B)數位馬達
(C)信號馬達 (D)連動馬達。

解答與解析（答案標示為#者，表官方公告更正該題答案）

1. **(B)**。變壓器：交流電能變成交流電能。

2. **(C)**。通常為三相交流發電機。

3. **(B)**。$n_S = \frac{120f}{P} \propto f$

4. **(D)**。家用電器使用交流電動機。

5. **(B)**。$T = \frac{1}{f} = \frac{1}{50} = 20ms$

6. **(A)**。$\varepsilon = -\frac{d\phi}{dt} = 0$

7. **(A)**。虛設線圈主要目的為機械平衡。

8. **(B)**。從無載到滿載，其功率因數會隨負載增加而增加。

9. **(C)**。極掌面積大於極心可使磁通能夠均匀分佈。

10. **(B)**。電樞導體內的電流與繞法無關。

11. **(C)**。$n_s = \frac{120f}{P}$

12. **(D)**。無載特性曲線係指感應電勢與激磁電流的關係曲線。

13. **(C)**。直流串激發電機負載斷路即無法產生應電勢。

14. **(A)**。蔽極式最為簡單。

15. **(D)**。同步發電機的電樞反應會隨負載性質(電阻性、電感性或電容性)不同而有不同的效應(正交磁、去磁或加磁效應)，因此總磁通變化不一定。

16. **(B)**。電容器串接於起動繞組。

17. **(A)**。$T = k\phi I_a$，∴轉矩與磁通量及電樞電流皆成正比。

18. **(D)**。使用減速機之目的在於提高轉矩。

19. **(C)**。

常用的節距因數值

節距	1	14/15	9/10	8/9	6/7	5/6	4/5	7/9	9/12	2/3
電機角	180°	168°	162°	160°	154.3°	150°	144°	140°	135°	120°
K_p	1	0.995	0.988	0.985	0.975	0.966	0.951	0.940	0.924	0.866

20. **(C)**。$E = \frac{PZ}{60a} n\phi$，$\frac{E'}{E} = \frac{2.5 \times 0.5}{1 \times 1} = 1.25$

21. **(D)**。阻尼繞組可防止產生追逐現象。

22. **(B)**。$n_s = \frac{120f}{P}$，15rps = 900rpm，$P = \frac{120f}{n_s} = \frac{120 \times 60}{900} = 8$

23. **(C)**。直流串激式電動機特性曲線如圖，負載變小時，轉速變大，轉矩變小。

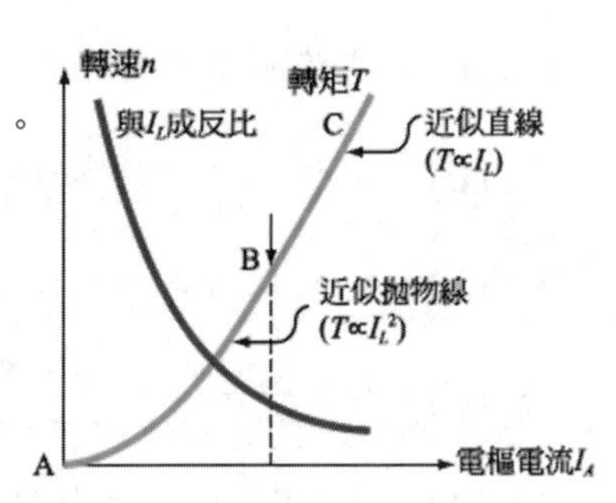

24. **(A)**。磁場電阻變大$(R_f \uparrow) \Rightarrow I_f \downarrow (\phi \downarrow) \Rightarrow n = \dfrac{E}{k\phi} \uparrow$

25. **(C)**。鐵損與外加電壓平方成正比。

26. **(A)**。(B)發電機為由機械能→電能的旋轉電機。(C)電動機為由電能→機械能的旋轉電機。(D)變壓器為由交流電→交流電的靜止電機。

27. **(D)**。電樞、換向器屬於轉子。

28. **(C)**。$E = BLv\sin\theta$，$v = \dfrac{E}{BL\sin\theta} = \dfrac{1}{0.1 \times 0.2 \times \sin 30^\circ} = 100 m/s$

29. **(C)**。此題答案錯誤，應為(B)，場電阻須小於臨界場電阻才能建立電壓。

30. **(B)**。此為電樞反應。

31. **(D)**。矽鋼片疊積而成可減少渦流損失。

32. **(A)**。$VR\% = \dfrac{V_{無載} - V_{滿載}}{V_{滿載}} \times 100\% = \dfrac{112 - 110}{110} \times 100\% = 1.8\%$

33. **(B)**。此為電刷。

34. **(A)**。

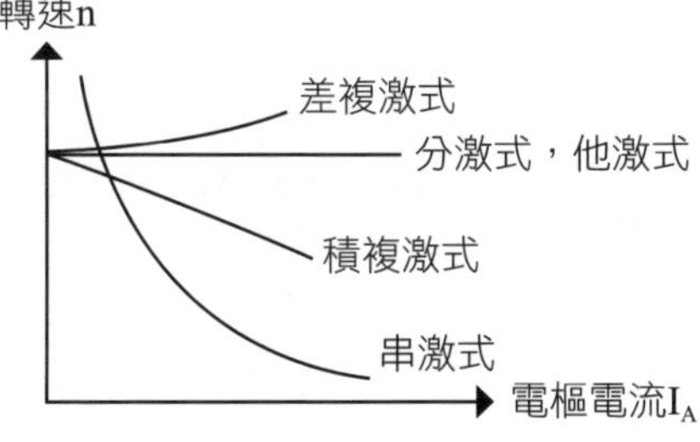

第三部分 近年試題及解析

35. **(D)**。直流串激式電動機的電源極性對調，旋轉方向不變。

36. **(D)**。$n=\dfrac{V-I_aR_a}{k\phi}$，磁場線圈斷線$\phi=0$，轉速會升高有飛脫情形。

37. **(A)**。一般採用串並聯控制法。

38. **(C)**。$\eta=\dfrac{10M\times0.8\times0.5}{10M\times0.8\times0.5+200k+3200k\times0.5^2}\times100\%=80\%$

39. **(A)**。A、B、C有一中間共同接點，因此為Y接；a、b、c直接連接，因此為Δ接。

40. **(B)**。三相旋轉磁場合成磁通大小不變，為每相繞組之磁動勢最大值1.5倍。

41. **(A)**。(A)$S=\dfrac{n_s-n_r}{n_s}$

42. **(C)**。$n_s=\dfrac{120f}{P}=\dfrac{120\times60}{6}=1200\text{rpm}$，$S=\dfrac{n_s-n_r}{n_s}=\dfrac{1200-1160}{1200}=0.33$，

$f_r=Sf=0.33\times60=2\text{Hz}$

43. **(D)**。此稱為崩潰轉矩。

44. **(D)**。一般採用雙層、分佈、短節距繞法。

45. **(B)**。對調三相電源其中二條線可改變旋轉方向。

46. **(B)**。75%額定轉速時切離。

47. **(D)**。$Q=P(\tan\theta_1-\tan\theta_2)=3000\left(\dfrac{8}{6}-\dfrac{6}{8}\right)=1750\text{VAR}$

48. **(D)**。並聯條件中並不需要功率相同。

49. **(C)**。$P_o=3\dfrac{EV}{X_s}\sin\delta=3\times\dfrac{200\times\dfrac{381}{\sqrt{3}}}{10}\times\sin30^\circ=6599\text{W}$

50. **(A)**。又稱脈衝馬達。

113年臺鐵從業人員（第10階）（電工機械概要）

(　) 1. 臺灣鐵路公司近年陸續引進的城際型電聯車EMU3000型，列車動力來源是採用何種電動機？
(A)三相感應電動機　(B)單相感應電動機
(C)直流串激式電動機　(D)線性電動機。

(　) 2. 小鐵在保養緊急發電機時，因為操作瓦斯噴燈不慎，引燃柴油造成火災，有關本起火災的類型與處理方式，下列敘述何者正確？
(A)屬於A類火災，使用乾粉或二氧化碳滅火器滅火
(B)屬於B類火災，使用泡沫或乾粉滅火器滅火
(C)屬於C類火災，需關閉電源後，使用水或乾粉滅火器滅火
(D)屬於金屬類火災，需以特殊乾粉式滅火器滅火

(　) 3. 要讓一部直流分激式發電機無載時能夠順利建立至額定電壓，下列敘述何者錯誤？
(A)必須有足夠大的剩磁
(B)剩磁方向與磁場繞組產生的磁通方向要一致
(C)轉速要高於臨界轉速
(D)磁場電阻值要高於臨界場電阻值。

(　) 4. 鐵雄在倉庫裡面找到一部直流電動機，將電動機的兩個接線端接於12V電瓶時，觀察到電動機朝順時針方向旋轉，若將接線端與電瓶的正負端對調後，發現電動機朝逆時針方向旋轉，依據此特性可以判斷出直流電動機屬於何種形式？
(A)永磁式　(B)串激式
(C)分激式　(D)複激式。

(　) 5. 有一部4極直流發電機，轉子以1800rpm穩定旋轉，轉子線圈感應產生一個正弦波所需要的時間為何？
(A)1/120秒　(B)1/90秒
(C)1/60秒　(D)1/40秒。

( ) 6. 新建貨運倉庫利用單相變壓器進行開Y(U)-開△(V)接線來供應三相電力，下列作法何者最正確？
(A)準備一台單相變壓器，一次側採用開Y接線，二次側採用開△接線
(B)準備兩台單相變壓器，一台採用開Y接線，另一台採用開△接線
(C)準備兩台單相變壓器，一次側採用開Y接線，二次側採用開△接線
(D)準備三台單相變壓器，一次側採用開Y接線，二次側採用開△接線。

( ) 7. 有一部200V，10kW之直流發電機，已知滿載時可變損失為1250W，固定損失為750W，其餘損失忽略不計，求此機滿載時效率最接近多少？
(A)88.8% (B)83.3%
(C)80% (D)20%。

( ) 8. 工廠中有一部三相、8極、220V、20kW、60Hz鼠籠式感應電動機，若要降低起動時瞬間大電流對於其他用電設備的干擾，下列何種方式不適用？
(A)Y-△起動法 (B)補償器降壓起動法
(C)串聯電抗器起動法 (D)轉部外加電阻起動法。

( ) 9. 車站廁所內有一台吸排兩用抽風扇，採用單相永久電容式感應電動機帶動，若要讓風扇反轉，下列方法何者正確？
(A)將兩條電源線對調方向
(B)將電容器兩端接線對調方向
(C)將運轉繞組兩端接線對調方向
(D)將運轉繞組與輔助繞組兩端接線都對調方向

( ) 10. 同步發電機連接不同特性負載時，電壓調整率會隨負載而產生變化，當電壓調整率為負值時，表示同步發電機所連接負載性質為下列何者？
(A)電阻性負載 (B)電熱類負載
(C)電感性負載 (D)電容性負載。

(　) 11. 若要控制三相轉磁式同步電動機的旋轉速度，採用下列何種作法最恰當？

(A)改變定子磁極數　(B)改變定子電源頻率

(C)調整轉子激磁電流　(D)調整轉子外加電阻。

(　) 12. 有一部250V，10kW直流他激式發電機，已知電樞繞組電阻值為0.25Ω，在激磁電流不變下，忽略電樞反應與電刷壓降，求此機之電壓調整率約為多少？

(A)4%　(B)5%

(C)6%　(D)7%

(　) 13. 有一部小型搬運車，採用額定功率為3/4馬力，轉速1500rpm的直流電動機帶動，求電動機產生的額定轉矩約為多少？

(A)1.8N-m　(B)2.4N-m

(C)2.8N-m　(D)3.6N-m。

(　) 14. 有一部200V直流串激式電動機，額定轉速為1000rpm，電樞繞組電阻為0.5Ω，串激磁場繞組電阻為0.5Ω，滿載時輸入電流為10A，忽略暫態現象與損失，求電動機起動瞬間輸入電流約為滿載時的多少倍？

(A)20倍　(B)16倍

(C)12倍　(D)10倍。

(　) 15. 某車站的電源系統為三相三線式22.8kV，若想利用多台22.8kV/220V單相變壓器連接後，提供電能給三相、380V的感應電動機使用，則這些變壓器應該採用何種連接方式最恰當？

(A)Y-Y接線　(B)Y-Δ接線

(C)Δ-Y接線　(D)V-V接線。

(　) 16. 有一台200A/5A，一次側基本貫穿匝數為1匝的比流器，若是二次側要搭配50A/5A的交流電流表使用時，則比流器一次側貫穿匝數應該修正為多少匝？

(A)2匝　(B)3匝

(C)4匝　(D)5匝。

( ) 17. 有一部三相、220V、4極、60Hz、1710rpm感應電動機，求滿載時轉子感應電勢的頻率等於多少？
(A)60Hz (B)57Hz
(C)6Hz (D)3Hz。

( ) 18. 有一部6P、220V、60Hz的三相感應電動機，額定運轉時轉差率為0.04、轉矩為30.9牛頓-公尺，估計此電動機的額定功率約為多少馬力？
(A)3hp (B)5hp
(C)7hp (D)9hp。

( ) 19. 有一個貨物輸送帶採用一部三相、12極、220V、60Hz感應電動機帶動，已知輸送帶滿載時，電動機的轉差率為0.05。若是輸送帶上的負載減為半載，此時電動機轉子轉速最有可能為何？
(A)1140rpm (B)599rpm
(C)585rpm (D)570rpm。

( ) 20. 有一部三相、4極、1800rpm、△接柴油發電機，已知每相電樞繞組導體數為2000根，繞組因數為0.9，要讓電樞繞組每相感應電勢有效值達到220V，則每極磁通量應該調整到多少最恰當？
(A)2.98mWb (B)1.84mWb
(C)1.49mWb (D)0.92mWb。

( ) 21. 有一部三相同步發電機，已知功率因數為1時，發電機最大輸出功率為15kW，此時每相感應電勢為250V、輸出端相電壓為240V，若忽略電樞電阻，則每相同步電抗約為多少？
(A)36Ω (B)24Ω
(C)18Ω (D)12Ω。

( ) 22. 有關步進電動機的敘述，下列何者錯誤？
(A)控制輸入脈波數量可以改變旋轉角度
(B)調整輸入脈波電壓大小可以改變旋轉速度
(C)改變輸入脈波的順序可以改變旋轉方向
(D)採用開迴路控制方式即可驅動電動機。

( ) 23. 有一台定子為24極、全長為2.4m的線性感應電動機，加上6Hz電源時，電動機定子移動磁場之同步速率約為多少？
(A)0.1m/s　(B)0.6m/s
(C)1.2m/s　(D)2.4m/s。

( ) 24. 有一台5kVA、3000V/200V、60Hz單相變壓器，換算到二次側之等值電阻為0.2Ω、二次側之等值電抗為0.4Ω。當變壓器運用於滿載且功率因數為80%超前時，估計此時的電壓調整率約為多少？
(A)1%　(B)-1%
(C)5%　(D)-5%。

( ) 25. 有一部三相、6極、380V、60Hz、Y接線同步電動機，在額定狀態下運轉時，測得輸入電流為10A、功率因數為0.8落後、效率為0.9，估計其輸出轉矩約為何？
(A)10.2N-m　(B)15.2N-m
(C)25.2N-m　(D)37.8N–m。

( ) 26. 一次或二次變電所內裝置的主要電工機械設備是？
(A)變壓器　(B)電動機
(C)發電機　(D)變頻器。

( ) 27. 三相感應電動機無載運轉時，如欲增加其轉速，可選用下列何種方法？
(A)增加電源頻率　(B)減少電源電壓
(C)減少電源頻率　(D)增加電動機極數。

( ) 28. 電動機銘牌上所註明的電流係指？
(A)半載電流　(B)無載電流
(C)滿載電流　(D)1/2滿載電流。

( ) 29. 同步電動機起動實驗時，轉子線圈最好如何？
(A)經放電電阻短路　(B)加直流激磁
(C)加交流激磁　(D)降低匝數。

( ) 30. 正常運轉中，將串激發電機之分流器電阻調大，則發電機之輸出電壓將？　(A)降低　(B)升高　(C)不變　(D)高低不穩定。

( ) 31. 下列何種電動機可用開迴路控制方式來進行精密的定位控制？
(A)步進電動機 (B)直流伺服電動機
(C)蔽極式單相感應電動機 (D)單相推斥交流電動機。

( ) 32. 單相蔽極式感應電動機係靠下列何種原理來旋轉？
(A)固定磁場 (B)移動磁場
(C)推斥磁場 (D)旋轉磁場。

( ) 33. 下列感應電動機速度控制方法中，速度控制範圍最大者為？
(A)變換電源電壓 (B)變換極數
(C)變換電源頻率 (D)變換轉子電阻。

( ) 34. 若分激式直流發電機，電壓可以建立，但極性相反，其原因為？
(A)電樞反轉 (B)場繞組反接
(C)剩磁方向相反 (D)剩磁方向相反且電樞反轉。

( ) 35. 某三相感應電動機，全壓起動電流為120A，則採用Y-△降壓起動，起動電流約為
(A)50A (B)30A
(C)20A (D)40A。

( ) 36. 何種直流電動機會加裝失磁保護設備，防止激磁線圈發生斷路時造成轉速飛脫？
(A)串激式 (B)分激式
(C)積複激式 (D)差複激式。

( ) 37. 直流電機鐵心通常採用薄矽鋼片疊製而成，其主要目的為何？
(A)減低銅損 (B)減低磁滯損
(C)減低渦流損 (D)避免磁飽和。

( ) 38. 直流發電機之額定容量定義，指在無特殊不良情況影響條件下之？
(A)輸入功率 (B)輸出功率
(C)熱功率 (D)損耗功率。

( ) 39. 磁化力的改變會造成磁通密度的變化，鐵心被磁化飽合時，將磁化力降至零，所剩餘之磁場稱為？
(A)磁滯　(B)磁滯損
(C)渦流損　(D)剩磁。

( ) 40. 交流發電機以等速率在一均勻磁場中旋轉，則其感應電勢波形為？
(A)正弦波　(B)方波
(C)三角波　(D)鋸齒波。

( ) 41. 同步發電機的端電壓與電樞電流兩者相位的夾角，稱為？
(A)功因角　(B)內角
(C)外角　(D)負載角。

( ) 42. 四極，50kW，250V直流發電機採用單分疊繞，則每一根導體中之電流為多少安培？
(A)400　(B)100
(C)50　(D)25。

( ) 43. 直流他激式發電機之無載飽和特性曲線與下列何者特性曲線相似？
(A)直流他激式發電機之外部特性曲線
(B)鐵心的磁化曲線
(C)直流他激式發電機之電樞特性曲線
(D)直流他激式發電機之內部特性曲線。

( ) 44. 直流電機繞組中使用虛設線圈，其主要目的為何？
(A)改善功率因數　(B)幫助電路平衡
(C)幫助機械平衡　(D)節省成本。

( ) 45. 下列何種定律決定感應電勢的極性？
(A)法拉第定律　(B)歐姆定律
(C)庫侖定律　(D)楞次定律。

( ) 46. 變比器之二次線應採下列何種接地？
(A)第三種　(B)特種
(C)第一種　(D)第二種。

( ) 47. 比流器之使用達飽和時，其CT所連接之電流表指示值會？
(A)不變 (B)有時大有時小
(C)減小 (D)增大。

( ) 48. 將60Hz之變壓器使用於相同電壓之50Hz電源時，則鐵損變為原來的
(A)6/5倍 (B)5/6倍
(C)36/25倍 (D)25/36倍。

( ) 49. 某單相變壓器之最大效率發生在80%滿載時，則半載時變壓器之鐵損與銅損之比值約為何？
(A)2.56 (B)3.21
(C)4.12 (D)5.14。

( ) 50. 一部四相步進電動機，轉子轉一圈須走48步，且每秒可走960步，則電動機每分鐘轉速為何？
(A)900rpm (B)1000rpm
(C)1100rpm (D)1200rpm。

解答與解析（答案標示為#者，表官方公告更正該題答案）

1. **(A)**。採用三相感應電動機。

2. **(B)**。

	名稱	說明	適用滅火器
A 類火災	普通火災	普通可燃物如木製品、紙纖維、棉、布、合成只樹脂、橡膠、塑膠等發生之火災。通常建築物之火災即屬此類。	泡沫滅火器、乾粉滅火器
B 類火災	油類火災	可燃物液體如石油、或可燃性氣體如乙烷氣、乙炔氣、或可燃性油脂如塗料等發生之火災。	泡沫滅火器、CO_2滅火器、乾粉滅火器
C 類火災	電氣火災	涉及通電中之電氣設備，如電器、變壓器、電線、配電盤等引起之火災。	CO_2滅火器、乾粉滅火器
D 類火災	金屬火災	活性金屬如鎂、鉀、鋰、鋯、鈦等或其他禁水性物質燃燒引起之火災。	乾粉滅火器

3. **(D)**。磁場電阻值要小於臨界場電阻值。

4. **(A)**。其餘三種直流電動機不會因接線端與電瓶的正負端對調而反轉。

5. **(C)**。$n_s=\dfrac{120f}{P}$，$f=\dfrac{Pn_s}{120}=\dfrac{4\times1800}{120}=60Hz$，$T=\dfrac{1}{f}=\dfrac{1}{60}s$

6. **(B)**。開Y(U)-開△(V)僅需兩台單相變壓器，一台採用開Y接線，另一台採用開△接線。

7. **(B)**。$\eta=\dfrac{10k}{10k+1250+750}\times100\%=83.3\%$

8. **(D)**。轉部外加電阻是控制轉速用。

9. **(A)**。將兩條電源線對調方向可使風扇反轉。

10. **(D)**。$VR\%=\dfrac{V_{無載}-V_{滿載}}{V_{滿載}}<0\Rightarrow$ 無載電壓比滿載電壓小，為電容性負載。

11. **(B)**。$n_s=\dfrac{120f}{P}$，改變頻率最簡單。

12. **(A)**。$I_a=\dfrac{10k}{250}=40A$，$E=250+40\times0.25=260V$，

$$VR\%=\frac{E-V}{V}=\frac{260-250}{250}\times100\%=4\%$$

13. **(D)**。$T=\dfrac{P}{\omega}=\dfrac{\dfrac{3}{4}\times746}{\dfrac{1500}{60}\times2\pi}=3.6N-m$

14. **(A)**。起動電流$I_s=\dfrac{200}{0.5+0.5}=200A$，$\dfrac{200}{10}=20$倍

15. **(C)**。Δ接：$V_L=V_p$，$I_L=\sqrt{3}I_p$

Y接：$V_L=\sqrt{3}V_p$，$I_L=I_p$

$22.8kV\rightarrow22.8kV\Rightarrow V_L=V_p\Rightarrow\Delta$接

$220V\rightarrow380V\Rightarrow V_L=\sqrt{3}V_p\Rightarrow$Y接

16. **(C)**。$N' = 貫穿匝數 \times \dfrac{比流器變流比}{電流表變流比} = 1 \times \dfrac{\frac{200}{5}}{\frac{50}{5}} = 4匝$

17. **(D)**。$n_S = \dfrac{120f}{P} = \dfrac{120 \times 60}{4} = 1800\text{rpm}$，$S = \dfrac{1800 - 1710}{1800} = 0.05$，

$f_r = 0.05 \times 60 = 3\text{Hz}$

18. **(B)**。$n_S = \dfrac{120f}{P} = \dfrac{120 \times 60}{6} = 1200\text{rpm}$，$n_r = (1 - 0.04) \times 1200 = 1152\text{rpm}$，

$T = 9.55 \dfrac{P}{n_r} \Rightarrow P = \dfrac{30.9 \times 1152}{9.55} \div 746 = 5\text{hp}$

19. **(C)**。$n_S = \dfrac{120f}{P} = \dfrac{120 \times 60}{12} = 600\text{rpm}$，$S_{半載} = 0.05 \times \dfrac{1}{2} = 0.025$，

$n_{r半載} = (1 - 0.025) \times 600 = 585\text{rpm}$，

20. **(D)**。$E = 4.44Nkf\phi$，$220 = 4.44 \times \dfrac{2000}{2} \times 0.9 \times \dfrac{4 \times 1800}{120} \times \phi$，$\phi = 0.92\text{mWb}$

21. **(D)**。$P = 3\dfrac{EV}{X_S}\sin\delta$，$15k = 3 \times \dfrac{250 \times 240}{X_S} \times 1$，$X_S = 12\Omega$

22. **(B)**。控制輸入脈波的頻率可以改變旋轉速度。

23. **(C)**。$n_S = 2Y_p f = 2 \times \dfrac{2.4}{24} \times 6 = 1.2\text{m/s}$

24. **(B)**。$R_1 = \left(\dfrac{3000}{200}\right)^2 \times 0.2 = 45\Omega$，$X_1 = \left(\dfrac{3000}{200}\right)^2 \times 0.4 = 90\Omega$，

$Z_{base} = \dfrac{3000^2}{5000} = 1800\Omega$，

$VR\% = R_{p.u.}\cos\theta - X_{p.u.}\sin\theta = \dfrac{45}{1800} \times 0.8 - \dfrac{90}{1800} \times \sqrt{1^2 - 0.8^2} = -1\%$

25. **(D)**。 $P=\sqrt{3}VI\cos\theta\times\eta=\sqrt{3}\times380\times10\times0.8\times0.9=4738.7W$ ，

$n=\dfrac{120f}{P}=\dfrac{120\times60}{6}=1200rpm$ ，

$T=9.55\dfrac{P}{n}=9.55\times\dfrac{4738.7}{1200}\cong37.8N-m$

26. **(A)**。 主要電工機械設備是變壓器。

27. **(A)**。 $n_S=\dfrac{120f}{P}$

28. **(C)**。 銘牌上所註明的電流係指滿載電流。

29. **(A)**。 起動實驗時，轉子線圈最好經放電電阻短路。

30. **(B)**。 分流器電阻(R_X)增加， I_S 增加，輸出電壓升高。

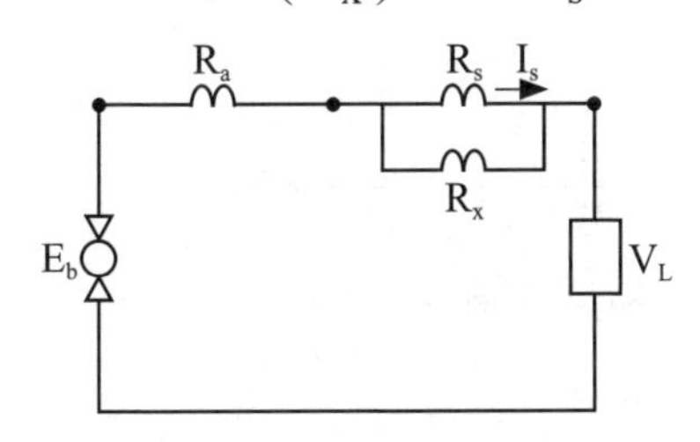

31. **(A)**。 步進電動機可用開迴路控制方式來進行精密的定位控制。

32. **(B)**。 單相蔽極式靠移動磁場來旋轉。

33. **(C)**。 $n=\dfrac{120f}{P}$，變換電源頻率可得最大速度控制範圍。

34. **(C)**。 剩磁方向相反導致極性相反。

35. **(D)**。 $I_S'=\dfrac{1}{3}I_S=\dfrac{1}{3}\times120=40A$

36. **(B)**。 分激式會加裝失磁保護設備。

37. **(C)**。 薄矽鋼片疊製而成可減低渦流損。

38. **(B)**。 額定容量指在無特殊不良情況影響條件下之輸出功率。

39. **(D)**。 此稱為剩磁。

40. **(A)**。感應電勢波形為正弦波。

41. **(A)**。此為功因角。

42. **(C)**。$a=mP=1\times4=4$，$I=\frac{50k}{250\times4}=50A$

43. **(B)**。直流他激式發電機之無載飽和特性曲線如圖，增加激磁電流時，由a到b，然後降低激磁電流時，因磁滯現象由b到c，與鐵心的磁化曲線相似。

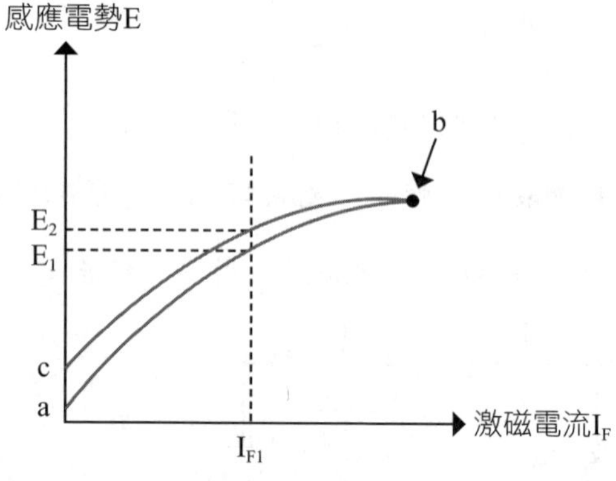

44. **(C)**。虛設線圈主要目的為幫助機械平衡。

45. **(D)**。決定感應電勢極性為楞次定律。

46. **(A)**。用戶用電設備裝置規則第26條：「……第三種接地：變比器二次線接地應使用三‧五平方公厘以上絕緣線。」

47. **(C)**。電流表指示值會減小。

48. **(A)**。$P_i\propto\frac{V^2}{f}$，$\frac{P_i'}{P_i}=\frac{6}{5}$

49. **(A)**。滿載鐵損P_i，滿載銅損P_c，80%負載時$P_i=0.8^2P_c$，

半載時$\frac{P_i}{P_c}=\frac{0.8^2}{0.5^2}=2.56$

50. **(D)**。$n=960\times60\times\frac{1}{48}=1200\text{rpm}$

113年臺鐵從業人員（第10階）（電機機械概要）

( ) 1. 臺灣鐵路公司電氣化列車採用的供電電壓與方式，下列何者正確？
(A)AC25kV、架空電車線　(B)AC20kV、架空電車線
(C)AC750V、第三軌供電　(D)DC750V、第三軌供電。

( ) 2. 有關直流電機的構造，下列敘述何者正確？
(A)定子鐵心中加矽之主要目的為降低銅損
(B)定子磁極加裝補償繞組之主要目的為減少運轉噪音
(C)電樞鐵心採用斜形槽之主要目的為抵消電樞反應
(D)定子鐵心加裝中間極之主要目的為改善換向。

( ) 3. 如右圖所示為一部直流永磁式發電機負載特性曲線，依據曲線估算本機電壓調整率約為多少？
(A)10%　(B)9.1%
(C)-9.1%　(D)-10%。

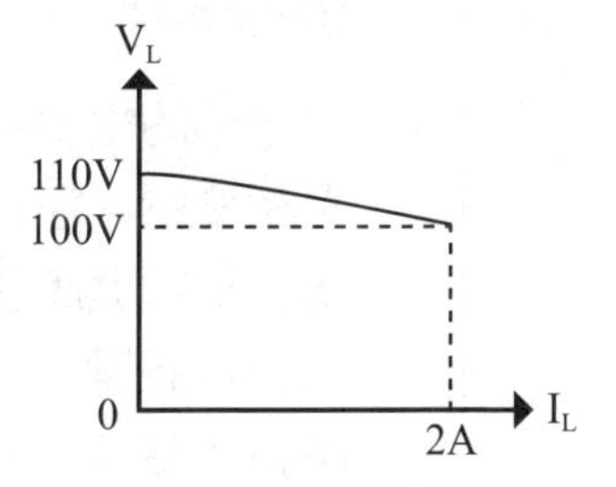

( ) 4. 倉庫內有一部直流發電機，無載時可以順利建立電壓至額定值，隨著負載增加端電壓會逐漸降低，若將輸出端短路時負載端電壓與電流會迅速降低，請問此直流發電機最有可能為何種形式？
(A)他激式　(B)分激式
(C)串激式　(D)永磁式。

( ) 5. 小鐵在整理公司倉庫時，發現一部電機銘牌標示如下圖所示，針對這部電機的判斷，下列何者錯誤？
(A)這是一台直流電動機
(B)額定轉速每分鐘1750轉
(C)額定輸入功率為180瓦特
(D)磁場繞組電阻值為240Ω。

DC Motor Nameplate Data

Power	180 W
Field voltage	120 V
Field current	0.5 A
Armature voltage	120 V
Armature current	3.0 A
Rotor velocity	1750 r.p.m

( ) 6. 有一台22.8kV/220V單相變壓器，額定頻率為60Hz，若採用最大磁通量為0.02韋伯的鐵心製作，則變壓器高壓側的匝數約需繞製多少匝？
(A)4280匝 (B)2140匝
(C)72匝 (D)41匝。

( ) 7. 如右圖所示為變壓器極性測試法，當開關閉合瞬間，所連接的直流電壓表指針瞬間朝負方向偏轉，則此變壓器之極性何者正確？
(A)減極性
(B)加極性
(C)雙極性
(D)無極性。

開關
+
−
− +

( ) 8. 某車站的電源系統為三相三線式11.4kV，若想利用多台6.6kV/220V單相變壓器連接後，提供電能給三相、220V的感應電動機使用，則這些變壓器應該採用何種連接方式最恰當？
(A)Y-Y接線 (B)Y-Δ接線
(C)Δ-Y接線 (D)V-V接線。

( ) 9. 有關三相感應電動機構造之敘述，下列何者錯誤？
(A)定子與轉子的鐵心中加矽，可以減少磁滯損
(B)定子與轉子間氣隙長度採用較窄的設計，可以降低電樞反應
(C)鼠籠式轉子導體採用斜槽設計，可減低運轉時之噪音
(D)繞線式轉子具有起動電流小，起動轉矩大的特性。

( ) 10. 車站汙水池的抽水泵浦使用單相感應電動機帶動，若要確認電動機絕緣是否良好，以免造成人員感電或設備損壞，採用哪個設備測量最恰當？
(A)交流電流表 (B)微電阻計
(C)高阻計 (D)漏電斷路器。

( ) 11. 同步發電機正常運轉時，當用戶端的電感性負載由滿載逐漸降低時，要維持用戶端電壓與頻率不變，下列作法何者正確？
(A)增加原動機轉速 (B)增加激磁電流
(C)降低原動機轉速 (D)減少激磁電流。

( ) 12. 有一個貨物輸送帶採用三相同步電動機來帶動，當輸送帶上的負載由無載逐漸增加到滿載時，有關電動機的狀態敘述，下列何者正確？
(A)轉速降低，轉矩增加 (B)轉速不變，轉矩角減小
(C)轉速不變，轉矩角增加 (D)轉速上升，轉矩增加。

( ) 13. 有關伺服電動機的敘述，下列何者錯誤？
(A)具有起動轉矩大、線性的轉矩-轉速特性
(B)為了降低旋轉時慣性，轉子會採用細長型的設計
(C)控制方式要採用閉迴路控制法
(D)靜止時具有高度保持轉矩，以維持轉子位置之穩定。

( ) 14. 有一部4極直流發電機，電樞繞組採用單分波繞，已知電樞繞組共有800根導體，每根導體平均感電勢為1伏特、每根導體額定電流為5安培，則整部發電機之額定電壓及電流分別為何？
(A)400V，10A (B)400V，5A
(C)200V，20A (D)200V，10A。

( ) 15. 下列何種情形會造成運轉中的直流電動機發生轉速極高的飛脫現象？
(A)分激式電動機滿載運轉時，電樞繞組突然斷路
(B)分激式電動機滿載運轉時，負載突然變成無載
(C)串激式電動機滿載運轉時，磁場繞組突然斷路
(D)串激式電動機滿載運轉時，負載突然變成無載。

( ) 16. 有一部200V直流他激式電動機，電樞繞組電阻0.5Ω，額定電流為40安培，忽略電刷壓降與損失，若要讓電動機起動轉矩為2倍額定轉矩，則外加起動電阻應該選用下列何者最恰當？
(A)0.5Ω (B)2Ω
(C)3Ω (D)5Ω。

( ) 17. 有一部220V直流串激式電動機，電樞繞組電阻0.3Ω，串激磁場繞組電阻0.2Ω，當電樞電流為20A，轉速每分鐘1800轉，在轉矩不變下，將電源電壓減少為150伏特，估計此時的轉速約為多少？
(A)2000rpm (B)1600rpm
(C)1200rpm (D)900rpm。

(　) 18. 將一台200V/20V、1kVA的雙繞組變壓器改接成200V/220V的升壓自耦變壓器，則自耦變壓器可以供給的額定容量為多少？
(A)1.1kVA　(B)10kVA
(C)11kVA　(D)12kVA。

(　) 19. 倉庫中有一部國產電機銘牌標示如下圖所示，下列敘述何者錯誤？

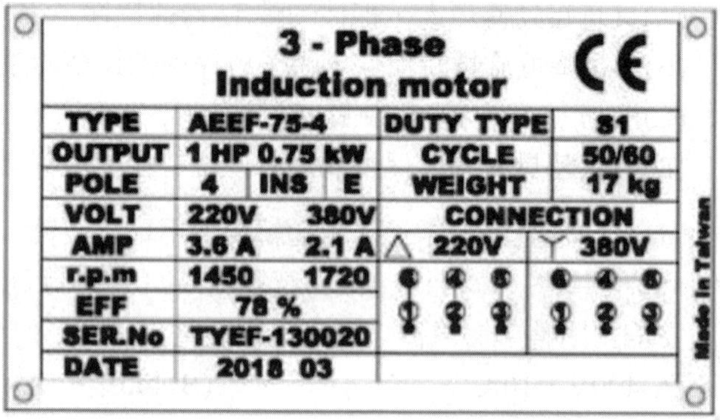

3 - Phase
Induction motor
CE

TYPE	AEEF-75-4		DUTY TYPE	S1
OUTPUT	1 HP 0.75 kW		CYCLE	50/60
POLE	4	INS E	WEIGHT	17 kg
VOLT	220V	380V	CONNECTION	
AMP	3.6 A	2.1 A	△ 220V	Y 380V
r.p.m	1450	1720		
EFF	78 %			
SER.No	TYEF-130020			
DATE	2018 03			

Made in Taiwan

(A)本機為三相感應電動機
(B)額定輸出功率為1馬力
(C)採用三相220V/60Hz供電時，同步轉速為1800rpm
(D)滿載時功率因數為78%。

(　) 20. 有一部三相、8極、220V、60Hz感應電動機，靜止時每相轉子繞組電阻值為0.2Ω，每相轉子繞組電抗值為0.8Ω，則此電動機產生最大轉矩時之轉子轉速約為多少？
(A)600rpm　(B)675rpm
(C)750rpm　(D)900rpm。

(　) 21. 有一部三相同步電動機在無載運轉時，調整激磁電流使功率因數為1，若在電源電壓與激磁電流不變下，將軸端負載增加至額定負載，有關電動機的狀態敘述，下列何者錯誤？
(A)轉速不變　(B)轉矩增加
(C)功率因數降低　(D)輸入電流降低。

( ) 22. 有一間冷凍倉庫的設備容量為600kVA，原本的功率因數為0.6落後，若加裝272kVAR的同步調相機後，在有效功率不變下，功率因數約變成多少？
(A)0.866落後　(B)0.866超前
(C)0.8落後　(D)0.8超前。

( ) 23. 有關三相旋轉磁場式同步電動機的特性，下列敘述何者錯誤？
(A)起動時，定子三相繞組外加三相交流電源，轉子繞組外加放電電阻
(B)轉子由外力或阻尼繞組帶動至接近同步轉速時，轉子繞組才會加入交流激磁電流
(C)在額定容量內運轉，當負載增加，轉速維持不變，轉矩增加
(D)轉子磁極面上加裝的阻尼繞組。可以幫助電動機起動及防止追逐現象。

( ) 24. 有一部20kW、200V直流分激式發電機，已知分激磁場繞組電阻為100Ω。當負載短路時，短路電樞電流為50A，此時電樞應電勢為5V。則此機於額定負載時，發電機應電勢約為多少伏特？
(A)205V　(B)208V
(C)210V　(D)215V。

( ) 25. 有一台5kVA、3000V/200V、60Hz單相變壓器，換算到二次側之等值電阻為0.2Ω、二次側等值電抗為0.4Ω。當變壓器運用於滿載且功率因數為80%落後時，估計此時的電壓調整率約為多少？
(A)2%　(B)3%
(C)3.6%　(D)5%。

( ) 26. 交流同步電動機在起動時，其主磁場繞組？
(A)應加交流電激磁　(B)應降低電源電壓
(C)應開路　(D)不可加直流電激磁且應短路。

( ) 27. 三相感應電動機各相繞組間之相位差為多少電工角度？
(A)120　(B)180
(C)150　(D)90。

( ) 28. 一部10HP之三相同步電動機，原接於50Hz電源，當改接於60Hz電源時，其轉速？
(A)不變 (B)減少20%
(C)無法轉動 (D)增加20%。

( ) 29. 三相，6極，60Hz之感應電動機，同步轉速為？
(A)1800rpm (B)1500rpm
(C)1200rpm (D)1000rpm。

( ) 30. 下列何種電刷適用於高速電機？
(A)金屬石墨電刷 (B)石墨質電刷
(C)碳質電刷 (D)電化石墨電刷。

( ) 31. 安匝是下列何者之單位？
(A)電流 (B)磁動勢
(C)磁通密度 (D)磁通量。

( ) 32. 直流電機鐵心通常採用薄矽鋼片疊製而成，其主要目的為何？
(A)減低銅損 (B)減低磁滯損
(C)減低渦流損 (D)避免磁飽和。

( ) 33. 下列何者是磁通密度單位？
(A)韋伯(Wb) (B)韋伯/公尺
(C)韋伯/平方公尺 (D)安培-公尺。

( ) 34. 佛萊銘左手定則，用於判斷導體受力方向，又稱為？
(A)安培右手定則 (B)發電機定則
(C)楞次定律 (D)電動機定則。

( ) 35. 單位面積內垂直通過磁力線數量稱為？
(A)磁通量 (B)磁動勢
(C)磁通密度 (D)磁場強度。

( ) 36. 三相交流發電機採用短節距繞組之優點為？
(A)增加末端聯線電感 (B)改善感應電勢波形
(C)改善功率因數 (D)增大感應電勢。

( ) 37. 有一部三相4極，50Hz之感應電動機，滿載轉速為1425rpm，則滿載運轉時轉子感應電流之頻率為？
(A)50Hz　(B)45Hz
(C)2.5Hz　(D)0Hz。

( ) 38. 有一部三相10極，60Hz同步電動機，輸出功率為10馬力，則輸出轉矩為多少牛頓-公尺？
(A)99　(B)108
(C)116　(D)124。

( ) 39. 直流電機負載增加時，磁極兩極尖之磁通量變成不相等，此現象稱為？
(A)負載效應　(B)電樞反應
(C)磁滯現象　(D)飽和現象。

( ) 40. 通過線圈的磁通量若呈線性減少，則線圈兩端感應電勢將如何變化？
(A)線性增加　(B)線性減少
(C)非線性變化　(D)定值。

( ) 41. 下列何種直流發電機不能在無載時建立電壓？
(A)串激式　(B)他激式
(C)積複激式　(D)分激式發電機。

( ) 42. 線圈每經過一對磁極（N與S極），會感應產生______正弦波
(A)1個　(B)3個
(C)6個　(D)12個。

( ) 43. 變比器二次線接地應使用多少平方公厘以上電線？
(A)3.5　(B)5.5
(C)8　(D)22。

( ) 44. 單相變壓器供給1600W之負載，總損失為400W，則效率約為多少%？
(A)70　(B)75
(C)85　(D)80。

( ) 45. 有一2000V/100V、500kVA之單相變壓器，滿載時銅損為5kW，鐵損為3.2kW，則效率最大時之負載為多少？
(A)300kVA (B)350kVA
(C)400kVA (D)450kVA。

( ) 46. 下列哪一種電工機械不能通入直流電？
(A)直流電動機 (B)直流發電機
(C)變壓器 (D)白熾燈泡。

( ) 47. 輸入與輸出皆為電能之形式的電工機械是？
(A)變壓器 (B)電動機
(C)發電機 (D)變頻器。

( ) 48. 變壓器開路測試無法測出？
(A)等效阻抗 (B)鐵損
(C)無載功率因數 (D)磁化電流。

( ) 49. 三相感應電動機採用補償器降壓起動，當電壓降至全壓之80%時，起動轉矩約為全壓起動轉矩的？
(A)72% (B)64%
(C)36% (D)20%。

( ) 50. 變壓器矽鋼片鐵心含矽的主要目的為何？
(A)提高導磁係數 (B)提高鐵心延伸度
(C)提升絕緣 (D)減少銅損。

解答與解析（答案標示為#者，表官方公告更正該題答案）

1. **(A)**。採用AC25kV、架空電車線。

2. **(D)**。(A)降低鐵損。(B)補償繞組之主要目的為抵消電樞反應。(C)斜形槽之主要目的為減少運轉噪音。

3. **(A)**。$VR\% = \frac{V_{無載} - V_{滿載}}{V_{滿載}} \times 100\% = \frac{110-100}{100} \times 100\% = 10\%$

4. **(B)**。從外部特性曲線來看可得分激式。

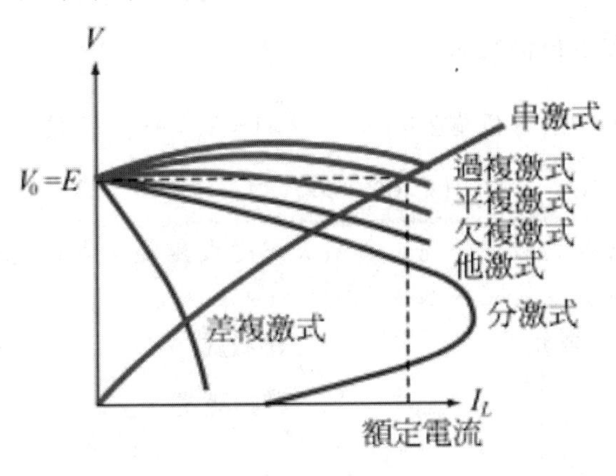

5. **(C)**。銘牌上的Power指的是輸出功率。

6. **(A)**。$E=4.44Nf\phi$，$N=\dfrac{E}{4.44f\phi}=\dfrac{22.8k}{4.44\times60\times0.02}\cong4280$匝

7. **(A)**。往負方向偏轉，為減極性。

8. **(B)**。Y接：$V_L=\sqrt{3}V_p$，$I_L=I_p$；Δ接：$V_L=V_p$，$I_L=\sqrt{3}I_p$

Y接$V_{pH}=6.6kV=\dfrac{11.4kV}{\sqrt{3}}$，$V_{pL}=220\neq\dfrac{220}{\sqrt{3}}V\Rightarrow$高壓側為Y接

Δ接相$V_{pH}=6.6k\neq11.4kV$，$V_{pL}=220=220V\Rightarrow$低壓側為Δ接

9. **(B)**。氣隙可以減少激磁電流，提高功率因數，無法降低電樞反應。

10. **(C)**。測試絕緣可使用高阻計。

11. **(D)**。電感性負載由滿載逐漸降低時，端電壓會升高，為了保持端電壓不變，需減少激磁電流。

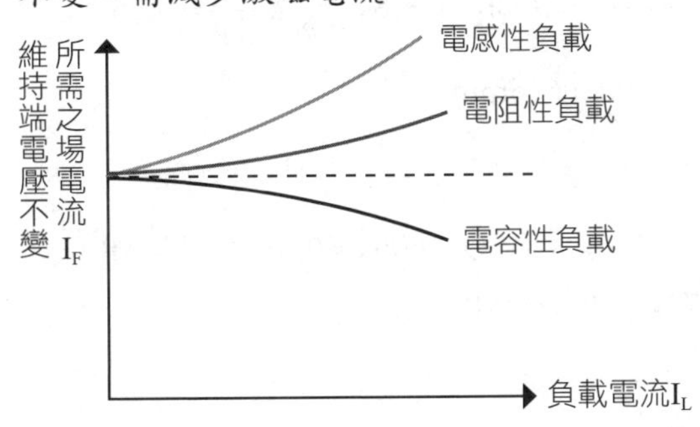

12. **(C)**。同步電動機負載愈大，轉矩角愈大，但是轉速不變。

13. **(D)**。伺服電動機起動轉矩大。

14. **(A)**。$N=\frac{800}{2}=400$匝(每匝有2根)，$a=2\times1=2$，每根導體皆為串聯，
$\therefore I=5+5=10A$，$V=1\times400=400V$

15. **(D)**。串激式電動機滿載運轉時，負載突然變成無載，電樞電流會瞬間拉高，極易造成飛脫現象。

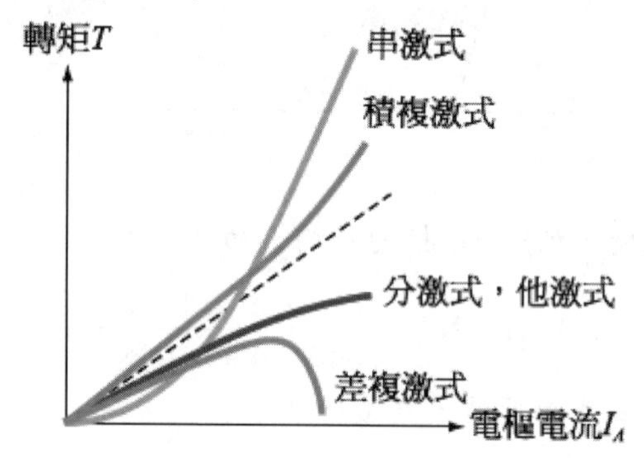

16. **(B)**。$T=k\phi I_a\propto I_a$，$I_a^{'}=40\times2=80A$，$\frac{200}{0.5+r}=80$，$r=2\Omega$

17. **(C)**。$E=k\phi n\propto n$，$\frac{150-20\times(0.3+0.2)}{220-20\times(0.3+0.2)}=\frac{n'}{1800}$，$n'=1200rpm$

18. **(C)**。$S'=S\times\left(1+\frac{\text{共同繞組電壓}}{\text{非共同繞組電壓}}\right)=1k\times\left(1+\frac{200}{20}\right)=11kVA$

19. **(D)**。(D)最大效率為78%。

20. **(B)**。$n_s=\frac{120f}{P}=\frac{120\times60}{8}=900rpm$，$S_{Tmax}\cong\frac{0.2}{0.8}=0.25$，
$n_r=(1-0.25)\times900=675rpm$

21. **(D)**。(D)輸入電流增加。

22. **(A)**。$P=600k\times0.6=360kW$，$Q=600k\times0.8=480kVAR$，
$Q'=480k-272k=208kVAR$
$pf=\frac{360}{\sqrt{360^2+208^2}}=0.866\ lag$

23. **(B)**。(B)轉子繞組加入直流電給磁場激磁。

24. **(C)**。短路時，
$V = E - I_a R_a$，$0 = 5 - 50 \times R_a$，$R_a = 0.1\Omega$
額定負載時，
$I_L = \dfrac{20k}{200} = 100\,A$，$E' = V + I_a R_a = 200 + \left(100 + \dfrac{200}{100}\right) \times 0.1 = 210.2\,V$

25. **(D)**。$R_1 = \left(\dfrac{3000}{200}\right)^2 \times 0.2 = 45\Omega$，$X_1 = \left(\dfrac{3000}{200}\right)^2 \times 0.4 = 90\Omega$，

$R_{p.u.} = 45 \times \dfrac{5000}{3000^2} = 0.025$，$X_{p.u.} = 90 \times \dfrac{5000}{3000^2} = 0.05$，

$VR\% = R_{p.u.}\cos\theta + X_{p.u.}\sin\theta = 0.025 \times 0.8 + 0.05 \times 0.6 = 5\%$

26. **(D)**。交流同步電動機在起動時，其主磁場繞組不可加直流電激磁且應短路。

27. **(A)**。相位差為120°電工角。

28. **(D)**。$N_s = \dfrac{120f}{P} \propto f$，$\dfrac{N'}{N} = \dfrac{60}{50} = 1.2$

29. **(C)**。$N_s = \dfrac{120f}{P} = \dfrac{120 \times 60}{6} = 1200rpm$

30. **(B)**。

種類	特性	用途
碳質	接觸電阻高、摩擦係數大	高壓、小容量、低速
石墨	接觸電阻低小、摩擦係數小	中低壓、高速、大容量
電氣石墨	接觸電阻適中、摩擦係數小	一般直流電
金屬石墨	接觸電阻小、摩擦係數小	低壓、大電流

31. **(B)**。安匝是磁動勢之單位

32. **(C)**。採用薄矽鋼片疊製而成，可減低渦流損。

33. **(C)**。磁通密度單位：韋伯/平方公尺

34. **(D)**。佛萊銘左手定則又稱為電動機定則，佛萊銘右手定則又稱為發電機定則。

35. **(C)**。 此為磁通密度。

36. **(B)**。 採用短節距繞組可改善感應電勢波形。

37. **(C)**。 $N_s = \frac{120f}{P} = \frac{120 \times 50}{4} = 1500\text{rpm}$，$S = \frac{1500 - 1425}{1500} = 0.05$，

$f_r = 0.05 \times 50 = 2.5\text{Hz}$

38. **(A)**。 $\omega = \frac{4\pi f}{P} = \frac{4\pi \times 60}{10}$，$T = \frac{P_o}{\omega} = \frac{10 \times 746}{\frac{4\pi \times 60}{10}} = 99\text{N} - \text{m}$

39. **(B)**。 此為電樞反應。

40. **(D)**。 $E = -N\frac{\Delta\phi}{\Delta t}$，∵線性減少，即$\frac{\Delta\phi}{\Delta t}$為定值，故感應電勢為定值。

41. **(A)**。 串激式不能在無載時建立電壓。

42. **(A)**。 產生1個正弦波。

43. **(B)**。 應使用5.5平方公厘以上電線。

44. **(D)**。 $\eta = \frac{1600}{1600 + 400} \times 100\% = 80\%$

45. **(C)**。 效率最大時，鐵損等於銅損。

$5k \times \eta^2 = 3.2k$，$\eta = 80\%$，$S = 500k \times 80\% = 400\text{kVA}$

46. **(C)**。 變壓器使用交流電。

47. **(A)**。 (A)變壓器：電能→電能。 (B)電動機：電能→機械能。
(C)發電機：機械能→電能。(D)變頻器：改變頻率。

48. **(A)**。 開路測試無法測出等效阻抗。

49. **(B)**。 $T \propto V^2$，$\frac{T'}{T} = \left(\frac{0.8}{1}\right) = 64\%$

50. **(A)**。 含矽可提高導磁係數。

113年台電新進僱用人員

( ) 1. 關於三相感應電動機與轉矩之特性，下列敘述何者正確？
(A)最大轉矩與定子電阻成正比
(B)運轉時轉矩與轉差率成反比
(C)最大轉矩與轉子電阻成反比
(D)運轉時轉矩與電源電壓平方成正比。

( ) 2. 三相感應電動機正常運作時，其負載與轉差率的關係為何？
(A)負載減少，轉差率變大　(B)負載變動不會影響轉差率
(C)負載增加，轉差率變小　(D)負載增加，轉差率變大。

( ) 3. 有一台4kW之直流發電機，滿載運轉時總損失為1,000W，求其運轉效率為何？
(A)70%　(B)75%
(C)80%　(D)90%。

( ) 4. 關於單相分相式電動機之啟動繞組，下列敘述何者正確？
(A)電阻大、電感大　(B)電阻小、電感大
(C)電阻小、電感小　(D)電阻大、電感小。

( ) 5. 關於電樞反應對直流電動機磁通的影響，下列敘述何者正確？
(A)後極尖磁通減弱，前極尖磁通減弱
(B)後極尖磁通減弱，前極尖磁通增強
(C)後極尖磁通增強，前極尖磁通減弱
(D)後極尖磁通增強，前極尖磁通增強。

( ) 6. 有一台直流串激式發電機供給10,500W的負載，其負載電流為100A，若發電機之電樞電阻為0.1Ω，串激場電阻為0.05Ω，忽略電刷壓降，求其電樞應電勢為何？
(A)105V　(B)110V
(C)120V　(D)125V。

(　) 7. 直流分激式電動機之電氣參數如下：端電壓Vt、電樞電流Ia、電樞電阻Ra及激磁場磁通量 f。若鐵心無磁飽和，K為常數，則轉速Nr與上述參數的關係，下列何者正確？

(A)$N_r = \dfrac{V_t + I_a R_a}{K\phi_f}$　(B)$N_r = \dfrac{K\phi_f}{V_t + I_a R_a}$

(C)$N_r = \dfrac{K\phi_f}{V_t - I_a R_a}$　(D)$N_r = \dfrac{V_t - I_a R_a}{K\phi_f}$。

(　) 8. 有一台電動機之絕緣材料，其容許最高溫度為130°C，依CNS標準，該材料之絕緣等級為何？　(A)B級　(B)C級　(C)F級　(D)H級。

(　) 9. 有一台直流電動機之轉速為900rpm，運轉時其渦流損及磁滯損分別為200W及100W，若將轉速調整為1,800rpm且不改變磁通量，則調整後其渦流損及磁滯損分別為何？

(A)400W及200W　(B)400W及400W

(C)800W及200W　(D)800W及400W。

(　) 10. 如右圖所示之電路，假設其為理想變壓器，且$\overline{V}_S = 100\angle 0^\circ$ V，$\overline{Z}_{Load} = 30 + j40\Omega$，下列敘述何者有誤？

(A)$\overline{V}_L = 1{,}000\angle 0^\circ$ V

(B)$\overline{Z}_s = 5\angle -53^\circ\Omega$

(C)$\overline{I}_L = 20\angle -53^\circ$ A

(D) $\overline{Z}_{Load}$消耗12,000W 。

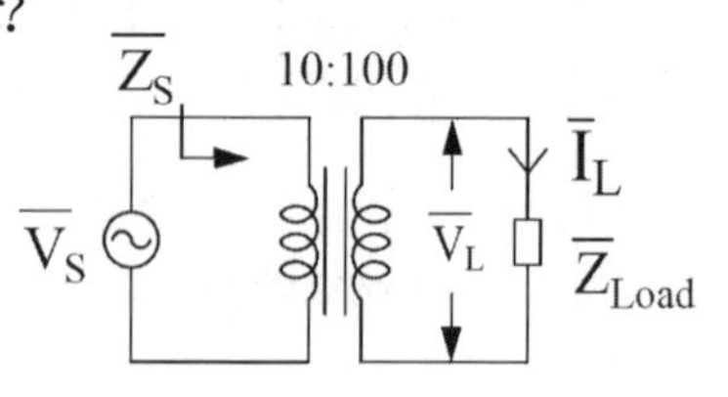

(　) 11. 關於變壓器之開路試驗，下列敘述何者有誤？

(A)可測定變壓器的鐵損　(B)可測定變壓器的激磁電流

(C)可測定變壓器的等效阻抗　(D)可測定變壓器的激磁電納。

(　) 12. 有一台50kVA、1,000/100V之變壓器，若以60Hz之單相變壓器進行短路試驗，試驗電源加至高壓側並將低壓側短路，測試後儀表讀值如圖所示，則該變壓器以低壓側為基準之等效阻抗Z_{eq2}為何？

(A)0.02Ω

(B)0.03Ω

(C)0.2Ω

(D)0.3Ω。

試驗儀表	試驗讀值
電壓表	60伏特
電流表	20安培
瓦特表	800瓦特

( ) 13. 有一台500kVA之單相變壓器，一次側額定電壓為22.8kV，二次側額定電壓為4.16kV，滿載銅損為4.8kW，鐵損為3.6kW，若效率最大時求其負載為何？
(A)358kVA　(B)433kVA
(C)492kVA　(D)564kVA。

( ) 14. 關於變壓器之敘述，下列何者正確？
(A)固定電壓電源下，鐵損與負載無關
(B)可同時提高電壓及電流
(C)銅損可由開路試驗求得
(D)可改變輸出電壓之頻率。

( ) 15. 關於變壓器進行V-V連接之敘述，下列何者有誤？
(A)僅使用兩台變壓器即可供應三相電力
(B)V-V連接之每台變壓器僅能輸出其額定值的86.6%
(C)若再增添一台相同的變壓器改作△-△連接，輸出容量將增為原本的$\sqrt{3}$倍
(D)△-△連接若移除一台變壓器，改為兩台變壓器作V-V連接，輸出容量將減為原本的86.6%。

( ) 16. 如下圖所示之變壓器等效電路，其鐵損是由下列何種等效元件產生？
(A)B_o
(B)G_o
(C)R_1
(D)R_2。

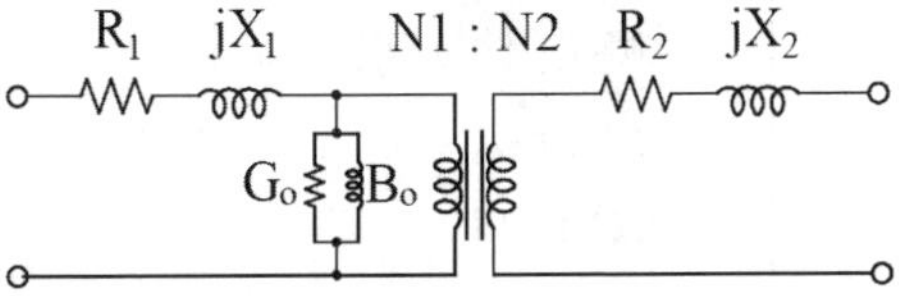

( ) 17. 關於變壓器進行△-Y連接之敘述，下列何者有誤？
(A)二次側線電壓相位落後一次側線電壓30°
(B)具有升壓作用，常用於發電廠升壓變壓器
(C)一次側△連接可避免諧波
(D)二次側Y接之中性點可接地，能穩定電壓。

( ) 18. 關於變壓器並聯運用，下列何者非屬必要條件？
(A)一次側與二次側電壓相同 (B)極性相同
(C)容量相同 (D)內部阻抗與額定容量成反比。

( ) 19. 有一台220/55V之自耦變壓器，低壓側供給4.4kW、55V之負載，下列敘述何者正確？
(A)串聯繞組流過的電流為10A (B)串聯繞組端的電壓為275V
(C)負載電流為80A (D)共同繞組流過的電流為40A。

( ) 20. 關於比流器之敘述，下列何者有誤？
(A)有載時二次側開路會造成異常高壓
(B)使用時二次側要接地
(C)容量通常以伏安(VA)表示
(D)有載時二次側若短路，一次側電流將改變。

( ) 21. 交流電機定子線圈通電後，產生三相旋轉磁場，下列敘述何者正確？
(A)三相合成磁通大小為單相之1.5倍
(B)磁極數目加倍，旋轉磁場的速度亦加倍
(C)旋轉磁場的速度與外加電源的頻率無關
(D)改變電源相序，旋轉磁場的方向不會改變。

( ) 22. 有一台8極、50Hz之三相感應電動機，當轉子速度為735rpm時，其轉差率為何？
(A)0.01 (B)0.02
(C)0.04 (D)0.08。

( ) 23. 有一台4極、380V、60Hz之三相同步電動機，若總輸出功率為18,000W，忽略旋轉損失，則輸出轉矩最接近下列何者？
(A)9.55N-m (B)9.74N-m
(C)95.5N-m (D)97.4N-m。

( ) 24. 關於三相感應電動機之理想啟動特性，下列敘述何者正確？
(A)啟動轉矩大，啟動電流大 (B)啟動轉矩小，啟動電流小
(C)啟動轉矩小，啟動電流大 (D)啟動轉矩大，啟動電流小。

( ) 25. 有一台6極直流發電機，電樞總導體數為800根，並聯路徑數為4，磁極每極磁通量為5×10^{-3}wb，當轉速為900rpm時，產生之感應電勢為何？
(A)60V　(B)90V
(C)120V　(D)150V。

( ) 26. 有一台4極、220V、5HP、60Hz之三相感應電動機，於額定運轉時轉差率為0.05，則其轉子頻率fr及轉矩TL分別為何？
(A)fr=3Hz、TL=20.83N-m　(B)fr=3Hz、TL=24.99N-m
(C)fr=6Hz、TL=20.83N-m　(D)fr=6Hz、TL=24.99N-m。

( ) 27. 有一台4極、460V、20HP、60Hz之三相感應電動機，其全壓啟動時，啟動電流為270A，啟動轉矩為210N-m，下列敘述何者有誤？
(A)以Y-△啟動時，啟動電流為90A
(B)以Y-△啟動時，啟動轉矩為70N-m
(C)以自耦變壓器降壓到230V啟動時，啟動電流為115A
(D)以自耦變壓器降壓到230V啟動時，啟動轉矩為52.5N-m。

( ) 28. 啟動電容式單相感應電動機之運轉繞組電流為$\bar{I}_m$，啟動繞組電流為$\bar{I}_S$，電壓電源為$\overline{V}_S$，下列敘述何者正確？
(A)$\bar{I}_m$超前$\bar{I}_S$約90度　(B)$\overline{V}_S$超前$\bar{I}_S$
(C)$\overline{V}_S$落後$\bar{I}_m$　(D)$\bar{I}_m$落後$\bar{I}_S$約90度。

( ) 29. 關於同步發電機之電樞繞組，下列敘述何者正確？
(A)短節距繞組能減少銅損，不能改善諧波
(B)全節距繞組之應電勢比短節距繞組高
(C)分佈繞組不能改善諧波
(D)集中繞組之應電勢比分佈繞組低。

( ) 30. 有一台30kVA、380V、60Hz之Y接三相交流發電機，每相電樞繞組之同步電抗XS為1.8Ω，則在功率因數為1之額定負載下，下列敘述何者正確？
(A)每相感應電動勢E_f為234.8V　(B)每相端電壓V_P為380V
(C)額定電流I_A為136A　(D)電壓調整率ε為12%。

( ) 31. 有一台4極、33kVA、380V、60Hz之Y接三相同步發電機，忽略電樞繞組電阻，於不同激磁電流(If)下作測試，所得數據如下：
短路測試：If=2A時，電樞電流為20A；If=3A時，電樞電流為60A。
開路測試：If=3A時，端電壓為380V。
則每相同步電抗Xs最接近下列何者？
(A)3.66Ω (B)6.33Ω
(C)11Ω (D)19Ω。

( ) 32. 同步電動機若負載不變，磁場電流由小到大變化時，其功率因數變化為何？
(A)不變 (B)超前逐漸變成落後
(C)從1開始下降 (D)落後逐漸變成超前。

( ) 33. 貫穿式比流器在一次側貫穿6匝時，其變流比為750/5A，若當作300/5A的比流器使用時，則一次側應貫穿多少匝？
(A)8 (B)10
(C)12 (D)15。

( ) 34. 關於三相交流電動機之敘述，下列何者正確？
(A)同步電動機僅需交流電源即可啟動
(B)同步電動機可調整功率因數
(C)感應電動機之轉矩與電壓成正比
(D)感應電動機需要直流電源方可啟動。

( ) 35. 有一台4極、5HP、220V、60Hz之三相感應電動機，已知其半載轉速為1,764rpm，機械損失為193W，求其在半載之氣隙功率為何？
(A)1,865W (B)2,058W
(C)2,100W (D)2,306W。

( ) 36. 有一台6極線性感應電動機，其構造全長為24公尺，當電源頻率為50Hz，轉差率為2%時，則轉子速率為何？
(A)24.5m/s (B)25m/s
(C)392m/s (D)400m/s。

( ) 37. 同步發電機接一電感性負載，負載增加時，如何維持輸出電壓穩定？
(A)增加場激磁　(B)提高轉速
(C)降低轉速　(D)減少場激磁。

( ) 38. 有一台4極、220V、20HP、60Hz之三相感應電動機，其滿載轉速為1,740rpm時，若負載為原本的一半，則其轉速為何？
(A)1,760rpm　(B)1,770rpm
(C)1,780rpm　(D)1,790rpm。

( ) 39. 有一台4極、60Hz之三相感應電動機，滿載轉速為1,764rpm，轉子銅損為100W，求其內生機械功率為何？
(A)4,800W　(B)4,900W
(C)5,000W　(D)5,100W。

( ) 40. 有一台4極直流電動機，電樞導體為600根，每極磁通量為5×10^{-3}韋伯，電樞並聯路徑數為4，若電樞輸入的電流為80安培，則此電動機所產生的轉矩最接近下列何者？
(A)9.4N-m　(B)18.6N-m
(C)24.8N-m　(D)38.2N-m。

( ) 41. 有3台匝數比為10：1之單相變壓器，連接成Y-△，若一次側線電壓為500V，則二次側相電壓為何？
(A)$\frac{50}{\sqrt{3}}$V　(B)50V
(C)$50\sqrt{3}$V　(D)500V。

( ) 42. 有一台2,200V/120V、60Hz之單相變壓器，鐵損為160W，若從高壓側接550V、60Hz之電源，則鐵損變為下列何者？
(A)10W　(B)40W
(C)160W　(D)640W。

( ) 43. 三相電源端分別為R、S、T，三相感應電動機之三接線端分別為U、V、W，當電動機正轉時，接法為R-U、S-V、T-W。下列何種接法可使電動機反轉？
(A)R-V、S-W、T-U　(B)R-W、S-U、T-V
(C)R-U、S-W、T-V　(D)S-V、T-W、R-U。

( ) 44. 關於同步發電機併入電力系統之運轉條件，下列何者有誤？
(A)阻抗相同 (B)電壓相等
(C)相序相同 (D)頻率相同。

( ) 45. 有一台480V/220V、10kVA之單相變壓器，其鐵損為140W，滿載銅損為240W，負載功率因數為0.8落後，則半載效率為何？
(A)91.3% (B)91.7%
(C)93.9% (D)95.2%。

( ) 46. 有一台繞線式感應電動機，在S=0.2時產生最大轉矩Tmax=150%滿載轉矩，當轉子電阻增加2倍時，則最大轉矩之轉差率S為何？
(A)0.2 (B)0.4
(C)1 (D)2。

( ) 47. 關於感應電勢之極性判斷，可利用下列何種定律？
(A)安培定律 (B)庫倫定律
(C)克希荷夫電壓定律 (D)愣次定律。

( ) 48. 關於直流電機補償繞組之功用，下列何者正確？
(A)改善功率因數 (B)增加轉速
(C)減少電樞反應 (D)增加電樞反應。

( ) 49. 三相感應電動機以Y-△啟動，其主要目的為下列何者？
(A)減少噪音 (B)降低啟動電流
(C)提高啟動轉矩 (D)縮短啟動時間。

( ) 50. 全封閉型之大型汽輪發電機，可使用下列何種氣體作為轉子線圈及鐵心冷卻的介質？
(A)氫氣 (B)二氧化碳
(C)空氣 (D)氮氣。

解答與解析（答案標示為#者，表官方公告更正該題答案）

1. **(D)**。最大轉矩$T_{max}=\frac{3}{\omega}\frac{0.5V_1^2}{R_1+\sqrt{R_1^2+\left(X_1+X_2'\right)^2}}$

運轉轉矩$T_m=\frac{P}{\omega}=\frac{3}{\omega}\frac{V_1^2}{\left(R_1+\frac{R_2'}{S}\right)^2+\left(X_1+X_2'\right)^2}\frac{R_2'}{S}$

∴運轉時轉矩與電源電壓平方成正比。

2. **(D)**。三相感應電動機負載增加，轉速會下降，而導致轉差率也變大。

3. **(C)**。$\eta=\frac{4000}{4000+1000}\times100\%=80\%$

4. **(D)**。運轉繞組電阻小、電感抗大；起動繞組電阻大、電感抗小。

5. **(B)**。電樞反應會造成後極尖磁通減弱，前極尖磁通增強。

6. **(C)**。$E=V+I_a\left(R_a+R_s\right)=\frac{10500}{100}+100\left(0.1+0.05\right)=120V$

7. **(D)**。$E=N_rk\phi_f$，$N_r=\frac{E}{k\phi_f}=\frac{V_t-I_aR_a}{k\phi_f}$

8. **(A)**。

絕緣等級	最高容許溫度(℃)
Y	90
A	105
E	120
B	130
F	150
H	180
C	180以上

9. **(C)**。$\frac{f'}{f}=\frac{n'}{n}=\frac{1800}{900}=2$，渦流損$P_e\propto f^2$，$P_e'=200\times2^2=800W$，

磁滯損$P_h\propto f$，$P_h'=100\times2=200W$

10. **(B)**。 $\overline{V_L} = 100\angle 0° \times \frac{100}{10} = 1000\angle 0° V$，

$\overline{I_L} = \frac{1000\angle 0°}{30 + j40} = \frac{1000\angle 0°}{50\angle 53°} = 20\angle -53° A$，

$\overline{Z_s} = \left(\frac{10}{100}\right)^2 \times 50\angle 53° = 0.5\angle 53° \Omega$，

$P_L = 20 \times 1000 \times \cos(-53°) = 12000W$

11. **(C)**。 短路試驗可測定變壓器的等效阻抗。

12. **(B)**。 $Z_{eq1} = \frac{60}{20} = 3\Omega$，$Z_{eq2} = 3 \times \left(\frac{100}{1000}\right)^2 = 0.03\Omega$

13. **(B)**。 最大效率時銅損等於鐵損，$3.6k = 4.8k \times x^2$，$x = 0.866$，

$S = 500k \times 0.866 = 433kVA$

14. **(A)**。 (B)無法同時提高電壓及電流。

(C)銅損可由短路試驗求得。

(D)無法改變輸出電壓之頻率。

15. **(D)**。 V-V連接利用率為原本的86.6%。

16. **(B)**。 鐵損由G_0產生。

17. **(A)**。 二次側線電壓相位超前一次側線電壓30°。

18. **(C)**。 變壓器並聯運用條件不需要容量相同。

19. **(C)**。 $I_L = \frac{4.4k}{55} = 80A$，$\frac{I_{串}}{I_{並}} = \frac{55}{220} = 0.25$

$I_{串} + I_{並} = 80A$，$I_{串} = 16A$，$I_{並} = 64A$，$V_{串} = 220 - 55 = 165V$

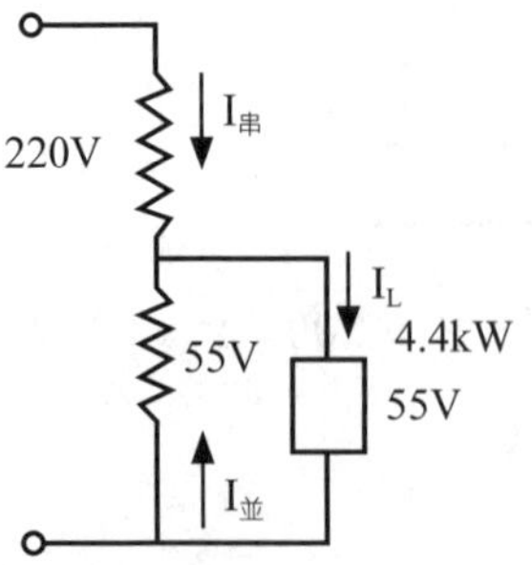

20. **(D)**。有載時二次側若短路，一次側電流不會改變。

21. **(A)**。$n=\frac{120f}{P}$

(B)磁極數目加倍，旋轉磁場的速度變成0.5倍。

(C)旋轉磁場的速度與外加電源的頻率有關。

(D)改變電源相序，旋轉磁場的方向會改變。

22. **(B)**。$n_s=\frac{120f}{P}=\frac{120\times50}{8}=750rpm$，$S=\frac{750-735}{750}=0.02$

23. **(C)**。$\omega=\frac{4\pi f}{P}=\frac{4\pi\times60}{4}=60\pi$，$T=\frac{P}{\omega}=\frac{18000}{60\pi}=95.5N-m$

24. **(D)**。想啟動特性是啟動轉矩大，啟動電流小。

25. **(B)**。$E=\frac{PZ}{60a}n\phi=\frac{6\times800}{60\times4}\times900\times5\times10^{-3}=90V$

26. **(A)**。$f_r=Sf=0.05\times60=3Hz$，$\omega=(1-S)\frac{4\pi f}{P}=(1-0.05)\times\frac{4\pi\times60}{4}=57\pi$，

$T=\frac{P}{\omega}=\frac{746\times5}{57\pi}=20.83N-m$

27. **(C)**。(C) $I_s=270\times\left(\frac{230}{460}\right)^2=67.5A$

28. **(D)**。(A)起動繞組的電流超前運轉繞組90度。

(B)啟動繞組電流可能超前或落後電壓電源。

(C)電壓電源超前運轉繞組電流。

29. **(B)**。(A)短節距繞組能減少銅損，也能改善諧波。

(C)分佈繞組能改善諧波。

(D)集中繞組之應電勢比分佈繞組高。

30. **(A)**。$V_p=\frac{380}{\sqrt{3}}=220V$，$I_A=\frac{30k}{\sqrt{3}\times380}=45.6A$，

$E_f=\sqrt{(220\times1)^2+(45.6\times1.8)^2}=234.8V$

31. **(A)**。$Z_s=\frac{V}{\sqrt{3}I_{sc}}=\frac{380}{\sqrt{3}\times60}=3.66\Omega\cong X_s\left(\because R_a\ll X_s\right)$

32. **(D)**。

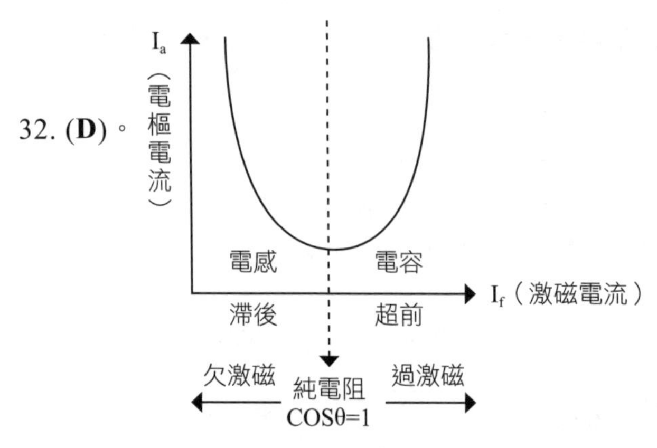

33. **(D)**。 $N' = N \times \frac{I}{I'} = 6 \times \frac{750}{300} = 15$ 匝

34. **(B)**。(A)同步電動機需交流及直流電源啟動。
(C)感應電動機之轉矩與電壓平方成正比。
(D)感應電動機需要交流電源方可啟動。

35. **(C)**。 $n_s = \frac{120f}{P} = \frac{120 \times 60}{4} = 1800\text{rpm}$，$S = \frac{1800 - 1764}{1800} = 0.02$，

$$P_g = \frac{(5 \times 746 \times 0.5 + 193)}{1 - 0.02} = 2100\text{W}$$

36. **(C)**。 $n_s = 2Y_p f = 2 \times \frac{24}{6} \times 50 = 400\text{m/s}$，$n_r = (1 - 0.02) \times 400 = 392\text{m/s}$

37. **(A)**。增加場激磁可維持輸出電壓穩定。

38. **(B)**。 $n_s = \frac{120f}{P} = \frac{120 \times 60}{4} = 1800\text{rpm}$ ，$S_{滿載} = \frac{1800 - 1740}{1800} = 0.033$ ，

$S_{半載} = \frac{1}{2} S_{滿載} = 0.017$ ，$n_r = (1 - S_{半載}) \times 1800 = 1770\text{rpm}$

39. **(B)**。 $n_s = \frac{120f}{P} = \frac{120 \times 60}{4} = 1800\text{rpm}$ ，$S = \frac{1800 - 1764}{1800} = 0.02$ ，

$$P_m = \frac{1 - S}{S} P_{cu2} = \frac{1 - 0.02}{0.02} \times 100 = 4900\text{W}$$

40. **(D)**。 $T=\dfrac{PZ\phi I_a}{2\pi a}=\dfrac{4\times600\times5\times10^{-3}\times80}{2\pi\times4}=38.2N-m$

41. **(A)**。 Y接：$V_L=\sqrt{3}V_p$，$I_L=I_P$

△接：$V_L=V_P$，$I_L=\sqrt{3}I_p$

$$V_{2p}=500\times\frac{1}{\sqrt{3}}\times\frac{1}{10}=\frac{50}{\sqrt{3}}V$$

42. **(A)**。 鐵損與電壓平方成正比，$P_{loss}=160\times\left(\dfrac{550}{2200}\right)^2=10W$

43. **(C)**。 將接線反接就可使電動機反轉，(A)(B)(D)皆與原本接法方向相同，僅(C)為反接。

44. **(A)**。 並聯條件不需要阻抗相同。

45. **(D)**。 $\eta=\dfrac{10k\times0.5\times0.8}{10k\times0.5\times0.8+140+240\times0.5^2}\times100\%=95.2\%$

46. **(B)**。 最大轉矩不受轉子電阻影響，在轉矩不變下，電動機的轉差率 S 與轉子電阻R2成正比，$\therefore S'=0.2\times2=0.4$

47. **(D)**。 極性判斷可利用愣次定律。

48. **(C)**。 補償繞組可減少電樞反應。

49. **(B)**。 Y-△啟動主要為降低啟動電流。

50. **(A)**。 氫氣可用為冷卻。

Note

一試就中，升任各大
國民營企業機構
高分必備，推薦用書

共同科目

2B811121	國文	高朋・尚榜	590元
2B821141	英文 ♛榮登金石堂暢銷榜	劉似蓉	630元
2B331141	國文(論文寫作)	黃淑真・陳麗玲	470元

專業科目

2B031131	經濟學	王志成	620元
2B041121	大眾捷運概論（含捷運系統概論、大眾運輸規劃及管理、大眾捷運法 ♛榮登博客來、金石堂暢銷榜	陳金城	560元
2B061131	機械力學(含應用力學及材料力學)重點統整＋高分題庫	林柏超	430元
2B071111	國際貿易實務重點整理+試題演練二合一奪分寶典 ♛榮登金石堂暢銷榜	吳怡萱	560元
2B081141	絕對高分! 企業管理(含企業概論、管理學)	高芬	690元
2B111082	台電新進雇員配電線路類超強4合1	千華名師群	750元
2B121081	財務管理	周良、卓凡	390元
2B131121	機械常識	林柏超	630元
2B141141	企業管理(含企業概論、管理學)22堂觀念課	夏威	780元
2B161141	計算機概論(含網路概論) ♛榮登博客來、金石堂暢銷榜	蔡穎、茆政吉	660元
2B171141	主題式電工原理精選題庫 ♛榮登博客來暢銷榜	陸冠奇	560元
2B181141	電腦常識(含概論) ♛榮登金石堂暢銷榜	蔡穎	590元
2B191141	電子學	陳震	650元
2B201141	數理邏輯(邏輯推理)	千華編委會	近期出版

2B251121	捷運法規及常識(含捷運系統概述) ♛ 榮登博客來暢銷榜	白崑成	560元
2B321141	人力資源管理(含概要) ♛ 榮登博客來、金石堂暢銷榜	陳月娥、周毓敏	690元
2B351131	行銷學(適用行銷管理、行銷管理學) ♛ 榮登金石堂暢銷榜	陳金城	590元
2B421121	流體力學(機械)·工程力學(材料)精要解析 ♛ 榮登金石堂暢銷榜	邱寬厚	650元
2B491141	基本電學致勝攻略 ♛ 榮登金石堂暢銷榜	陳新	近期出版
2B501141	工程力學(含應用力學、材料力學) ♛ 榮登金石堂暢銷榜	祝裕	近期出版
2B581141	機械設計(含概要) ♛ 榮登金石堂暢銷榜	祝裕	近期出版
2B661141	機械原理(含概要與大意)奪分寶典	祝裕	近期出版
2B671101	機械製造學(含概要、大意)	張千易、陳正棋	570元
2B691131	電工機械(電機機械)致勝攻略	鄭祥瑞	590元
2B701141	一書搞定機械力學概要	祝裕	近期出版
2B741091	機械原理(含概要、大意)實力養成	周家輔	570元
2B751131	會計學(包含國際會計準則IFRS) ♛ 榮登金石堂暢銷榜	歐欣亞、陳智音	590元
2B831081	企業管理(適用管理概論)	陳金城	610元
2B841141	政府採購法10日速成 ♛ 榮登博客來、金石堂暢銷榜	王俊英	690元
2B851141	8堂政府採購法必修課：法規+實務一本go！ ♛ 榮登博客來、金石堂暢銷榜	李昀	530元
2B871091	企業概論與管理學	陳金城	610元
2B881141	法學緒論大全(包括法律常識)	成宜	650元
2B911131	普通物理實力養成 ♛ 榮登金石堂暢銷榜	曾禹童	650元
2B921141	普通化學實力養成 ♛ 榮登金石堂暢銷榜	陳名	550元
2B951131	企業管理(適用管理概論)滿分必殺絕技 ♛ 榮登金石堂暢銷榜	楊均	630元

以上定價，以正式出版書籍封底之標價為準

一試就中，升任各大

國民營企業機構

高分必備，推薦用書

題庫系列

2B021111	論文高分題庫	高朋 尚榜	360元
2B061131	機械力學(含應用力學及材料力學)重點統整＋高分題庫	林柏超	430元
2B091111	台電新進雇員綜合行政類超強5合1題庫	千華 名師群	650元
2B171141	主題式電工原理精選題庫	陸冠奇	560元
2B261121	國文高分題庫	千華	530元
2B271141	英文高分題庫 榮登金石堂暢銷榜	德芬	630元
2B281091	機械設計焦點速成＋高分題庫	司馬易	360元
2B291131	物理高分題庫	千華	590元
2B301141	計算機概論高分題庫 榮登金石堂暢銷榜	千華	550元
2B341091	電工機械(電機機械)歷年試題解析	李俊毅	450元
2B361061	經濟學高分題庫	王志成	350元
2B371101	會計學高分題庫	歐欣亞	390元
2B391131	主題式基本電學高分題庫	陸冠奇	600元
2B511131	主題式電子學(含概要)高分題庫	甄家灝	500元
2B521131	主題式機械製造(含識圖)高分題庫 榮登金石堂暢銷榜	何曜辰	近期出版

2B541131	主題式土木施工學概要高分題庫 ♛榮登金石堂暢銷榜	林志憲	630元
2B551081	主題式結構學(含概要)高分題庫	劉非凡	360元
2B591121	主題式機械原理(含概論、常識)高分題庫 ♛榮登金石堂暢銷榜	何曜辰	590元
2B611131	主題式測量學(含概要)高分題庫 ♛榮登金石堂暢銷榜	林志憲	450元
2B681131	主題式電路學高分題庫	甄家灝	550元
2B731101	工程力學焦點速成＋高分題庫 ♛榮登金石堂暢銷榜	良運	560元
2B791141	主題式電工機械(電機機械)高分題庫	鄭祥瑞	590元
2B801081	主題式行銷學(含行銷管理學)高分題庫	張恆	450元
2B891131	法學緒論(法律常識)高分題庫	羅格思 章庠	570元
2B901131	企業管理頂尖高分題庫(適用管理學、管理概論)	陳金城	410元
2B941131	熱力學重點統整＋高分題庫 ♛榮登金石堂暢銷榜	林柏超	470元
2B951131	企業管理(適用管理概論)滿分必殺絕技	楊均	630元
2B961121	流體力學與流體機械重點統整＋高分題庫	林柏超	470元
2B971141	自動控制重點統整＋高分題庫	翔霖	560元
2B991141	電力系統重點統整＋高分題庫	廖翔霖	650元

以上定價，以正式出版書籍封底之標價為準

歡迎至千華網路書店選購

服務電話 (02)2228-9070

千華網路書店

更多網路書店及實體書店

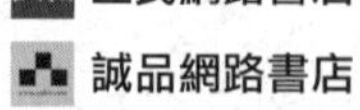

博客來網路書店　PChome 24hr書店　三民網路書店

MOMO 購物網　金石堂網路書店　誠品網路書店

查詢實體書店

學習方法 系列

如何有效率地準備並順利上榜，學習方法正是關鍵！

榮登金石堂暢銷排行榜

連三金榜 黃禕

翻轉思考 破解道聽塗說	適合的最好 調整習慣來應考	一定學得會 萬用邏輯訓練

三次上榜的國考達人經驗分享！
運用邏輯記憶訓練，教你背得有效率！
記得快也記得牢，從方法變成心法！

作者線上分享

網 路 書 店

作者在投入國考的初期也曾遭遇過書中所提到類似的問題，因此在第一次上榜後積極投入記憶術的研究，並自創一套完整且適用於國考的記憶術架構，此後憑藉這套記憶術架構，在不被看好的情況下先後考取司法特考監所管理員及移民特考三等，印證這套記憶術的實用性。期待透過此書，能幫助同樣面臨記憶困擾的國考生早日金榜題名。

最強校長 謝龍卿

榮登博客來暢銷榜

作者線上分享

經驗分享＋考題破解
帶你讀懂考題的know-how！

open your mind！
讓大腦全面啟動，做你的防彈少年！

108課綱是什麼？考題怎麼出？試要怎麼考？書中針對學測、統測、分科測驗做統整與歸納。並包括大學入學管道介紹、課內外學習資源應用、專題研究技巧、自主學習方法，以及學習歷程檔案製作等。書籍內容編寫的目的主要是幫助中學階段後期的學生與家長，涵蓋普高、技高、綜高與單高。也非常適合國中學生超前學習、五專學生自修之用，或是學校老師與社會賢達了解中學階段學習內容與政策變化的參考。

最狂校長帶你邁向金榜之路

15 招最狂國考攻略

謝龍卿 / 編著

獨創 15 招考試方法，以圖文傳授解題絕招，並有多張手稿筆記示範，讓考生可更直接明瞭高手做筆記的方式！

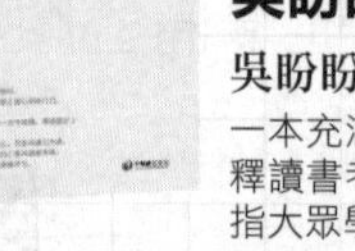

榮登博客來、金石堂暢銷排行榜

贏在執行力！吳盼盼一年雙榜致勝關鍵

吳盼盼 / 著

一本充滿「希望感」的學習祕笈，重新詮釋讀書考試的意義，坦率且饒富趣味地直指大眾學習的盲點。

更多產品

http://0rz.tw

好評2刷！

金榜題名獨門絕活大公開

國考必勝的心智圖法

孫易新 / 著

全球第一位心智圖法華人講師，唯一針對國考編寫心智圖專書，公開國考準備心法！

熱銷2版！

江湖流傳已久的必勝寶典

國考聖經

王永彰 / 著

九個月就考取的驚人上榜歷程，及長達十餘年的輔考經驗，所有國考生的 Q&A，都收錄在這本！

熱銷3版！

雙榜狀元讀書秘訣無私公開

圖解 最省力的榜首讀書法

賴小節 / 編著

榜首五大讀書技巧不可錯過，圖解重點快速記憶，答題技巧無私傳授，規劃切實可行的讀書計畫！

榮登金石堂暢銷排行榜

請問，國考好考嗎？

開心公主 / 編著

開心公主以淺白的方式介紹國家考試與豐富的應試經驗，與你無私、毫無保留分享擬定考場戰略的秘訣，內容囊括申論題、選擇題的破解方法，以及獲取高分的小撇步等，讓你能比其他人掌握考場先機！

推薦學習方法 影音課程

每天 10 分鐘！斜槓考生養成計畫

立即試看

斜槓考生 / 必學的考試技巧 / 規劃高效益的職涯生涯

看完課程後，你可以學到

講師 / 謝龍卿

1. 找到適合自己的應考核心能力
2. 快速且有系統的學習
3. 解題技巧與判斷答案之能力

國考特訓班 心智圖筆記術

立即試看

筆記術 + 記憶法 / 學習地圖結構

本課程將與你分享

講師 / 孫易新

1. 心智圖法「筆記」實務演練
2. 強化「記憶力」的技巧
3. 國考心智圖「案例」分享

國家圖書館出版品預行編目(CIP)資料

主題式電工機械(電機機械)高分題庫/鄭祥瑞編著. -- 第八版. -- 新北市：千華數位文化股份有限公司, 2024.12
面；　公分
國民營事業
ISBN 978-626-380-908-6(平裝)

1.CST: 電機工程

448　　113019421

[國民營事業]

主題式電工機械(電機機械)高分題庫

編 著 者：鄭 祥 瑞

發 行 人：廖 雪 鳳
登 記 證：行政院新聞局局版台業字第 3388 號
出 版 者：千華數位文化股份有限公司
地址：新北市中和區中山路三段 136 巷 10 弄 17 號
電話：(02)2228-9070　　傳真：(02)2228-9076
客服信箱：chienhua@chienhua.com.tw

法律顧問：永然聯合法律事務所
編輯經理：甯開遠
主　　編：甯開遠
執行編輯：尤家瑋
校　　對：千華資深編輯群
設計主任：陳春花
編排設計：翁以倢

千華官網／購書　　千華蝦皮

出版日期：2024 年 12 月 25 日　　第八版／第一刷

本書如有勘誤或其他補充資料，
將刊於千華官網，歡迎前往下載。